THE

GANITA-SARA-SANGRAHA

OF

MAHAVIRACARYA

THE GANITA-SARA-SANGRAHA OF MAHAVIRACARYA

WITH

ENGLISH TRANSLATION AND NOTES

BY

M. RANGACARYA, M.A., Rao Bahadur

GYAN

Published by

Gyan Publishing House
5, Ansari Road
Daryaganj, New Delhi-110002
Phone: 011-47034999, 9811692060
E-mail: books@gyanbooks.com

Distribution Network
gyanbooks.com
India, USA, Canada, UK, Australia

ISBN: 978-93-6280-086-2 (PB)
First Published, 1912

2nd Impression 2024

Printed at: Gyan Press, Delhi.

THE GANITA-SARA-SANGRAHA OF MAHAVIRACARYA
Translator: M. RANGACARYA

THE

GANITA-SĀRA-SANGRAHA

OF

MAHĀVĪRĀCĀRYA

WITH

ENGLISH TRANSLATION AND NOTES

BY

M. RAṄGĀCĀRYA, M.A., Rao Bahadur,

PROFESSOR OF SANSKRIT AND COMPARATIVE PHILOLOGY, PRESIDENCY COLLEGE, AND CURATOR, GOVERNMENT ORIENTAL MANUSCRIPTS LIBRARY, MADRAS.

Published under the Orders of the Government of Madras.

MADRAS:

PRINTED BY THE SUPERINTENDENT, GOVERNMENT PRESS.

1912.

महावीराचार्यप्रणीतः

गणितसारसङ्ग्रहः

म. रङ्गाचार्येण

परिशोधितः

आङ्गलभाषानुवादटीकाभ्यां सह राजकीयाज्ञानुसारेण प्रकाशितश्च।

चेन्नपुर्यां

राजकीयमुद्राक्षरशालायां (सूपरिन्टेण्डेण्टाख्येन) तन्निर्वाहकेण मुद्रितः।

१९१२.

TABLE OF TRANSLITERATION.

—	Consonants	Vowels.	Diphthongs.
Gutturals	k, kh, g, gh, ṅ, h, ḥ. क, ख, ग, घ, ङ, ह, :	a, ā अ आ	ē (e) ai. ए ऐ.
Palatals	c, ch, j, jh, ñ, y, ś च, छ, ज, झ, ञ, य, श	i, ī इ, ई	
Linguals	ṭ, th, ḍ, ḍh, ṇ, r, ṣ ट, ठ, ड, ढ, ण, र, ष	ṛ, ṝ ऋ, ॠ	..
Dentals	t, th, d, dh, n, l, s त, थ, द, ध, न, ल, स	ḷ ऌ	..
Labials	p, ph, b, bh, m, v प, फ, ब, भ, म, व	u, ū उ, ऊ	ō (o) au. ओ औ.

GENERAL CONTENTS.

PREFACE.

Soon after I was appointed Professor of Sanskrit and Comparative Philology in the Presidency College at Madras, and in that capacity took charge of the office of the Curator of the Government Oriental Manuscripts Library, the late Mr. G. H. Stuart, who was then the Director of Public Instruction, asked me to find out if in the Manuscripts Library in my charge there was any work of value capable of throwing new light on the history of Hindu mathematics, and to publish it, if found, with an English translation and with such notes as were necessary for the elucidation of its contents. Accordingly the mathematical manuscripts in the Library were examined with this object in view; and the examination revealed the existence of three incomplete manuscripts of Mahāvīrācārya's *Gaṇita-sāra-saṅgraha*. A cursory perusal of these manuscripts made the value of this work evident in relation to the history of Hindu Mathematics. The late Mr. G. H. Stuart's interest in working out this history was so great that, when the existence of the manuscripts and the historical value of the work were brought to his notice, he at once urged me to try to procure other manuscripts and to do all else that was necessary for its proper publication. He gave me much advice and encouragement in the early stages of my endeavour to publish it; and I can well guess how it would have gladdened his heart to see the work published in the form he desired. It has been to me a source of very keen regret that it did not please Providence to allow him to live long enough to enable me to enhance the value of the publication by means of his continued guidance and advice; and my consolation now is that it is something to have been able to carry out what he with scholarly delight imposed upon me as a duty.

Of the three manuscripts found in the library one is written on paper in Grantha characters, and contains the first five chapters of the work with a running commentary in Sanskrit; it has been denoted here by the letter P. The remaining two are palm-leaf manuscripts in Kanarese characters, one of them containing, like P, the first five chapters, and the other the seventh chapter dealing with the geometrical measurement of areas. In both these manuscripts there is to be found, in addition to the Sanskrit text of the original work, a brief statement in the Kanarese language of the figures relating to the various illustrative problems as also of the answers to those same problems. Owing to the common characteristics of these manuscripts and also owing to their not overlapping one another in respect of their contents, it has been thought advisable to look upon them as one manuscript and denote them by K. Another manuscript, denoted by M, belongs to the Government Oriental Library at Mysore, and was received on loan from Mr. A. Mahadeva Sastri, B.A., the Curator of that institution. This manuscript is a transcription on paper in Kanarese characters of an original palm-leaf manuscript belonging to a Jaina Pandit, and contains the whole of the work with a short commentary in the Kanarese language by one Vallabha, who claims to be the author of also a Telugu commentary on the same work. Although incorrect in many places, it proved to be of great value on account of its being complete and containing the Kanarese commentary; and my thanks are specially due to Mr. A. Mahadeva Sastri for his leaving it sufficiently long at my disposal. A fifth manuscript, denoted by B, is a transcription on paper in Kanarese characters of a palm-leaf manuscript found in a Jaina monastery at Mudbidri in South Canara, and was obtained through the kind effort of Mr. R. Krishnamacharyar, M.A., the Sub-assistant Inspector of Sanskrit Schools in Madras, and Mr. U. B. Venkataramanaiya of Mudbidri. This manuscript also contains the whole work, and gives, like K, in Kanarese a brief statement of the problems and their answers. The endeavour to secure more manuscripts having proved fruitless, the work has had to be brought out with the aid of these five manuscripts; and owing to the technical character of the work and its elliptical and often riddle-like language and the inaccuracy of the manuscripts, the labour involved in bringing it out with the translation and the requisite notes has been heavy and trying. There is, however, the satisfaction that all this labour has been bestowed on a worthy work of considerable historical value.

It is a fortunate circumstance about the *Gaṇita-sāra-saṅgraha* that the time when its author Mahāvīrācārya lived may be made out with fair accuracy. In the very first chapter of the work, we have, immediately after the two introductory stanzas of salutation to Jina Mahāvīra, six stanzas describing the greatness of a king, whose name is said to have been Cakrikā-bhañjana, and who appears to have been commonly known by the title of Amōghavarṣa Nṛpatuṅga; and in the last of these

b

six stanzas there is a benediction wishing progressive prosperity to the rule of this king. The results of modern Indian epigraphical research show that this king Amōghavarṣa Nṛpatuṅga reigned from A.D. 814 or 815 to A.D. 877 or 878.* Since it appears probable that the author of the *Gaṇita-sāra-saṅgraha* was in some way attached to the court of this Rāṣṭrakūṭa king Amōghavarṣa Nṛpatuṅga, we may consider the work to belong to the middle of the ninth century of the Christian era. It is now generally accepted that, among well-known early Indian mathematicians Āryabhaṭa lived in the fifth, Varāhamihira in the sixth, Brahmagupta in the seventh and Bhāskarācārya in the twelfth century of the Christian era; and chronologically, therefore, Mahāvīrācārya comes between Brahmagupta and Bhāskarācārya. This in itself is a point of historical noteworthiness; and the further fact that the author of the *Gaṇita-sāra-saṅgraha* belonged to the Kanarese speaking portion of South India in his days and was a Jaina in religion is calculated to give an additional importance to the historical value of his work. Like the other mathematicians mentioned above, Mahāvīrācārya was not primarily an astronomer, although he knew well and has himself remarked about the usefulness of mathematics for the study of astronomy. The study of mathematics seems to have been popular among Jaina scholars; it forms, in fact, one of their four *anuyōgas* or auxiliary sciences indirectly serviceable for the attainment of the salvation of soul-liberation known as *mōkṣa*.

A comparison of the *Gaṇita-sāra-saṅgraha* with the corresponding portions in the *Brahmasphuṭa-siddhānta* of

---

* Vide *Nilgund Inscription of the time of Amōghavarṣa I*, A.D. 866; edited by J. F. Fleet, PH.D., C.I.E., in *Epigraphia Indica*, vol. VI, pp. 98–108.

Brahmagupta is calculated to lead to the conclusion that, in all probability, Mahāvīrācārya was familiar with the work of Brahmagupta and endeavoured to improve upon it to the extent to which the scope of his *Gaṇita-sāra-saṅgraha* permitted such improvement. Mahāvīrācārya's classification of arithmetical operations is simpler, his rules are fuller and he gives a large number of examples for illustration and exercise. Pṛthūdakasvāmin, the well-known commentator on the *Brahmasphuṭa-siddhānta*, could not have been chronologically far removed from Mahāvīrācārya, and the similarity of some of the examples given by the former with some of those of the latter naturally arrests attention. In any case it cannot be wrong to believe, that, at the time, when Mahāvīrācārya wrote his *Gaṇita-sāra-saṅgraha*, Brahmagupta must have been widely recognized as a writer of authority in the field of Hindu astronomy and mathematics. Whether Bhāskarācārya was at all acquainted with the *Gaṇita-sāra-saṅgraha* of Mahāvīrācārya, it is not quite easy to say. Since neither Bhāskarācārya nor any of his known commentators seem to quote from him or mention him by name, the natural conclusion appears to be that Bhāskarācārya's *Siddhānta-śirōmaṇi*, including his Līlāvatī and Bījagaṇita, was intended to be an improvement in the main upon the *Brahmasphuṭa-siddhānta* of Brahmagupta. The fact that Mahāvīrācārya was a Jaina might have prevented Bhāskarācārya from taking note of him; or it may be that the Jaina mathematician's fame had not spread far to the north in the twelfth century of the Christian era. His work, however, seems to have been widely known and appreciated in Southern India. So early as in the course of the eleventh century and perhaps under the stimulating influence of the enlightened rule of Rājarājanarēndra of Rajahmundry, it was translated into Telugu in verse by Pāvulūri Mallana; and some manuscripts of this Telugu translation are now to be found in the Government Oriental Manuscripts Library here at Madras. It appeared to me that to draw suitable attention to the historical value of Mahāvirācārya's *Gaṇita-sāra-saṅgraha*, I could not do better than seek the help of Dr. David Eugene Smith of the Columbia University of New York, whose knowledge of the history of mathematics in the West and in the East is known to be wide and comprehensive, and who on the occasion when he met me in person at Madras showed great interest in the contemplated publication of the *Gaṇita-sāra-saṅgraha* and thereafter read a paper on that work at the Fourth International Congress of Mathematicians held at Rome in April 1908. Accordingly I requested him to write an introduction to this edition of the *Gaṇita-sāra-saṅgraha*, giving in brief outline what he considers to be its value in building up the history of Hindu mathematics. My thanks as well as the thanks of all those who may as scholars become interested in this publication are therefore due to him for his kindness in having readily complied with my request; and I feel no doubt that his introduction will be read with great appreciation.

Since the origin of the decimal system of notation and of the conception and symbolic representation of zero are considered to be important questions connected with the history of Hindu mathematics, it is well to point out here that in the *Gaṇita-sāra-saṅgraha* twenty-four notational places are mentioned, commencing with the units place and ending with the place called *mahākṣōbha*, and that the value of each succeeding place is taken to be ten times the value of the immediately preceding place. Although certain words forming the names of certain things are utilized in this work to represent various numerical figures, still in the numeration of numbers with the aid of such words the decimal system of notation is almost invariably followed. If we took the words *moon*, *eye*, *fire*, and *sky* to represent respectively 1, 2, 3 and 0, as their Sanskrit equivalants are understood in this work, then, for instance, *fire-sky-moon-eye* would denote the number 2103, and *moon-eye-sky-fire* would denote 3021, since these nominal numerals denoting numbers are generally repeated in order from the units place upwards. This combination of nominal numerals and the decimal system of notation has been adopted obviously for the sake of securing metrical convenience and avoiding at the same time cumbrous ways of mentioning numerical expressions; and it may well be taken for granted that for the use of such nominal numerals as well as the decimal system of notation Mahāvīrācārya was indebted to his predecessors. The decimal system of notation is distinctly described by Āryabhaṭa, and there is evidence in his writings to show that he was familiar with nominal numerals. Even in his brief mnemonic method of reperesenting numbers by certain combinations of the consonants and vowels found in the Sanskrit language, the decimal system of notation is taken for granted; and ordinarily 19 notational places are provided for therein. Similarly in Brahmagupta's writings also there is evidence to show that he was acquainted with the use of nominal numerals and the decimal system of notation. Both Āryabhaṭa and Brahmagupta claim that their astronomical works are related to the *Brahma-siddhānta*; and in a work of this name, which is said to form a part of what is called *Śakulya-sāṁhitā* and of which a manuscript copy is to be found in the Government Oriental Manuscripts Library here, numbers are expressed mainly by nominal numerals used in accordance with the decimal system of notation. It is not of course meant to convey that this work is necessarily the same as what was known to Ārayabhaṭa and Brahmagupta; and the fact of its using nominal numerals and the decimal system of notation is mentioned here for nothing more than what it may be worth.

It is generally recognized that the origin of the conception of zero is primarily due to the invention and practical utilization of a system of notation wherein the several numerical figures used have place-values apart from what is called their intrinsic value. In writing out a number according to such a system of notation, any notational place may be left empty when no figure with an intrinsic value is wanted there. It is probable that owing to this very reason the Sanskrit word *śūnya*, meaning 'empty', came to denote the zero; and when it is borne in mind that the English word 'cipher' is derived from an Arabic word having the same meaning as the Sanskrit *śūnya*, we may safely arrive at the conclusion that in this country the conception of the zero came naturally in the wake of the decimal system of notation: and so early as in the fifth century of the Christian era, Āryabhaṭa is known to have been fully aware of this valuable mathematical conception.. And in regard to the question of a symbol to represent this conception, it is well worth bearing in mind that operations with the zero cannot be carried on—not to say cannot be even thought of easily—without a symbol of some sort to represent it. Mahāvīrācārya gives, in the very first chapter of his *Gaṇita-sāra-saṅgraha*, the results of the operations of addition, subtraction, multiplication and division carried on in relation to the zero quantity; and although he is wrong in saying that a quantity, when divided by zero, remains unaltered, and should have said, like Bhāskarācārya, that the quotient in such a case is infinity, still the very mention of operations in relation to zero is enough to show that Mahāvīrācārya must have been aware of some symbolic representation of the zero quantity. Since Brahmagupta, who must have lived at least 150 years before Mahāvīrācārya, mentions in his work the results of operations in relation to the zero quantity, it is not unreasonable to suppose that before his time the zero must have had a symbol to represent it in written calculations. That even Āryabhaṭa knew such a symbol is not at all improbable. It is worthy of note in this connection that in enumerating the nominal numerals in the first chapter of his work, Mahāvīrācārya mentions the names denoting the nine figures from 1 to 9, and then gives in the end the names denoting zero, calling all the ten by the name of *saṅkhyā*: and from this fact also, the inference may well be drawn that the zero had a symbol, and that it was well known that with the aid of the ten digits and the decimal system of notation numerical quantities of all values may be definitely and accurately expressed. What this known zero-symbol was, is, however, a different question.

The labour and attention bestowed upon the study and translation and annotation of the *Gaṇita-sāra-saṅgraha* have made it clear to me that I was justified in thinking that its publication might prove useful in elucidating the condition of mathematical studies as they flourished in South India among the Jainas in the ninth century of the Christian era; and it has been to me a source of no small satisfaction to feel that in bringing out this work in this form, I have not wasted my time and thought on an unprofitable undertaking. The value of the work is undoubtedly more historical than mathematical. But it cannot be denied that the step by step construction of the history of Hindu culture is a worthy endeavour, and that even the most insignificant labourer in the field of such an endeavour deserves to be looked upon as a useful worker. Although the editing of the *Gaṇita-sāra-saṅgraha* has been to me a labour of love and duty, it has often been felt to be heavy and taxing; and I, therefore, consider that I am specially bound to acknowledge with gratitude the help which I have received in relation to it. In the early stage, when conning and collating and interpreting the manuscripts was the chief work to be done, Mr. M. B. Varadaraja Aiyangar, B.A., B.L., who is an Advocate of the Chief Court at Bangalore, co-operated with me and gave me an amount of aid for which I now offer him my thanks. Mr. K. Krishnaswami Aiyangar, B.A., of the Madras Christian College, has also rendered considerable assistance in this manner; and to him also I offer my thanks. Latterly I have had to consult on a few occasions Mr. P. V. Seshu Aiyar, B.A., L.T., Professor of Mathematical Physics in the Presidency College here, in trying to explain the rationale of some of the rules given in the work; and I am much obliged to him for his ready willingness in allowing me thus to take advantage of his expert knowledge of mathematics. My thanks are, I have to say in conclusion, very particularly due to Mr. P. Varadacharyar, B.A., Librarian of the Government Oriental Manuscripts Library at Madras, but for whose zealous and steady co-operation with me throughout and careful and continued attention to details, it would indeed have been much harder for me to bring out this edition of the *Gaṇita-sāra-saṅgraha.*

February 1912,
Madras.

M. RANGACHARYA.

गणितसारसङ्ग्रहः

CONTENTS.

गणितसारसङ्ग्रहः

महावीराचार्यप्रणीतः[1]।

संज्ञाधिकारः।

मङ्गलाचरणम्।

अलङ्घ्यं त्रिजगत्सारं यस्यानन्तचतुष्टयम्।
नमस्तस्मै जिनेन्द्राय महावीराय तायिने ॥ १ ॥

[2]सङ्ख्याज्ञानप्रदीपेन जैनेन्द्रेण महा[1]त्विषा।
प्रकाशितं जगत्सर्वं येन तं प्रणमाम्यहम् ॥ २ ॥

प्री[3]णितः प्राणिस[4]स्यौघो निरीतिर्निरवग्रहः।
श्रीमताऽमोघवर्षेण येन स्वेष्टहितैषिणा ॥ ३ ॥

पापरूपाः परा यस्य चित्तवृत्तिहविर्भुजि।
भस्मसा[4]द्भावमीयुस्तेऽवन्ध्यकोपोऽभ[5]वत्ततः ॥ ४ ॥

वशीकुर्वन् जगत्सर्वं स्वयं[6] नानुवशः परैः।
नाभिभूतः प्रभुस्तस्मादपूर्वमकरध्वजः ॥ ५ ॥

यो विक्रमक्रमाक्रान्तचक्रि[7]च[8]क्रकृतक्रियः।
चाक्रिकाभञ्जनो नाम्ना चक्रिकाभञ्जनोऽञ्जसा ॥ ६ ॥

यो विद्यानद्यधिष्ठानो मर्यादावज्रवेदिकः।
रत्नगर्भो यथाख्यातचारित्रजलधिर्महान् ॥ ७ ॥

विध्वस्तैकान्तपक्षस्य स्याद्वादन्यायवादि[9]नः।
देवस्य नृपतुङ्गस्य वर्धतां तस्य शासनम् ॥ ८ ॥

---

[1] M and B मह°. [2] M प्रणीतः. [3] M सर्गौ°.
[4] M and K सङ्ख्या° [5] K, P and B भवेत्. [6] B योऽयं.
[7] M क्री°. [8] M and B श°. [9] P वेदिनः.

गणितशास्त्रप्रशंसा।

लौकिके वैदिके वापि[1] तथा सामायिकेऽपि[2] यः।
व्यापारस्तत्र सर्वत्र सङ्ख्यानमुपयुज्यते ॥ ९ ॥

कामतन्त्रेऽर्थशास्त्रे च गान्धर्वे नाटकेऽपि वा।
सूपशास्त्रे तथा[3] वैद्ये वास्तुविद्यादिवस्तुषु ॥ १० ॥

छन्दो[4]ऽलङ्कारकाव्येषु तर्कव्याकरणादिषु।
कलागुणेषु सर्वेषु प्रस्तुतं गणितं परम्[5] ॥ ११ ॥

सूर्यादिग्रहचारेषु ग्रहणे ग्रहसंयुतौ।
त्रिप्रश्ने चन्द्रवृत्तौ च सर्वत्राङ्गीकृतं हि तत् ॥ १२ ॥

द्वीपसागरशैलानां सङ्ख्याव्यासपरिक्षिपः[6]।
भवनव्यन्तरज्योतिर्लोककल्पाधिवासिनाम् ॥ १३ ॥

नारकाणां च सर्वेषां श्रेणीबन्धे[7]न्द्रकोत्कराः।
प्रकीर्णकप्रमाणाद्या बुध्यन्ते गणितेन ते ॥ १४ ॥

प्राणिनां तत्र संस्थानमायुरष्टगुणादयः।
यात्राद्यास्संहिताद्याश्च सर्वे ते गणिताश्रयाः ॥ १५ ॥

बहुभिर्विप्रलापैः किं त्रैलोक्ये सचराचरे।
यत्किञ्चिद्वस्तु[8] तत्सर्वं गणितेन विना न हि ॥ १६ ॥

तीर्थकृद्भ्यः कृतार्थेभ्यः पूज्येभ्यो जगदीश्वरैः।
तेषां शिष्यप्रशिष्येभ्यः प्रसिद्धाद्गुरुपर्वतः ॥ १७ ॥

जलधेरिव रत्नानि पाषाणादिव काञ्चनम्।
शुक्तेर्मुक्ताफलानीव सङ्ख्याज्ञानं[9] महोदधेः ॥ १८ ॥

---

[1] M स्यात्; B चापि. [2] B च. [3] K and M महा°.
[4] M and B दण्डा°. [5] M and B पुरा. [6] K and M °क्षिपाः.
[7] K, M and B बद्धे°. [8] M वसु. [9] K and P भव for ज्ञान.

किञ्चिदुद्धृत्य तत्सारं वक्ष्येऽहं मतिशक्तितः ।
अल्पं[1] ग्रन्थमनल्पार्थं गणितं सारसङ्ग्रहम् ॥ १९ ॥

संज्ञाम्भोभिरथो[2] पूर्णे परिकर्मोरु[3]वेदिके ।
कलासवर्णसंरूढलुठत्पाठीनसङ्कुले[4] ॥ २० ॥

प्रकीर्णकमहाग्राहे त्रैराशिकतरङ्गिणि ।
मिश्रकव्यवहारोद्यत्सूक्तिरत्नांशुपिञ्जरे ॥ २१ ॥

क्षेत्रविस्तीर्णपाताले खाताख्य[5]सिकताकुले ।
करणस्कन्धसम्बन्धच्छायावेलाविराजिते ॥ २२ ॥

गणकैर्गुणसम्पूर्णैस्तदर्थमणयोऽमलाः ।
गृह्यन्ते करणोपायैस्सारसङ्ग्रहवारिधौ ॥ २३ ॥

अथ संज्ञा ।

न शक्यतेऽर्थो बोद्धुं यत्सर्वस्मिन् संज्ञया विना ।
आदावतोऽस्य शास्त्रस्य परिभाषाभिधास्यते ॥ २४ ॥

तत्र तावत् क्षेत्रपरिभाषा ।

जलानलादिभिर्नाशं यो न याति स पुद्गलः ।
परमाणुरनन्तैस्तैरणुस्सोऽत्रादिरुच्यते ॥ २५ ॥

त्रसरेणुरतस्तस्माद्रथरेणु[6]: शिरोरुहः ।
प[7]रमध्यजघन्याख्या[8] भोगभूकर्मभूभुवाम् ॥ २६ ॥

लीक्षा तिलस्स एवेह सर्षपोऽथ[9] यवोऽङ्गुलम् ।
क्रमेणाष्टगुणान्येतद्व्यवहाराङ्गुलं मतम् ॥ २७ ॥

---

[1] M and B अल्प°. [2] K संज्ञातोयसमा°.

[3] M द्रु (Probably a scribe's mistake for स्थ). [4] M and B सङ्कटे.

[5] P द्य. [6] K and P णु. [7] M and B व°.

[8] P and B—ख्य. [9] P. थि.

तत्पञ्चकशतं प्रोक्तं प्रमाणं मानवेदिभिः ।
वर्तमाननराणामङ्गुलमात्माङ्गुलं भवेत् ॥ २८ ॥

व्यवहारप्रमाणे द्वे[1] राद्धान्ते लौकिके विदुः ।
आत्माङ्गुलमिति त्रेधा तिर्यक्पादः षडङ्गुलैः ॥ २९ ॥

पादद्वयं वितस्तिस्स्यात्ततो हस्तो द्विसङ्गुणः ।
दण्डो हस्तचतुष्केण क्रोशस्तद्द्विसहस्रकम् ॥ ३० ॥

योजनं चतुरः क्रोशान्प्राहुः क्षेत्रविचक्षणाः ।
वक्ष्यतेऽतः परं कालपरिभाषा यथाक्रमम् ॥ ३१ ॥

अथ कालपरिभाषा ।

अणुरण्वन्तरं काले व्यतिक्रामति यावति ।
स कालस्समयोऽसङ्ख्यैस्समयैरावलिर्भवेत् ॥ ३२ ॥

सङ्ख्यातावलिरुच्छ्वासः स्तोकस्तूच्छ्वाससप्तकः ।
स्तोकास्सप्त लवस्तेषां सार्धाष्टात्रिंशता घटी ॥ ३३ ॥

घटीद्वयं मुहूर्तोऽत्र मुहूर्तैस्त्रिंशता दिनम् ।
पञ्चघ्नैस्त्रिदिनैः पक्षः पक्षौ द्वौ मास इष्यते ॥ ३४ ॥

ऋतुर्मासद्वयेन स्यात्त्रिभिस्तैरयनं मतम् ।
तद्द्वयं वत्सरो वक्ष्ये धान्यमानमतः परम् ॥ ३५ ॥

अथ धान्यपरिभाषा ।

विद्धि षोडशिकास्तत्र चतस्रः कुडहो[2] भवेत् ।
कुडहा[3]श्चतुरः प्रस्थश्चतुः प्रस्थानथाढकम् ॥ ३६ ॥

चतुर्भिराढकैर्द्रोणो मानी द्रोणैश्चतुर्गुणैः ।
खारी मानीचतुष्केण खार्यः पञ्च प्रवर्तिका ॥ ३७ ॥

---

[1] M ऽन्ये.   [2] K and B वो.   [3] K वां.

सेयं चतुर्गुणा वाहः कुम्भः पञ्च प्रवर्तिकाः ।
इतः परं सुवर्णस्य परिभाषा विभाष्यते[1] ॥ ३८ ॥

अथ सुवर्णपरिभाषा ।

चतुर्भिर्गण्डकैर्गुञ्जा गुञ्जाः पञ्च पणोऽष्ट ते ।
धरणं धरणे कर्षः पलं कर्षचतुष्टयम् ॥ ३९ ॥

अथ रजतपरिभाषा ।

धान्यद्वयेन गुञ्जैका गुञ्जायुग्मेन माषकः ।
माषषोडशकेनात्र धरणं परिभाष्यते ॥ ४० ॥

तद्द्वयं सार्धकं कर्षः पुराणांश्चतुरः पलम् ।
रूप्ये मागधमानेन प्राहुस्सङ्ख्यानकोविदाः ॥ ४१ ॥

अथ लोहपरिभाषा ।

कला नाम चतुष्पादाः सपादाष्टकला यवः ।
यवैश्चतुर्भिरंशस्स्याद्भागोऽशानां चतुष्टयम् ॥ ४२ ॥

द्रक्षूणो भागषट्केन दीनारोऽस्माद्द्विसङ्गुणः ।
द्वौ दीनारौ सतेरं स्या[2]त्प्राहुर्लोहेऽत्र सूरयः ॥ ४३ ॥

---

[1] For the whole of धान्यपरिभाषा, P and B add what is given below as another reading and M has it in the original with the variations which are enclosed in brackets.

आद्या षोडशिका तत्र कुड(डु)बः प्रस्थ आढकः ।
द्रोणो मानी ततः खारी क्रमेण (मशः*) चतुराहताः ॥
(सहस्रैश्च त्रिभिष्षड्भिरशतैश्च व्रीहिभिस्समम् ।
यस्सम्पूर्णोऽभवत्सोऽयं कुडुबः परिभाष्यते ॥)
प्रवर्तिकात्र ताः पञ्च वाहस्तस्याश्चतुर्गुणः ।
कुम्भस्सपादवाहस्स्यात् (पञ्च प्रवर्तिकाः कुम्भः) स्वर्णसंज्ञाथ वर्ण्यते ॥

[2] M सतेराख्यम्.

* In B also.

पलैर्द्वादशभिस्सार्धैः प्रस्थः पलशतद्वयम् ।
तुला दश तुला भार[1]ः सङ्ख्यादक्षाः प्रचक्षते ॥ ४४ ॥

वस्त्राभरणवेत्राणां युगळान्यत्र विंशतिः ।
कोटि[2]कानन्तरं भाष्ये* परिकर्माणि नामतः ॥ ४५ ॥

अथ परिकर्मनामानि ।

आदिमं गुणकारोऽत्र प्रत्युत्पन्नोऽपि तद्भवेत् ।
द्वितीयं भागहाराख्यं तृतीयं कृतिरुच्यते ॥ ४६ ॥

चतुर्थं वर्गमूलं हि भाष्यते पञ्चमं घनः ।
घनमूलं ततष्षष्ठं सप्तमं च चितिस्स्मृतम् ॥ ४७ ॥

तत्सङ्कलितमप्युक्तं व्युत्कलितमतोऽष्टमम् ।
तच्च शेषमिति प्रोक्तं[3] भिन्नान्यष्टावमून्यपि ॥ ४८ ॥

अथ धनर्णशून्यविषयकसामान्यनियमाः ।

ताडितः खेन राशिः खं सोऽविकारी हृतो युतः ।
हीनोऽपि खवधादिः खं योगे खं योज्यरूपकम् ॥ ४९ ॥

ऋणयोर्धनयोर्घाते भजने च फलं धनम् ।
ऋणं धनर्णयोस्तु स्यात्स्वर्णयोर्विवरं युतौ ॥ ५० ॥

ऋणयोर्धनयोर्योगो यथासङ्ख्यमृणं धनम् ।
शोध्यं धनमृणं राशेः ऋणं शोध्यं धनं भवेत् ॥ ५१ ॥

धनं धनर्णयोर्वर्गौ मूले स्वर्णे तयोः क्रमात् ।
ऋणं स्वरूपतोऽवर्गो यतस्तस्मान्न तत्पदम् ॥ ५२ ॥

अथ सङ्ख्यासंज्ञाः ।

[4]शशी सोमश्च चन्द्रेन्दू प्रालेयांशू रजनीकरः ।
श्वेतं हिमगु रूपञ्च मृगाङ्कश्च कलाधरः । ५३ ॥

---

[1] M रं. [2] M डि. [3] M विद्यात्कलासवर्णस्य.

[4] Stanzas 53 to 68 occur only in M, and are given here, though erroneous here and there, as found in the original.

* Used here in the 4th conjugation, active voice,

द्वि द्वे द्वावुभौ युगलयुग्मं च लोचनं द्वयम् ।
दृष्टिर्नेत्राम्बकं द्वन्द्वमक्षिचक्षुर्नयं दशौ ॥ ५४ ॥

हरनेत्रं पुरं लोकं त्रै(त्रि)रत्नं भुवनत्रयम् ।
गुणो वह्निः शिखी ज्वलनः पावकश्च हुताशनः ॥ ५५ ॥

अम्बुधिर्विषधिर्वार्धिः पयोधिस्सागरो गतिः ।
जलधिर्बन्धश्चतुर्वेदः कषायस्सलिलाकरः ॥ ५६ ॥

इषुर्बाणं शरं शस्त्रं भूतमिन्द्रियसायकम् ।
पञ्च व्रतानि विषयः करणीयस्तन्तुसायकः ॥ ५७ ॥

ऋतुजीवो रसो लेश्या द्रव्यश्च षट्कं खरन् ।
कुमारवदनं वर्णं शिलीमुखपदानि च ॥ ५८ ॥

शैलमद्रिर्भयं भूध्रो नगाचलमुनिर्गिरि : ।
अश्वाश्विपन्नगा द्वीपं धातुर्व्यसनधातृकम् ॥ ५९ ॥

अष्टौ तनुर्गजः कर्म वसु वारणपुष्करम् ।
द्विरदं दन्ती दिग्दुरितं नागानीकं करी यथा ॥ ६० ॥

नव नन्दं च रन्ध्रश्च पदार्थं लब्धकेशवौ ।
निधिरत्नं ग्रहाणां च दुर्गनाम च सङ्ख्यया ॥ ६१ ॥

आकाशं गगनं शून्यमम्बरं खं नभो वियत् ।
अनन्तमन्तरिक्षं च विष्णुपादं दिवि स्मरेत् ॥ ६२ ॥

अथ स्थाननामानि ।

एकं तु प्रथमस्थानं द्वितीयं दशसंज्ञिकम् ।
तृतीयं शतमित्याहुः चतुर्थं तु सहस्रकम् ॥ ६३ ॥

पञ्चमं दशसाहस्रं षष्ठं स्याल्लक्षमेव च ।
सप्तमं दशलक्षं तु अष्टमं कोटिरुच्यते ॥ ६४ ॥

नवमं दशकोट्यस्तु दशमं शतकोटयः ।
अर्बुदं रुद्रसंयुक्तं न्यर्बुदं द्वादशं भवेत् ॥ ६५ ॥

खर्वं त्रयोदशस्थानं महाखर्वं चतुर्दशम् ।
पद्मं पञ्चदशं चैव महापद्मं तु षोडशम् ॥ ६६ ॥

क्षोणी सप्तदशं चैव महाक्षोणी दशाष्टकम् ।
शङ्खं नवदशं स्थानं महाशङ्खं तु विंशकम् ॥ ६७ ॥

क्षित्यैकविंशतिस्थानं महाक्षित्या द्विविंशकम् ।
त्रिविंशकमथ क्षोभं महाक्षोभं चतुर्नयम् ॥ ६८ ॥

अथ गणकगुणनिरूपणम् ।

लघुकरणोहापोहानालस्यग्रहणधारणोपायैः ।
व्यक्तिकराङ्कविशिष्टैर्गणकोऽष्टाभिर्गुणैर्ज्ञेयः ॥ ६९ ॥

इति संज्ञा समासेन भाषिता मुनिपुङ्गवैः ।
विस्तरेणागमाद्वेद्यं वक्तव्यं यदितः परम् ॥ ७० ॥

इति सारसङ्ग्रहे गणितशास्त्रे महावीराचार्यस्य कृतौ संज्ञाधिकारस्समाप्तः ॥

प्रथमः परिकर्मव्यवहारः.

इतः परं परिकर्माभिधानं प्रथमव्यवहारमुदाहरिष्यामः ।

प्रत्युत्पन्नः ।

तत्र[1] प्रथमं प्रत्युत्पन्नपरिकर्मणि करणसूत्रं यथा—

[2]गुणयेद्गुणेन गुण्यं कवाटसन्धिक्रमेण [3]संस्थाप्य ।
राश्यर्धखण्डतत्स्थैरनुलोमविलोममार्गाभ्याम् ॥ १ ॥

अत्रोद्देशकः ।

दत्तान्येकैकस्मै[4] जिनभवना[5]याम्बुजानि तान्यष्टौ ।
वसतीनां चतुरुत्तरचत्वारिंशच्छता[6]य कति ॥ २ ॥

नव पद्मरागमणयस्समर्चिता एकजिनगृहे दृष्टाः ।
साष्टाशीतिद्विशतीमितवसतिषु ते कियन्तस्स्युः ॥ ३ ॥

[7]चत्वारिंशच्चैकोनशताधिकपुष्यरागमणयो[8]ऽर्च्याः ।
एकस्मिन् जिनभवने सनवशते ब्रूहि[9] कति मणयः ॥ ४ ॥

पद्मानि सप्तविंशतिरे[10]कस्मिन् जिनगृहे प्रदत्तानि ।
साष्टानवतिसहस्रे [11]सनवशते तानि कति कथय ॥ ५ ॥

[12]एकैकस्यां वसतावष्टोत्तरशतसुवर्णपद्मानि ।
एकाष्टचतुस्सप्तकनवषट्पञ्चाष्टकानां किम् ॥ ६ ॥

---

[1] K तत्र च. [2] K and B विन्यस्योभौ राशी. [3] K and B सङ्गुणयेत्.

[4] B स्य हि. [5] B नस्या. [6] B शतस्य कति भवनानाम्.

[7] M and B चत्वारिंशद्व्यका शताधिका. [8] M ऽर्च्याः.

[9] M ते कियन्तस्स्युः. [10] M एकैकजिनालयाय दत्तानि.

[11] M प्रयुक्तनवशतगृहाणां किम्. [12] This stanza is found only in M and B.

शशिवसुखरजलनिधिनवपदार्थभयनयसमूहमास्थाप्य ।
हिमकरविषनिधिगतिभिर्गुणिते किं[1] राशिपरिमाणम् ॥ ७ ॥

हिमगुपयोनिधिगतिशशिवह्निव्रननिचयमत्र संस्थाप्य[2] ।
सैकाशीत्या त्वं[3] मे गुणयित्वाचक्ष्व[4] तत्सङ्ख्याम् ॥ ८ ॥

अग्निवसुखरभयेन्द्रियशशलाञ्छनराशिमत्र संस्थाप्य[5] ।
रन्ध्रैर्गुणयित्वा मे कथय सखे राशिपरिमाणम् ॥ ९ ॥

[6]नन्दाग्न्यृतुशरचतुस्त्रिद्वन्द्वैकं स्थाप्य[7]मत्र नवगुणितम् ।
आचार्यमहावीरैः कथितं नरपालकण्ठिकाभरणम् ॥ १० ॥

षट्त्रिकं पञ्चषट्कञ्च सप्त चादौ प्रतिष्ठितम् ।
त्रयस्त्रिंशत्सङ्गुणितं कण्ठाभरणमादि[8]शत् ॥ ११ ॥

हुतवहगतिशशिमुनिभिर्वसुनयगतिचन्द्रमत्र संस्थाप्य ।
शैलेन तु गुणयित्वा कथयेदं रत्नकण्ठिकाभरणम् ॥ १२ ॥

अनलाब्धिहिमगुमुनिशरदुरिताक्षिपयोधिसोममास्थाप्य ।
शैलेन तु गुणयित्वा कथय त्वं राजकण्ठिकाभरणम् ॥ १३ ॥

गिरिगुणदिविगिरिगुणदिविगिरिगुणनिकरं तथैव गुणगुणितम् ।
पुनरेवं गुणगुणितम् एकादिनवोत्तरं विद्धि ॥ १४ ॥

सप्त शून्यं [9]द्वयं द्वन्द्वं पञ्चैकश्च प्रतिष्ठितम् ।
त्रयःसप्ततिसङ्गुण्यं [10]कण्ठाभरणमादिशेत् ॥ १५ ॥

जलनिधिपयोधिशशधरनयनद्रव्याक्षिनिकरमास्थाप्य ।
गुणिते तु चतुष्षष्ट्या का सङ्ख्या गणितविद्ब्रूहि ॥ १६ ॥

---

[1] M and B किन्तस्य. [2] M प्यम्. [3] M अहो. [4] M मे शीघ्रम्.

[5] B विन्यस्य. [6] Stanzas from 10 to 15 are found only in M and B.

[7] All the MSS. read स्थाप्य तत्र. [8] B शे. [9] B नयं.

[10] All the MSS. give the metrically erroneous reading कण्ठाभरणं त्रिनिर्दिशेत् ।

शशाङ्केन्दुरुद्रैकेन्दुशून्यैकरूपं
निधाय क्रमेणात्र राशिप्रमाणम् ।
हिमांश्वग्ररन्ध्रैः प्रसन्ताडितेऽस्मिन्
भवेत्कण्ठिका राजपुत्रस्य योग्या ॥ १७ ॥

इति परिकर्मविधौ प्रथमः प्रत्युत्पन्नः समाप्तः ॥

भागहारः ।

द्वितीये भागहारपरिकर्मणि करणसूत्रं यथा—

विन्यस्य भाज्यमानं तस्याधस्स्थेन भागहारेण ।
सदृशापवर्तविधिना भागं कृत्वा फलं प्रवदेत् ॥ १८ ॥

अथ वा—

प्रतिलोमपथेन भजेद्भाज्यमधस्स्थेन भागहारेण ।
सदृशापवर्तनविधिर्यद्यस्ति विधाय तमपि तयोः ॥ १९ ॥

अत्रोद्देशकः ।

दीनाराष्टसहस्रं द्वानवतियुतं शतेन संयुक्तम् ।
चतुरुत्तरषष्टिनरैर्भक्तं कोंऽशो नुरेकस्य ॥ २० ॥

रूपाग्रसप्तविंशतिशतानि कनकानि यत्र भाज्यन्ते ।
सप्तत्रिंशत्पुरुषैरेकस्यांशं ममाचक्ष्व ॥ २१ ॥

दीनारदशसहस्रं त्रिशतयुतं सप्तवर्गसम्मिश्रम् ।
नवसप्तत्या पुरुषैर्भक्तं [3]किं लब्धमेकस्य ॥ २२ ॥

[4]अयुतं चत्वारिंशच्चतुस्सहस्रैकशतयुतं [5]हेम्नाम् ।
नवसप्ततिवसतीनां दत्तं वित्तं किमेकस्याः ॥ २३ ॥

---

[1] This stanza is not found in P. [2] K स. [3] M कोंऽशो नुरेकस्य.
[4] This stanza is not found in P. [5] B and K हेमम्.

[1] सप्तदशात्रिशतयुतान्येकात्रिंशत्सहस्रजम्बूनि ।
भक्तानि नवात्रिंशन्नरैर्वदैकस्य भागं त्वम् ॥ २४ ॥

[2] त्र्यधिकदशात्रिशतयुतान्येकत्रिंशत्सहस्रजम्बूनि ।
सैकाशीतिशतेन प्रहतानि नरैर्वदैकांशम् ॥ २५ ॥

त्रिदशसहस्री सैका षष्टिद्विशतीसहस्रषट्कयुता ।
रत्नानां नवपुंसां दत्तैकनरोऽत्र किं लभते ॥ २६ ॥

[3] एकादिषडन्तानि क्रमेण हीनानि हाटकानि सखे ।
विधुजलधिबन्धसङ्ख्यैर्नरैर्हृतान्येकभागः कः ॥ २७ ॥

त्र्यशीतिमिश्राणि चतुश्शतानि
चतुस्सहस्रघ्नगान्वितानि ।
रत्नानि दत्तानि जिनालयानां
त्रयोदशानां कथयैकभागम् ॥ २८ ॥

इति परिकर्मविधौ द्वितीयो भागहारः समाप्तः ॥

वर्गः ।

तृतीये वर्गपरिकर्मणि करणसूत्रं यथा—

द्विसमवधो घातो वा स्वेष्टोनयुतद्वयस्य सेष्टकृतिः ।
एकादिद्विचयेच्छागच्छयुतिर्वा भवेद्वर्गः ॥ २९ ॥

---

[1] M reads the problem contained in this stanza thus :—

त्रिशतयुतैकत्रिंशत्सहस्रयुक्ता दशाधिकाः सप्त ।
भक्ताश्चत्वारिंशत्पुरुषैरेकोनैस्तत्र दीनारम् ॥

[2] This stanza is found only in M.

[3] M एकद्वित्रिचतुःपञ्चषट्कैर्हीनाः क्रमेण सम्भक्ताः ।
सैकचतुःशतसंयुतचत्वारिंशज्जिनालयानां किम् ॥

द्विस्थानप्रभृतीनां राशीनां सर्ववर्गसंयोगः ।
तेषां क्रमघातेन द्विगुणेन विमिश्रितो वर्गः ॥ ३० ॥
कृत्वान्त्यकृतिं हन्याच्छेषपदैर्द्विगुणमन्त्यमुत्सार्य ।
शेषानुत्सार्यैवं करणीयो विधिरयं वर्गे ॥ ३१ ॥

अत्रोद्देशकः ।

एकादिनवान्तानां पञ्चदशानां द्विसङ्गुणाष्टानाम् ।
व्रतयुगयोश्च रसाग्न्योश्शरनगयोर्वर्गमाचक्ष्व ॥ ३२ ॥
साष्टात्रिंशत्त्रिशती चतुस्सहस्रैकषष्टिषट्छतिका ।
द्विशती षट्पञ्चाशान्मिश्रा वर्गीकृता किं स्यात् ॥ ३३ ॥
लेख्यागुणेषुबाणद्रव्याणां शरगतित्रिसूर्याणाम् ।
गुणरत्नाग्निपुराणां वर्गं भण गणक यदि वेत्सि ॥ ३४ ॥

सप्ताशीतित्रिशतसहितं षट्सहस्रं पुनश्च
पञ्चत्रिंशच्छतसमधिकं सप्तनिघ्नं सहस्रम् ।
द्वाविंशत्या युतदशशतं [1]वर्गितं तत्त्रयाणां
ब्रूहि त्वं मे गणक गुणवन्सङ्गुणय्य प्रमाणम् ॥ ३५ ॥

इति परिकर्मविधौ तृतीयो वर्गस्समाप्तः ॥

वर्गमूलम् ।

चतुर्थे वर्गमूलपरिकर्मणि करणसूत्रं यथा—

अन्त्यौजादपहृतकृतिमूलेन द्विगुणितेन युग्महृतौ ।
लब्धकृतिस्त्याज्यौजे द्विगुणदलं वर्गमूलफलम् ॥ ३६ ॥

---

[1] P, K and B राशिरेतत्कृतीनाम्.

अत्रोद्देशकः ।

[1]एकादिनवान्तानां वर्गगतानां वदाशु मे मूलम् ।
ऋतुविषयलोचनानां द्रव्यमहीध्रेन्द्रियाणाञ्च ॥ ३७ ॥

एकाग्रषष्टिसमधिकपञ्चशतोपेतषट्सहस्राणाम् ।
षड्वर्गपञ्चपञ्चकषण्णामपि मूलमाकलय ॥ ३८ ॥

द्रव्यपदार्थनयाचललेश्याब्ध्यब्धि[2]निधिनयाब्धीनाम् ।
शशिनेत्रेन्द्रिययुगनयजीवानाञ्चापि किं मूलम् ॥ ३९ ॥

चन्द्राब्धिगतिकषायद्रव्यर्तुहुताशनर्तुराशीनाम् ।
विधुलेश्येन्द्रियहिमकरमुनिगिरिशशिनां च मूलं किम् ॥ ४० ॥

द्वादशशतस्य मूलं षण्णवतियुतस्य कथय सञ्चिन्त्य ।
शतषट्कस्यापि सखे पञ्चकवर्गेण युक्तस्य ॥ ४१ ॥

अङ्केभकर्माम्बरशङ्कराणां
सोमाक्षिवैश्वानरभास्कराणाम् ।
चन्द्रर्तुबाणाब्धिगतिद्विपानामाचक्ष्व
मूलं गणकाग्रणीस्त्वम् ॥ ४२ ॥

इति परिकर्मविधौ चतुर्थं वर्गमूलं समासम् ॥

घनः ।

पञ्चमे घनपरिकर्मणि करणसूत्रं यथा —

त्रिसमाहतिर्घनस्स्यादिष्टोनयुतान्यराशिघातो वा ।
अल्पगुणितेष्टकृत्या कलितो वृन्देन चेष्टस्य ॥ ४३ ॥

इष्टादिद्विगुणेष्टप्रचयेष्टपदान्वयोऽथ वेष्टकृतिः ।
व्येकेष्टहतैकादिद्विचयेष्टपदैक्ययुक्ता वा ॥ ४४ ॥

[3]एकादिचयेष्टपदे पूर्वं राशिं परेण सङ्गुणयेत् ।
गुणितसमासस्त्रिगुणश्चरमेण युतो घनो भवति ॥ ४५ ॥

---

[1] P and M वर्गगतानां शीघ्रं रूपादिनवात्मानराशीनाम् । मूलं कथय सखे त्वं ·
[2] M नव.
[3] This stanza is not found in P.

अन्त्यान्यस्थानकृतिः परस्परस्थानसङ्गुणा त्रिहता ।
पुनरेवं तद्योगस्सर्वपदघनान्वितो बृन्दम् ॥ ४६ ॥

[3] अन्त्यस्य घनः कृतिरपि सा त्रिहतोत्सार्य शेषगुणिता वा ।
शेषकृतिस्त्र्यन्त्यहता स्थाप्योत्सार्यैवमत्र विधिः ॥ ४७ ॥

अत्रोद्देशकः ।

[4] एकादिनवान्तानां पञ्चदशानां शरेक्षणस्यापि ।
रसवह्न्योर्गिरिनगयोः कथय घनं द्व्यग्रलब्ध्योश्च ॥ ४८ ॥

हिमकरगगनेन्दूनां नयगिरिशशिनां खरेन्दुबाणानाम् ।
वद मुनिचन्द्रयतीनां बृन्दं चतुरुदधिगुणशशिनाम् ॥ ४९ ॥

राशिर्घनीकृतोऽयं शतद्वयं मिश्रितं त्रयोदशभिः ।
तद्द्विगुणोऽस्मात्त्रिगुणश्चतुर्गुणः पञ्चगुणितश्च ॥ ५० ॥

शतमष्टषष्टियुक्तं दृष्टमभीष्टं घने विशिष्टतमैः ।
एकादिभिरष्टान्त्यैर्गुणितं वद तद्घनं शीघ्रम् ॥ ५१ ॥

अन्धाम्बरर्तुगगनेन्द्रियकेशवानां
सङ्ख्याः क्रमेण विनिधाय घनं गृहीत्वा ।
आचक्ष्व लब्धमधुना करणानुयोग-
गम्भीरसारतरसागरपारदृश्वन् ॥ ५२ ॥

इति परिकर्मविधौ पञ्चमो घनस्समाप्तः ॥

---

[1] M रपि. [2] M गो वा.

[3] This stanza is omitted in M. The following stanza is found as a पाठान्तर in P, K and B; though not quite explicit, it mentions two of the processes above described :—

त्रिसमगुणोऽन्त्यस्य घनस्तद्वर्गस्त्रिगुणितो हतश्शेषैः ।
उत्सार्य शेषकृतिरथ निष्ठा त्रिगुणा घनस्तथाग्रे वा ॥

[4] Instead of stanzas 48 and 49, M reads

एकादिनवान्तानां रुद्राणां हिमकरेन्दूनाम् ।
वद मुनिचन्द्रयतीनां बृन्दं चतुरुदधिगुणशशिनाम् ॥

घनमूलम् ।

षष्ठे घनमूलपरिकर्मणि करणसूत्रं यथा—

अन्त्यघनादपहृतघनमूलकृतित्रिहतिभाजिते भाज्ये ।
प्राक्त्रिहताप्तस्य कृतिश्शोध्या शोध्ये घनेऽथ घनम् ॥ ५३ ॥

[1]घनमेकं द्वे अघने घनपदकृत्या भजेत्त्रिगुणयाघनतः ।
पूर्वत्रिगुणाप्तकृतिस्त्याज्याप्तघनश्च पूर्ववल्लब्धपदैः ॥ ५४ ॥

अत्रोद्देशकः ।

एकादिनवान्तानां घनात्मनां रत्नशशिनवाब्धीनाम् ।
[2]नगरसवसुखर्तुगजक्षपाकराणाञ्च मूलं किम् ॥ ५५ ॥

गतिनयमदशिखिशशिनां मुनिगुणखर्त्वक्षिनव[3]खराग्नीनाम् ।
[4]वसुखयुगखाद्रिगतिकरिचन्द्रर्तूनां गृहाण पदम् ॥ ५६ ॥

चतुःपयोध्यग्निशराक्षिदृष्टि
हयेभखव्योमभयेक्षणस्य ।
वदाष्टकर्माब्धिखघातिभाव
द्विवह्निरत्नर्तुनगस्य मूलम् ॥ ५७ ॥

द्रव्याश्वशैलदुरितखवह्न्यद्रिभयस्य वदत घनमूलम् ।
नवचन्द्रहिमगुमुनिशशिलब्ध्यम्बरखरयुगस्यापि ॥ ५८ ॥

गतिगजविषयेषुविधुस्वराद्रिकरगतियुगस्य भण मूलम् ।
लेख्याश्वनगनवाचलपुरखरनयजिविचन्द्रमसाम् ॥ ५९ ॥

गतिखरदुरितेभाम्भोधिताक्ष्यध्वजाक्ष-
द्विकृतिनवपदार्थद्रव्यवह्नीन्दुचन्द्र- ।
जलधरपथरन्ध्रेष्वष्टकानां घनानां
गणक गणितदक्षाचक्ष्व मूलं परीक्ष्य ॥ ६० ॥

इति परिकर्मविधौ षष्ठं घनमूलं समाप्तम् ॥

---

[1] This stanza is not found in M. [2] M गिरि. [3] M रसा.
[4] M विधुपुरखरस्वरर्तुज्वलनधराणां. This stanza is not found in M

सङ्कलितम् ।

सप्तमे सङ्कलितपरिकर्मणि करणसूत्रं यथा --

रूपेणोनो गच्छो दलीकृतः प्रचयताडितो मिश्रः ।
प्रभवेण पदाभ्यस्तस्सङ्कलितं भवति सर्वेषाम् ॥ ६१ ॥

प्रकारान्तरेण धनानयनसूत्रम्—

एकविहीनो गच्छः प्रचयगुणो द्विगुणितादिसंयुक्तः ।
गच्छाभ्यस्तो द्विहृतः प्रभवेत्सर्वत्र सङ्कलितम् ॥ ६२ ॥

आद्युत्तरसर्वधनानयनसूत्रम्—

पदहतमुखमादिधनं व्येकपदार्धघ्नचयगुणो गच्छः ।
उत्तरधनं [1]तयोर्योगो धनमूनोत्तरं मुखेऽन्त्यधने ॥ ६३ ॥

अन्त्यधनमध्यधनसर्वधनानयनसूत्रम्--

[2]चयगुणितैकोनपदं साद्यन्त्यधनं तदादियोगार्धम् ।
मध्यधनं तत्पदवधमुद्दिष्टं सर्वसङ्कलितम् ॥ ६४ ॥

अत्रोद्देशकः ।

एकादिदशान्ताद्यास्तावत्प्रचयास्समर्चयन्ति धनम् ।
वणिजो दश दश गच्छास्तेषां सङ्कलितमाकलय ॥ ६५ ॥

द्विमुखत्रिचयैर्मणिभिः प्रानर्च श्रावकोत्तमः कश्चित् ।
पञ्चवसतीरमीषां का सङ्ख्या ब्रूहि गणितज्ञ ॥ ६६ ॥

आदिस्त्रयश्चयोऽष्टौ द्वादश गच्छस्त्रयोऽपि रूपेण ।
आ सप्तकात्प्रवृद्धास्सर्वेषां गणक भण गणितम् ॥ ६७ ॥

द्विकृतिर्मुखं चयोऽष्टौ नगरसहस्रे समर्चितं गणितम् ।
गणिताब्धिसमुत्तरणे बाहु[3]बलिन् त्वं समाचक्ष्व ॥ ६८ ॥

---

[1] M तदूना सैक(व ?)पदाप्ता युतिः प्रभवः ।

[2] This stanza is omitted in M.

[3] M बली.

गच्छानयनसूत्रम्—

अष्टोत्तरगुणराशेर्द्विगुणाद्युत्तरविशेषकृतिसहितात् ।
मूलं चययुतमर्धितमाद्यूनं चयहृतं गच्छः ॥ ६९ ॥

प्रकारान्तरेण गच्छानयनसूत्रम्—

अष्टोत्तरगुणराशेर्द्विगुणाद्युत्तरविशेषकृतिसहितात् ।
मूलं क्षेपपदोनं दलितं चयभाजितं गच्छः ॥ ७० ॥

अत्रोद्देशकः ॥

आदिर्द्वौ प्रचयोऽष्टौ द्वौ रूपेणा त्रयात्क्रमाद्वृद्धौ ।
खाङ्कौ रसाद्रिनेत्रं खेन्दुहरा वित्तमत्र को गच्छः ॥ ७१ ॥
आदिः पञ्च चयोऽष्टौ गुणरत्नाग्निधनमत्र को गच्छः ।
षट् प्रभवश्च चयोऽष्टौ खाद्विचतुस्त्वं पदं किं स्यात् ॥ ७२ ॥

उत्तराद्यानयनसूत्रम्—

आदिधनोनं गणितं पदोनपदकृतिदलेन सम्भजितम् ।
प्रचयस्तद्धनहीनं गणितं पदभाजितं प्रभवः ॥ ७३ ॥

आद्युत्तरानयनसूत्रम्—

प्रभवो गच्छाप्तधनं विगतैकपदार्धगुणितचयहीनम् ।
पदहृतधनमाद्यूनं निरेकपददलहृतं प्रचयः ॥ ७४ ॥

प्रकारान्तरेणोत्तराद्यानयनसूत्रद्वयम्—

द्विहतं सङ्कलितधनं गच्छहृतं द्विगुणितादिना रहितम् ।
विगतैकपदविभक्तं प्रचयस्स्यादिति विजानीहि ॥ ७५ ॥
द्विगुणितसङ्कलितधनं गच्छहृतं रूपरहितगच्छेन ।
ताडितचयेन रहितं द्वयेन सम्भाजितं प्रभवः ॥ ७६ ॥

अत्रोद्देशकः ।

नव वदनं तत्त्वपदं भावाधिकशतधनं कियान्प्रचयः ।
पञ्च चयोऽष्ट पदं षट्पञ्चाशच्छतधनं मुखं कथय ॥ ७७ ॥

स्वेष्टाद्युत्तरगच्छानयनसूत्रम्—

सङ्कलिते स्वेष्टहृते हारो गच्छोऽत्र लब्ध इष्टोने ।
ऊनितमादिश्शेषे व्येकपदार्धोद्धृते प्रचयः ॥ ७८ ॥

अत्रोद्देशकः ।

चत्वारिंशत्सहिता पञ्चशती गणितमत्र सन्दृष्टम् ।
गच्छप्रचयप्रभवान् [1]गणितज्ञशिरोमणे कथय ॥ ७९ ॥

आद्युत्तरगच्छसर्वमिश्रधनविश्लेषणे सूत्रत्रयम्—

उत्तरधनेन रहितं गच्छेनैकेन संयुतेन हृतम् ।
मिश्रधनं प्रभवस्स्यादिति गणकशिरोमणे विद्धि ॥ ८० ॥

आदिधनोनं मिश्रं [2]रूपोनपदार्धगुणितगच्छेन ।
सैकेन हृतं प्रचयो गच्छविधानात्पदं मुखे सैके ॥ ८१ ॥

मिश्रादपनीतेष्टौ मुखगच्छौ प्रचयमिश्रविधिलब्धः ।
यो राशिस्स चयस्स्यात्करणमिदं सर्वसंयोगे ॥ ८२ ॥

अत्रोद्देशकः ।

द्वित्रिकपञ्चदशाग्रा चत्वारिंशन्मुखादिमिश्रधनम् ।
तत्र प्रभवं प्रचयं गच्छं सर्वं च मे ब्रूहि ॥ ८३ ॥

---

[1] M विगणय्य सखे ममाचक्ष्व.

[2] M पदोनपदकृतिदलेन सैकेन ।
भक्तः प्रचयोऽत्र पदं गच्छविधानान्मुखे सैके ॥

इष्टधनाद्युत्तरतो द्विगुणत्रिगुणद्विभागत्रिभागादीष्टधनाद्युत्तरानयनसूत्रम्—

इष्टविभक्तेष्टधनं द्विष्ठं तत्प्रचयताडितं [1]प्रचयः।
तत्प्रभवगुणं प्रभवो [2]गुणभागस्येष्टवित्तस्य॥ ८४॥

अत्रोद्देशकः।

समगच्छश्चत्वारष्षष्टिर्मुखमुत्तरं ततो द्विगुणम्।
तद्द्व्यादिहतविभक्तस्वेष्टस्याद्युत्तरे ब्रूहि॥ ८५॥

इष्टगच्छयोर्व्यस्ताद्युत्तरसमधनद्विगुणत्रिगुणद्विभागत्रिभागादिधनानयनसूत्रम्—

व्येकात्महतो गच्छस्स्वेष्टघ्नो द्विगुणितान्यपदहीनः।
मुखमात्मोनान्यकृतिर्द्विकेष्टपदघातवर्जिता प्रचयः॥ ८६॥

अत्रोद्देशकः।

पञ्चाष्टगच्छपुंसो व्यस्तप्रभवोत्तरे समानधनम्।
द्वित्रिगुणादिधनं वा ब्रूहि त्वं गणक विगणय्य॥ ८७॥

द्वादशषोडशपदयोर्व्यस्तप्रभवोत्तरे समानधनम्।
द्व्यादिगुणभागधनमपि कथय त्वं [3]गणितशास्त्रज्ञ॥ ८८॥

असमानोत्तरसमगच्छसमधनस्याद्युत्तरानयनसूत्रम्—

अधिकचयस्यैकादिश्चाधिकचयशेषचयविशेषो गुणितः।
विगतैकपदार्धेन सरूपश्च मुखानि मित्र शेषचयानाम्॥ ८९॥

अत्रोद्देशकः।

एकादिषडन्तचयानामेकत्रितयपञ्चसप्तचयानाम्।
नवनवगच्छानां समवित्तानां चाशु वद मुखानि सखे॥ ९०॥

---

[1] M गुणभागाद्युत्तरेच्छायाः. [2] M गुण°. [3] M गणकमुखतिलक।

विसदृशादिसदृशगच्छसमधनानामुत्तरानयनसूत्रम्—

अधिकमुखस्यैकचयश्चाधिकमुखशेषमुखविशेषो भक्तः ।
विगतैकपदार्धेन सरूपश्च चया भवन्ति शेषमुखानाम् ॥ ९१ ॥

अत्रोद्देशकः ।

एकत्रिपञ्चसप्तनवैकादशवदनपञ्चपञ्चपदानाम् ।
समवित्तानां कथयोत्तराणि गणिताब्धिपारदृश्वन् गणक ॥ ९२ ॥

अथ गुणधनगुणसङ्कलितधनयोस्सूत्रम्—

पदमितगुणहतिगुणितप्रभवस्स्याद्गुणधनं तदाद्यूनम् ।
एकोनगुणविभक्तं गुणसङ्कलितं विजानीयात् ॥ ९३ ॥

गुणसङ्कलिते अन्यदपि सूत्रम्—

समदलविषमखरूपो गुणगुणितो वर्गताडितो गच्छः ।
रूपोनः प्रभवघ्नो व्येकोत्तरभाजितस्सारम् ॥ ९४ ॥

गुणसङ्कलितान्त्यधनानयने तत्सङ्कलितधनानयने च सूत्रम्—

गुणसङ्कलितान्त्यधनं विगतैकपदस्य गुणधनं भवति ।
तद्गुणगुणं मुखोनं व्येकोत्तरभाजितं सारम् ॥ ९५ ॥

गुणधनस्योदाहरणम् ।

स्वर्णद्वयं गृहीत्वा त्रिगुणधनं प्रतिपुरं [1]समार्जयति ।
यः पुरुषोऽष्टनगर्यां तस्य कियद्वित्तमाचक्ष्व ॥ ९६ ॥

गुणधनस्याद्युत्तरानयनसूत्रम्—

गुणधनमादिविभक्तं यत्पदमितवधसमं स एव चयः ।
गच्छप्रमगुणघातप्रहृतं गुणितं भवेत्प्रभवः ॥ ९७ ॥

---

[1] M समर्चयति.

गुणधनस्य गच्छानयनसूत्रम् —

मुखभक्ते गुणवित्ते यथा निरग्रं तथा गुणेन हृते ।
यावत्योऽत्र शलाकास्तावान् गच्छो गुणधनस्य ॥ ९८ ॥

गुणसङ्कलितोदाहरणम् ।

दीनारपञ्चकादिद्विगुणं धनमर्जयन्नरः कश्चित् ।
प्राविक्षदष्टनगरीः कति जातास्तस्य दीनाराः ॥ ९९ ॥

सप्तमुखात्रिगुणचयत्रिवर्गगच्छस्य किं धनं वणिजः ।
त्रिकपञ्चकपञ्चदशप्रभवगुणोत्तरपदस्यापि ॥ १०० ॥

गुणसङ्कलितोत्तराद्यानयनसूत्रम् —

असकृद्व्येकं मुखहृतवित्तं येनोद्धृतं भवेत्स चयः ।
व्येकगुणगुणितगणितं निरेकपदमात्रगुणवधाप्तं प्रभवः ॥ १०१ ॥

अत्रोद्देशकः ।

त्रिमुखर्तुगच्छबाणाङ्काम्बरजलनिधिधने कियान्प्रचयः ।
षड्गुणचयपञ्चपदाम्बरशशिहिमगुत्रिवित्तमत्र मुखं किम् ॥ १०२ ॥

गुणसङ्कलितगच्छानयनसूत्रम् —

एकोनगुणाभ्यस्तं प्रभवहृतं रूपसंयुतं वित्तम् ।
यावत्कृत्वो भक्तं गुणेन तद्वारसम्मितिर्गच्छः ॥ १०३ ॥

अत्रोद्देशकः ।

त्रिप्रभवं षड्गुणं सारं सप्तत्युपेतसप्तशती ।
सप्ताग्रा ब्रूहि सखे कियत्पदं गणक गुणनिपुण ॥ १०४ ॥

पञ्चादिद्विगुणोत्तरे शरगिरिद्व्येकप्रमाणे धने
सप्तादिं त्रिगुणे नगेभदुरितस्तम्बेरमर्तुप्रमे ।

---

[1] M च.

व्यासे पञ्चगुणाधिके हुतवहोपेन्द्राक्षवह्निद्विप-
श्वेतांशुद्विरदेभकर्मकरदृश्याने ऽपि गच्छः कियान् ॥ १०५ ॥

इति परिकर्मविधौ सप्तमं सङ्कलितं समाप्तम् ॥

व्युत्कलितम् ।

अष्टमे व्युत्कलितपरिकर्मणि करणसूत्रं यथा —

सपदेष्टं स्वेष्टमपि व्येकं दलितं चयाहतं समुखम् ।
शेषेष्टगच्छगुणितं व्युत्कलितं स्वेष्टवित्तं च ॥ १०६ ॥

प्रकारान्तरेण व्युत्कलितधनस्वेष्टधनानयनसूत्रम् —

गच्छसहितेष्टमिष्टं चैकोनं चयहतं द्विहादियुतम् ।
शेषेष्टपदार्धगुणं व्युत्कलितं स्वेष्टवित्तमपि ॥ १०७ ॥

चयगुणभवव्युत्कलितधनानयने व्युत्कलितधनस्य शेषेष्टगच्छानयने च सूत्रम्—

इष्टधनोनं गणितं[1] व्यवकलितं चयभवं गुणोत्थं च ।
सर्वेष्टगच्छशेषे शेषपदं जायते तस्य ॥ १०८ ॥

शेषगच्छस्याद्यानयनसूत्रम् —

प्रचयगुणितेष्टगच्छस्सादिः प्रभवः पदस्य शेषस्य ।
प्राक्तन एव चयस्स्याद्गच्छस्येष्टस्य तावेव ॥ १०९ ॥

गुणव्युत्कलितशेषगच्छस्याद्यानयनसूत्रम्—

गुणगुणितेऽपि चयादी तथैव भेदोऽयमत्रशेषपदे ।
इष्टपदमितिगुणाहतिगुणितप्रभवो भवेद्धक्रम् ॥ १११ ॥

---

[1] M गणितं.

अत्रोद्देशकः ।

द्विमुखस्त्रिचयो गच्छश्चतुर्दश स्वेप्सितं पदं सप्त ।
अष्टनवषट्कपञ्च च किंव्युत्कलितं समाकलय ॥ १११ ॥

षडादिरष्टौ प्रचयोऽत्र षट्कृतिः
पदं दश द्वादश षोडशेप्सितम् ।
मुखादिरन्यस्य तु पञ्चपञ्चकं
शतद्वयं ब्रूहि शतं व्ययः कियान् ॥ ११२ ॥

षड्गुनमानो गच्छः प्रचयोऽष्टौ द्विगुणसप्तकं वक्त्रम् ।
सप्तत्रिंशत्स्वेष्टं पदं समाचक्ष्व फलमुभयम् ॥ ११३ ॥

अष्टकृतिरादिरुत्तरमूनं चत्वारि षोडशात्र पदम् ।
इष्टानि तत्त्वकेशवरुद्रार्कपदानि किं शेषम् ॥ ११४ ॥

गुणव्युत्कलितस्योदाहरणम्—

चतुरादिद्विगुणात्मकोत्तरयुतो गच्छश्चतुर्णां कृति-
र्दश वाञ्छापदमङ्कसिन्धुरगिरिद्रव्येन्द्रियाम्भोधयः ।
कथय व्युत्कलितं फलं सकलसद्भूजाग्रिमं [1]व्याप्तवान्
करणस्कन्धवनान्तरं गणितविन्मत्तेभविक्रीडितम् ॥ ११५ ॥

इति परिकर्मविधावष्टमं व्युत्कलितं समाप्तम् ॥

इति सारसङ्ग्रहे गणितशास्त्रे महावीराचार्यस्य कृतौ परिकर्मनामा प्रथमो व्यवहारः समाप्तः ॥

---

[1] M प्रा.

अथ द्वितीयः कलासवर्णव्यवहारः ।

---

[1]त्रिलोकराजेन्द्रकिरीटकोटिप्रभाभिरालीढपदारविन्दम् ।
निर्मूलमुन्मूलितकर्मवृक्षं जिनेन्द्रचन्द्रं प्रणमामि भक्त्या ॥ १ ॥

इतः परं कलासवर्णं द्वितीयव्यवहारमुदाहरिष्यामः ॥

भिन्नप्रत्युत्पन्नः ।

तत्र भिन्नप्रत्युत्पन्ने करणसूत्रं यथा —

गुणयेदंशानंशैर्हारान् हारैर्घटेत यदि तेषाम् ।
वज्रापवर्तनविधिर्विधाय तं भिन्नगुणकारे ॥ २ ॥

अत्रोद्देशकः ।

शुण्ठ्याः पलेन लभते चतुर्नवांशं पणस्य यः पुरुषः ।
किमसौ ब्रूहि सखे त्वं त्रिगुणेन पलाष्टभागेन ॥ ३ ॥

मरिचस्य पलस्यार्घः पणस्य सप्ताष्टमांशको यत्र ।
तत्र भवेत्किं [2]मूल्यं पलषट्पञ्चांशकस्य वद ॥ ४ ॥

कश्चित्पणेन लभते त्रिपञ्चभागं पलस्य पिप्पल्याः ।
नवभिः पणैर्द्विभक्तैः किं गणकाचक्ष्व गुणयित्वा ॥ ५ ॥

क्रीणाति पणेन वणिग्जीरकपलनवदशांशकं यत्र ।
तत्र पणैः पञ्चार्धैः कथय त्वं किं समग्रमते ॥ ६ ॥

द्व्यादयो द्वितयवृद्धयोऽशका-
स्त्र्यादयो द्वयचया हराः पुनः ।
ते द्वये दशपदाः कियत्फलं
ब्रूहि तत्र गुणने द्वयोर्द्वयोः ॥ ७ ॥

इति भिन्नगुणकारः ।

---

[1] This stanza is omitted in P. [2] M मौ.

भिन्नभागहारः ।

भिन्नभागहारे करणसूत्रं यथा —

अंशीकृत्यच्छेदं प्रमाणराशेस्ततः क्रिया गुणवत् ।
प्रमितफलेऽन्यहरघ्ने विच्छिदि वा सकलवच्च भागहृतौ ॥ ८ ॥

अत्रोद्देशकः ।

हिङ्गोः पलार्धमौल्यं पणत्रिपादांशको भवेद्यत्र ।
तत्रार्धे विक्रीणन् पलमेकं किं नरो लभते ॥ ९ ॥

अगरोः पलाष्टमेन त्रिगुणेन पणस्य विंशतित्र्यंशान् ।
उपलभते यत्र पुमानेकेन पलेन किं तत्र ॥ १० ॥

पणपञ्चमैश्चतुर्भिर्नरवस्य पलसप्तमो द्व्यशीतिगुणः ।
संप्राप्यो यत्र स्यादेकेन पणेन किं तत्र ॥ ११ ॥

त्र्यादिरूपपरिवृद्धियुजोंऽशा
यावदष्टपदमेकविहीनाः ।
हारकास्तत इह द्वितयाद्यैः
किं फलं वद परेषु हृतेषु ॥ १२ ॥

इति भिन्नभागहारः ।

भिन्नवर्गवर्गमूलघनघनमूलानि ॥

[1]भिन्नवर्गवर्गमूलघनघनमूलेषु करणसूत्रं यथा —

कृत्वाच्छेदांशकयोः कृतिकृतिमूले घनं च घनमूलम् ।
तच्छेदैरंशहृतौ वर्गादिफलं भवेद्भिन्ने ॥ १३ ॥

---

[1] M भिन्नवर्गभिन्नवर्गमूलभिन्नघनतन्मूलेषु.

अत्रोद्देशकः ।

पञ्चकसप्तनवानां दलितानां कथय गणक वर्गं त्वम् ।
षोडशविंशतिशतकद्विशतानां च त्रिभक्तानाम् ॥ १४ ॥

त्रिकादिरूपद्वयवृद्धयोऽशा
द्विकादिरूपोत्तरका हराश्च ।
पदं मतं द्वादश वर्गमेषां
वदाशु मे त्वं गणकाग्रगण्य ॥ १५ ॥

पादनवांशकषोडशभागानां पञ्चविंशतितमस्य ।
षट्त्रिंशद्भागस्य च कृतिमूलं गणक भण शीघ्रम् ॥ १६ ॥

भिन्ने वर्गे राशयो वर्गिता ये
तेषां मूलं सप्तशत्याश्च किं स्यात् ।
त्र्यष्टोनायाः पञ्चवर्गोद्धृताया
ब्रूहि त्वं मे वर्गमूलं प्रवीण ॥ १७ ॥

अर्धत्रिभागपादाः पञ्चांशकषष्ठसप्तमाष्टांशाः ।
दृष्टा नवमश्चैषां पृथक् पृथग्ब्रूहि गणक घनम् ॥ १८ ॥

त्रितयादिचतुश्चयकोऽशगणो
द्विमुखद्विचयोऽत्र हरप्रचयः ।
दशकं पदमाशु तदीयघनं
कथय प्रिय सूक्ष्ममते गणिते ॥ १९ ॥

शतकस्य पञ्चविंशस्याष्टविभक्तस्य कथय घनमूलम् ।
[1] नवयुतसप्तशतानां विंशानामष्टभक्तानाम् ॥ २० ॥

---

[1] M सप्तशतस्यापि सखे व्येकानत्रिंशकाष्टकाप्तस्य ॥

भिन्नघने परिदृष्टघनानां
मूलमुदग्रमते वद मित्र ।
त्र्यूनशतद्वययुग्द्विसहस्र्या-
श्चापि नवप्रहतात्रिहृतायाः ॥ २१ ॥

इति भिन्नवर्गवर्गमूलघनघनमूलानि ॥

भिन्नसङ्कलितम् ।

भिन्नसङ्कलिते करणसूत्रं यथा —

पदमिष्टं प्रचयहतं द्विगुणप्रभवान्वितं चयेनोनम् ।
गच्छार्धेनाभ्यस्तं भवति फलं भिन्नसङ्कलिते ॥ २२ ॥

अत्रोद्देशकः ।

द्वित्र्यंशष्षड्भागस्त्रिचरणभागो मुखं चयो गच्छः ।
द्वौ पञ्चमौ त्रिपादो द्वित्र्यंशोऽन्यस्य कथय किं वित्तम् ॥ २३ ॥
आदिः प्रचयो गच्छस्त्रिपञ्चमः पञ्चमस्त्रिपादांशः ।
सर्वांशहरौ वृद्धौ द्वित्रिभिरा सप्तकाच्च का चितिः ॥ २४ ॥

इष्टगच्छस्याद्युत्तरवर्गरूपघनरूपधनानयनसूत्रम् —

पदमिष्टमेकमादिर्व्येकेष्टदलोद्धृतं मुखोनपदम् ।
प्रचयो वित्तं तेषां वर्गो गच्छाहतं बृन्दम् ॥ २५ ॥

अत्रोद्देशकः ।

[1] पदमिष्टं द्वित्र्यंशो रूपेणांशो हरश्च संवृद्धः ।
यावद्दशपदमेषां वद मुखचयवर्गबृन्दानि ॥ २६ ॥

---

[1] This stanza is not found in M.

इष्टधनधनाद्युत्तरगच्छानयनसूत्रम् —

इष्टचतुर्थः प्रभवः प्रभवात्प्रचयो भवेद्द्विसङ्गुणितः ।
प्रचयश्चतुरभ्यस्तो गच्छस्तेषां युतिर्बृन्दम् ॥ २७ ॥

अत्रोद्देशकः ।

द्विमुखैकचया अंशास्त्रिप्रभवैकोत्तरा हरा उभये ।
पञ्चपदा वद तेषां घनधनमुखचयपदानि सखे ॥ २८ ॥

[1]दृष्टधनाद्युत्तरतो द्विगुणत्रिगुणद्विभागत्रिभागादीष्टधनाद्युत्तरानयन-सूत्रम् —

दृष्टविभक्तेष्टधनं द्विष्ठं तत्प्रचयताडितं प्रचयः ।
तत्प्रभवगुणं प्रभवो [3]गुणभागस्येष्टवित्तस्य ॥ २९ ॥

अत्रोद्देशकः ।

प्रभवस्त्र्यर्धो रूपं प्रचयः पञ्चाष्टमस्समानपदम् ।
इच्छाधनमपि तावत्कथय सखे कौ मुखप्रचयौ ॥ ३० ॥

प्रचयादर्दिर्द्विगुणस्त्रयोदशाष्टादशं पदं स्वेष्टम् ।
वित्तं तु सप्तषष्टिः षड्घनभक्ता वदादिचयौ ॥ ३१ ॥

[4]मुखमेकं द्वित्र्यंशः प्रचयो गच्छस्समश्चतुर्नवमः ।
धनमिष्टं द्वाविंशतिरेकाशीत्या वदादिचयौ ॥ ३२ ॥

गच्छानयनसूत्रम् —

द्विगुणचयगुणितवित्तादुत्तरदलमुखविशेषकृतिसहितात् ।
मूलं प्रचयार्धयुतं प्रभवोनं चयहृतं गच्छः ॥ ३३ ॥

---

[1] M गुणभागाद्युत्तरानयनसूत्रम् ।   [2] M प्रचयेन.

[3] M गुणभागाद्युत्तरेच्छायाः.

[4] This stanza takes the place of stanza No. 31 in M and is omitted in B.

[5] Instead of the following two stanzas M reads अष्टोत्तरगुणराशीत्यादिना इष्ट-धनगच्छ आनेतव्यः and repeats stanza No. 70 given under परिकर्मव्यवहार.

प्रकारान्तरेण तदेवाह —

द्विगुणचयगुणितवित्तादुत्तरदलमुखविशेषकृतिसहितात् ।
मूलं क्षेपपदोनं प्रचयेन हृतं च गच्छस्स्यात् ॥ ३४ ॥

अत्रोद्देशकः ।

द्विपञ्चांशो वक्त्रं त्रिगुणचरणस्स्यादिह चयः
षडंशस्सप्तघ्नस्त्रिकृतिविहृतो वित्तमुदितम् ।
चयः पञ्चाष्टांशः पुनरपि मुखं त्र्यष्टमिति
त्रिचत्वारिंशास्त्वं प्रिय वद पदं शीघ्रमनयोः ॥ ३५ ॥

आद्युत्तरानयनसूत्रम् —

[1]गच्छाप्तगणितमादिर्विगतैकपदार्धगुणितचयहीनम् ।
पदहृतधनमाद्यूनं निरेकपददलहृतं प्रचयः ॥ ३६ ॥

अत्रोद्देशकः ।

त्रिचतुर्थचतुःपञ्चमचयगच्छे खेषुशशिहृतैकत्रिंशद्- ।
वित्ते त्र्यंशचतुःपञ्चममुखगच्छे च वद मुखं प्रचयं च ॥ ३७ ॥

इष्टगच्छयोर्व्यस्ताद्युत्तरसमधनद्विगुणत्रिगुणद्विभागत्रिभागधनानयनसूत्रम् —

व्येकात्महृतो गच्छस्स्वेष्टघ्नो द्विगुणितान्यपदहीनः ।
मुखमात्मोनान्यकृतिर्द्विकेष्टपदघातवर्जिता प्रचयः ॥ ३८ ॥

अत्रोद्देशकः ।

एकादिगुणविभागस्त्वं व्यस्ताद्युत्तरे हि वद मित्र ।
द्वित्र्यंशोनैकादशपञ्चांशकमिश्रनवपदयोः ॥ ३९ ॥

---

[1] K and B प्रभवो गच्छाप्तधनम्.

गुणधनगुणसङ्कलितधनयोः सूत्रम्—

पदमितगुणहतिगुणितप्रभवः स्याद्गुणधनं तदाद्यूनम् ।
एकोनगुणविभक्तं गुणसङ्कलितं विजानीयात् ॥ ४० ॥

गुणसङ्कलितान्त्यधनानयने तत्सङ्कलितानयने च सूत्रम्—

गुणसङ्कलितान्त्यधनं विगतैकपदस्य गुणधनं भवति ।
तद्गुणगुणं मुखोनं व्येकोत्तरभाजितं सारम् ॥ ४१ ॥

अत्रोद्देशकः ।

प्रभवोऽष्टमश्चतुर्थः प्रचयः पञ्च पदमत्र गुणगुणितम् ।
गुणसङ्कलितं तस्यान्त्यधनं चाचक्ष्व मे शीघ्रम् ॥ ४२ ॥

[1]गुणधनसङ्कलितधनयोराद्युत्तरपदान्यपि पूर्वोक्तसूत्रैरानयेत् ।

समानेष्टोत्तरगच्छसङ्कलितगुणसङ्कलितसमधनस्याद्यानयनसूत्रम्—

मुखमेकं चयगच्छाविष्टौ मुखवित्तरहितगुणचित्या ।
हृतचयधनमादिगुणं मुखं भवेद्विर्चितधनसाम्ये ॥ ४३ ॥

अत्रोद्देशकः ।

भाववार्धिभुवनानि पदान्य-
म्भोधिपञ्चमुनयस्त्रिहतास्ते ।
उत्तराणि वदनानि कति स्यु-
र्युग्मसङ्कलितवित्तसमेषु ॥ ४४ ॥

इति भिन्नसङ्कलितं समाप्तम् ॥

भिन्नव्युत्कलितम् ।

भिन्नव्युत्कलिते करणसूत्रं यथा —

गच्छाधिकेष्टमिष्टं चयहतमूनोत्तरं द्विहादियुतम् ।
शेषेष्टपदार्धगुणं व्युत्कलितं स्वेष्टवित्तं च ॥ ४५ ॥

---

[1] Found only in B.

शेषगच्छस्याद्यानयनसूत्रम् —

[1] प्रचयार्धोनः प्रभवो युतश्चयघ्नेष्टपदचयार्धाभ्याम् ।
शेषस्य पदस्यादिश्चयस्तु पूर्वोक्त एव भवेत् ॥ ४६ ॥

गुणगुणितेऽपि चयादी तथैव भेदोऽयमत्र शेषपदे ।
इष्टपदमितगुणाहतिगुणितप्रभवो भवेद्व्क्रम् ॥ ४७ ॥

अत्रोद्देशकः ।

पादोत्तरं दलास्यं पदं त्रिपादांशकस्समुद्दिष्टः ।
स्वेष्टं [2] चतुर्थभागः किं व्युत्कलितं समाकलय ॥ ४८ ॥

प्रभवोऽर्धं पञ्चांशः प्रचयो द्व्यंशको भवेद्गच्छः ।
पञ्चाष्टांशस्त्वेष्टं [3] पदमृणमाचक्ष्व गणितज्ञ ॥ ४९ ॥

आदिश्चतुर्थभागः प्रचयः पञ्चांशकास्त्रिपञ्चांशः ।
गच्छो वाञ्छागच्छो दशमो व्यवकलितमानं किम् ॥ ५० ॥

त्रिभागौ द्वौ वक्त्रं पञ्चमांशश्चयस्स्यात्
पदं त्रिघ्नः पादः पञ्चमस्त्वेष्टगच्छः ।
षडंशस्सप्तांशो वा व्ययः को वद त्वम्
कलावास प्रज्ञाचान्द्रिकाभास्वदिन्दो ॥ ५१ ॥

द्वादशपदं चतुर्थणोत्तरमर्धोनपञ्चकं वदनम् ।
त्रिचतुःपञ्चाष्टेष्टपदानि व्युत्कलितमाकलय ॥ ५२ ॥

---

[1] M प्रचयगुणितेष्टगच्छस्सादिः प्रभवः पदस्य शेषस्य ।
पूर्वोक्तः प्रचयस्स्यादिष्टस्य प्राक्तनादेव ॥

[2] M च चतुर्भागः.

[3] M किं व्युत्कलितं समाकलय.

गुणसङ्कलितव्युत्कलितोदाहरणम् ।

द्वित्रिभागरहिताष्टमुखं द्वि-
त्र्यंशको गुणचयोऽष्ट पदं भोः ।
मित्र रत्नगतिपञ्चपदानी-
ष्टानि शेषमुखवित्तपदं किम् ॥ ५३ ॥

इति भिन्नव्युत्कलितं समाप्तम् ॥[1]

कलासवर्णषड्जातिः ॥

इतः परं कलासवर्णे षड्जातिमुदाहरिष्यामः —

भागप्रभागावथ भागभागो
भागानुबन्धः परिकीर्तितोऽतः ।
भागापवाहस्सह भागमात्रा
षड्जातयोऽमुत्र कलासवर्णे ॥ ५४ ॥

भागजातिः ।

तत्र भागजातौ करणसूत्रं यथा —

सदृशहतच्छेदहतौ मिथोंऽशहारौ समच्छिदावंशौ ।
लुप्तैकहरौ योज्यौ त्याज्यौ वा भागजातिविधौ ॥ ५५ ॥

प्रकारान्तरेण समानच्छेदमुद्भावयितुमुत्तरसूत्रम् —[2]

छेदापवर्तकानां लब्धानां चाहतौ निरुद्धः स्यात् ।
हरहृतनिरुद्धगुणिते हारांशगुणे समो हारः ॥ ५६ ॥

---

[1] K and M add after this इति सारसङ्ग्रहे महावीराचार्यस्य कृतौ द्वितीयव्यव-हारस्समाप्तः. This, however, seems to be a mistake.

[2] This and the stanza following are not found in M.

अत्रोद्देशकः ।

[1]जम्बूजम्बीरनारङ्गचोचमोचाम्रदाडिमम् ।
अक्रैषीद्दळषड्भागद्वादशांशकविंशकैः ॥ ५७ ॥
हेम्नस्त्रिंशचतुर्विंशेनाष्टमेन यथाक्रमम् ।
श्रावको जिनपूजायै तद्योगे किं फलं वद ॥ ५८ ॥
अष्टपञ्चदशं विंशं सप्तषट्त्रिंशदंशकम् ।
एकादशत्रिषष्ट्यंशमेकविंशं च सङ्क्षिप ॥ ५९ ॥
[2]एकद्विकत्रिकाद्येकोत्तरनवदशकषोडशान्त्यहराः ।
निजनिजमुखप्रमांशास्स्वपराभ्यस्ताश्च किं फलं तेषाम् ॥ ६० ॥
एकद्विकत्रिकाद्याश्चतुराद्याश्चैकवृद्धिका हाराः ।
निजनिजमुखप्रमांशाः स्वासन्नपराहताः क्रमशः ॥ ६१ ॥
विंशत्यन्ताः षड्गुणसप्तान्ताः पञ्चवर्गपाश्चिमकाः ।
षट्त्रिंशत्पाश्चात्याः सङ्क्षेपे किं फलं तेषाम् ॥ ६२ ॥
[3]चन्दनघनसारागरुकुङ्कुममक्रेष्ट जिनमहाय नरः ।
चरणदळविंशपञ्चमभागैः [4]कनकस्य किं शेषम् ॥ ६३ ॥
पादं पञ्चांशमर्धं त्रिगुणितदशमं सप्तविंशांशकञ्चं
स्वर्णद्वन्द्वं प्रदाय स्मित[4]सितकमलं स्त्यानदध्याज्यदुग्धम् ।

---

[1] Stanzas Nos. 57 and 58 are omitted in P.

[2] This stanza is found in K and B.

[3] Stanzas Nos. 63 and 64 are found in K and B.

[4] M मृदु.

श्रीखण्डं त्वं गृहीत्वानय जिनसदनप्रार्चनायाब्रवीन्मा-
मित्यद्य श्रावकार्यो भण गणक क्रियच्छेषमंशान्विशोध्य ॥ ६४ ॥

[1]अष्टपञ्चमुखौ हारावुभयेऽप्येकवृद्धिकाः ।
[2]त्रिंशदन्ताः पराभ्यस्ताश्चतुर्गुणितपश्चिमाः ॥ ६५ ॥

[3]स्वस्ववक्रप्रमाणांशा रूपात्संशोध्य तद्द्वयम् ।
शेषं सखे समाचक्ष्व [4]प्रोत्तीर्णगणितार्णव ॥ ६६ ॥

एकोनविंशतिरथ क्रमात् त्रयोविंशतिर्द्विषष्टिश्च ।
रूपविहीना त्रिंशत्ततस्त्रयोविंशतिशतं स्यात् ॥ ६७ ॥

पञ्चत्रिंशत्तस्मादष्टाशीतिकशतं विनिर्दिष्टम् ।
सप्तत्रिंशदमुष्मादष्टानवतित्रिकोनपञ्चाशत् ॥ ६८ ॥

चत्वारिंशच्छतिका सैका च पुनश्शतं सषोडशकम् ।
एकत्रिंशदतस्स्याद्द्वानवतिः सप्तपञ्चाशत् ॥ ६९ ॥

त्र्यधिका सप्ततिरस्मात्सपञ्चपञ्चाशदपि च सा द्विगुणा ।
सप्तकृतिः सचतुष्का सप्ततिरेकोनविंशतिद्विशतम् ॥ ७० ॥

हारा निरूपिता अंशा एकाद्येकोत्तरा अमून् ।
प्रक्षिप्य फलमाचक्ष्व [5]भागजात्यब्धिपारग ॥ ७१ ॥

अत्रांशोत्पत्तौ सूत्रम् ---

एकं परिकल्प्यांशं तैरिष्टैस्समहरांशकान् हन्यात् ।
यद्गुणितांशसमासः फलसदृशोऽशास्त एवेष्टाः ॥ ७२ ॥

---

[1] This stanza is omitted in M.

[2] B त्रिंशत्य.

[3] This stanza is not found in M.

[4] K and B भागजात्यब्धिपारग.

[5] B प्रोत्तीर्णगणितार्णव.

[1]एकांशकहीनां राशीनां युगावंशाद्वारस्याविक्ये सत्यंशोत्पादक सूत्रम्—

समहारैकांशकयुतिहतयुत्यंशोऽश एकहीनाम् ।
शेषमितरांशयुतिहतमन्यांशोऽस्त्येवमा चरमात् ॥ ७३ ॥

अत्रोद्देशकः ।

नवकदशैकादशहृतराशीनां नवतिनवशतीभक्ता ।
त्र्यूनाशीत्यष्टशती संयोगः केऽशकाः कथय ॥ ७४ ॥

छेदोत्पत्तौ सूत्रम्—

रूपांशकराशीनां रूपाद्यास्त्रिगुणिता हराः क्रमशः ।
द्विद्वित्र्यंशाभ्यस्तावादिमचरमौ फले रूपे ॥ ७५ ॥

अत्रोद्देशकः ।

पञ्चानां राशीनां रूपांशानां युतिर्भवेद्रूपम् ।
षण्णां सप्तानां वा के हाराः कथय गणितज्ञ ॥ ७६ ॥

विषमस्थानानां छेदोत्पत्तौ सूत्रम्—

एकांशकराशीनां व्याद्या रूपोत्तरा भवन्ति हराः ।
स्वासन्नपराभ्यस्तास्सर्वे दलिताः फले रूपे ॥ ७७ ॥

एकांशानामनेकांशानां चैकांशे फले छेदोत्पत्तौ सूत्रम्—

लब्धहरः प्रथमस्यच्छेदः सस्वांशकोऽयमपरस्य ।
प्राक् स्वपरेण हतोऽन्त्यः स्वांशेनैकांशके योगे ॥ ७८ ॥

अत्रोद्देशकः ।

सप्तकनवकत्रितयत्रयोदशांशप्रयुक्तराशीनाम् ।
रूपं पादः षष्ठः संयोगाः के हराः कथय ॥ ७९ ॥

---

[1] B सदृशन्यूनांशराशीनां अंशोत्पादकसूत्रम् ।

एकांशकानामेकांशेऽनेकांशे च फले छेदोत्पत्तौ सूत्रम्—

सेष्टो हारो भक्तः स्वांशेन निरग्रमादिमांशहरः ।
तद्युतिहारात्सेष्टः शेषोऽस्मादित्थमितरेषाम् ॥ ८० ॥

अत्रोद्देशकः ।

त्रयाणां रूपकांशानां राशीनां के हरा वद ।
फलं चतुर्थभागस्स्याच्चतुर्णां च त्रिसप्तमम् ॥ ८१ ॥

एकांशानामनेकांशानां चानेकांशे फले छेदोत्पत्तौ सूत्रम्—

[1]इष्टहता दृष्टांशाः फलांशसदृशा यथा हि तद्योगः ।
निजगुणहतफलहारस्तद्धारो भवंति निर्दिष्टः ॥ ८२ ॥

अत्रोद्देशकः ।

एककांशेन राशीनां त्रयाणां के हरा वद ।
द्वादशाप्ता त्रयोविंशत्यशंका च युतिर्भवेत् ॥ ८३ ॥

त्रिसप्तकनवांशानां त्रयाणां के हरा वद ।
द्व्यूनपञ्चाशदाप्ता त्रिसप्तत्यंशा युतिर्भवेत् ॥ ८४ ॥

एकांशकयो राश्योरेकांशे फले छेदोत्पत्तौ सूत्रम्—

वाञ्छाहतयुतिहारश्छेदः स व्येकवाञ्छयाप्तोऽन्यः ।
फलहारहारलब्धे स्वयोगगुणिते हरौ वा स्तः ॥ ८५ ॥

अत्रोद्देशकः ।

राश्योरेकांशयोश्छेदौ कौ भवेतां तयोर्युतिः ।
षडंशो दशभागो वा ब्रूहि त्वं गणितार्थवित् ॥ ८६ ॥

---

[1] Stanzas 83 and 84 are omitted in B.

एकांशकयोरनेकांशयोश्च एकांशेऽनेकांशेऽपि फले छेदोत्पत्तौ प्रथम सूत्रम्—

[1]इष्टगुणांशोऽन्यांशप्रयुतः शुद्धं हृतः फलांशेन ।
इष्टाप्तयुतिहरघ्नो हरः परस्य तु तदिष्टहृतिः ॥ ८७ ॥

अत्रोद्देशकः ।

रूपांशकयो राश्योः कौ स्यातां हारकौ युतिः पादः ।
पञ्चांशो वा द्विहतस्सप्तकनवकांशयोश्च वद ॥ ८८ ॥

द्वितीयसूत्रम्—

फलहारताडितांशः परांशसहितः फलांशकेन हृतः ।
स्यादेकस्यच्छेदः फलहरगुणितोऽयमन्यस्य ॥ ८९ ॥

अत्रोद्देशकः ।

राशिद्वयस्य कौ हारावेकांशस्यास्य संयुतिः ।
द्विसप्तांशो भवेद्ब्रूहि षडष्टांशस्य च प्रिय ॥ ९० ॥
अर्धत्र्यंशदशांशकपञ्चदशांशकयुतिर्भवेद्रूपम् ।
त्यक्ते पञ्चदशांशे रूपांशावत्र कौ योज्यौ ॥ ९१ ॥
दलपादपञ्चमांशकविंशानां भवति संयुती रूपम् ।
सप्तैकादशकांशौ कौ योज्याविह विना विंशम् ॥ ९२ ॥

युग्मान्याश्रित्यच्छेदोत्पत्तौ सूत्रम्—

युग्मप्रमितान् भागानेकैकांशान् प्रकल्प्य फलराशेः ।
तेभ्यः फलात्मकेभ्यो द्विराशिविधिना हरास्साध्याः ॥ ९३ ॥

---

[1] P and B add as another reading.

शुद्धं फलांशभक्तः स्वान्यांशयुतो निजेष्टगुणितांशः ।

अत्रोद्देशकः ।

त्रिकपञ्चकत्रयोदशसप्तनवैकादशांशराशीनाम् ।
के हाराः फलमेकं पञ्चांशो वा चतुर्गुणितः ॥ ९४ ॥

एकसूत्रोत्पन्नरूपांशहारैस्सूत्रान्तरोत्पन्नरूपांशहारैश्च फले रूपे छेदोत्पत्तौ नष्टभागानयने च सूत्रम्——

वाञ्छितसूत्रजहारा हरा भवन्त्यन्यसूत्रजहरघ्नाः ।
दृष्टांशैक्योनं फलमभीष्टनष्टांशमानं स्यात् ॥ ९५ ॥

अत्रोद्देशकः ।

परहतिदलनविधानात्त्रयोदश स्वपरसङ्गुणविधानात् ।
भागाश्चत्वारोऽतः कति भागास्स्युः फले रूपे ॥ ९६ ॥

प्राक्स्वपरहतविधानात्सप्तस्वासन्नपरगुणार्धविधानात् ।
भागास्त्रितयश्चातः कति भागास्स्युः फले रूपे ॥ ९७ ॥

रूपांशका द्विषट्कद्वादशविंशतिहरा विनष्टोऽत्र ।
पञ्चमराशी रूपं सर्वसमासस्य राशिः कः ॥ ९८ ॥

इति भागजातिः ।

प्रभागभागभागजात्योस्सूत्रम्——

अंशानां सङ्गुणनं हाराणां च प्रभागजातौ स्यात् ।
गुणकारोंऽशकराशेर्हारहरो भागभागजातिविधौ ॥ ९९ ॥

प्रभागजातावुद्देशकः ।

रूपार्धं त्र्यंशार्धं त्र्यंशार्धार्धं दलार्धपञ्चांशम् ।
पञ्चांशार्धत्र्यंशं तृतीयभागार्धसप्तांशम् ॥ १०० ॥

दलदलदलसप्तांशं त्र्यंशत्र्यंशकदलार्धदलभागम् ।
अर्धत्र्यंशत्र्यंशकपञ्चांशं पञ्चमांशदलम् ॥ १०१ ॥

क्रीतं पणस्य दत्त्वा कोकनदं कुन्दकेतकीकुमुदम् ।
जिनचरणं प्रार्चयितुं प्रक्षिप्यैतान् फलं ब्रूहि ॥ १०२ ॥

रूपार्धं त्र्यंशकार्धार्धं पादसप्तनवांशकम् ।
द्वित्रिभागद्विसप्तांशं द्विसप्तांशनवांशकम् ॥ १०३ ॥

दत्त्वा पणद्वयं कश्चिदानैषीन्नूतनं घृतम् ।
जिनालयस्य दीपार्थं शेषं किं कथय प्रिय ॥ १०४ ॥

त्र्यंशाद्द्विपञ्चमांशस्तृतीयभागात् त्रयोदशषडंशः ।
पञ्चाष्टादशभागात् त्रयोदशांशोऽष्टमान्नवमः ॥ १०५ ॥

नवमाच्चतुस्त्रयोदशभागः पञ्चांशकात् त्रिपादार्धम् ।
सङ्क्षिप्याचक्ष्वैतान् प्रभागजातौ श्रमोऽस्ति यदि ॥ १०६ ॥

अत्रैकाव्यक्तानयनसूत्रम्—

रूपं न्यस्याव्यक्ते प्राग्विधिना यत्फलं भवेत्तेन ।
भक्तं परिदृष्टफलं प्रभागजातौ तदज्ञातम् ॥ १०७ ॥

अत्रोद्देशकः ।

राशेः कुतश्चिदष्टांशस्त्र्यंशपादोऽर्धपञ्चमः ।
षष्ठत्रिपादपञ्चांशः किमव्यक्तं फलं दलम् ॥ १०८ ॥

अनेकाव्यक्तानयनसूत्रम्—

कृत्वाज्ञातानिष्टान् फलसदृशी तद्युतिर्यथा भवति ।
विभजेत पृथगव्यक्तैरविदितराशिप्रमाणानि ॥ १०९ ॥

अत्रोद्देशकः ।

राशेः कुतश्चिदर्धं कुतश्चिदष्टांशकत्रिपञ्चांशः ।
कस्माद्द्विव्यंशार्धं फलमर्धं के स्युरज्ञाताः ॥ ११० ॥

भागभागजातावुद्देशकः ।

षट्सप्तभागभागस्त्र्यष्टांशांशश्चतुर्नवांशांशः ।
त्रिचतुर्थभागभागः किं फलमेतद्युतौ ब्रूहि ॥ १११ ॥
द्वित्र्यंशाप्तं रूपं त्रिपादभक्तं द्विकं द्वयं चापि ।
द्वित्र्यंशोद्धृतमेकं नवकात्संशोध्य वद शेषम् ॥ ११२ ॥

इति प्रभागभागभागजाती ।

भागानुबन्धजातौ सूत्रम्—

हरहतरूपेष्वंशान् सङ्क्षिप भागानुबन्धजातिविधौ ।
[1]गुणयाग्रांशच्छेदावंशयुतच्छेदहाराभ्याम् ॥ ११३ ॥

रूपभागानुबन्ध उद्देशकः ।

[2]द्वित्रिषट्काष्टनिष्काणि द्वादशाष्टषडंशकैः ।
पञ्चाष्टमैस्समेतानि विंशतेश्शोधय प्रिय ॥ ११४ ॥
सार्धेनैकेन पङ्केजं साष्टांशैर्दशभिर्हिमम ।
सार्धाभ्यां कुङ्कुमं द्वाभ्यां क्रीतं योगे कियद्भवेत्[3] ॥ ११५ ॥
[4]साष्टमाष्टौ षडंशान् षड्द्वादशांशयुतं द्वयम् ।
त्रयं पञ्चाष्टमोपेतं विंशतेश्शोधय प्रिय ॥ ११६ ॥

---

[1] B reads गुणयेदग्रांशहरौ सहितांशच्छेद°.
[2] This stanza is not found in P.
[3] M द्भवेत्.
[4] This stanza is found only in P.

सप्ताष्टौ नवदशमाषकान् सपादान्
दत्त्वा ना जिननिलये चकार पूजाम् ।
उन्मीलत्कुरवककुन्दजातिमल्ली-
मालाभिर्गणक वदाशु तान् समस्य ॥ ११७ ॥

भागभागानुबन्ध उद्देशकः ।

स्वत्र्यंशपादसंयुक्तं दलं पञ्चांशकोऽपि च ।
त्र्यंशस्स्वकीयषष्ठार्धसहितस्तद्युतौ कियत् ॥ ११८ ॥

त्र्यंशाद्यंशकसप्तमांशचरमैस्स्वैरन्वितादर्धतः
पुष्पाण्यर्धतुरीयपञ्चनवमैस्स्वीयैर्युतात्सप्तमात् ।
गन्धं पञ्चमभागतोऽर्धचरणत्र्यंशांशकैर्मिश्रिताद्-
धूपं चार्चयितुं नरो जिनवरानानैष्ट किं तद्युतौ ॥ ११९ ॥
स्वदलसहितं पादं स्वत्र्यंशकेन समन्वितं
द्विगुणनवमं स्वाष्टांशत्र्यंशकार्धविमिश्रितम् ।
नवममपि च स्वाष्टांशाद्यर्धपश्चिमसंयुतं
निजदलयुतं त्र्यंशं संशोधय त्रितयात्प्रिय ॥ १२० ॥
स्वदलसहितपादं सस्वपादं दशांशं
निजदलयुतषष्ठं सस्वकत्र्यंशमर्धम् ।
चरणमपि समेतस्वत्रिभागं समस्य
प्रिय कथय समग्रप्रज्ञ भागानुबन्धे ॥ १२१ ॥

अत्राग्राव्यक्तानयनसूत्रम्—
लब्धात्कल्पितभागा रूपानीतानुबन्धफलभक्ताः ।
क्रमशः खण्डसमानास्तेऽज्ञातांशप्रमाणानि ॥ १२२ ॥

---

[1] B स्वचरणाद्यर्धान्तिमैः

अत्रोद्देशकः ।

काश्चित्त्रकैरर्धतृतीयपादै-
रंशोऽपरः पञ्चचतुर्नवांशैः ।
अन्यस्त्रिपञ्चांशनवांशकार्धै-
र्युतो युती रूपमिहांशकाः के ॥ १२३ ॥

कोऽप्यंशस्स्वार्धपञ्चांशत्रिपादनवमैर्युतः ।
पर्धं प्रजायते शीघ्रं वदाव्यक्तप्रमां प्रिय ॥ १२४ ॥

शेषेष्टस्थानाव्यक्तभागानयनसूत्रम्—

लब्धात्कल्पितभागास्सवर्णितैर्व्यक्तराशिभिर्भक्ताः ।
क्रमशो रूपविहीनास्स्वेष्टपदेष्वविदितांशास्स्युः ॥ १२५.॥

इति भागानुबन्धजातिः ।

अथ भागापवाहजातौ सूत्रम्—

हरहतरूपेष्वंशानपनय भागापवाहजातिविधौ ।
[1]गुणयाग्रांशच्छेदावंशोनच्छेदहाराभ्याम् ॥ १२६ ॥

रूपभागापवाह उद्देशकः ।

त्र्यष्टचतुर्दशकर्षाः पादार्धद्वादशांशषष्ठोनाः ।
सवनाय नरैर्दत्तास्तीर्थकृतां तद्युतौ किं स्यात् ॥ १२७ ॥

त्रिगुणपाददलात्रिहताष्टमै-
र्विरहिता नव सप्त नव क्रमात् ।

---

[1] B गुणयेदग्रांशहरौ रहितांशच्छेदहाराभ्याम् ।

त्रिय विशोध्य चतुर्गुणषट्कृतः
कथय शेषधनप्रमितिं द्रुतम् ॥ १२८ ॥

भागभागापवाह उद्देशकः ।

द्विगुणितपञ्चमनवमत्र्यंशाष्टांशद्विसप्तमान् क्रमशः ।
स्वषडंशपादचरणत्र्यंशाष्टमवर्जितान् समस्य वद ॥ १२९ ॥

षट्सप्तांशस्स्वषष्ठाष्टमनवमदशांशैर्वियुक्तः पणस्य
स्यात्पञ्चद्वादशांशस्स्वकचरणतृतीयांशपञ्चांशकोनः ।
स्वद्वित्र्यंशद्विपञ्चांशकदलवियुतः पञ्चषड्भागराशि-
र्द्वित्र्यंशोऽन्यस्स्वपञ्चाष्टमपरिरहितस्तत्समासे फलं किम् ॥ १३० ॥

अर्धं त्र्यष्टमभागपादनवमैस्स्वीयैर्विहीनं पुनः
स्वैरष्टांशकसप्तमांशचरणैरूनं तृतीयांशकम् ।
अध्यर्धात्परिशोध्य सप्तममपि स्वाष्टांशषष्ठोनितं
शेषं ब्रूहि परिश्रमोऽस्ति यदि ते भागापवाहे सखे ॥ १३१ ॥

अत्राग्राव्यक्तभागानयनसूत्रम्—

लब्धात्कल्पितभागा रूपानीतापवाहफलभक्ताः ।
क्रमशः खण्डसमानास्तेऽज्ञातांशप्रमाणानि ॥ १३२ ॥

अत्रोद्देशकः ।

कश्चित्स्वकैश्चरणपञ्चमभागषष्ठैः
कोऽप्यंशको दलषडंशकपञ्चमांशैः ।
हीनोऽपरो द्विगुणपञ्चमपादषष्ठैः
तत्संयुतिर्दलमिहाविदितांशकाः के ॥ १३३ ॥

कोऽप्यंशस्स्वार्धषड्भागपञ्चमाष्टमसप्तमैः ।
विहीनो [1]जायते षष्ठस्स कोंऽशो गणितार्थवित् ॥ १३५ ॥

शेषेष्टस्थानाव्यक्तभागानयनसूत्रम्—

लब्धात्कल्पितभागास्सवर्णितैर्व्यक्तराशिभिर्भक्ताः ।
रूपात्पृथगपनीतास्स्वेष्टपदेष्वविदितांशास्स्युः ॥ १३९ ॥

इति भागापवाहजातिः ।

भागानुबन्धभागापवाहजात्योस्सर्वाव्यक्तभागानयनसूत्रम्—

त्यक्त्वैकं स्वेष्टांशान् प्रकल्पयेदविदितेषु सर्वेषु ।
एतैस्तं पुनरंशं प्रागुक्तैरानयेत्सूत्रैः ॥ १३६ ॥

अत्रोद्देशकः ।

कश्चिदंशोंऽशकैः कैश्चित्पञ्चभिस्स्वैर्युतो दलम् ।
वियुक्तो वा भवेत्पादस्तानंशान् कथय प्रिय ॥ १३७ ॥

भागमातृजातौ सूत्रम्—

भागादिमजातीनां स्वस्वविधिर्भागमातृजातौ स्यात् ।
सा षड्विंशतिभेदा रूपं छेदोऽच्छिदो राशेः ॥ १३८ ॥

अत्रोद्देशकः ।

त्र्यंशः पादोऽर्धार्धं पञ्चमषष्ठस्त्रिपादहृन्मेकम् ।
पञ्चार्धहृतं रूपं सषष्ठमेकं सपञ्चमं रूपम् ॥ १३९ ॥
स्वीयतृतीययुग्दलमतो निजपष्ठयुतो द्विसप्तमो
हीननवांशमेकमपनीतदशांशकरूपमष्टमः ।

---

[1] P, K and B तद्युतैः for जायते.

स्वेन नवांशकेन रहितश्चरणस्स्वकपञ्चमोज्झितो
ब्रूहि समस्य तान् प्रिय कलासमकोत्पलमालिकाविधौ ॥ १४८ ॥

इति भागमातृजातिः ।

इति सारसङ्ग्रहे गणितशास्त्रे महावीराचार्यस्य कृतौ कलासवर्णो नाम द्वितीयव्यवहारस्समाप्तः ॥

तृतीयः

प्रकीर्णकव्यवहारः.

प्रणुतानन्तगुणौघं प्रणिपत्य जिनेश्वरं महावीरम् ।
प्रणतजगत्त्रयवरदं प्रकीर्णकं गणितमभिधास्ये ॥ १ ॥

[1]विध्वस्तदुर्नयध्वान्तः सिद्धः स्याद्वादशासनः ।
विद्यानन्दो जिनो जीयाद्वादीन्द्रो मुनिपुङ्गवः ॥ २ ॥

इतः परं प्रकीर्णकं तृतीयव्यवहारमुदाहरिष्यामः—

भागश्शेषो मूलकं शेषमूलं
स्यातां जाती द्वे द्विरग्रांशमूले ।
भागाभ्यासोऽन्योंऽशवर्गोऽथ मूल-
मिश्रं तस्माद्भिन्नदृश्यं दशामूः ॥ ३ ॥

तत्र भागजातिशेषजात्योस्सूत्रम्—

भागोनरूपभक्तं दृश्यं फलमत्र भागजातिविधौ ।
अंशोनितरूपाहतिहृतमग्रं शेषजातिविधौ ॥ ४ ॥

भागजातावुद्देशकः ।

दृष्टोऽष्टमं पृथिव्यां स्तम्भस्य त्र्यंशको मया तोये ।
पादांशः शैवाले कः स्तम्भः सप्त हस्ताः खे ॥ ५ ॥

षड्भागः पाटलीषु भ्रमरवरततेस्त्रिभागः कदम्बे
पादश्चूतद्रुमेषु प्रदलितकुसुमे चम्पके पञ्चमांशः ।
प्रोत्फुल्लाम्भोजषण्डे रविकरदलिते त्रिंशदंशोऽभिरेमे
तत्रैको मत्तभृङ्गो भ्रमति नभसि का तस्य बृन्दस्य सङ्ख्या ॥ ६ ॥

[1] B and M omit this stanza

आदायाम्भोरुहाणि स्तुतिशतमुखरः श्रावकस्तीर्थकृद्भ्यः
पूजां चक्रे चतुर्भ्यो वृषभजिनवरात् त्र्यंशमेषाममुष्य ।
त्र्यंशं तुर्यं षडंशं तदनु सुमनये तन्नवद्वादशांशौ
शेषेभ्यो द्विद्विपद्मं प्रमुदितमनसादत्त किं तत्प्रमाणम् ॥ ७ ॥

स्ववशीकृतेन्द्रियाणां दूरीकृतविषकषायदोषाणाम् ।
शीलगुणाभरणानां दयाङ्गनालिङ्गिताङ्गानाम् ॥ ८ ॥

साधूनां सद्वृन्दं सन्दृष्टं द्वादशोऽस्य तर्कज्ञः ।
स्वत्र्यंशवर्जितोऽयं सैद्धान्तश्छान्दसस्तयोश्शेषः ॥ ९ ॥

षड्घ्नोऽयं धर्मकथी स एव नैमित्तिकः स्वपादोनः ।
वादी तयोर्विशेषः षड्गुणितोऽयं तपस्वी स्यात् ॥ १० ॥

गिरिशिखरतटे मयोपदृष्टा
यतिपतयो नवसङ्गुणाष्टसङ्ख्याः ।
रविकरपरितापितोज्ज्वलाङ्गाः
कथय मुनीन्द्रसमूहमाशु मे त्वम् ॥ ११ ॥

फलभारनम्रकम्रे शालिक्षेत्रे शुकास्समुपविष्टाः ।
सहसोत्थिता मनुष्यैः सर्वे सन्त्रासितास्सन्तः ॥ १२ ॥

तेषामर्धं प्राचीमाग्नेयीं प्रति जगाम षड्भागः ।
पूर्वाग्नेयीशेषः स्वदलोनः स्वार्धवर्जितो यामीम् ॥ १३ ॥

याम्याग्नेयीशेषः स नैर्ऋतिं स्वद्विपञ्चभागोनः ।
यामीनैर्ऋत्यंशकपरिशेषो वारुणीमाशाम् ॥ १४ ॥

नैर्ऋत्यपरविशेषो वायव्यां सस्वकत्रिसप्तांशः ।
वायव्यपरविशेषो युतस्वसप्ताष्टमः सौमीम् ॥ १५ ॥

वायव्युत्तरयोर्युतिरैशानीं स्वत्रिभागयुगहीना ।
दशगुणिताष्टाविंशतिरवशिष्टा व्योम्नि कति कीराः ॥ १६ ॥

काचिद्वसन्तमासे प्रसूनफलगुच्छभारनम्रोद्याने ।
कुसुमासवरसरञ्जितशुककोकिलमधुपमधुरानिस्वननिचिते ॥ १७ ॥

हिमकरधवले पृथुले सौधतले सान्द्ररुन्द्रमृदुतल्पे ।
फणिफणनितम्बबिम्बा कनदमलाभरणशोभाङ्गी ॥ १८ ॥

पाठीनजठरनयना कठिनस्तनहारनम्रतनुमध्या ।
सह निजपतिना युवती रात्रौ प्रीत्यानुरममाणा ॥ १९ ॥

प्रणयकलहे समुत्थे मुक्तामयकण्ठिका तदबलायाः ।
छिन्नावनौ निपतिता तत्र्यंशश्चेटिकां प्रापत् ॥ २० ॥

षड्भागः शय्यायामनन्तरानन्तरार्धमितिभागाः ।
षट्सङ्ख्यानास्तस्याः सर्वे सर्वत्र सम्पतिताः ॥ २१ ॥

एकाग्रषष्टिशतयुतसहस्रमुक्ताफलानि दृष्टानि ।
तन्मौक्तिकप्रमाणं प्रकीर्णकं वेत्सि चेत् कथय ॥ २२ ॥

[1]स्फुरदिन्द्रनीलवर्णं षट्पदवृन्दं प्रफुल्लितोद्याने ।
दृष्टं तस्याष्टांशोऽशोके कुटजे षडंशको लीनः ॥ २३ ॥

कुटजाशोकविशेषः षड्गुणितो विपुलपाटलीषण्डे ।
पाटल्यशोकशेषः स्वनवांशोनो विशालसालवने ॥ २४ ॥

पाटल्यशोकशेषो युतस्स्वसप्तांशकेन मधुकवने ।
पश्चांशास्सन्दृष्टो बकुलेषूत्फुल्लमुकुलेषु ॥ २५ ॥

तिलकेषु कुरवकेषु च सरलेष्वाम्रेषु पद्मषण्डेषु ।
वनकरिकपोलमूलेष्वपि सन्तस्थे स एवांशः ॥ २६ ॥

---

[1] M reads स्फुरितेन्द्र.

किञ्जल्कपुञ्जपिञ्जरकञ्जवने मधुकरास्त्रयस्त्रिंशत् ।
दृष्टा भ्रमरकुलस्य प्रमाणमाचक्ष्व गणक त्वम् ॥ २७ ॥

गोयूथस्य क्षितिभृति दलं तद्दलं शैलमूले
षट् तस्यांशा विपुलविपिने पूर्वपूर्वार्धमानाः ।
सन्तिष्ठन्ते नगरनिकटे धेनवो दृश्यमाना
द्वात्रिंशत् त्वं वद मम सखे गोकुलस्य प्रमाणम् ॥ २८ ॥

इति भागजात्युद्देशकः ॥

शेषजातावुद्देशकः ।

षड्भागमाम्रराशेः राजा शेषस्य पञ्चमं राज्ञी ।
तुर्यत्र्यंशदलानि त्रयोऽग्रहीषुः कुमारवराः ॥ २९ ॥

शेषाणि त्रीणि चूतानि कनिष्ठो दारकोऽग्रहीत् ।
तस्य प्रमाणमाचक्ष्व प्रकीर्णकविशारद ॥ ३० ॥

चरति गिरौ सप्तांशः करिणां षष्ठादिमार्धपाश्चात्याः ।
प्रतिशेषांशा विपिने षड्दृष्टास्सरसि कति ते स्युः ॥ ३१ ॥

कोष्ठस्य लेभे नवमांशमेकः परेऽष्टभागादिदलान्तिमांशान् ।
शेषस्य शेषस्य पुनः पुराणा दृष्टा मया द्वादश तत्प्रमा का ॥ ३२ ॥

इति शेषजात्युद्देशकः ॥

अथ मूलजातौ सूत्रम्—

मूलार्धाग्रे छिन्द्यादंशोनैकेन युक्तमूलकृतेः ।
दृश्यस्य पदं सपदं वर्गितमिह मूलजातौ स्वम् ॥ ३३ ॥

अत्रोद्देशकः ।

दृष्टोऽटव्यामु[1]ष्ट्रयूथस्य पादो
मूले च द्वे शैलसानौ निविष्टे ।
[2]उष्ट्रास्त्रिघ्नाः पञ्च नद्यास्तु तीरे
[3]किं तस्य स्यादुष्ट्रकस्य प्रमाणम् ॥ ३४ ॥

श्रुत्वा वर्षाभ्रमालापटहपटुरवं शैलशृङ्गोरुरङ्गे
नाट्यं चक्रे प्रमोदप्रमुदितशिखिनां षोडशांशोऽष्टमश्च ।
त्र्यंशः शेषस्य षष्ठो वरवकुलवने पञ्च मूलानि तस्थुः
पुन्नागे पञ्च दृष्टा भण गणक गणं बर्हिणां सद्गुणघ्य ॥ ३५ ॥

चरति कमलषण्डे सारसानां चतुर्थो
नवमचरणभागौ सप्त मूलानि चाद्रौ ।
विकचवकुलमध्ये सप्तनिघ्नाष्टमानाः
कति कथय सखे त्वं पक्षिणो दक्ष साक्षात् ॥ ३६ ॥

न भागः कपिबृन्दस्य त्रीणि मूलानि पर्वते ।
चत्वारिंशद्वने दृष्टा वानरास्तद्गणः कियान् ॥ ३७ ॥

कलकण्ठानामर्धं सहकारतरोः प्रफुल्लशाखायाम् ।
तिलकेऽष्टादश तस्थुर्नो मूलं कथय पिकनिकरम् ॥ ३८ ॥

हंसकुलस्य दलं वकुलेऽस्थात्
पञ्च पदानि तमालकुजाग्रे ।

---

[1] B reads हस्ति.

[2] B reads नागाः.

[3] B reads किं स्यात्तेषां कुञ्जराणां प्रमाणम् ।

अत्र न किञ्चिदपि प्रतिदृष्टं
तत्प्रमितिं कथय प्रिय शीघ्रम् ॥ ३९ ॥

इति मूलजातिः ॥

अथ शेषमूलजातौ सूत्रम्—

पददलवर्गयुताग्रान्मूलं सप्राक्पदार्धमस्य कृतिः ।
दृश्ये मूलं प्राप्ते फलमिह भागं तु भागजातिविधिः ॥ ४० ॥

अत्रोद्देशकः ॥

गजयूथस्य त्र्यंशः[1] शेषपदं च त्रिसङ्गुणं सानौ ।
सरसि त्रिहस्तिनीभिर्नागो दृष्टः कतीह गजाः ॥ ४१ ॥

निर्जन्तुकप्रदेशे नानाद्रुमषण्डमण्डितोद्याने ।
आसीनानां यमिनां मूलं तरुमूलयोगयुतम् ॥ ४२ ॥

शेषस्य दशमभागो मूलं नवमोऽथ मूलमष्टांशः ।
मूलं सप्तममूलं षष्ठो मूलं च पञ्चमो मूलं ॥ ४३ ॥

एते भागाः काव्यप्रवचनधर्मप्रमाणनयविद्याः ।
वादच्छन्दोज्यौतिषमन्त्रालङ्कारशब्दज्ञाः ॥ ४४ ॥

द्वादशतपःप्रभावा द्वादशभेदाङ्गशास्त्रकुशलधियः ।
द्वादश मुनयो दृष्टाः कियती मुनिचन्द्र यतिसमितिः ॥ ४५ ॥

मूलानि पञ्च चरणेन युतानि सानौ
शेषस्य पञ्चनवमः करिणां नगाग्रे ।
मूलानि पञ्च सरसीजवने रमन्ते
नद्यास्तटे षडिह ते द्विरदाः कियन्तः ॥ ४६ ॥

इति शेषमूलजातिः ॥

---

[1] B reads शेषस्य पदं त्रिसंगुणं.

अथ द्विरग्रशेषमूलजातौ सूत्रम्—

मूलं दृश्यं च भजेदंशकपरिहाणरूपघातेन ।
पूर्वाग्रमग्रराशौ क्षिपेदतश्शेषमूलविधिः ॥ ४७ ॥

अत्रोद्देशकः ।

मधुकर एको दृष्टः खे पद्मे शेषपञ्चमत्तुर्यौ ।
शेषत्र्यंशो मूलं द्वा[1]वाम्रे ते कियन्तः स्युः ॥ ४८ ॥
सिंहाश्चत्वारोऽद्रौ प्रतिशेषषडंशकादिमार्धान्ताः ।
मूले चत्वारोऽपि च विपिने दृष्टाः कियन्तस्ते ॥ ४९ ॥
तरुणहरिणीयुग्मं दृष्टं द्विसङ्गुणित वने
कुधरनिकटे शेषाः पञ्चांशकादिदलान्तिमाः ।
विपुलकलमक्षेत्रे तासां पदं त्रिभिराहतं
कमलसरसीतीरे तस्थुर्दशैव गणः कियान् ॥ ५० ॥

इति द्विरग्रशेषमूलजातिः ॥

अथांशमूलजातौ सूत्रम्—

भागगुणे मूलाग्रे न्यस्य पदप्राप्तदृश्यकरणेन ।
यल्लब्धं भागहृतं धनं भवेदंशमूलविधौ ॥ ५१ ॥

अन्यदपि सूत्रम्—

दृश्यादंशकभक्ताच्चतुर्गुणान्मूलकृतियुतान्मूलम् ।
सपदं दलितं वर्गितमंशाभ्यस्तं भवेत् सारम् ॥ ५२ ॥

---

[1] B reads द्वौ चाम्रे.

अत्रोद्देशकः ।

पद्मनालत्रिभागस्य जले मूलाष्टकं स्थितम् ।
षोडशाङ्गुलमाकाशे जलनालोदयं वद ॥ ५३ ॥

द्वित्रिभागस्य यन्मूलं नवघ्नं हस्तिनां पुनः ।
शेषत्रिपञ्चमांशस्य मूलं षड्भिस्समाहतम् ॥ ५४ ॥

विगलद्दान[1]धारार्द्रगण्डमण्डलदन्तिनः ।
चतुर्विंशतिरादृष्टा मयाटव्यां कति द्विपाः ॥ ५५ ॥

क्रोडौघार्धचतुःपदानि विपिनं शार्दूलविक्रीडितं
प्रापुश्शेषदशांशमूलयुगलं शैलं चतुस्ताडितम् ।
शेषार्धस्य पदं त्रिवर्गगुणितं वप्रं वराहा वने
दृष्टास्सप्तगुणाष्टकप्रमितयस्तेषां प्रमाणं वद ॥ ५६ ॥

इत्यंशमूलजातिः ॥

अथ भागसंवर्गजातौ सूत्रम्—

[2]स्वांशाप्तहराद्रूनाच्चतुर्गुणाग्रेण तद्धरेण हतात् ।
मूलं योज्यं त्याज्यं तच्छेदे तद्दलं वित्तम् ॥ ५७ ॥

अत्रोद्देशकः ।

अष्टमं षोडशांशघ्नं शालिराशेः कृषीवलः ।
चतुर्विंशतिवाहांश्च लेभे राशिः कियान् वद ॥ ५८ ॥

---

[1] B reads वारार्द्र.

[2] After this stanza all the MSS. have the following stanza; but it is simply a paraphrase of stanza No. 57 :—

अन्यच्च—

चतुर्हतदृष्टेनोनाद्भागाहृत्यंशहतहारात् ।
तच्छेदेन हतान्मूलं योज्यं त्याज्यं तच्छेदे तदर्धं वित्तम् ॥

शिखिनां षोडशभागः स्वगुणश्चूत तमालषण्डेऽस्थात् ।
शेषनवांशः स्वहतश्चतुरग्रदशापि कति ते स्युः ॥ ५९ ॥

जले त्रिंशदंशाहतो द्वादशांशः
स्थितश्शेषविंशो हतः षोडशेन ।
त्रिनिघ्नेन पङ्के करा विंशतिः खे
सखे स्तम्भदैर्घ्यस्य मानं वद त्वम् ॥ ६० ॥

इति भागसंवर्गजातिः ॥

अथोनाधिकांशवर्गजातौ सूत्रम्—

स्वांशकभक्तहरार्धं न्यूनयुगधिकोनितं च तद्वर्गात् ।
व्यूनाधिकवर्गाग्रान्मूलं स्वर्णं फलं पदेंऽशहतम् ॥ ६१ ॥

[1]हीनालाप उदाहरणम् ।

महिषीणामष्टांशो व्येको वर्गीकृतो वने रमते ।
पञ्चदशाद्रौ दृष्टास्तृणं चरन्त्यः कियन्त्यस्ताः ॥ ६२ ॥

अनेकपानां दशमो द्विवर्जितः
स्वसङ्गुणः क्रीडति सल्लकीवने ।
चरन्ति षड्वर्गमिता गजा गिरौ
कियन्त एतेऽत्र भवन्ति दन्तिनः ॥ ६३ ॥

[2]अधिकालाप उदाहरणम् ।

जम्बूवृक्षे पञ्चदशांशो द्विकयुक्तः
स्वेनाभ्यस्तः कोकिकुलस्य द्विकृतिघ्नाः ।

---

[1] M omits हीन.

[2] M omits this as well as the following stanza.

पश्चाप्यन्ये मत्तमयूरास्सहकारे
रंरम्यन्ते मित्र वदैषां परिमाणम् ॥ ६४ ॥

इत्यूनाधिकांशवर्गजातिः ॥

अथ मूलमिश्रजातौ सूत्रम्—

मिश्रकृतिरूनयुक्ता व्यधिका च द्विगुणमिश्रसम्भक्ता ।
वर्गीकृता फलं स्यात्करणमिदं मूलमिश्रविधौ ॥ ६५ ॥

हीनालाप उद्देशकः ।

मूलं कपोतवृन्दस्य द्वादशोनस्य चापि यत् ।
तयोर्योगं[1] कपोताष्षड् दृष्टास्तन्निकरः कियान् ॥ ६६ ॥
पारावतीयसङ्घे चतुर्घनोनेऽपि तत्र यन्मूलम् ।
तद्द्वययोगः षोडश तद्वृन्दे कति विहङ्गाः स्युः ॥ ६७ ॥

अधिकालाप उद्देशकः ।

राजहंसनिकरस्य यत्पदं
साष्टषष्टिसहितस्य चैतयोः ।
संयुतिर्द्विकविहीनषट्कृति-
स्तद्गणे कति मरालका वद ॥ ६८ ॥

इति मूलमिश्रजातिः ॥

अथ भिन्नदृश्यजातौ सूत्रम्—

दृश्यांशोने रूपे भागाभ्यासेन भाजिते तत्र ।
यल्लब्धं तत्सारं प्रजायते भिन्नदृश्यविधौ ॥ ६९ ॥

---

[1] B reads योगः.

अत्रोद्देशकः ।

सिकतायामष्टांशस्सन्दृष्टोऽष्टादशांशसङ्गुणितः ।
स्तम्भस्यार्धं [1]दृष्टं स्तम्भायामः कियान् कथय ॥ ७० ॥

द्विभक्तनवमांशकप्रहतसप्तविंशांशकः
प्रमोदमवतिष्ठते करिकुलस्य पृथ्वीतले ।
विनीलजलदाकृतिर्विहरति त्रिभागो नगे
वद त्वमधुना सखे करिकुलप्रमाणं मम ॥ ७१ ॥

साधूत्कृतोर्निवसति षोडशांशक-
स्त्रिभाजितः स्वकगुणितो वनान्तरे ।
पादो गिरौ मम कथयाशु तन्मितिं
प्रोत्तीर्णवान् जलधिसमं प्रकीर्णकम् ॥ ७२ ॥

इति भिन्नदृश्यजातिः ॥

इति सारसङ्ग्रहे गणितशास्त्रे महावीराचार्यस्य कृतौ प्रकीर्णको नाम तृतीयव्यवहारः समाप्तः ॥

---

[1] B, M and K read गगने.

चतुर्थः

त्रैराशिकव्यवहारः ।

त्रिलोकबन्धवे तस्मै केवलज्ञानभानवे ।
नमः श्रीवर्धमानाय निर्धूताखिलकर्मणे ॥ १ ॥

इतः परं त्रैराशिकं चतुर्थव्यवहारमुदाहरिष्यामः ।

तत्र करणसूत्रं यथा—

त्रैराशिकेऽत्र सारं फलमिच्छासङ्गुणं प्रमाणाप्तम् ।
इच्छाप्रमयोस्साम्ये विपरीतेयं क्रिया व्यस्ते ॥ २ ॥

पूर्वार्धोद्देशकः ।

दिवसैस्त्रिभिस्सपादैर्योजनषट्कं चतुर्थभागोनम् ।
गच्छति यः पुरुषोऽसौ दिनयुतवर्षेण किं कथय ॥ ३ ॥

व्यर्धाष्टाभिरहोभिः क्रोशाष्टांशं [1]स्वपञ्चमं याति ।
पङ्गुस्सपञ्चभागैर्वर्षैस्त्रिभिरत्र किं ब्रूहि ॥ ४ ॥

अङ्गुलचतुर्थभागं प्रयाति कीटो दिनाष्टभागेन ।
मेरोर्मूलाच्छिखरं कतिभिरहोभिस्समाप्नोति ॥ ५ ॥

कार्षापणं सपादं निर्विशति त्रिभिरहोभिरर्धयुतैः ।
यो ना पुराणशतकं सपणं कालेन केनासौ ॥ ६ ॥

[2]कृष्णागरुसत्त्वण्डं द्वादशहस्तायतं त्रिविस्तारम् ।
क्षयमेत्यङ्गुलमह्नः क्षयकालः कोऽस्य वृत्तस्य ॥ ७ ॥

स्वर्णैर्दशभिस्सार्धैर्द्रोणाढककुडबमिश्रितः क्रीतः ।
वरराजमाषवाहः किं हेमशतेन सार्धेन ॥ ८ ॥

---

[1] P, K and M read स for स्व. [2] B reads सत्कृष्णागरुखण्डं.

सार्धैस्त्रिभिः पुराणैः कुङ्कुमपलमष्टभागसंयुक्तम् ।
संप्राप्यं यत्र स्यात् पुराणशतकेन किं तत्र ॥ ९ ॥
सार्धद्विकसप्तपलैश्चतुर्दशार्धोनिताः पणा [1]लब्धाः ।
द्वात्रिंशदार्द्रकपलैस्सपञ्चमैः किं सखे ब्रूहि ॥ १० ॥
कार्षापणैश्चतुर्भिः पञ्चांशयुतैः पलानि रजतस्य ।
षोडश सार्धानि नरो लभते किं कर्षनियुतेन ॥ ११ ॥
कर्पूरस्याष्टपलैस्त्र्यंशोनैर्नात्र पञ्च दीनारान् ।
भागांशकलायुक्तान् लभते किं पलसहस्रेण ॥ १२ ॥
सार्धैस्त्रिभिः पणैरिह घृतस्य पलपञ्चकं सपञ्चांशम् ।
क्रीणाति यो नरोऽयं किं साष्टमकर्षशतकेन ॥ १३ ॥
सार्धैः पञ्चपुराणैः षोडश सदलानि वस्त्रयुगलानि ।
लब्धानि सैकषष्ट्या कर्षाणां किं सखे कथय ॥ १४ ॥
वापी समचतुरश्रा सलिलवियुक्ताष्टहस्तघनमाना ।
शैलस्तस्यास्तीरे [2]समुत्थितारिशखरतस्तस्य ॥ १५ ॥
वृत्ताङ्गुलविष्कम्भा जलधारा स्फटिकनिर्मला पतिता ।
वाप्यन्तरजलपूर्णा नगोच्छ्रितिः का च जलसङ्ख्या ॥ १६ ॥
[3]मुद्गद्रोणयुगं नवाज्यकुडबान् षट् तण्डुलद्रोणका-
नष्टौ वस्त्रयुगानि वत्ससहिता गाष्षट् सुवर्णत्रयम् ।

---

[1] M and B read लभ्याः.

[2] B reads समुत्थिता शि°.

[3] B and K read the following for this stanza :
दुग्धद्रोणयुगं नवाज्यकुडबान् षट् शर्कराद्रोणका-
नष्टौ चोचफलानि सान्द्रदधिखार्यष्षट् पुराणत्रयम् ।
श्रीखण्डं ददता नृपेण सवनार्थं षड्जिनागारके
षट्त्रिंशच्चिशतेषु मित्र वद मे तद्दत्तदुग्धादिकम् ॥

सङ्क्रान्तौ ददता नराधिपतिना षड्भ्यो द्विजेभ्यस्सखे
षट्त्रिंशत्रिशतेभ्य आशु वद किं तद्दत्तमुद्रादिकम् ॥ १७ ॥

इति त्रैराशिकः ॥

व्यस्तत्रैराशिके तुरीयपादस्योद्देशकः ।

कल्याणकनकनवतेः कियन्ति नववर्णकानि कनकानि ।
साष्टांशकदशवर्णकसगुञ्जहेम्नां शतस्यापि ॥ १८ ॥

व्यासेन दैर्घ्येण च षट्कराणां
चीनाम्बराणां त्रिशतानि तानि ।
त्रिपञ्चहस्तानि कियन्ति सन्ति
व्यस्तानुपातक्रमविद्वद त्वम् ॥ १९ ॥

इति व्यस्तत्रैराशिकः ॥

व्यस्तपञ्चराशिक उद्देशकः ।

पञ्चनवहस्तविस्तृतदैर्घ्यायां चीनवस्त्रसप्तत्याम् ।
द्वित्रिकरव्यासायति तच्छुतवस्त्राणि कति कथय ॥ २० ॥

व्यस्तसप्तराशिक उद्देशकः ।

व्यासायामोदयतो बहुमाणिक्ये चतुर्नवाष्टकरे ।
द्विषडेकहस्तमितयः प्रतिमाः कति कथय तीर्थकृताम् ॥ २१ ॥

व्यस्तनवराशिक उद्देशकः ।

विस्तारदैर्घ्योदयतः करस्य षट्त्रिंशदष्टप्रमिता नवार्घा ।
शिला तया तु द्विषडेकमानास्ताः पञ्चकार्घाः कति चैत्ययोग्याः ॥ २२ ॥

इति व्यस्तपञ्चसप्तनवराशिकाः ॥

गतिनिवृत्तौ सूत्रम्—

निजनिजकालोद्धृतयोर्गमननिवृत्त्योर्विशेषणाज्जाताम् ।
दिनशुद्धगतिं न्यस्य त्रैराशिकविधिमतः कुर्यात् ॥ २३ ॥

अत्रोद्देशकः ।

क्रोशस्य पञ्चभागं नौर्याति दिनत्रिसप्तभागेन ।
[1]वार्धौ वाताविद्धा प्रत्येति क्रोशनवमांशम् ॥ २४ ॥

कालेन केन गच्छेत् त्रिपञ्चभागोनयोजनशतं सा ।
सङ्ख्याब्धिसमुत्तरणे बाहुबलिंस्त्वं समाचक्ष्व ॥ २५ ॥

सपादहेम त्रिदिनैस्सपञ्चमैर्नरोऽर्जयन् व्येति सुवर्णतुर्यकम् ।
निजाष्टमं पञ्चदिनैर्दलोनितैः स केन कालेन लभेत सप्ततिम् ॥ २६ ॥

गन्धेभो मदलुब्धषट्पदपदप्रोद्भिन्नगण्डस्थलः
सार्धं योजनपञ्चमं व्रजति यष्षड्भिर्दलोनैर्दिनैः ।
प्रत्यायाति दिनैस्त्रिभिश्च सदलैः क्रोशद्विपञ्चांशकं
ब्रूहि क्रोशदलोनयोजनशतं कालेन केनाप्नुयात् ॥ २७ ॥

वापी पयःप्रपूर्णा दशदण्डसमुच्छ्रिताब्जमिह जातम् ।
अङ्गुलयुगलं सदलं प्रवर्धते सार्धदिवसेन ॥ २८ ॥

निस्सरति यन्त्रतोऽम्भः सार्धेनाह्नाङ्गुले सविंशे द्वे ।
शुष्यति दिनेन सलिलं सपञ्चमाङ्गुलकमिनकिरणैः ॥ २९ ॥

कूर्मो नालमधस्तात् सपादपञ्चाङ्गुलानि चाकृषति ।
सार्धैस्त्रिदिनैः पद्मं तोयसमं केन कालेन ॥ ३० ॥

---

[1] B and K read तस्मिन्काले वार्धौ.

द्वात्रिंशद्धस्तदीर्घः प्रविशति विवरे पञ्चभिस्सप्तमार्धैः
कृष्णाहीन्द्रो दिनस्यासुरवपुरजितः सार्धसप्ताङ्गुलानि।
पादेनाह्नोऽङ्गुले द्वे त्रिचरणसहिते वर्धते तस्य पुच्छं
रन्ध्रं कालेन केन प्रविशति गणकोत्तंस मे ब्रूहि सोऽयम् ॥ ३१ ॥

इति गतिनिवृत्तिः ॥

पञ्चसप्तनवराशिकेषु करणसूत्रम्—

[1]लाभं नीत्वान्योन्यं विभजेत् पृथुपङ्क्तिमल्पया पङ्क्त्या।
गुणयित्वा जीवानां क्रयविक्रययोस्तु तानेव ॥ ३२ ॥

अत्रोद्देशकः।

द्वित्रिचतुश्शतयोगे पञ्चाशत्षष्टिसप्ततिपुराणाः।
लाभार्थिना प्रयुक्ता दशमासेष्वस्य का वृद्धिः ॥ ३३ ॥

हेम्नां सार्धाशीतेर्मासत्र्यंशेन वृद्धिरध्यर्धा।
सत्रिचतुर्थनवत्याः कियती पादोनषण्मासैः ॥ ३४ ॥

षोडशवर्णककाञ्चनशतेन यो रत्नविंशतिं लभते।
दशवर्णसुवर्णानामष्टाशीतिद्विशत्या किम् ॥ ३५ ॥

---

[1] P reads as variations the following :

प्रकारान्तरेण सूत्रम्—

सङ्क्रम्य फलं छिन्द्याल्लघुपङ्क्त्यानेकराशिकां पङ्क्तिम्।
स्वगुणामश्वादीनां क्रयविक्रययोस्तु तानेव ॥

अन्यदपि सूत्रम्—

सङ्क्रम्य फलं छिन्द्यात् पृथुपङ्क्त्यभ्यासमल्पया पङ्क्त्या।
अश्वादीनां क्रयविक्रययोरश्वादिकांश्च सङ्क्रम्य ॥

B gives only the latter of these stanzas with the following variation in the second narter :

पृथुपङ्क्त्यभ्यासमल्पपङ्क्त्याहत्या.

गोधूमानां मानीर्नव नयता योजनत्रयं लब्धाः ।
षष्टिः पणाः सवाहं कुम्भं दशयोजनानि कति ॥ ३६ ॥

भाण्डप्रतिभाण्डस्योद्देशकः ।

कस्तूरीकर्षत्रयमुपलभते दशभिरष्टभिः कनकैः[1] ।
कर्षद्वयकर्पूरं मृगनाभित्रिशतकर्षकैः कति ना[2] ॥ ३७ ॥

पनसानि षष्टिमष्टभिरुपलभतेऽशीतिमातुलुङ्गानि ।
दशभिर्माषैर्नवशतपनसैः कति मातुलुङ्गानि ॥ ३८ ॥

जीवक्रयविक्रययोरुद्देशकः ।

षोडशवर्षास्तुरगा विंशतिरर्हन्ति नियुतकनकानि ।
दशवर्षसप्तिसप्ततिरिह कति गणकाग्रणीः कथय ॥ ३९ ॥

स्वर्णत्रिशती मूल्यं दशवर्षाणां नवाङ्गनानां स्यात् ।
षट्त्रिंशन्नारीणां षोडशसंवत्सराणां किम् ॥ ४० ॥

षट्कशतयुक्तनवतेर्दशमासैर्वृद्धिरत्र का तस्याः ।
कः कालः किं वित्तं विदिताभ्यां भण गणकमुखमुकुर ॥ ४१ ॥

सप्तराशिक उद्देशकः ।

त्रिचतुर्व्यासायामौ श्रीखण्डावर्हतोऽष्टहेमानि ।
षण्णवविस्तृतिदैर्घ्यौ हस्तेन चतुर्दशात्र कति ॥ ४२ ॥

इति सप्तराशिकः ॥

---

[1] B adds ना at the end

[2] K, M and B read हेमकर्षाः for ना.

नवराशिक उद्देशकः।

[1] पञ्चाष्टत्रिव्यासदैर्घ्योंदयाम्भो
धत्ते वापी शालिनी वाहषट्कम् ।
सप्तव्यासा हस्ततः षष्टिदैर्घ्याः
पात्सेधोः किं नवाचक्ष्व विद्वन् ॥ ४३ ॥

इति सारसङ्ग्रहे गणितशास्त्रे महावीराचार्यस्य कृतौ त्रैराशिको नाम चतुर्थव्यवहारः.

---

[1] The following stanza is found in K and B in addition to stanza No. 43.

द्व्यष्टाशीतिव्यासदैर्घ्योन्नताम्भो
धत्ते वापी शालिनी सार्धवाहौ ।
हस्तादष्टायामकाः षोडशोच्छ्राः
षट्कव्यासाः किं चतस्रा वद त्वम् ॥

पञ्चमः

मिश्रकव्यवहारः

प्राप्तानन्तचतुष्टयान् भगवतस्तीर्थस्य कर्तॄन् जिनान्
सिद्धान् शुद्धगुणांस्त्रिलोकमहितानाचार्यवर्यानपि ।
सिद्धान्तार्णवपारगान् भवभृतां नेतॄनुपाध्यायकान्
साधून् सर्वगुणाकरान् हितकरान् वन्दामहे श्रेयसे ॥ १ ॥

इतः परं मिश्रगणितं नाम पञ्चमव्यवहारमुदाहरिष्यामः । तद्यथा—

सङ्क्रमणसंज्ञाया विषमसङ्क्रमणसंज्ञायाश्च सूत्रम्—

युतिवियुतिदलनकरणं सङ्क्रमणं छेदलब्धयो राश्योः ।
सङ्क्रमणं विषममिदं प्राहुर्गणितार्णवान्तगताः ॥ २ ॥

अत्रोद्देशकः ।

द्वादशसङ्ख्याराशेर्द्वाभ्यां सङ्क्रमणमत्र किं भवति ।
तस्माद्द्राशेर्भक्तं विषमं वा किं तु सङ्क्रमणम् ॥ ३ ॥

पञ्चराशिकविधिः ॥

पञ्चराशिकस्वरूपवृद्ध्यानयनसूत्रम्—

इच्छाराशिः स्वस्य हि कालेन गुणः प्रमाणफलगुणितः ।
कालप्रमाणभक्तो भवति तदिच्छाफलं गणिते ॥ ४ ॥

अत्रोद्देशकः ।

त्रिकपञ्चकषट्कशते पञ्चाशत्षष्टिसप्ततिपुराणाः ।
लाभार्थतः प्रयुक्ताः का वृद्धिर्मासषट्कस्य ॥ ५ ॥

व्यर्धाष्टकशतयुक्तास्त्रिंशत्कार्षापणाः पणाश्चाष्टौ ॥
मासाष्टकेन जाता दलहीनेनैव का वृद्धिः ॥ ६ ॥

षष्ठ्या वृद्धिर्दृष्टा पञ्च पुराणाः पणत्रयविमिश्राः ।
मासद्वयेन लब्धा शतवृद्धिः का तु वर्षस्य ॥ ७ ॥

सार्धशतकप्रयोगे सार्धकमासेन पञ्चदश लाभः ।
मासदशकेन लब्धा शतत्रयस्यात्र का वृद्धिः ॥ ८ ॥

साष्टशतकाष्टयोगे त्रिषष्टिकार्षापणा विंशा दत्ताः ।
सप्तानां मासानां पञ्चमभागान्वितानां किम् ॥ ९ ॥

मूलानयनसूत्रम्—

मूलं स्वकालगुणितं स्वफलेन विभाजितं तदिच्छायाः ।
कालेन भजेल्लब्धं फलेन गुणितं तदिच्छा स्यात् ॥ १० ॥

अत्रोद्देशकः ।

पञ्चाधिकशतयोगे पञ्च पुराणान्दलोनमासौ द्वौ ।
वृद्धिं लभते कश्चित् किं मूलं तस्य मे कथय ॥ ११ ॥

सप्तत्याः सार्धमासेन फलं पञ्चार्धमेव च ।
व्यर्धाष्टमासे मूलं किं फलयोस्सार्धयोर्द्वयोः ॥ १२ ॥

त्रिकपञ्चकषट्कशते यथा नवाष्टादशाथ पञ्चकृतिः ।
पञ्चांशकेन मिश्रा षट्सु हि मासेषु कानि मूलानि ॥ १३ ॥

कालानयनसूत्रम्—

कालगुणितप्रमाणं स्वफलेच्छाभ्यां हतं ततः कृत्वा ।
तदिहेच्छाफलगुणितं लब्धं कालं बुधाः प्राहुः ॥ १४ ॥

अत्रोद्देशकः ।

सप्तार्धशतकयोगे वृद्धिस्त्वष्टाग्रविंशतिरशीत्या ।
कालेन केन लब्धा कालं विगणय्य कथय सखे ॥ १५ ॥

विंशतिषट्शतकस्य प्रयोगतः सप्तगुणषष्टिः ।
वृद्धिरपि चतुरशीतिः कथय सखे कालमाशु त्वम् ॥ १६ ॥

षट्शतेन हि युक्ताः षण्णवतिर्वृद्धिरत्र सन्दृष्टा ।
सप्तोत्तरपञ्चाशत् त्रिपञ्चभागश्च कः कालः ॥ १७ ॥

भाण्डप्रतिभाण्डसूत्रम्—

भाण्डस्वमूल्यभक्तं प्रतिभाण्डं भाण्डमूल्यसङ्गुणितम् ।
स्वेच्छाभाण्डाभ्यस्तं भाण्डप्रतिभाण्डमूल्यफलमेतत् ॥ १८ ॥

अत्रोद्देशकः ।

क्रीतान्यष्टौ शुण्ठ्याः पलानि षड्भिः पणैः सपादांशैः ।
पिप्पल्याः पलपञ्चकमथ पादोनैः पणैर्नवभिः ॥ १९ ॥

शुण्ठ्याः पलैश्च [1] केनचिदशीतिभिः कति पलानि पिप्पल्याः ।
क्रीतानि विचिन्त्य त्वं गणितविदाचक्ष्व मे शीघ्रम् ॥ २० ॥

इति मिश्रकव्यवहारे पञ्चराशिकविधिः समाप्तः ॥

वृद्धिविधानम् ॥

इतः परं मिश्रकव्यवहारे वृद्धिविधानं व्याख्यास्यामः ।

मूलवृद्धिमिश्रविभागानयनसूत्रम्—

रूपेण कालवृद्ध्या युतेन मिश्रस्य भागहारविधिम् ।
कृत्वा लब्धं मूल्यं वृद्धिर्मूलोनमिश्रधनम् ॥ २१ ॥

---

[1] Both M and B have the erroneous reading काश्चित् त्वशीतिभिः स च पलानि पिप्पल्याः.

अत्रोद्देशकः ।

पञ्चकशतप्रयोगे द्वादशमासैर्धनं प्रयुङ्क्ते चेत् ।
साष्टा चत्वारिंशन्मिश्रं तन्मूलवृद्धी के ॥ २२ ॥

पुनरपि मूलवृद्धिमिश्रविभागसूत्रम्—

इच्छाकालफलघ्नं स्वकालमूलेन भाजितं सैकम् ।
सम्मिश्रस्य विभक्तं लब्धं मूलं विजानीयात् ॥ २३ ॥

अत्रोद्देशकः ।

सार्धद्विशतकयोगे मासचतुष्केण किमपि धनमेकः ।
दत्वा मिश्रं लभते किं मूल्यं स्यात् त्रयस्त्रिंशत् ॥ २४ ॥

कालवृद्धिमिश्रविभागानयनसूत्रम्—

मूलं स्वकालगुणितं स्वफलेच्छाभ्यां हृतं ततः कृत्वा ।
सैकं तेनाप्तस्य च मिश्रस्य फलं हि वृद्धिः स्यात् ॥ २५ ॥

अत्रोद्देशकः ।

पञ्चकशतप्रयोगे फलार्थिना योजितैव धनषष्टिः ।
कालः स्ववृद्धिसहितो विंशतिरत्रापि कः कालः ॥ २६ ॥
अर्धत्रिकसप्तत्याः सार्धाया योगयोजितं मूलम् ।
पञ्चोत्तरसप्तशतं मिश्रमशीतिः स्वकालवृद्ध्योर्हि ॥ २७ ॥
त्र्यर्धचतुष्काशीत्या युक्ता मासद्वयेन सार्धेन ।
मूलं चतुश्शतं षट्त्रिंशन्मिश्रं हि कालवृद्ध्योर्हि ॥ २८ ॥

मूलकालमिश्रविभागानयनसूत्रम्—

स्वफलोद्धृतप्रमाणं कालचतुर्वृद्धिताडितं शोध्यम् ।
मिश्रकृतेस्तन्मूलं मिश्रे क्रियते तु सङ्क्रमणम् ॥ २९ ॥

अत्रोद्देशकः ।

सप्तत्या वृद्धिरियं चतुःपुराणाः फलं च पञ्चकृतिः ।
मिश्रं नव पञ्चगुणाः पादेन युतास्तु किं मूलम् ॥ ३० ॥

त्रिकषष्ट्या दत्त्वैकः किं मूलं केन कालेन ।
प्राप्तोऽष्टादशवृद्धिं षट्षष्टिः कालमूलमिश्रं हि ॥ ३१ ॥

अध्यर्धमासिकफलं षष्ट्याः पञ्चार्धमेव सन्दृष्टम् ।
वृद्धिस्तु चतुर्विंशतिरथ षष्टिर्मूलयुक्तकालश्च ॥ ३२ ॥

प्रमाणफलेच्छाकालमिश्रविभागानयनसूत्रम्—

मूलं स्वकालवृद्धिद्विकृतिगुणं छिन्नमितरमूलेन ।
मिश्रकृतिशेषमूलं मिश्रे क्रियते तु सङ्क्रमणम् ॥ ३३ ॥

अत्रोद्देशकः ।

अध्यर्धमासकस्य च शतस्य फलकालयोश्च मिश्रधनम् ।
द्वादश दलसंमिश्रं मूलं त्रिंशत्फलं पञ्च ॥ ३४ ॥

मूलकालवृद्धिमिश्रविभागानयनसूत्रम्—

मिश्रादूनितराशिः कालस्तस्यैव रूपलाभेन ।
सैकेन भजेन्मूलं स्वकालमूलोनितं फलं मिश्रम् ॥ ३५ ॥

अत्रोद्देशकः ।

पञ्चकशतप्रयोगे न ज्ञातः कालमूलफलराशिः ।
तन्मिश्रं [1]द्वाशीतिर्मूलं किं कालवृद्धी के ॥ ३६ ॥

---

[1] This wrong form is the reading found in the MSS.; and the correct form द्व्यशीति does not satisfy the exigencies of the metre.

बहुमूलकालवृद्धिमिश्रविभागानयनसूत्रम्—

विभजेत्स्वकालताडितमूलसमासेन फलसमासहतम् ।
कालाभ्यस्तं मूलं पृथक् पृथक् चादिशेद्वृद्धिम् ॥ ३७ ॥

अत्रोद्देशकः ।

चत्वारिंशत्त्रिंशद्विंशतिपञ्चाशदत्र मूलानि ।
मासाः पञ्चचतुस्त्रिकषट् फलपिण्डश्चतुस्त्रिंशत् ॥ ३८ ॥

बहुमूलमिश्रविभागानयनसूत्रम्—

स्वफलैस्स्वकालभक्तैस्तद्युत्या मूलमिश्रधनराशिम् ।
[1]छिन्द्यादंशं गुणयेत् समागमो भवति मूलानाम् ॥ ३९ ॥

अत्रोद्देशकः ।

दशषट्त्रिपञ्चदशका वृद्धय इषवश्चतुस्त्रिषण्मासाः ।
मूलसमासो दृष्टश्चत्वारिंशच्छतेन संमिश्रा ॥ ४० ॥

पञ्चार्धषड्दशापि च सार्धाः षोडश फलानि च त्रिंशत् ।
मासास्तु पञ्च षट् खलु सप्ताष्ट दशाप्यशीतिरथ पिण्डः ॥ ४१

बहुकालमिश्रविभागानयनसूत्रम्—

स्वफलैः स्वमूलभक्तैस्तद्युत्या कालमिश्रधनराशिम् ।
[1]छिन्द्यादंशं गुणयेत् समागमो भवति कालानाम् ॥ ४२ ॥

अत्रोद्देशकः ।

चत्वारिंशत्त्रिंशद्विंशतिपञ्चाशदत्र मूलानि ।
दशषट्त्रिपञ्चदश फलमष्टादश कालमिश्रधनराशिः ॥ ४३ ॥

प्रमाणराशौ फलेन तुल्यमिच्छाराशिमूलं च तदिच्छाराशौ वृद्धिं

---

[1] The MSS read छिन्द्यादंशान् which does not seem to be correct.

च संपीड्य तन्मिश्रराशौ प्रमाणराशेः वृद्धिविभागानयनसूत्रम्—

कालगुणितप्रमाणं परकालहृतं तदेकगुणमिश्रधनात् ।
इतरार्धकृतियुतात् पदमितरार्धोनं प्रमाणफलम् ॥ ४४ ॥

अत्रोद्देशकः ।

मासचतुष्कशतस्य प्रनष्टवृद्धिः प्रयोगमूलं तत् ।
स्वफलेन युतं द्वादश पञ्चकृतिस्तस्य कालोऽपि ॥ ४५ ॥
मासत्रितयाशीत्याः प्रनष्टवृद्धिः स्वमूलफलराशेः ।
पञ्चमभागेनोनाश्चाष्टौ वर्षेण मूलवृद्धी के ॥ ४६ ॥

समानमूलवृद्धिमिश्रविभागसूत्रम्—

अन्योन्यकालविनिहतमिश्रविशेषस्य तस्य भागाख्यम् ।
कालविशेषेण हृते तेषां मूलं विजानीयात् ॥ ४७ ॥

अत्रोद्देशकः ।

पञ्चाशदष्टपञ्चाशन्मिश्रं षट्षष्टिरेव च ।
पञ्च सप्तैव नव हि मासाः किं फलमानय ॥ ४८ ॥
त्रिंशच्चैकत्रिंशद्द्वित्र्यंशाः स्युः पुनस्त्रयस्त्रिंशत् ।
सत्र्यंशा मिश्रधनं पञ्चत्रिंशच्च गणकादात् ॥ ४९ ॥
कश्चिन्नरश्चतुर्णां त्रिभिश्चतुर्भिश्च पञ्चभिः षड्भिः ।
मासैर्लब्धं किंस्यान्मूलं शीघ्रं ममाचक्ष्व ॥ ५० ॥

समानमूलकालमिश्रविभागसूत्रम्—

अन्योन्यवृद्धिसङ्गुणमिश्रविशेषस्य तस्य भागाख्यम् ।
वृद्धिविशेषेण हृते लब्धं मूलं बुधाः प्राहुः ॥ ५१ ॥

अत्रोद्देशकः ।

एकात्रिपञ्चमिश्रितविंशतिरिह कालमूलयोर्मिश्रम् ।
षड् दश चतुर्दश स्युर्लाभाः किं मूलमत्र साम्यं स्यात् ॥ ५२ ॥

पञ्चत्रिंशन्मिश्रं सप्तत्रिंशच्च नवयुतत्रिंशत् ।
विंशतिरष्टाविंशतिरथ षट्त्रिंशच्च वृद्धिधनम् ॥ ५३ ॥

उभयप्रयोगमूलानयनसूत्रम्—

रूपस्येच्छाकालादुभयफले ये तयोर्विशेषेण ।
लब्धं विभजेन्मूलं स्वपूर्वसङ्कल्पितं भवति[1] ॥ ५४ ॥

अत्रोद्देशकः ।

उद्धृत्या षट्कशते प्रयोजितोऽसौ पुनश्च नवकशते ।
मासैस्त्रिभिश्च लभते सैकाशीतिं क्रमेण मूलं किम् ॥ ५५ ॥

त्रिवृद्ध्यैव शते मासे प्रयुक्तश्चाष्टभिश्शते ।
लाभोऽशीतिः कियन्मूलं भवेत्तन्मासयोर्द्वयोः ॥ ५६ ॥

वृद्धिमूलविमोचनकालानयनसूत्रम्—

मूलं स्वकालगुणितं फलगुणितं तत्प्रमाणकालाभ्याम् ।
भक्तं स्कन्धस्य फलं मूलं कालं फलात्प्राग्वत् ॥ ५७ ॥

अत्रोद्देशकः ।

मासे हि पञ्चैव च सप्ततीनां
मासद्वयेऽष्टादशकं प्रदेयम् ।

---

[1] This same rule is somewhat defectively stated again with a modification in reading thus:

पुनरप्युभयप्रयोगमूलानयनसूत्रम्—

इच्छाकालादुभयप्रयोगवृद्धिं समानीय ।
तद्वृद्ध्यन्तरभक्तं लब्धं मूलं विजानीयात् ॥

स्कन्धं चतुर्भिस्सहिता त्वशीतिः
मूलं भवेत्को नु विमुक्तिकालः ॥ ५८ ॥

षष्ट्या मासिकवृद्धिः पञ्चैव हि मूलमपि च पञ्चत्रिंशत् ।
मासत्रितये स्कन्धं त्रिपञ्चकं तस्य कः कालः ॥ ५९ ॥

समानवृद्धिमूलमिश्रविभागसूत्रम्--

मूलैः स्वकालगुणितैर्वृद्धिविभक्तैस्समासकैर्विभजेत् ।
मिश्रं स्वकालनिघ्नं वृद्धिर्मूलानि च प्राग्वत् ॥ ६० ॥

अत्रोद्देशकः ।

द्विकषट्कचतुश्शतके चतुस्सहस्रं चतुश्शतं मिश्रम् ।
मासद्वयेन वृद्ध्या समानि कान्यत्र मूलानि ॥ ६१ ॥

त्रिकशतपञ्चकसप्ततिपादोनचतुष्कषष्टियोगेषु ।
नवशतसहस्रसङ्ख्या मासत्रितये समा युक्ता ॥ ६२ ॥

विमुक्तकालस्य मूलानयनसूत्रम्—

स्कन्धं स्वकालभक्तं विमुक्तकालेन ताडितं विभजेत् ।
निर्मुक्तकालवृद्ध्या रूपस्य हि सैकया मूलम् ॥ ६३ ॥

अत्रोद्देशकः ।

पञ्चकशतप्रयोगे मासौ द्वौ स्कन्धमष्टकं दत्वा ।
मासैष्षष्टिभिरिह वै निर्मुक्तः किं भवेन्मूलम् ॥ ६४ ॥

द्वौ सत्रिपञ्चभागौ स्कन्धं द्वादशदिनैर्ददात्येकः ।

त्रिकशतयोगे दशभिर्मासैर्मुक्तं हि मूलं किम् ॥ ६५ ॥

वृद्धियुक्तहीनसमानमूलमिश्रविभागसूत्रम्—

कालस्वफलोनाधिकरूपोद्धृतरूपयोगहतमिश्रे[1] ।
प्रक्षेपो गुणकारः स्वफलोनाधिकसमानमूलानि ॥ ६६ ॥

अत्रोद्देशकः ।

त्रिकपञ्चकाष्टकशतैः प्रयोगतोऽष्टासहस्रपञ्चशतम् ।
विंशतिसहितं वृद्धिभिरुद्धृत्य समानि पञ्चभिर्मासैः ॥ ६७ ॥

त्रिकषट्काष्टकषष्ठ्या मासद्वितये चतुस्सहस्राणि ।
पञ्चाशद्द्विशतयुतान्यतोऽष्टमासकफलाद्दते सदृशानि ॥ ६८ ॥

द्विकपञ्चकनवकशते मासचतुष्के त्रयोदशसहस्रम् ।
सप्तशतेन च मिश्रा चत्वारिंशत्सवृद्धिसममूलानि ॥ ६९ ॥

सैकार्धकपञ्चार्धकषडर्धकाशीतियोगयुक्तास्तु ।
मासाष्टके षडधिका चत्वारिंशच्च षट्कृतिशतानि ॥ ७० ॥

सङ्कलितस्कन्धमूलस्य मूलवृद्धिविमुक्तिकालानयनसूत्रम्—

स्कन्धाप्तमूलचितिगुणितस्कन्धेच्छाग्रघातियुतमूलं स्यात् ।
स्कन्धे कालेन फलं स्कन्धोद्धृतकालमूलहतकालः ॥ ७१ ॥

अत्रोद्देशकः ।

केनापि संप्रयुक्ता षष्टिः पञ्चकशतप्रयोगेण ।
मासत्रिपञ्चभागात् सप्तोत्तरतश्च सप्तादिः ॥ ७२ ॥

तत्षष्टिसप्तमांशकपदमितिसङ्कलितधनमेव ।
दत्वा तत्सप्तांशकवृद्धिं प्रादाच्च चितिमूलम् ॥

---

[1] मिश्रः is the reading found in the MSS.; मिश्रे is adopted as being more satisfactory grammatically.

किं तद्वृद्धिः का स्यात् कालस्तद्दणस्य मौक्षिको भवति । ७३½ ।

केनापि संप्रयुक्ताशीतिः पञ्चकशतप्रयोगेण ॥

अष्टाद्यष्टोत्तरतस्तदशीत्यष्टांशगच्छेन ।
मूलधनं दत्वाष्टाद्यष्टोत्तरतो धनस्य मासार्धात् ॥ ७५ ॥

वृद्धिं प्रादान्मूलं वृद्धिश्च विमुक्तिकालश्च ।
एषां परिमाणं किं विगणय्य सखे ममाचक्ष्व ॥ ७६ ॥

एकीकरणसूत्रम्—

वृद्धिसमासं विभजेन्मासफलैक्येन लब्धमिष्टः कालः ।
कालप्रमाणगुणितस्तादिष्टकालेन सम्भक्तः ॥
वृद्धिसमासेन हतो मूलसमासेन भाजितो वृद्धिः । ७७½ ।

अत्रोद्देशकः ।

युक्ता चतुश्शतीह द्विकत्रिकपञ्चकचतुष्कशतेन ।
मासाः पञ्च चतुर्द्वित्रयः प्रयोगैककालः कः ॥ ७८½ ॥

इति मिश्रकव्यवहारे वृद्धिविधानं समाप्तम् ॥

प्रक्षेपककुट्टीकारः ॥

इतः परं मिश्रकव्यवहारे प्रक्षेपककुट्टीकारगणितं व्याख्यास्यामः ।

प्रक्षेपककरणमिदं सवर्गविच्छेदनांशयुतिहृतमिश्रः ।
प्रक्षेपकगुणकारः कुट्टीकारो बुधैस्समुद्दिष्टम् ॥ ७९½ ॥

अत्रोद्देशकः ।

द्वित्रिचतुष्षड्भागैर्विभाज्यते द्विगुणषष्टिरिह हेम्नाम् ।
भृत्येभ्यो हि चतुर्भ्यो गणकाचक्ष्वाशु मे भागान् ॥ ८०½ ॥

प्रथमस्यांशत्रितयं त्रिगुणोत्तरतश्च पञ्चभिर्भक्तम् ।
दीनाराणां त्रिशतं त्रिषष्टिसहितं क एकांशः ॥ ८१$\frac{1}{2}$ ॥

आदाय चाम्बुजानि प्रविश्य सच्छ्रावकोऽथ जिननिलयम् ।
पूजां चकार भक्त्या पूजार्हेभ्यो जिनेन्द्रेभ्यः ॥ ८२$\frac{1}{2}$ ॥

वृषभाय चतुर्थांशं षष्ठांशं शिष्टपार्श्वाय ।
द्वादशमथ जिनपतये त्र्यंशं मुनिसुव्रताय ददौ ॥ ८३$\frac{1}{2}$ ॥

नष्टाष्टकर्मणे जगदिष्टायारिष्टनेमयेऽष्टांशम ।
षष्ठघ्नचतुर्भागं भक्त्या जिनशान्तये प्रददौ ॥ ८४$\frac{1}{2}$ ॥

कमलान्यशीतिमिश्राण्यायातान्यथ शतानि चत्वारि ।
कुसुमानां भागाख्यं कथय प्रक्षेपकाख्यकरणेन ॥ ८५$\frac{1}{2}$ ॥

चत्वारि शतानि सखे युतान्यशीत्या नरैर्विभक्तानि ।
पञ्चभिराचक्ष्व त्वं द्वित्रिचतुःपञ्चषड्गुणितैः ॥ ८६$\frac{1}{2}$ ॥

इष्टगुणफलानयनसूत्रम्—

भक्तं शेषैर्मूलं गुणगुणितं तेन योजितं प्रक्षेपम् ।
तद्द्रव्यं मूल्यघ्नं क्षेपविभक्तं हि मूल्यं स्यात् ॥ ८७$\frac{1}{2}$ ॥

अस्मिन्नर्थे पुनरपि सूत्रम्—

फलगुणकारैर्हत्वा पणान् फलैरेव भागमादाय ।
प्रक्षेपके गुणास्स्युस्त्रैराशिकतः फलं वदेन्मतिमान् ॥ ८८$\frac{1}{2}$ ॥

अस्मिन्नर्थे पुनरपि सूत्रम्—

स्वफलहताः स्वगुणघ्नाः पणास्तु तैर्भवति पूर्ववच्छेषः ।
इष्टफलं निर्दिष्टं त्रैराशिकसाधितं सम्यक् ॥ ८९$\frac{1}{2}$ ॥

अत्रोद्देशकः ।

द्वाभ्यां त्रीणि त्रिभिः पञ्च पञ्चभिस्सप्त मानकैः ।
दाडिमाम्रकपित्थानां फलानि गणितार्थवित् ॥ ९०$\frac{1}{2}$ ॥

कपित्थात् त्रिगुणं ह्याम्रं दाडिमं षड्गुणं भवेत् ।
क्रीत्वानय सखे शीघ्रं त्वं षट्सप्ततिभिः पणैः ॥ ९१$\frac{1}{2}$ ॥

दध्याज्यक्षीरघटैर्जिनबिम्बस्याभिषेचनं कृतवान् ।
जिनपुरुषो द्वासप्ततिपलैस्त्रयः पूरिताः कलशाः ॥ ९२$\frac{1}{2}$ ॥

द्वात्रिंशत्प्रथमघटे पुनश्चतुर्विंशतिर्द्वितीयघटे ।
षोडश तृतीयकलशे पृथक् पृथक् कथय मे कृत्वा ॥ ९३$\frac{1}{2}$ ॥

तेषां दधिघृतपयसां ततश्चतुर्विंशतिर्घृतस्य पलानि ।
षोडश पयःपलानि द्वात्रिंशद् दधिपलानीह ॥ ९४$\frac{1}{2}$ ॥

वृत्तिस्त्रयः पुराणाः पुंसश्चारोहकस्य तत्रापि ।
सर्वेऽपि पञ्चषष्टिः केचिद्भग्ना धनं तेषाम् ॥ ९५$\frac{1}{2}$ ॥

सन्निहितानां दत्तं लब्धं पुंसा दशैव चैकस्य ।
के सन्निहिता भग्नाः के मम सञ्चिन्त्य कथय त्वम् ॥ ९६$\frac{1}{2}$ ॥

इष्टरूपाधिकहीनप्रक्षेपककरणसूत्रम्—

पिण्डोऽधिकरूपोनो हीनोत्तररूपसंयुतः शेषात् ।
प्रक्षेपककरणमतः कर्तव्यं तैर्युता हीनाः ॥ ९७$\frac{1}{2}$ ॥

अत्रोद्देशकः ।

प्रथमस्यैकांशोऽतो द्विगुणद्विगुणोत्तराद्भजन्ति नराः ।
चत्वारोंऽशः कस्स्यादेकस्य हि सप्तषष्टिरिह ॥ ९८$\frac{1}{2}$ ॥

प्रथमादध्यर्धगुणात् त्रिगुणाद्रूपोत्तराद्विभाज्यन्ते ।
साष्टा सप्ततिरेभिश्चतुर्भिराप्तांशकान् ब्रूहि ॥ ९९$\frac{1}{2}$ ॥

प्रथमादध्यर्धगुणाः पञ्चार्धगुणोत्तराणि रूपाणि ।
पञ्चानां पञ्चाशत्सैका चरणत्रयाभ्यधिका ॥ १००$\frac{1}{2}$ ॥

प्रथमात्पञ्चार्धगुणाश्चतुर्गुणोत्तराविहीनभागेन ।
भक्तं नरैश्चतुर्भिः पञ्चदशोनं शतचतुष्कम् ॥ १०१$\frac{1}{2}$ ॥

समधनार्घानयनतज्ज्येष्ठधनसङ्ख्यानयनसूत्रम्—

ज्येष्ठधनं सैकं स्यात् स्वविक्रयेऽन्त्यार्घगुणमपैकं तत् ।
क्रयणे ज्येष्ठानयनं समानयेत् करणविपरीतात् ॥ १०२$\frac{1}{2}$ ॥

अत्रोद्देशकः ।

द्वावष्टौ षट्त्रिंशन्मूलं नृणां षडेव चरमार्घः ।
एकार्घेण क्रीत्वा विक्रीय च समधना जाताः ॥ १०३$\frac{1}{2}$ ॥

सार्धैकमर्धमर्धद्वयं च सङ्गृह्य ते त्रयः पुरुषाः ।
क्रयविक्रयौ च कृत्वा षड्भिः पञ्चार्घात्समधना जाताः ॥ १०४$\frac{1}{2}$ ॥

चत्वारिंशत् सैका समधनसङ्ख्या षडेव चरमार्घः ।
आचक्ष्व गणक शीघ्रं ज्येष्ठधनं किं च कानि मूलानि ॥ १०५$\frac{1}{2}$ ॥

समधनसङ्ख्या पञ्चत्रिंशद्भवन्ति यत्र दीनाराः ।
चत्वारश्चरमार्घो ज्येष्ठधनं किं च गणक कथय त्वम् ॥ १०६$\frac{1}{2}$ ॥

चरमार्घभिन्नजातौ समधनार्घानयनसूत्रम्—

तुल्यापच्छेदधनान्त्यार्घाभ्यां विक्रयक्रयार्घौ प्राग्वत् ।
छेदच्छेदकृतिघ्नावनुपातात् समधनानि भिन्नेऽन्त्यार्घे ॥ १०७$\frac{1}{2}$ ॥

अर्धत्रिपादभागा धनानि षट्पञ्चमांशकाश्चरमार्घः ।
एकार्घेण क्रीत्वा, विक्रीय च समधना जाताः ॥ १०८½ ॥

पुनरपि अन्त्यार्घे भिन्ने सति समधनानयनसूत्रम्—

ज्येष्ठांशद्विहरहतिः सान्त्यहरा विक्रयोऽन्त्यमूल्यघ्नः ।
नैको ऽयरिवलहरघ्नः स्यात्क्रयसङ्ख्यानुपातोऽथ ॥ १०९½ ॥

अत्रोद्देशकः ।

अर्धं द्वौ त्र्यंशौ च त्रीन् पादांशांश्च सङ्गृह्य ।
विक्रीय क्रीत्वान्ते पञ्चभिरङ्क्यंशकैस्समानधनाः ॥ ११०½ ॥

इष्टगुणेष्टसङ्ख्यायामिष्टसङ्ख्यासमर्पणानयनसूत्रम्—

अन्त्यपदे स्वगुणहते क्षिपेदुपान्त्यं च तस्यान्तम् ।
तेनोपान्त्येन भजेद्यल्लब्धं तद्भवेन्मूलम् ॥ १११½ ॥

अत्रोद्देशकः ।

कश्चिच्छ्रावकपुरुषश्चतुर्मुखं जिनगृहं समासाद्य ।
पूजां चकार भक्त्या सुरभीण्यादाय कुसुमानि ॥ ११२½ ॥

द्विगुणमभूदाद्यमुखे त्रिगुणं च चतुर्गुणं च पञ्चगुणम् ।
सर्वत्र पञ्च पञ्च च तत्सङ्ख्याम्भोरुहाणि कानि स्युः ॥ ११३½ ॥

द्वित्रिचतुर्भागगुणाः पञ्चार्धगुणास्त्रिपञ्चसप्ताष्टौ ।
भक्तैर्भक्त्यार्हद्भ्यो दत्तान्यादाय कुसुमानि ॥ ११४½ ॥

इति मिश्रकव्यवहारे प्रक्षेपककुट्टीकारः समाप्तः ॥

The following stanza is added in M after stanza No. 110½, but it is not found B:—

अर्धत्रिपादभागा धनानि षट्पञ्चमांशकान्त्यार्घः ।
एकार्घेण क्रीत्वा विक्रीय च समधना जाताः ॥

वल्लिकाकुट्टीकारः ॥

इतः परं वल्लिकाकुट्टीकारगणितं व्याख्यास्यामः। कुट्टीकारे वल्लिकागणितन्यायसूत्रम्—

छित्वा छेदेन राशिं प्रथमफलमपोह्याप्तमन्योन्यभक्तं
स्थाप्योर्ध्वाधर्यतोऽधो मतिगुणमयुजाल्पेऽवशिष्टे धनर्णम्।
छित्वाधः स्वोपरिघ्नोपरियुतहरभागोऽधिकाग्रस्य हारं
छित्वा छेदेन साग्रान्तरफलमधिकाग्रान्वितं हारघातम् ॥ ११५$\frac{1}{2}$ ॥

अत्रोद्देशकः।

जम्बूजम्बीररम्भाक्रमुकपनसखर्जूरहिन्तालताली-
पुन्नागाम्राद्यनेकद्रुमकुसुमफलैर्नम्रशाखाधिरूढम्।
भ्राम्यद्भृङ्गाब्जवापीशुकपिककुलनानाध्वनिव्याप्तदिक्कं
पान्थाः श्रान्ता वनान्तं श्रमनुदममलं ते प्रविष्टाः प्रहृष्टाः ॥ ११६$\frac{1}{2}$ ॥

राशित्रिषष्टिः कदलीफलानां
सम्पीड्य संक्षिप्य च सप्तभिस्तैः।
पान्थैस्त्रयोविंशतिभिर्विशुद्धा
राशेस्त्वमेकस्य वद प्रमाणम् ॥ ११७$\frac{1}{2}$ ॥

राशीन् पुनर्द्वादश दाडिमानां
समस्य संक्षिप्य च पञ्चभिस्तैः।
पान्थैर्नरैर्विंशतिभिर्निरेकै-
र्भक्तांस्तथैकस्य वद प्रमाणम् ॥ ११८$\frac{1}{2}$ ॥

दृष्ट्वाम्रराशीन् पथिको यथैक-
त्रिंशत्समूहं कुरुते त्रिहीनम्।

शेषे हृते सप्ततिभिस्त्रिमिश्रै-
र्नरैर्विशुद्धं कथयैकसङ्ख्याम् ॥ ११९$\frac{1}{2}$ ॥

दृष्टास्सप्तत्रिंशत्कपित्थफलराशयो वने पथिकैः ।
सप्तदशापोह्य हृते व्येकाशीत्यांशकप्रमाणं किम् ॥ १२०$\frac{1}{2}$ ॥

दृष्ट्वाम्रराशिमपहाय च सप्त पश्चा-
द्भक्तेऽष्टभिः पुनरपि प्रविहाय तस्मात् ।
त्रीणि त्रयोदशभिरुद्दलिते विशुद्धः
पान्थैर्वने गणक मे कथयैकराशिम् ॥ १२१$\frac{1}{2}$ ॥

द्वाभ्यां त्रिभिश्चतुर्भिः पञ्चभिरेकः कपित्थफलराशिः ।
भक्तो रूपाग्रस्तत्प्रमाणमाचक्ष्व गणितज्ञ ॥ १२२$\frac{1}{2}$ ॥

द्वाभ्यामेकस्त्रिभिर्द्वौ च चतुर्भिर्भाजिते त्रयः ।
चत्वारि पञ्चभिश्शेषः को राशिर्वद मे प्रिय ॥ १२३$\frac{1}{2}$ ॥

द्वाभ्यामेकस्त्रिभिश्शुद्धश्चतुर्भिर्भाजिते त्रयः ।
चत्वारि पञ्चभिश्शेषः को राशिर्वद मे प्रिय ॥ १२४$\frac{1}{2}$ ॥

द्वाभ्यां निरग्र एकाग्रस्त्रिभिर्नाग्रो विभाजितः ।
चतुर्भिः पञ्चभिर्भक्तो रूपाग्रो राशिरेष कः ॥ १२५$\frac{1}{2}$ ॥

द्वाभ्यामेकस्त्रिभिश्शुद्धश्चतुर्भिर्भाजिते त्रयः ।
निरग्रः पञ्चभिर्भक्तः को राशिः कथयाधुना ॥ १२६$\frac{1}{2}$ ॥

दृष्टा जम्बूफलानां पथि पथिकजनै राशयस्तत्र राशी
द्वौ त्र्यग्रौ तौ नवानां त्रय इति पुनरेकादशानां विभक्ताः ।
पञ्चाग्रास्ते यतीनां चतुरधिकतराः पञ्च ते सप्तकानां
कुट्टीकारार्थविन्मे कथय गणक सञ्चिन्त्य राशिप्रमाणम् ॥ १२७$\frac{1}{2}$ ॥

वनान्तरे दाडिमराशयस्ते पान्थैस्त्रयस्सप्तभिरेकशेषाः ।
सप्त त्रिशेषा नवभिर्विभक्ताः पञ्चाष्टभिः के गणक द्विरग्राः ॥ १२८½ ॥

भक्ता द्वियुक्ता नवभिस्तु पञ्च
युक्ताश्चतुर्भिश्च षडष्टभिस्तैः ।
पान्थैर्जनैस्सप्तभिरेकयुक्ता-
श्चत्वार एते कथय प्रमाणम् ॥ १२९½ ॥

अग्रशेषविभागमूलानयनसूत्रम्—

शेषांशाग्रवधो युक् स्वाग्रेणान्यस्तदंशकेन गुणः ।
यावद्भागास्तावद्विच्छेदाः स्युस्तदग्रगुणाः ॥ १३०½ ॥

अत्रोद्देशकः ।

आनीतवत्याम्रफलानि पुंसि
प्रागेकमादाय पुनस्तदर्धम् ।
गतेऽग्रपुत्रे च तथा जघन्य-
स्तत्रावशेषार्धमथो तमन्यः ॥ १३१½ ॥

प्रविश्य जैनं भवनं त्रिपूरुषं
प्रागेकमभ्यर्च्य जिनस्य पादे[1] ।
शेषत्रिभागं प्रथमेऽनुमाने
तथा द्वितीये च तृतीयके तथा ॥ १३२½ ॥

शेषत्रिभागद्वयतश्च शेष-
स्त्र्यंशद्वयं चापि ततस्त्रिभागान् ।
कृत्वा चतुर्विंशतितीर्थनाथान्
समर्चयित्वा गतवान् विशुद्धः ॥ १३३½ ॥

इति मिश्रकव्यवहारे साधारणकुट्टीकारः समाप्तः ॥

---

[1] The MSS. give पादौ, which does not seem to be correct here. B reads केशान् for पादे.

विषमकुट्टीकारः ॥

इतः परं विषमकुट्टीकारं व्याख्यास्यामः । विषमकुट्टीकारस्य सूत्रम्—

मतिसङ्गुणितौ छेदौ योज्योनत्याज्यसंयुतौ राशिहतौ ।
भिन्ने कुट्टीकारे गुणकारोऽयं समुद्दिष्टः ॥ १३४½ ॥

अत्रोद्देशकः ।

राशिः षट्केन हतो दशान्वितो नवहतो निरवशेषः ।
दशभिर्हीनश्च तथा तद्गुणकौ[1] कौ ममाशु सङ्कथय ॥ १३५½ ॥

सकलकुट्टीकारः ॥

सकलकुट्टीकारस्य सूत्रम्—

भाज्यच्छेदाग्रशेषैः प्रथमहतिफलं त्याज्यमन्योन्यभक्तं
न्यस्यान्ते साग्रमूर्ध्वैरुपरिगुणयुतं तैस्समानासमाने ।
स्वर्णघ्नं व्याप्तहारौ गुणधनमृणयोश्चाधिकाग्रस्य हारं
हृत्वा हृत्वा तु साग्रान्तरधनमधिकाग्रान्वितं हारघातम् ॥ १३६½ ॥

अत्रोद्देशकः ।

सप्तोत्तरसप्तत्या युतं शतं योज्यमानमष्टात्रिंशत् ।
सैकशतद्वयभक्तं को गुणकारो भवेदत्र ॥ १३७½ ॥
पञ्चत्रिंशत् त्र्युत्तरषोडशपदान्येव हाराश्च ।
द्वात्रिंशद्व्यधिकैका त्र्युत्तरतोऽग्राणि के धनर्णगुणाः ॥ १३८½ ॥

अधिकाल्पराश्योर्मूलमिश्रविभागसूत्रम्—

ज्येष्ठघ्नमहाराशेर्जघन्यफलताडितोनमपनीय ।
फलवर्गशेषभागो ज्येष्ठार्घोऽन्यो गुणस्य विपरीतम् ॥ १३९½ ॥

---

[1] B गुणकारौ.

अत्रोद्देशकः ।

नवानां मातुलुङ्गानां कपित्थानां सुगन्धिनाम् ।
सप्तानां मूल्यसम्मिश्रं सप्तोत्तरशतं पुनः ॥ १४०½ ॥
सप्तानां मातुलुङ्गानां कपित्थानां सुगन्धिनाम् ।
नवानां मूल्यसम्मिश्रमेकोत्तरशतं पुनः ॥ १४१½ ॥
मूल्ये ते वद मे शीघ्रं मातुलुङ्गकपित्थयोः ।
अनयोर्गणक त्वं मे कृत्वा सम्यक् पृथक् पृथक् ॥ १४२½ ॥

बहुराशिमिश्रतन्मूल्यमिश्रविभागसूत्रम्—

इष्टघ्नफलैरूनितलाभादिष्टाप्तफलमसकृत् ।
तैरूनितफलपिण्डस्तच्छेदा गुणयुतास्तदर्घास्स्युः ॥ १४३½ ॥

अत्रोद्देशकः ।

अथ मातुलुङ्गकदलीकपित्थदाडिमफलानि मिश्राणि ।
प्रथमस्य सैकविंशतिरथ द्विरग्रा द्वितीयस्य ॥ १४४½ ॥
विंशतिरथ सुरभीणि च पुनस्त्रयोविंशतिस्तृतीयस्य ।
तेषां मूल्यसमासस्त्रिसप्ततिः किं फलं कोऽर्घः ॥ १४५½ ॥

जघन्योनमिलितराश्यानयनसूत्रम्—

पण्यहृताल्पफलोनैश्छिन्द्यादल्पघ्नमूल्यहीनेष्टम् ।
कृत्वा तावत्खण्डं तदूनमूल्यं जघन्यपण्यं स्यात् ॥ १४६½ ॥

अत्रोद्देशकः ।

द्वाभ्यां त्रयो मयूरास्त्रिभिश्च पारावताश्च चत्वारः ।
हंसाः पञ्च चतुर्भिः पञ्चभिरथ सारसाण्षट् च ॥ १४७½ ॥

यत्रार्घस्तत्र सखे षट्पञ्चाशत्पणैः खगान् क्रीत्वा ।
द्वासप्ततिमानयतामित्युक्त्वा मूलमेवादात् ।
कतिभिः पणैस्तु विहगाः कति विगणय्याशु जानीयाः॥ १४९ ॥
त्रिभिः पणैः शुण्ठिपलानि पञ्च चतुर्भिरेकादश पिप्पलानाम् ।
अष्टाभिरेकं मरिचस्य मूल्यं षष्ट्यानयाष्टोत्तरषष्टिमाशु ॥ १५० ॥

इष्टार्घैरिष्टमूल्यैरिष्टवस्तुप्रमाणानयनसूत्रम्—

मूल्यघ्नफलेच्छागुणपणान्तरेष्टघ्नयुतिविपर्यासः ।
छिन्नः स्वधनेष्टगुणः प्रक्षेपककरणमवशिष्टम् ॥ १५१ ॥

अत्रोद्देशकः ।

त्रिभिः पारावताः पञ्च पञ्चभिस्सप्त सारसाः ।
सप्तभिर्नव हंसाश्च नवभिश्शिखिनस्त्रयः ॥ १५२ ॥
क्रीडार्थं नृपपुत्रस्य शतेन शतमानय ।
इत्युक्तः प्रहितः कश्चित् तेन किं कस्य दीयते ॥ १५३ ॥

व्यस्तार्घपण्यप्रमाणानयनसूत्रम्[1]—

पण्यैक्येन पणैक्यमन्तरमतः पण्येष्टपण्यान्तरै-
श्छिन्द्यात्सङ्क्रमणे कृते तदुभयोरर्घौ भवेतां पुनः ।
पण्ये ते खलु पण्ययोगविवरे व्यस्तं तयोरर्घयोः
प्रश्नानां विदुषां प्रसादनमिदं सूत्रं जिनेन्द्रोदितम् ॥ १५४ ॥

अत्रोद्देशकः ।

आद्यमूल्यं यदेकस्य चन्दनस्यागरोस्तथा ।
पलानि विंशतिर्मिश्रं चतुरग्रशतं पणाः ॥ १५५ ॥

---

[1] Not found in any of the MSS. consulted.

कालेन व्यत्ययार्घस्स्यात्सषोडशशतं पणाः ।
तयोरर्घफले ब्रूहि त्वं षडष्ट पृथक् पृथक् ॥ १५६ ॥

सूर्यरथाश्वेष्टयोगयोजनानयनसूत्रम्—

अखिलाप्ताखिलयाजनसङ्ख्यापर्यायियोजनानि स्युः ।
तानीष्टयोगसङ्ख्यानिघ्नान्येकैकगमनमानानि ॥ १५७ ॥

अत्रोद्देशकः ।

रविरथतुरगास्सप्त हि चत्वारोऽश्वा वहन्ति धूर्युक्ताः ।
योजनसप्ततिगतयः के व्यूढाः के चतुर्योगाः ॥ १५८ ॥

सर्वधनेष्टहीनशेषपिण्डात् स्वस्वहस्तगतधनानयनसूत्रम्—

रूपोननरैर्विभजेत् पिण्डीकृतभाण्डसारमुपलब्धम् ।
सर्वधनं स्यात्तस्मादुक्तविहीनं तु हस्तगतम् ॥ १५९ ॥

अत्रोद्देशकः ।

वणिजस्ते चत्वारः पृथक् पृथक् शौल्किकेन परिपृष्टाः ।
किं भाण्डसारमिति खलु तत्राहैको वणिक्स्वेष्टः ॥ १६० ॥

आत्मधनं विनिगृह्य द्वाविंशतिरिति ततः परोऽब्रोचत् ।
त्रिभिरुत्तरा तु विंशतिरथ चतुरधिकैव विंशतिस्तुर्यः ॥ १६१ ॥

सप्तोत्तरविंशतिरिति समानसारा निगृह्य सर्वेऽपि ।
ऊचुः किं ब्रूहि सखे पृथक् पृथग्भाण्डसारं मे ॥ १६२ ॥

अन्योऽन्यमिष्टरत्नसङ्ख्यां दत्त्वा समधनानयनसूत्रम्—

पुरुषसमासेन गुणं दातव्यं तद्विशोध्य पण्येभ्यः ।
शेषपरस्परगुणितं स्वं स्वं हित्वा मणेर्मूल्यम् ॥ १६३ ॥

अत्रोद्देशकः ।

प्रथमस्य शक्रनीलाः षट् सप्त च मरकता द्वितीयस्य ।
वज्राण्यपरस्याष्टावेकैकार्घं प्रदाय समाः ॥ १६४ ॥

प्रथमस्य शक्रनीलाः षोडश दश मरकता द्वितीयस्य ।
वज्रास्तृतीयपुरुषस्याष्टौ द्वौ तत्र दत्त्वैव ॥ १६५ ॥

तेष्वेकैकोऽन्याभ्यां समधनतां यान्ति ते त्रयः पुरुषाः ।
तच्छक्रनीलमरकतवज्राणां किंविधा अर्घाः ॥ १६६ ॥

क्रयविक्रयलाभैः मूलानयनसूत्रम्—

अन्योऽन्यमूल्यगुणिते विक्रयभक्ते क्रयं यदुपलब्धम् ।
तेनैकोनेन हृतो लाभः पूर्वोद्धृतं मूल्यम् ॥ १६७ ॥

अत्रोद्देशकः ।

त्रिभिः क्रीणाति सप्तैव विक्रीणाति च पञ्चभिः ।
नव प्रस्थान् वणिक् किं स्याल्लाभो द्वासप्ततिर्धनम् ॥ १६८ ॥

इति मिश्रकव्यवहारे सकलकुट्टीकारः समाप्तः ॥

सुवर्णकुट्टीकारः ॥

इतः परं सुवर्णगणितरूपकुट्टीकारं व्याख्यास्यामः । समस्तेष्टव-
र्णैरेकीकरणेन सङ्करवर्णानयनसूत्रम्—

कनकक्षयसंवर्गो मिश्रस्वर्णाहृतः क्षयो ज्ञेयः ।
परवर्णप्रविभक्तं सुवर्णगुणितं फलं हेम्नः ॥ १६९ ॥

अत्रोद्देशकः ।

एकक्षयमेकं च द्विक्षयमेकं त्रिवर्णमेकं च ।
वर्णचतुष्के च द्वे पञ्चक्षयिकाश्च चत्वारः ॥ १७० ॥
सप्त चतुर्दशवर्णास्त्रिगुणितपञ्चक्षयाश्चाष्टौ ।
एतानेकीकृत्य ज्वलने क्षिप्त्वैव मिश्रवर्णं किम् ।
एतन्मिश्रसुवर्णं पूर्वैर्भक्तं च किं किमेकस्य ॥ १७१½ ॥

इष्टवर्णानामिष्टस्ववर्णानयनसूत्रम्—

स्वैस्स्वैर्वर्णहतैर्मिश्रं स्वर्णमिश्रेण भाजितम् ।
लब्धं वर्णं विजानीयात्तदिष्टाप्तं पृथक् पृथक् ॥ १७२½ ॥

अत्रोद्देशकः ।

विंशतिपणास्तु षोडश वर्णा दशवर्णपरिमाणैः ।
परिवर्तिता वद त्वं कति हि पुराणा भवन्त्यधुना ॥ १७३½ ॥
अष्टोत्तरशतकनकं वर्णाष्टांशत्रयेण संयुक्तम् ।
एकादशवर्णं चतुरुत्तरदशवर्णकैः कृतं च किं हेम ॥ १७४½ ॥

अज्ञातवर्णानयनसूत्रम्—

कनकक्षयसंवर्गं मिश्रं स्वर्णघ्नमिश्रतः शोध्यम् ।
स्वर्णेन हृतं वर्णं वर्णविशेषेण कनकं स्यात् ॥ १७५½ ॥

अज्ञातवर्णस्य पुनरपि सूत्रम्—

स्वस्वर्णवर्णविनिहतयोगं स्वर्णैक्यदृढहताच्छोध्यम् ।
अज्ञातवर्णहेम्ना भक्तं वर्णं बुधाः प्राहुः ॥ १७६½ ॥

अत्रोद्देशकः ।

षड्जलधिवह्निकनकैस्त्रयोदशाष्टर्तुवर्णकैः क्रमशः ।[1]

---

[1] Here वह्नि is substituted for रनल, and र्ष्टर्तुवर्णकैः for ष्टात्रृतुक्षयैः, as thereby the reading will be better grammatically.

अज्ञातवर्णहेम्नः पञ्च विमिश्रक्षयं च सैकदश ।
अज्ञातवर्णसङ्ख्यां ब्रूहि सखे गणिततत्त्वज्ञ ॥ १७८ ॥

चतुर्दशैव वर्णानि सप्त स्वर्णानि तत्क्षये[1] ।
चतुस्स्वर्णे दशोत्पन्नमज्ञातक्षयकं वद ॥ १७९ ॥

अज्ञातस्वर्णानयनसूत्रम्—

स्वस्वर्णवर्णविनिहतयोगं स्वर्णैक्यगुणितदृढवर्णात् ।
त्यक्त्वाज्ञातस्वर्णक्षयदृढवर्णान्तराहृतं कनकम् ॥ १८० ॥

अत्रोद्देशकः ।

द्वित्रिचतुःक्षयमानास्त्रिस्त्रिः कनकास्त्रयोदशक्षयिकः ।
वर्णयुतिर्दश जाता ब्रूहि सखे कनकपरिमाणम् ॥ १८१ ॥

युग्मवर्णमिश्रसुवर्णानयनसूत्रम्—

ज्येष्ठाल्पक्षयशोधितपक्वविशेषाप्तरूपकैः प्राग्वत् ।
प्रक्षेपमतः कुर्यादेवं बहुशोऽपि वा साध्यम् ॥ १८२ ॥

पुनरपि युग्मवर्णमिश्रस्वर्णानयनसूत्रम्—

इष्टाधिकान्तरं चैव हीनेष्टान्तरमेव च ।
उभे ते स्थापयेद्व्यस्तं स्वर्णं प्रक्षेपतः फलम् ॥ १८३ ॥

अत्रोद्देशकः ।

दशवर्णसुवर्णं यत् षोडशवर्णेन संयुतं पक्वम् ।
द्वादश चेत्कनकशतं द्विभेदकनके पृथक् पृथग्ब्रूहि ॥ १८४ ॥

बहुसुवर्णानयनसूत्रम्—

व्येकपदानां क्रमशः स्वर्णानीष्टानि कल्पयेच्छेषम् ।
अव्यक्तकनकविधिना प्रसाधयेत् प्राक्तनायेव ॥ १८५ ॥

[1] The reading in the MSS. is तत्क्षय, which is obviously erroneous.

अत्रोद्देशकः ।

वर्णाश्शरर्तुनगवसुमृडविश्वे नव च पक्कवर्णं हि ।
कनकानां षष्टिश्चेत् पृथक् पृथक् कनकमा किं स्यात् ॥ १८६ ॥

द्वयनष्टवर्णानयनसूत्रम्—

स्वर्णाभ्यां हतरूपे सुवर्णवर्णाहते द्विष्ठे ।
स्वस्वर्णहृतैकेन च हीनयुते व्यस्ततो हि वर्णफलम् ॥ १८७ ॥

अत्रोद्देशकः ।

षोडशदशकनकाभ्यां वर्णं न ज्ञायते[1] पक्कम् ।
वर्णं चैकादश चेद्वर्णौ तत्कनकयोर्भवेतां कौ ॥ १८८ ॥

पुनरपि द्वयनष्टवर्णानयनसूत्रम्—

एकस्य क्षयमिष्टं प्रकल्प्य शेषं प्रसाधयेत् प्राग्वत् ।
बहुकनकानामिष्टं व्येकपदानां ततः प्राग्वत् ॥ १८९ ॥

अत्रोद्देशकः ।

द्वादशचतुर्दशानां स्वर्णानां समरसीकृते जातम् ।
वर्णानां दशकं स्यात् तद्वर्णौ ब्रूहि सञ्चिन्त्य ॥ १९० ॥

अपरार्धस्योदाहरणम् ।

सप्तनवाशीतिदशानां कनकानां संयुते पक्कम् ।
द्वादशवर्णं जातं किं ब्रूहि पृथक् पृथग्वर्णम् ॥ १९१ ॥

परीक्षणशलाकानयनसूत्रम्—

परमक्षयाप्तवर्णाः सर्वशलाकाः पृथक् पृथग्योज्याः ।
स्वर्णफलं तच्छोध्यं शलाकपिण्डात् प्रपूरणिका ॥ १९२ ॥

---

[1] B adds here यते ।

अत्रोद्देशकः।

वैश्याः स्वर्णशलाकास्त्रिकीर्षवः स्वर्णवर्णज्ञाः।
चक्रुः स्वर्णशलाका द्वादशवर्णं तदाद्यस्य॥ १९३॥

चतुरुत्तरदशवर्णं षोडशवर्णं तृतीयस्य।
कनकं चास्ति प्रथमस्यैकोनं च द्वितीयस्य॥ १९४॥

अर्धार्धन्यूनमथ तृतीयपुरुषस्य पादोनम्।
परवर्णादारभ्य प्रथमस्यैकान्त्यमेव च द्व्यन्त्यम्॥ १९५॥

त्र्यन्त्यं तृतीयवणिजः सर्वशलाकास्तु माषमिताः।
शुद्धं कनकं किं स्यात् प्रपूरणी का पृथक् पृथक् त्वं मे।

आचक्ष्व गणक शीघ्रं सुवर्णगणितं हि यदि वेत्सि॥१९६ $\frac{1}{2}$॥

विनिमयवर्णसुवर्णानयनसूत्रम्--

क्रयगुणसुवर्णविनिमयवर्णेष्टघ्नान्तरं पुनः स्थाप्यम्।
व्यस्तं भवति हि विनिमयवर्णान्तरहृत्फलं कनकम्॥ १९७ $\frac{1}{2}$॥

अत्रोद्देशकः।

षोडशवर्णं कनकं सप्तशतं विनिमयं कृतं लभते।
द्वादशदशवर्णाभ्यां साष्टसहस्रं तु कनकं किम्॥ १९८ $\frac{1}{2}$॥

बहुपदविनिमयसुवर्णकरणसूत्रम्—

वर्णघ्नकनकमिष्टस्वर्णेनाप्तं दृढक्षयो भवति।
प्राग्वत्प्रसाध्य लब्धं विनिमयबहुपदसुवर्णानाम्॥ १९९ $\frac{1}{2}$॥

अत्रोद्देशकः।

वर्णचतुर्दशकनकं शतत्रयं विनिमयं प्रकुर्वन्तः।
वर्णैर्द्वादशदशवसुनगैश्च शतपञ्चकं स्वर्णम्।

एतेषां वर्णानां पृथक् पृथक् स्वर्णमानं किम् ॥ २०१ ॥

विनिमयगुणवर्णकनकलाभानयनसूत्रम्—

स्वर्णघ्नवर्णयुतिहृतगुणयुतिमूलक्षयघ्नरूपोनेन ।
आप्तं लब्धं शोध्यं मूलधनाच्छेषवित्तं स्यात् ॥ २०२ ॥

तल्लब्धमूलयोगाद्विनिमयगुणयोगभाजितं लब्धम् ।
प्रक्षेपकेण गुणितं विनिमयगुणवर्णकनकं स्यात् ॥ २०३ ॥

अत्रोद्देशकः ।

कश्चिद्वणिक् फलार्थी षोडशवर्णं शतद्वयं कनकम् ।
यत्किंचिद्विनिमयकृतमेकाद्यं द्विगुणितं यथाक्रमशः ॥ २०४ ॥

द्वादशवसुनवदशकक्षयकं लाभो द्विरग्रशतम् ।
शेषं किं स्याद्विनिमयकांस्तेषां चापि मे कथय ॥ २०५ ॥

दृश्यसुवर्णविनिमयसुवर्णैर्मूलानयनसूत्रम्—

विनिमयवर्णेनाप्तं स्वांशं स्वेष्टक्षयघ्नसंमिश्रात् ।
अंशैक्योनेनाप्तं दृश्यं फलमत्र भवति मूलधनम् ॥ २०६ ॥

अत्रोद्देशकः ।

वणिजः कंचित् षोडशवर्णकसौवर्णगुलकमाहृत्य ।
त्रिचतुःपञ्चमभागान् क्रमेण तस्यैव विनिमयं कृत्वा ॥ २०७ ॥

द्वादशदशनववर्णैः संयुज्य च पूर्वशेषेण ।
मूलेन विना दृष्टं स्वर्णसहस्रं तु किं मूलम् ॥ २०८ ॥

इष्टांशदानेन इष्टवर्णानयनस्य तदिष्टांशकयोः सुवर्णानयनस्य च सूत्रम्—

अंशाप्तैकं व्यस्तं क्षिप्त्वेष्टघ्नं भवेत् सुवर्णमयी ।
सा गुलिका तस्या अपि परस्परांशाप्तकनकस्य ॥ २०९ ॥

स्वदृढक्षयेण वर्णौ प्रकल्पयेत्प्राग्वदेव यथा।
एवं तद्द्वययोरप्युभयं साम्यं फलं भवेद्यदि चेत्॥ २१०॥

प्राक्कल्पनेष्टवर्णौ गुलिकाभ्यां निश्चयौ भवतः।
नो चेत्प्रथमस्य तदा किञ्चिन्न्यूनाधिकौ क्षयौ कृत्वा॥ २११ ॥

तत्क्षयपूर्वक्षययोरन्तरिते शेषमत्र संस्थाप्य।
त्रैराशिकविधिलब्धं वर्णौ तेनोनिताधिकौ स्पष्टौ॥ २१२ ॥

अत्रोद्देशकः।

स्वर्णपरीक्षकवणिजौ परस्परं याचितौ ततः प्रथमः।
अर्धं प्रादात् तामपि गुलिकां स्वसुवर्ण आयोज्य॥ २१३ ॥

वर्णदशकं करोमीत्यपरोऽवादीत् त्रिभागमात्रतया।
लब्धे तथैव पूर्णं द्वादशवर्णं करोमि गुलिकाभ्याम्॥ २१४ ॥

उभयोः सुवर्णमाने वर्णौ सञ्चिन्त्य गणिततत्त्वज्ञ।
सौवर्णगणितकुशलं यदि तेऽस्ति निगद्यतामाशु॥ २१५॥

इति मिश्रकव्यवहारे सुवर्णकुट्टीकारः समाप्तः॥

विचित्रकुट्टीकारः।

इतः परं मिश्रकव्यवहारे विचित्रकुट्टीकारं व्याख्यास्यामः।

सत्यानृतसूत्रम्—

पुरुषाः सैकेष्टगुणा द्विगुणेष्टोना भवन्त्यसत्यानि।
पुरुषकृतिस्तैरूना सत्यानि भवन्ति वचनानि॥ २१६ ॥

अत्रोद्देशकः।

कामुकपुरुषाः पञ्च हि वेश्यायाश्च प्रियास्त्रयस्तत्र।
प्रत्येकं सा ब्रूते त्वमिष्ट इति कानि सत्यानि॥ २१७ ॥

प्रस्तारयोगभेदस्य सूत्रम्—

एकाद्येकोत्तरतः पदमूर्ध्वाधर्यतः क्रमोत्क्रमशः ।
स्थाप्य प्रतिलोमघ्नं प्रतिलोमघ्नेन भाजितं सारम् ॥ २१८ ॥

अत्रोद्देशकः ।

वर्णाश्चापि रसानां कषायतिक्ताम्लकटुकलवणानाम् ।
मधुररसेन युतानां भेदान् कथयाधुना गणक ॥ २१९ ॥

वज्रेन्द्रनीलमरकतविद्रुममुक्ताफलैस्तु रचितमालायाः ।
कति भेदा युतिभेदात् कथय सखे सम्यगाशु त्वम् ॥ २२० ॥

केतक्यशोकचम्पकनीलोत्पलकुसुमरचितमालायाः ।
कति भेदा युतिभेदात्कथय सखे गणिततत्त्वज्ञ ॥ २२१ ॥

ज्ञाताज्ञातलाभैर्मूलानयनसूत्रम्—

लाभोनामिश्रराशेः प्रक्षेपकतः फलानि संसाध्य ।
तेन हृतं तल्लब्धं मूल्यं त्वज्ञातपुरुषस्य ॥ २२२ ॥

अत्रोद्देशकः ।

समये केचिद्वणिजस्त्रयः क्रयं विक्रयं च कुर्वीरन् ।
प्रथमस्य षट् पुराणा अष्टौ मूल्यं द्वितीयस्य ॥ २२३ ॥

न ज्ञायते तृतीयस्य व्याप्तिस्तैर्नरैस्तु षण्णवतिः ।
अज्ञातस्यैव फलं चत्वारिंशद्धि तेनाप्तम् ॥ २२४ ॥

कस्तस्य प्रक्षेपो वणिजोरुभयोर्भवेच्च को लाभः ।
प्रगणय्याचक्ष्व सखे प्रक्षेपं यदि विजानासि ॥ २२५ ॥

भाटकानयनसूत्रम्—

भरभृतिगतगम्यहतिं त्यक्त्वा योजनदलघ्नभारकृतेः ।
तन्मूलोनं गम्य[1]च्छिन्नं गन्तव्यभाजितं सारम् ॥ २२६ ॥

---

[1] M and B add तं here; metrically it is faulty.

अत्रोद्देशकः ।

पनसानि द्वात्रिंशन्नीत्वा योजनमसौ दलोनाष्टौ ।
गृह्णात्यन्तर्भाटकमर्धे भग्नोऽस्य किं देयम् ॥ २२७ ॥

द्वितीयतृतीययोजनानयनस्य सूत्रम्—

भरभाटकसंवर्गोऽद्वितीयभृतिकृतिविवर्जितश्छेदः ।
तद्भृत्यन्तरभरगतिहतेर्गतिः स्याद् द्वितीयस्य ॥ २२८ ॥

अत्रोद्देशकः ।

पनसानि चतुर्विंशतिमा नीत्वा पञ्चयोजनानि नरः ।
लभते तद्भृतिमिह नव षड्भृतिवियुते द्वितीयनृगतिः का॥ २२९॥

बहुपद[1]भाटकानयनस्य सूत्रम्—

सन्निहितनरहृतेषु प्रागुत्तरमिश्रितेषु मार्गेषु ।
व्यावृत्तनरगुणेषु प्रक्षेपकसाधितं मूल्यम् ॥ २३० ॥

अत्रोद्देशकः ।

शिबिकां नयान्ति पुरुषा विंशतिरथ योजनद्वयं तेषाम् ।
वृत्तिर्दीनाराणां विंशत्याधिकं च सप्तशतम् ॥ २३१ ॥
क्रोशद्वये निवृत्तौ द्वावुभयोः क्रोशयोस्त्रयश्चान्ये ।
पञ्च नरः शेषार्धाद्व्यावृत्ताः का भृतिस्तेषाम् ॥ २३२ ॥

इष्टगुणितपोट्टलकानयनसूत्रम्—

सैकगुणा स्वस्वेष्टं हित्वान्यान्यघ्नशेषमितिः ।
अपवर्त्य योज्य मूलं(विष्णोः) कृत्वा व्येकेन मूलेन ॥२३३॥
पूर्वापवर्तराशीन् हत्वा पूर्वापवर्तराशियुतेः ।
पृथगेव पृथक् त्यक्त्वा हस्तगताः स्वधनसङ्ख्याः स्युः ॥२३४॥
ताः स्वस्वं हित्वैव त्वशेषयोगं पृथक् पृथक् स्थाप्य ।
स्वगुणघ्नाः स्वकरगतैरूनाः पोट्टलकसङ्ख्याः स्युः ॥ २३५॥

---

[1] B omits पद here.

अत्रोद्देशकः ।

मार्गे त्रिभिर्वणिग्भिः पोट्टलकं दृष्टमाह तत्रैकः ।
पोट्टलकमिदं प्राप्य द्विगुणधनोऽहं भविष्यामि ॥ २३६ ॥
हस्तगताभ्यां युवयोस्त्रिगुणधनोऽहं द्वितीय आहेति ।
पञ्चगुणोऽहं त्वपरः पोट्टलहस्तस्थमानं किम् ॥ २३७॥

सर्वतुल्यगुणकपोट्टलकानयनहस्तगतानयनसूत्रम्—

व्येकपदघ्नव्येकगुणेष्टांशवधोनितांशयुतिगुणघातः ।
हस्तगताः स्युर्भवति हि पूर्ववदिष्टांशभाजितं पोट्टलकम् ॥२३८॥

अत्रोद्देशकः ।

वैश्यैः पञ्चभिरेकं पोट्टलकं दृष्टमाह चैकैकः ।
पोट्टलकषष्ठसप्तमनवमाष्टमदशमभागमाप्त्वैव ॥ २३९ ॥
स्वस्वकरस्थेन सह त्रिगुणं त्रिगुणं च शेषाणाम् ।
गणक त्वं मे शीघ्रं वद हस्तगतं च पोट्टलकम् ॥ २४० ॥

इष्टांशेष्टगुणपोट्टलकानयनसूत्रम—

इष्टगुणघ्नान्यांशाः सेष्टांशाः सैकनिजगुणहृता युक्ताः ।
व्यूनपदघ्नेष्टांशन्यूनाः सैकेष्टगुणहृता हस्तगताः ॥२४१ ॥

अत्रोद्देशकः ।

द्वाभ्यां पथि पथिकाभ्यां पोट्टलकं दृष्टमाह तत्रैकः ।
अस्यार्धं सम्प्राप्य द्विगुणधनोऽहं भविष्यामि ॥ २४२ ॥
अपरस्त्र्यंशद्वितयं त्रिगुणधनस्त्वत्करस्थधनात् ।
मत्करधनेन सहितं हस्तगतं किं च पोट्टलकम् ॥ २४३ ॥
दृष्टं पथि पथिकाभ्यां पोट्टलकं तद्गृहीत्वा च ।
द्विगुणमभूदाद्यस्तु स्वकरस्थधनेन चान्यस्य ॥

हस्तस्थधनादन्यास्त्रिगुणं किं करगतं च पोट्टलकम् । २४४$\frac{1}{2}$ ॥

मार्गे नरैश्चतुर्भिः पोट्टलकं दृष्टमाह तत्राद्यः ।
पोट्टलकमिदं लब्ध्वा ह्यष्टगुणोऽहं भविष्यामि ॥ २४५$\frac{1}{2}$ ॥

स्वकरस्थधनेनान्यो नवसङ्गुणितं च शेषधनात् ।
दशगुणधनवानपरस्त्वेकादशगुणितधनवान् स्यात् ।
पोट्टलकं किं करगतधनं कियद्ब्रूहि गणकाशु ॥ २४७ ॥

मार्गे नरैः पोट्टलकं चतुर्भिर्दृष्टं हि तस्यैव तदा बभूवुः ।
पञ्चांशपादार्धतृतीयभागास्तद्द्वित्रिपञ्चघ्नचतुर्गुणाश्च[1] ॥ २४८ ॥

मार्गे त्रिभिर्वणिग्भिः पोट्टलकं दृष्टमाह तत्राद्यः ।
यद्यस्य चतुर्भागं लभेऽहमित्याह स युवयोर्द्विगुणः ॥ २४९ ॥

आह त्रिभागमपरः स्वहस्तधनसहितमेव च त्रिगुणः ।
अस्यार्धं प्राप्याहं तृतीयपुरुषश्चतुर्घ्नधनवान् स्याम् ।
आचक्ष्व गणक शीघ्रं किं हस्तगतं च पोट्टलकम् ॥ २५०$\frac{1}{2}$ ॥

याचितरूपैरिष्टगुणकहस्तगतानयनस्य सूत्रम्—

याचितरूपैक्याानि स्वसैकगुणवर्धितानि तैः प्राग्वत् ।
हस्तगताना नीत्वा चेष्टगुणघ्नेति सूत्रेण ॥ २५१$\frac{1}{2}$ ॥

सदृशच्छेदं कृत्वा सैकेष्टगुणाहतेष्टगुणयुत्या ।
रूपोनितया भक्तान् तानेव करस्थितान् विजानीयात् ॥ २५२$\frac{1}{2}$ ॥

अत्रोद्देशकः ।

वैश्यैस्त्रिभिः परस्परहस्तगतं याचितं धनं प्रथमः ।
चत्वार्यथ द्वितीयं पञ्च तृतीयं नरं प्रार्थ्य ॥ २५३$\frac{1}{2}$ ॥

---

[1] M and B read स्युः ; and it is obviously inappropriate.

द्विगुणोऽभवद्द्वितीयः प्रथमं चत्वारि षट् तृतीयमगात् ।
त्रिगुणं तृतीयपुरुषः प्रथमं पञ्च द्वितीयं च ॥ २५४½ ॥

षट् प्रार्थ्याभूत्पञ्चकगुणः स्वहस्तस्थितानि कानि स्युः ।
कथयाशु चित्रकुट्टीमिश्रं जानासि यदि गणक ॥ २५५½ ॥

पुरुषास्त्रयोऽतिकुशलाश्चान्योन्यं याचितं धनं प्रथमः ।
स द्वादश द्वितीयं त्रयोदश प्रार्थ्य तात्रिगुणः ॥ २५६½ ॥

प्रथमं दश त्रयोदश तृतीयमभ्यर्थ्य च द्वितीयोऽभूत् ।
पञ्चगुणितो द्वितीयं द्वादश दश याचयित्वाद्यम् ॥ २५७½ ॥

सप्तगुणितस्तृतीयोऽभवन्नरो वाञ्छितानि लब्धानि ।
कथय सखे विगणय्य च तेषां हस्तस्थितानि कानि स्युः ॥ २५८½ ॥

अन्त्यस्योपान्त्यतुल्यधनं दत्त्वा समधनानयनसूत्रम्—

वाञ्छाभक्तं रूपं स उपान्त्यगुणः सरूपसंयुक्तः ।
शेषाणां गुणकारः सैकोऽन्त्यः करणमेतत्स्यात् ॥ २५९½ ॥

अत्रोद्देशकः ।

वैश्यात्मजास्त्रयस्ते मार्गगता ज्येष्ठमध्यमकनिष्ठाः ।
स्वधने ज्येष्ठो मध्यमधनमात्रं मध्यमाय ददौ ॥ २६०½ ॥

स तु मध्यमो जघन्यजधनमात्रं यच्छति स्मास्य ।
समधनिकाः स्युस्तेषां हस्तगतं ब्रूहि गणक संचिन्त्य ॥ २६१½ ॥

वैश्यात्मजाश्च पञ्च ज्येष्ठादनुजः स्वकीयधनमात्रम् ।
लेभे सर्वेऽप्येवं समवित्ताः किं तु हस्तगतम् ॥ २६२½ ॥

वणिजः पञ्च स्वस्वादर्धं पूर्वस्य दत्त्वा तु ।
समवित्ताः सञ्चिन्त्य च किं तेषां ब्रूहि हस्तगतम् ॥ २६३$\frac{1}{2}$ ॥

वणिजष्षट् स्वधनाद्द्वित्रिभागमात्रं क्रमेण तज्ज्येष्ठाः ।
स्वस्वानुजाय दत्त्वा समवित्ताः किं च हस्तगतम् ॥ २६४$\frac{1}{2}$ ॥

परस्परहस्तगतधनसङ्ख्यामात्रधनं दत्त्वा समधनानयनसूत्रम्—

वाञ्छाभक्तं रूपं पदयुतमादावुपर्युपर्येतत् ।
संस्थाप्य सैकवाञ्छागुणितं रूपोनमितरेषाम् ॥ २६५$\frac{1}{2}$ ॥

अत्रोद्देशकः ।

वणिजस्त्रयः परस्परकरस्थधनमेकतोऽन्योन्यम् ।
दत्त्वा समवित्ताः स्युः किं स्याद्धस्तास्थितं द्रव्यम् ॥ २६६$\frac{1}{2}$ ॥

वणिजश्चत्वारस्तेऽप्यन्योन्यधनार्धमात्रमन्यस्मात् ।
स्वीकृत्य परस्परतः समवित्ताः स्युः कियत्करस्थधनम् ॥ २६७$\frac{1}{2}$

जयापजययोर्लाभानयनसूत्रम्—

स्वस्वच्छेदांशयुती स्थाप्योर्ध्वाधर्यतः क्रमोत्क्रमशः ।
अन्योन्यच्छेदांशकगुणितौ वज्रापवर्तनक्रमशः ॥ २६८$\frac{1}{2}$ ॥

छेदांशक्रमवत्स्थिततदन्तराभ्यां क्रमेण सम्भक्तौ ।
स्वांशहरघ्नान्यहरौ वाञ्छाघ्नौ व्यस्ततः करस्थमितिः ॥ २६९$\frac{1}{2}$ ॥

अत्रोद्देशकः ।

दृष्ट्वा कुक्कुटयुद्धं प्रत्येकं तौ च कुक्कुटिकौ ।
उक्तौ रहस्यवाक्यैर्मन्त्रौषधशक्तिमन्महापुरुषेण ॥ २७०$\frac{1}{2}$ ॥

जयति हि पक्षी ते मे देहि स्वर्णं ह्यविजयोऽसि दद्यां ते।
तद्द्वित्र्यंशकमद्येत्यपरं च पुनः स संसृत्य ॥ २७१$\frac{1}{2}$ ॥

त्रिचतुर्थं प्रतिवाञ्छत्युभयस्माद्द्वादशैव लाभः स्यात् ।
तत्कुक्कुटिककरस्थं ब्रूहि त्वं गणकमुखतिलक ॥ २७२$\frac{1}{2}$ ॥

राशिलब्धच्छेदमिश्रविभागसूत्रम्—

मिश्रादूनितसङ्ख्या छेदः सैकेन तेन शेषस्य ।
भागं हृत्वा लब्धं लाभोनितशेष एव राशिः स्यात् ॥ २७३$\frac{1}{2}$ ॥

अत्रोद्देशकः ।

केनापि किमपि भक्तं सच्छेदो राशिमिश्रितो लाभः ।
पञ्चाशत्त्रिभिरधिका तच्छेदः किं भवेल्लब्धम् ॥ २७४$\frac{1}{2}$ ॥

इष्टसङ्ख्यायोज्यत्याज्यवर्गमूलराश्यानयनसूत्रम्—

योज्यत्याज्ययुतिः सरूपविषमाग्रघ्नार्धिता वर्गिता
व्यग्रा बन्धहृता च रूपसहिता त्याज्यैक्यशेषाग्रयोः ।
शेषैक्यार्धयुतोनिता फलमिदं राशिर्भवेद्वाञ्छयो-
स्त्याज्यात्याज्यमहच्चयोरथ कृतेर्मूलं ददात्येव सः ॥ २७५$\frac{1}{2}$ ॥

अत्रोद्देशकः ।

राशिः कश्चिद्दशभिः संयुक्तः सप्तदशाभिरपि हीनः ।
मूलं ददाति शुद्धं तं राशिं स्यान्ममाशु वद गणक ॥ २७६$\frac{1}{2}$ ॥

राशिस्सप्तभिरूनो यः सोऽष्टादशभिरन्वितः कश्चित् ।
मूलं यच्छति शुद्धं विगणय्याचक्ष्व तं गणक ॥ २७७$\frac{1}{2}$ ॥

राशिर्द्वित्र्यंशोनस्त्रिसप्तभागान्वितस्स एव पुनः ।
मूलं यच्छति कोऽसौ कथय विचिन्त्याशु तं गणक ॥ २७८$\frac{1}{2}$ ॥

इष्टसङ्ख्याहीनयुक्तवर्गमूलानयनसूत्रम्—

उद्दिष्टो यो राशिस्त्ववर्गीकृतवर्गितोऽथ रूपयुतः ।
यच्छति मूलं स्वेष्टात्संयुक्ते चापनीते च ॥ २७९$\frac{1}{2}$ ॥

अत्रोद्देशकः ।

दशभिस्सम्मिश्रोऽयं दशभिस्तैर्वर्जितस्तु संशुद्धम् ।
यच्छति मूलं गणक प्रकथय सञ्चिन्त्य राशिं मे ॥ २८०$\frac{1}{2}$ ॥

इष्टवर्गीकृतराशिद्वयादिष्टघ्नादन्तरमूलादिष्टानयनसूत्रम्—

सैकेष्टव्येकेष्टावर्गीकृत्याथ वर्गितौ राशी ।
एताविष्टघ्नावथ तद्विश्लेषस्य मूलमिष्टं स्यात् ॥ २८१$\frac{1}{2}$ ॥

अत्रोद्देशकः ।

यौकौचिद्वर्गीकृतराशी गुणितौ तु सैकसप्तत्या ।
तद्विश्लेषपदं स्यादेकोत्तरसप्ततिश्च राशी कौ ॥
विगणय्य चित्रकुट्टिकगणितं यदि वेत्सि गणक मे ब्रूहि ॥ २८३ ॥

युतहीनप्रक्षेपकगुणकारानयनसूत्रम्—

संवर्गितेष्टशेषं द्विष्ठं रूपेष्टयुतगुणाभ्यां तत् ।
विपरीताभ्यां विभजेत्प्रक्षेपौ तत्र हीनौ वा ॥ २८४ ॥

अत्रोद्देशकः ।

त्रिकपञ्चकसंवर्गः पञ्चदशाष्टादशैव चेष्टमपि ।
इष्टं चतुर्दशात्र प्रक्षेपः कोऽत्र हानिर्वा ॥ २८५ ॥

विपरीतकरणानयनसूत्रम्—

प्रत्युत्पन्ने भागो भागे गुणितोऽधिके पुनश्शोध्यः ।
वर्गे मूलं मूले वर्गो विपरीतकरणमिदम् ॥ २८६ ॥

अत्रोद्देशकः ।

सप्तहृते को राशिस्त्रिगुणो वर्गीकृतः शरैर्युक्तः ।
त्रिगुणितपञ्चांशहृतस्त्वर्धितमूलं च पञ्चरूपाणि ॥ २८७ ॥

साधारणशरपरिध्यानयनसूत्रम्—

शरपरिधित्रिकमिलनं वर्गितमेतत्पुनस्त्रिभिस्सहितम् ।
द्वादशहृतेऽपि लब्धं शरसङ्ख्या स्यात्कलापकाविष्टा ॥२८८॥

अत्रोद्देशकः ।

परिधिशरा अष्टादश तूणीरस्थाः शराः के स्युः ।
गणितज्ञ यदि विचित्रे कुट्टीकारे श्रमोऽस्ति ते कथय ॥ २८९॥

इति मिश्रकव्यवहारे विचित्रकुट्टीकारः समाप्तः ॥

श्रेढीबद्धसङ्कलितम् ।

इतःपरं मिश्रकगणिते श्रेढीबद्धसङ्कलितं व्याख्यास्यामः ।

हीनाधिकचयसङ्कलितधनानयनसूत्रम्—

व्येकार्धपदोनाधिकचयघातोनान्वितः पुनः प्रभवः ।
गच्छाभ्यस्तो हीनाधिकचयसमुदायसङ्कलितम् ॥ २९० ॥

अत्रोद्देशकः ।

चतुरुत्तरदश चादिर्हीनचयस्त्रीणि पञ्च गच्छः किम् ।
द्वावादिर्वृद्धिचयः षट् पदमष्टौ धनं भवेदत्र ॥ २९१ ॥

अधिकहीनोत्तरसङ्कलितधने आद्युत्तरानयनसूत्रम्—

गच्छविभक्ते गणिते रूपोनपदार्धगुणितचयहीने ।
आदिः पदहतवित्तं चाद्यूनं व्येकपददलहृतः प्रचयः ॥ २९२ ॥

अत्रोद्देशकः ।

चत्वारिंशद्गणितं गच्छः पञ्च त्रयः प्रचयः ।
न ज्ञायतेऽधुनादिः प्रभवो द्विः प्रचयमाचक्ष्व ॥ २९३ ॥

श्रेढीसङ्कलितगच्छानयनसूत्रम्—

आदिविहीनो लाभः प्रचयार्धहृतस्स एव रूपयुतः ।
गच्छो लाभेन गुणो गच्छस्सङ्कलितधनं च सम्भवति ॥ २९४ ॥

अत्रोद्देशकः ।

त्रीण्युत्तरमादिर्द्वे वनिताभिश्चोत्पलानि भक्तानि ।
एकस्या भागोऽष्टौ कति वनिताः कति च कुसुमानि ॥ २९५ ॥

वर्गसङ्कलितानयनसूत्रम्—

सैकेष्टकृतिर्द्विघ्ना सैकेष्टोनेष्टदलगुणिता ।
कृतिघनचितिसङ्घातस्त्रिकभक्तो वर्गसङ्कलितम् ॥ २९६ ॥

अत्रोद्देशकः ।

अष्टाष्टादशविंशतिषष्ट्येकाशीतिषट्कृतीनां च ।
कृतिघनचितिसङ्कलितं वर्गचितिं चाशु मे कथय ॥ २९७ ॥

इष्टाद्युत्तरपदवर्गसङ्कलितधनानयनसूत्रम्—

द्विगुणैकोनपदोत्तरकृतिहतिषष्ठांशमुखचयहतयुतिः ।
व्येकपदघ्ना मुखकृतिसहिता पदताडितेष्टकृतिचितिका ॥ २९८ ॥

पुनरपि इष्टाद्युत्तरपदवर्गसङ्कलितानयनसूत्रम्—

द्विगुणैकोनपदोत्तरकृतिहतिरेकोनपदहताङ्गहता ।
व्येकपदादिचयाहतिमुखकृतियुक्ता पदाहता सारम् ॥ २९९ ॥

अत्रोद्देशकः ।

त्रीण्यादिः पञ्च चयो गच्छः पञ्चास्य कथय कृतिचितिकाम् ।
पञ्चादिस्त्रीणि चयो गच्छः सप्तास्य का च कृतिचितिका ॥ ३०० ॥

घनसङ्कलितानयनसूत्रम्—

गच्छार्धवर्गराशी रूपाधिकगच्छवर्गसङ्गुणितः ।
घनसङ्कलितं प्रोक्तं गणितेऽस्मिन् गणिततत्त्वज्ञैः ॥ ३०१ ॥

अत्रोद्देशकः ।

षण्णामष्टानामपि सप्तानां पञ्चविंशतीनां च ।
षट्पञ्चाशन्मिश्रितशतद्वयस्यापि कथय घनपिण्डम् ॥ ३०२ ॥

इष्टाद्युत्तरगच्छघनसङ्कलितानयनसूत्रम्—

चित्यादिहतिर्मुखचयशेषघ्ना प्रचयनिघ्नचितिवर्गे ।
आदौ प्रचयादूने वियुता युक्ताधिके तु घनचितिका ॥ ३०३ ॥

अत्रोद्देशकः ।

आदिस्त्रयश्चयो द्वौ गच्छः पञ्चास्य घनचितिका ।
पञ्चादिस्सप्तचयो गच्छष्षट् का भवेच्च घनचितिका ॥ ३०४ ॥

सङ्कलितसङ्कलितानयनसूत्रम्—

द्विगुणैकोनपदोत्तरकृतिहतिरङ्गाहता चयार्धयुता ।
आदिचयाहतियुक्ता व्येकपदघ्नादिगुणितेन ॥
सैकप्रभवेन युता पददलगुणितैव चितिचितिका ॥ ३०५$\frac{1}{2}$ ॥

अत्रोद्देशकः ।

आदिष्षट् पञ्च चयः पदमप्यष्टादशाथ सन्दृष्टम् ।

एकाद्येकोत्तरचितिसङ्कलितं किं पदाष्टदशकस्य ॥ ३०६½ ॥

चतुस्सङ्कलितानयनसूत्रम्—

सैकपदार्धपदाहतिरश्वैर्निहता पदोनिता व्याप्ता ।

सैकपदघ्ना चितिचितिचितिकृतिघनसंयुतिर्भवति ॥ ३०७½ ॥

अत्रोद्देशकः ।

सप्ताष्टनवदशानां षोडशपञ्चाशदेकषष्टीनाम् ।

ब्रूहि चतुःसङ्कलितं सूत्राणि पृथक् पृथक् कृत्वा ॥ ३०८½ ॥

सङ्घातसङ्कलितानयनसूत्रम्—

गच्छस्त्रिरूपसहितो गच्छचतुर्भागताडितस्सैकः ।

सपदपदकृतिविनिघ्नो भवति हि सङ्घातसङ्कलितम् ॥ ३०९½ ॥

अत्रोद्देशकः ।

सप्तकृतेः षट्षष्ट्यास्त्रयोदशानां चतुर्दशानां च ।

पञ्चाग्रविंशतीनां किं स्यात् सङ्घातसङ्कलिनम् ॥ ३१०½ ॥

भिन्नगुणसङ्कलितानयनसूत्रम्—

समदलविषमखरूपं गुणगुणितं वर्गताडितं द्विष्ठम् ।

अंशाप्तं व्येकं फलमाद्यन्त्यघ्नं गुणोनरूपहृतम् ॥ ३११½ ॥

अत्रोद्देशकः ।

दीनारार्धं पञ्चसु नगरेषु चयस्त्रिभागोऽभूत् ।

आदिस्त्र्यंशः पादो गुणोत्तरं सप्त भिन्नगुणचितिका ।

का भवति कथय शीघ्रं यदि तेऽस्ति परिश्रमो गणिते ॥ ३१३ ॥

अधिकहीनगुणसङ्कलितानयनसूत्रम्--

गुणचितिरन्यादिहृता विपदाधिकहीनसङ्गुणा भक्ता ।
व्येकगुणेनान्या फलरहिता हीनेऽधिके तु फलयुक्ता ॥ ३१४ ॥

अत्रोद्देशकः ।

पञ्च गुणोत्तरमादिर्द्वौ त्रीण्यधिकं पदं हि चत्वारः ।
अधिकगुणोत्तरचितिका कथय विचिन्त्याशु गणिततत्त्वज्ञ ॥ ३१५ ॥
आदिस्त्रीणि गुणोत्तरमष्टौ हीनं द्वयं च दश गच्छः ।
हीनगुणोत्तरचितिका का भवति विचिन्त्य कथय गणकाशु ॥ ३१६ ॥

आद्युत्तरगच्छधनमिश्राद्युत्तरगच्छानयनसूत्रम्—

मिश्रादुद्धृत्य पदं रूपोनेच्छाधनेन सैकेन ।
लब्धं प्रचयः शेषः सरूपपदभाजितः प्रभवः ॥ ३१७ ॥

अत्रोद्देशकः ।

आद्युत्तरपदमिश्रं पञ्चाशद्धनमिहैव सन्दृष्टम् ।
गणितज्ञाचक्ष्व त्वं प्रभवोत्तरपदधनान्याशु ॥ ३१८ ॥

सङ्कलितगतिध्रुवगतिभ्यां समानकालानयनसूत्रम्—

ध्रुवगतिरादिविहीनश्चयदलभक्तस्सरूपकः कालः ।
द्विगुणो मार्गस्तद्गतियोगहृतो योगकालस्स्यात् ॥ ३१९ ॥

अत्रोद्देशकः ।

कश्चिन्नरः प्रयाति त्रिभिरादा उत्तरैस्तथाष्टाभिः ।
नियतगतिरेकविंशतिरनयोः कः प्राप्तकालः स्यात् ॥ ३२० ॥

अपराधोदाहरणम् ।

षड् योजनानि कश्चित्पुरुषस्त्वपरः प्रयाति च त्रीणि ।
उभयोरभिमुखगत्योरष्टोत्तरशतकयोजनं गम्यम् ।
प्रत्येकं च तयोः स्यात्कालः किं गणक कथय मे शीघ्रम् ॥ ३२१½ ॥

सङ्कलितसमागमकालयोजनानयनसूत्रम्—

उभयोराद्योश्शेषश्चयशेषहृतो द्विसङ्गुणः सैकः ।
युगपत्प्रयाणयोस्स्यान्मार्गे तु समागमः कालः ॥ ३२२½ ॥

अत्रोद्देशकः ।

चत्वार्याद्यष्टोत्तरमेको गच्छत्यथो द्वितीयो ना ।
द्वौ प्रचयश्च दशादिः समागमे कस्तयोः कालः ॥ ३२३½ ॥

वृद्ध्युत्तरहीनोत्तरयोस्समागमकालानयनसूत्रम्—

शेषश्चाद्योरुभयोश्चययुतदलभक्तरूपयुतः ।
युगपत्प्रयाणकृतयोर्मार्गे संयोगकालः स्यात् ॥ ३२४½ ॥

अत्रोद्देशकः ।

पश्चाद्यष्टोत्तरतः प्रथमो नाथ द्वितीयनरः ।
आदिः पञ्चघ्ननव प्रचयो हीनोऽष्ट योगकालः कः ॥ ३२५½ ॥

शीघ्रगतिमन्दगत्योस्समागमकालानयनसूत्रम्—

मन्दगतिशीघ्रगत्योरेकाशागमनमत्र गम्यं यत् ।
तद्गत्यन्तरभक्तं लब्धदिनैस्तैः प्रयाति शीघ्रोऽल्पम् ॥ ३२६½ ॥

अत्रोद्देशकः ।

नवयोजनानि कश्चित्प्रयाति योजनशतं गतं तेन ।
प्रतिदूतो व्रजति पुनस्त्रयोदशाप्नोति कैर्दिवसैः ॥ ३२७½ ॥

विषमबाणैस्तूणीरबाणपरिधिकरणसूत्रम्—

परिणाहस्त्रिभिरधिको दलितो वर्गीकृतस्त्रिभिर्भक्तः ।
सैकश्शरास्तु परिधेरानयने तत्र विपरीतम् ॥ ३२८½ ॥

अत्रोद्देशकः ।

नव परिधिस्तु शराणां सङ्ख्या न ज्ञायते पुनस्तेषाम् ।
त्र्युत्तरदशबाणास्तत्परिणाहशरांश्च कथय मे गणक ॥ ३२९½ ॥

श्रेढीबद्धे इष्टकानयनसूत्रम् —

तरवर्गो रूपोनस्त्रिभिर्विभक्तस्तरेण सङ्गुणितः ।
तरसङ्कलिते स्वेष्टप्रताडिते मिश्रतः सारम् ॥ ३३०½ ॥

अत्रोद्देशकः ।

पञ्चतरैकेनाग्रं व्यवघटिता गणितविन्मिश्रे ।
समचतुरश्रश्रेढी कतीष्टकास्स्युर्ममाचक्ष्व ॥ ३३१½ ॥
नन्द्यावर्ताकारं चतुस्तराः षष्टिसमघटिताः ।
सर्वेष्टकाः कति स्युः श्रेढीबद्धं ममाचक्ष्व ॥ ३३२½ ॥

छन्दश्शास्त्रोक्तषट्प्रत्ययानां सूत्राणि —

समदलविषमखरूपं द्विगुणं वर्गीकृतं च पदसङ्ख्या ।
सङ्ख्या विषमा सैका दलतो गुरुरेव समदलतः ॥ ३३३½ ॥
स्याल्लघुरेवं क्रमशः प्रस्तारोऽयं विनिर्दिष्टः ।
नष्टाङ्कार्धे लघुरथ तत्सैकदले गुरुः पुनः पुनः स्थानम् ॥ ३३४½ ॥
रूपाद्द्विगुणोत्तरतस्त्वुद्दिष्टे लाङ्कसंयुतिः सैका ।
एकाद्येकोत्तरतः पदमूर्ध्वाधर्यतः क्रमोत्क्रमशः ॥ ३३५½ ॥

स्थाप्य प्रतिलोमघ्नं प्रतिलोमघ्नेन भाजितं सारम् ।
स्याल्लघुगुरुक्रियेयं सङ्ख्या द्विगुणैकवर्जिता साध्वा ॥ ३३६½ ॥

अत्रोद्देशकः ।

सङ्ख्यां प्रस्तारविधिं नष्टोद्दिष्टे लगक्रियाध्वानौ।
षट्प्रत्ययांश्च शीघ्रं त्र्यक्षरवृत्तस्य मे कथय ॥ ३३७½ ॥

इति मिश्रकव्यवहारे श्रेढीबद्धसङ्कलितं समाप्तम् ॥

इति सारसङ्ग्रहे गणितशास्त्रे महावीराचार्यस्य कृतौ मिश्रकगणितं नाम पञ्चमव्यवहारः समाप्तः ॥

षष्ठः

क्षेत्रगणितव्यवहारः.

सिद्धेभ्यो निष्ठितार्थेभ्यो वरिष्ठेभ्यः कृतादरः ।
अभिप्रेतार्थसिद्ध्यर्थं नमस्कुर्वे पुनः पुनः ॥ १ ॥

इतः परं क्षेत्रगणितं नाम षष्ठगणितमुदाहरिष्यामः । तद्यथा—

क्षेत्रं जिनप्रणीतं फलाश्रयाद्व्यावहारिकं सूक्ष्ममिति ।
भेदाद् द्विधा विचिन्त्य व्यवहारं स्पष्टमेतदभिधास्ये ॥ २ ॥

त्रिभुजचतुर्भुजवृत्तक्षेत्राणि स्वस्वभेदभिन्नानि ।
गणितार्णवपारगतैराचार्यैस्सम्यगुक्तानि ॥ ३ ॥

त्रिभुजं त्रिधा विभिन्नं चतुर्भुजं पञ्चधाष्टधा वृत्तम् ।
अवशेषक्षेत्राणि ह्येतेषां भेदभिन्नानि ॥ ४ ॥

त्रिभुजं तु समं द्विसमं विषमं चतुरश्रमपि समं भवति ।
द्विद्विसमं द्विसमं स्यात्त्रिसमं विषमं बुधाः प्राहुः ॥ ५ ॥

समवृत्तमर्धवृत्तं चायतवृत्तं च कम्बुकावृत्तम् ।
निम्नोन्नतं च वृत्तं बहिरन्तश्चक्रवालवृत्तं च ॥ ६ ॥

व्यावहारिकगणितम् ।

त्रिभुजचतुर्भुजक्षेत्रफलानयनसूत्रम्—

त्रिभुजचतुर्भुजबाहुप्रतिबाहुसमासदलहतं गणितम् ।
नेमेर्भुजयुत्यर्धं व्यासगुणं तत्फलार्धमिह बालेन्दोः ॥ ७ ॥

अत्रोद्देशकः ।

त्रिभुजक्षेत्रस्याष्टौ बाहुप्रतिबाहुभूमयो दण्डाः ।
तद्व्यावहारिकफलं गणयित्वाचक्ष्व मे शीघ्रम् ॥ ८ ॥

द्विसमत्रिभुजक्षेत्रस्यायामः सप्तसप्ततिर्दण्डाः ।
विस्तारो द्वाविंशतिरथ हस्ताभ्यां च सम्मिश्राः ॥ ९ ॥

त्रिभुजक्षेत्रस्य भुजस्त्रयोदश प्रतिभुजस्य पञ्चदश ।
भूमिश्चतुर्दशास्य हि दण्डा विषमस्य किं गणितम् ॥ १० ॥

गजदन्तक्षेत्रस्य च पृष्ठेऽष्टाशीतिरत्र सन्दृष्टाः ।
द्वासप्ततिरुदरे तन्मूलेऽपि त्रिंशदिह[1] दण्डाः ॥ ११ ॥

क्षेत्रस्य दण्डषष्टिर्बाहुप्रतिबाहुकस्य गणयित्वा ।
समचतुरश्रस्य त्वं कथय सखे गणितफलमाशु ॥ १२ ॥

आयतचतुरश्रस्य व्यायामः सैकषष्टिरिह दण्डाः ।
विस्तारो द्वात्रिंशद्व्यवहारं गणितमाचक्ष्व ॥ १३ ॥

दण्डास्तु सप्तषष्टिर्द्विसमचतुर्बाहुकस्य चायामः ।
व्यासश्चाष्टत्रिंशत् क्षेत्रस्यास्य त्रयस्त्रिंशत् ॥ १४ ॥

क्षेत्रस्याष्टोत्तरशतदण्डा बाहुत्रये मुखे चाष्टौ ।
हस्तैस्त्रिभिर्युतास्तात्रिसमचतुर्बाहुकस्य वद गणक ॥ १५ ॥

विषमक्षेत्रस्याष्टत्रिंशद्दण्डाः क्षितिर्मुखे द्वात्रिंशत् ।
पञ्चाशत्प्रति[2]बाहुः षष्टिस्त्वन्यः किमस्य चतुरश्रे ॥ १६ ॥

परिधोदरस्तु दण्डास्त्रिंशत्पृष्ठं शतत्रयं दृष्टम् ।
नवपञ्चगुणो व्यासो नेमिक्षेत्रस्य किं गणितम् ॥ १७ ॥

हस्तौ द्वौ विष्कम्भः पृष्ठेऽष्टाषष्टिरिह च सन्दृष्टाः ।
उदरे तु द्वात्रिंशद्बालेन्दोः किं फलं कथय ॥ १८ ॥

---

[1] The reading in both B and M is त्रिंशतिः ; but as this is erroneous it is corrected into त्रिंशदिह so as to meet the requirements of the metre also.

[2] B reads देक for त्प्रति.

वृत्तक्षेत्रफलानयनसूत्रम्—

त्रिगुणीकृतविष्कम्भः परिधिर्व्यासार्धवर्गराशिरयम् ।
त्रिगुणः फलं समेऽर्धे वृत्तेऽर्धं प्राहुराचार्याः ॥ १९ ॥

अत्रोद्देशकः ।

व्यासोऽष्टादश वृत्तस्य परिधिः कः फलं च किम् ।
व्यासोऽष्टादश वृत्तार्धे गणितं किं वदाशु मे ॥ २० ॥

आयतवृत्तक्षेत्रफलानयनसूत्रम्—

व्यासार्धयुतो द्विगुणित आयतवृत्तस्य परिधिरायामः ।
विष्कम्भचतुर्भागः परिवेषहतो भवेत्सारम् ॥ २१ ॥

अत्रोद्देशकः ।

क्षेत्रस्यायतवृत्तस्य विष्कम्भो द्वादशैव तु ।
आयामस्तत्र षट्त्रिंशत् परिधिः कः फलं च किम् ॥ २२ ॥

शङ्खाकारवृत्तस्य फलानयनसूत्रम्—

वदनार्धोनो व्यासस्त्रिगुणः परिधिस्तु कम्बुकावृत्ते ।
वलयार्धकृतित्र्यंशो मुखार्धवर्गत्रिपादयुतः । २३ ॥

अत्रोद्देशकः ।

व्यासोऽष्टादश हस्ता मुखविस्तारोऽयमपि च चत्वारः ।
कः परिधिः किं गणितं कथय त्वं कम्बुकावृत्ते ॥ २४ ॥

निम्नोन्नतवृत्तयोः फलानयनसूत्रम्—

परिधेश्च चतुर्भागो विष्कम्भगुणः स विद्धि गणितफलम् ।
चत्वाले कूर्मनिभे क्षेत्रे निम्नोन्नते तस्मात् ॥ २५ ॥

अत्रोद्देशकः ।

चक्रवालक्षेत्रस्य व्यासस्तु भसङ्ख्यकः परिधिः ।
षट्पञ्चाशद्दृष्टं गणितं तस्यैव किं भवति ॥ २६ ॥

कूर्मनिभस्योन्नतवृत्तस्योदाहरणम्—

विष्कम्भः पञ्चदश दृष्टः परिधिश्च षट्त्रिंशत् ।
कूर्मनिभे क्षेत्रे किं तस्मिन् व्यवहारजं गणितम् ॥ २७ ॥

अन्तश्चक्रवालवृत्तक्षेत्रस्य बहिश्चक्रवालवृत्तक्षेत्रस्य च व्यवहारफलानयनसूत्रम्—

निर्गमसहितो व्यासस्त्रिगुणो निर्गमगुणो बहिर्गणितम् ।
रहिताधिगमव्यासादभ्यन्तरचक्रवालवृत्तस्य ॥ २८ ॥

अत्रोद्देशकः ।

व्यासोऽष्टादश हस्ताः पुनर्बहिर्निर्गतास्त्रयस्तत्र ।
व्यासोऽष्टादश हस्ताश्चान्तः पुनरधिगतास्त्रयः किं स्यात्॥ २९ ॥

समवृत्तक्षेत्रस्य व्यावहारिकफलं च परिधिप्रमाणं च व्यासप्रमाणं च संयोज्य एतत्संयोगसङ्ख्यामेव स्वीकृत्य तत्संयोगप्रमाणराशेः सकाशात् पृथक् परिधिव्यासफलानां सङ्ख्यानयनसूत्रम्—

गणिते द्वादशगुणिते मिश्रप्रक्षेपकं चतुःषष्टिः ।
तस्य च मूलं कृत्वा परिधिः प्रक्षेपकपदोनः ॥ ३० ॥

अत्रोद्देशकः ।

परिधिव्यासफलानां मिश्रं षोडशशतं सहस्रयुतम् ।
कः परिधिः किं गणितं व्यासः को वा ममाचक्ष्व ॥ ३१ ॥

यवाकारमर्दलाकारपणवाकारवज्राकाराणां क्षेत्राणां व्यावहारिकफलानयनसूत्रम्—

यवमुरजपणवशक्रायुधसंस्थानप्रतिष्ठितानां तु ।
मुखमध्यसमासार्धं त्वायामगुणं फलं भवति ॥ ३२ ॥

अत्रोद्देशकः ।

यवसंस्थानक्षेत्रस्यायामोऽशीतिरस्य विष्कम्भः ।
मध्यश्चत्वारिंशत्फलं भवेत्किं ममाचक्ष्व ॥ ३३ ॥
आयामोऽशीतिरयं दण्डा मुखमस्य विंशतिर्मध्ये ।
चत्वारिंशत्क्षेत्रे मृदङ्गसंस्थानके ब्रूहि ॥ ३४ ॥
पणवाकारक्षेत्रस्यायामः सप्तसप्ततिर्दण्डाः ।
मुखयोर्विस्तारोऽष्टौ मध्ये दण्डास्तु चत्वारः ॥ ३५ ॥
वज्राकृतेस्तथास्य क्षेत्रस्य षडग्रनवतिरायामः ।
मध्ये सूचिर्मुखयोस्त्रयोदश त्र्यंशसंयुता दण्डाः ॥ ३६ ॥

उभयनिषेधादिक्षेत्रफलानयनसूत्रम्—

व्यासात्त्वायामगुणाद्विष्कम्भार्धघ्नदीर्घमुत्सृज्य ।
त्वं वद निषेधमुभयोस्तदर्धपरिहीणमेकस्य ॥ ३७ ॥

अत्रोद्देशकः ।

आयामः षट्त्रिंशद्विस्तारोऽष्टादशैव दण्डास्तु ।
उभयनिषेधे किं फलमेकनिषेधे च किं गणितम् ॥ ३८ ॥

बहुविधवज्राकाराणां क्षेत्राणां व्यावहारिकफलानयनसूत्रम्—

रज्ज्वर्धकृतित्र्यंशो बाहुविभक्तो निरेकबाहुगुणः ।
सर्वेषामश्रवतां फलं हि बिम्बान्तरे चतुर्थांशः ॥ ३९ ॥

अत्रोद्देशकः ।

षड्बाहुकस्य बाहोर्विष्कम्भः पञ्च चान्यस्य ।
व्यासस्त्रयो भुजस्य त्वं षोडशबाहुकस्य वद ॥ ४० ॥
त्रिभुजक्षेत्रस्य भुजः पञ्च प्रतिबाहुरपि च सप्त धरा षट् ।
अन्यस्य षडश्रस्य ह्येकादिषडन्तविस्तारः ॥ ४१ ॥
मण्डलचतुष्टयस्य हि नवविष्कम्भस्य मध्यफलम् ।
षट्पञ्चचतुर्व्यासा वृत्तत्रितयस्य मध्यफलम् ॥ ४२ ॥

धनुराकारक्षेत्रस्य व्यावहारिकफलानयनसूत्रम्—

कृत्वेषुगुणसमासं बाणार्धगुणं शरासने गणितम् ।
शरवर्गात्पञ्चगुणाज्ज्यावर्गयुतात्पदं काष्ठम् ॥ ४३ ॥

अत्रोद्देशकः ।

ज्या षड्विंशतिरेषा त्रयोदशेषुश्च कार्मुकं दृष्टम् ।
किं गणितमस्य काष्ठं किं वाचक्ष्वाशु मे गणक ॥ ४४ ॥

बाणगुणप्रमाणानयनसूत्रम्—

गुणचापकृतिविशेषात् पञ्चहृतात्पदमिषुः समुद्दिष्टः ।
शरवर्गात्पञ्चगुणादूना धनुषः कृतिः पदं जीवा ॥ ४५ ॥

अत्रोद्देशकः ।

अस्य धनुःक्षेत्रस्य शरोऽत्र न ज्ञायते परस्यापि ।
न ज्ञायते च मौर्वी तद्द्वयमाचक्ष्व गणितज्ञ ॥ ४६ ॥

बहिरन्तश्चतुरश्रकवृत्तस्य व्यावहारिकफलानयनसूत्रम्—

बाह्ये वृत्तस्येदं क्षेत्रस्य फलं त्रिसंगुणं दलितम् ।
अभ्यन्तरे तदर्धं विपरीते तत्र चतुरश्रे ॥ ४७ ॥

अत्रोद्देशकः ।

पञ्चदशबाहुकस्य क्षेत्रस्याभ्यन्तरं बहिर्गणितम् ।
चतुरश्रस्य च वृत्तव्यवहारफलं ममाचक्ष्व ॥ ४८ ॥

इति व्यावहारिकगणितं समाप्तम् ।

अथ सूक्ष्मगणितम्.

इतः परं क्षेत्रगणिते सूक्ष्मगणितव्यवहारमुदाहरिष्यामः । तद्यथा[1]—

आबाधावलम्बकानयनसूत्रम्—

भुजकृत्यन्तरभूहृतभूसङ्क्रमणं त्रिबाहुकाबाधे ।
तद्भुजवर्गान्तरपदमवलम्बकमाहुराचार्याः ॥ ४९ ॥

सूक्ष्मगणितानयनसूत्रम्—

भुजयुत्यर्धचतुष्काद्भुजहीनाद्घातिताात्पदं सूक्ष्मम् ।
अथवा मुखतलयुतिदलमवलम्बगुणं न विषमचतुरश्रे ॥ ५० ॥

अत्रोद्देशकः ।

त्रिभुजक्षेत्रस्याष्टौ दण्डा भूर्बाहुकौ समस्य त्वम् ।
सूक्ष्मं वद गणितं मे गणितविदवलम्बकाबाधे ॥ ५१ ॥

द्विसमत्रिभुजक्षेत्रे त्रयोदश स्युर्भुजद्वये दण्डाः ।
दश भूरस्याबाधे अथावलम्बं च सूक्ष्मफलम् ॥ ५२ ॥

विषमत्रिभुजस्य भुजा त्रयोदश प्रतिभुजा तु पञ्चदश ।
भूमिश्चतुर्दशास्य हि किं गणितं चावलम्बकाबाधे ॥ ५३ ॥

---

[1] After this M adds the following:—त्रिभुजक्षेत्रस्य भुजद्वयसंयोगस्थानमारभ्य अधस्स्थितभूमिसंस्पृष्टरेखाया नाम अवलम्बकः स्यात् ।

इतः परं पञ्चप्रकाराणां चतुरश्रक्षेत्राणां कर्णानयनसूत्रम्—

क्षितिहतविपरीतभुजौ मुखगुणभुजामिश्रितौ गुणच्छेदौ ।
छेदगुणौ प्रतिभुजयोः संवर्गयुतेः पदं कर्णौ ॥ ५४ ॥

अत्रोद्देशकः ।

समचतुरश्रस्य त्वं समन्ततः पञ्चबाहुकस्याशु ।
कर्णं च सूक्ष्मफलमपि कथय सखे गणिततत्त्वज्ञ ॥ ५५ ॥

आयतचतुरश्रस्य द्वादश बाहुश्च कोटिरपि पञ्च ।
कर्णः कः सूक्ष्मं किं गणितं चाचक्ष्व मे शीघ्रम् ॥ ५६ ॥

द्विसमचतुरश्रभूमिः षट्त्रिंशद्बाहुरेकषष्टिश्च ।
सोऽन्यश्चतुर्दशास्यं कर्णः कः सूक्ष्मगणितं किम् ॥ ५७ ॥

वर्गस्त्रयोदशानां त्रिसमचतुर्बाहुके पुनर्भूमिः ।
सप्त चतुश्शतयुक्तं कर्णाबाधावलम्बगणितं किम् ॥५८ ॥

विषमचतुरश्रबाहू त्रयोदशाभ्यस्तपञ्चदशविंशतिकौ ।
पञ्चघनो वदनमधस्त्रिशतं कान्यत्र कर्णमुखफलानि ॥ ५९ ॥

इतः परं वृत्तक्षेत्राणां सूक्ष्मफलानयनसूत्राणि । तत्र समवृत्तक्षेत्रस्य सूक्ष्मफलानयनसूत्रम्—

वृत्तक्षेत्रव्यासो दशपदगुणितो भवेत्परिक्षेपः ।
व्यासचतुर्भागगुणः परिधिः फलमर्धमर्धे तत् ॥ ६० ॥

अत्रोद्देशकः ।

समवृत्तव्यासोऽष्टादश विष्कम्भश्च षष्टिरन्यस्य ।
द्वाविंशतिरपरस्य क्षेत्रस्य हि के च परिधिफले ॥ ६१ ॥

द्वादशविष्कम्भस्य क्षेत्रस्य हि चार्धवृत्तस्य ।
षट्त्रिंशद्व्यासस्य कः परिधिः किं फलं भवति ॥ ॥ ६२ ॥

आयतवृत्तक्षेत्रस्य सूक्ष्मफलानयनसूत्रम्—

व्यासकृतिष्षड्गुणिता द्विसङ्गुणायामकृतियुता(पदं) परिधिः ।
व्यासचतुर्भागगुणश्चायतवृत्तस्य सूक्ष्मफलम् ॥ ६३ ॥

अत्रोद्देशकः ।

आयतवृत्तायामः षट्त्रिंशद्द्वादशास्य विष्कम्भः ।
कः परिधिः किं गणितं सूक्ष्मं विगणय्य मे कथय ॥ ६४ ॥

शङ्खाकारक्षेत्रस्य सूक्ष्मफलानयनसूत्रम्—

वदनार्धोनो व्यासो दशपदगुणितो भवेत्परिक्षेपः ।
मुखदलरहितव्यासार्धवर्गमुखचरणकृतियोगः ॥ ६५ ॥
दशपदगुणितः क्षेत्रे कम्बुनिभे सूक्ष्मफलमेतत् ॥ ६५½ ॥

अत्रोद्देशकः ।

व्यासोऽष्टादश दण्डा मुखविस्तारोऽयमपि च चत्वारः ।
कः परिधिः किं गणितं सूक्ष्मं तत्कम्बुकावृत्ते ॥ ६६½ ॥

बहिश्चक्रवालवृत्तक्षेत्रस्य चान्तश्चक्रवालवृत्तक्षेत्रस्य च सूक्ष्मफलानयनसूत्रम्—

निर्गमसहितो व्यासो दशपदनिर्गमगुणो बहिर्गणितम् ।
रहितोऽधिगमेनासावभ्यन्तरचक्रवालवृत्तस्य ॥ ६७½ ॥

अत्रोद्देशकः ।

व्यासोऽष्टादश दण्डाः पुनर्बहिर्निर्गतास्त्रयो दण्डाः ।
सूक्ष्मगणितं वद त्वं बहिरन्तश्चक्रवालवृत्तस्य ॥ ६८½ ॥
व्यासोऽष्टादश दण्डा अन्तःपुनरधिगताश्च चत्वारः ।
सूक्ष्मगणितं वद त्वं चाभ्यन्तरचक्रवालवृत्तस्य ॥ ६९½ ॥

यवाकारक्षेत्रस्य च धनुराकारक्षेत्रस्य च सूक्ष्मफलानयनसूत्रम्—

इषुपादगुणश्च गुणो दशपदगुणितश्च भवति गणितफलम् ।
यवसंस्थानक्षेत्रे धनुराकारे च विज्ञेयम् ॥ ७०$\frac{1}{2}$ ॥

अत्रोद्देशकः ।

द्वादशदण्डायामो मुखद्वयं सूचिरपि च विस्तारः ।
चत्वारो मध्येऽपि च यवसंस्थानस्य किं तु फलम् ॥ ७१$\frac{1}{2}$ ॥

धनुराकारसंस्थाने ज्या चतुर्विंशतिः पुनः ।
चत्वारोऽस्येषुरुद्दिष्टस्सूक्ष्मं किं तु फलं भवेत् ॥ ७२$\frac{1}{2}$ ॥

धनुराकारक्षेत्रस्य धनुःकाष्ठबाणप्रमाणानयनसूत्रम्—

शरवर्गः षड्गुणितो ज्यावर्गसमन्वितस्तु यस्तस्य ।
मूलं धनुर्गुणेषुप्रसाधने तत्र विपरीतम् ॥ ७३$\frac{1}{2}$ ॥

विपरीतक्रियायां सूत्रम्—

गुणचापकृतिविशेषात्तर्कहृतात्पदमिषुः समुद्दिष्टः ।
शरवर्गात् षड्गुणितादूनं[1] धनुषः कृतेः पदं जीवा ॥ ७४$\frac{1}{2}$ ॥

अत्रोद्देशकः ।

धनुराकारक्षेत्रे ज्या द्वादश षट् शरः काष्ठम् ।
न ज्ञायते सखे त्वं का जीवा कश्शरस्तस्य ॥ ७५$\frac{1}{2}$ ॥

मृदङ्गनिभक्षेत्रस्य च पणवाकारक्षेत्रस्य च वज्राकारक्षेत्रस्य च सूक्ष्मफलानयनसूत्रम्—

मुखगुणितायामफलं स्वधनुःफलसंयुतं मृदङ्गनिभे ।
तत्पणववज्रनिभयोर्धनुःफलोनं तयोरुभयोः ॥ ७६$\frac{1}{2}$ ॥

---

[1] The reading in both B and M is as given above; but षड्गुणितादूनाया धनुष्कृतेः पदं जीवा gives the required meaning.

अत्रोद्देशकः ।

चतुर्विंशतिरायामो विस्तारोऽष्टौ मुखद्वये ।
क्षेत्रे मृदङ्गसंस्थाने मध्ये षोडश किं फलम् ॥ ७७$\frac{1}{2}$ ॥

चतुर्विंशतिरायामस्तथाष्टौ मुखयोर्द्वयोः ।
चत्वारो मध्यविष्कम्भः किं फलं पणवाकृतौ ॥ ७८$\frac{1}{2}$ ॥

चतुर्विंशतिरायामस्तथाष्टौ मुखयोर्द्वयोः ।
मध्ये सूचिस्तथाचक्ष्व वज्राकारस्य किं फलम् ॥ ७९$\frac{1}{2}$ ॥

नेमिक्षेत्रस्य च बालेन्द्वाकारक्षेत्रस्य च इभदन्ताकारक्षेत्रस्य च सूक्ष्मफलानयनसूत्रम्—

पृष्ठोदरसंक्षेपः षड्भक्तो व्यासरूपसङ्गुणितः ।
दशमूलगुणो नेमेर्बालेन्द्विभदन्तयोश्च तस्यार्धम् ॥ ८०$\frac{1}{2}$ ॥

अत्रोद्देशकः ।

पृष्ठं चतुर्दशोदरमष्टौ नेम्याकृतौ भूमौ ।
मध्ये चत्वारि च तद्बालेन्दोः किमिभदन्तस्य ॥ ८१$\frac{1}{2}$ ॥

चतुर्मण्डलमध्यस्थितक्षेत्रस्य सूक्ष्मफलानयनसूत्रम्—

विष्कम्भवर्गराशेर्वृत्तस्यैकस्य सूक्ष्मफलम् ।
त्यक्त्वा समवृत्तानामन्तरजफलं चतुर्णां स्यात् ॥ ८२$\frac{1}{2}$ ॥

अत्रोद्देशकः ।

गोलकचतुष्टयस्य हि परस्परस्पर्शकस्य मध्यस्य ।
सूक्ष्मं गणितं किं स्याच्चतुष्कविष्कम्भयुक्तस्य ॥ ८३$\frac{1}{2}$ ॥

वृत्तक्षेत्रत्रयस्यान्योऽन्यस्पर्शनाज्जातस्यान्तरस्थितक्षेत्रस्य सूक्ष्मफलानयनसूत्रम्—

विष्कम्भमानसमकत्रिभुजक्षेत्रस्य सूक्ष्मफलम् ।
वृत्तफलार्धविहीनं फलमन्तरजं त्रयाणां स्यात् ॥ ८४$\frac{1}{2}$ ॥

अत्रोद्देशकः ।

विष्कम्भचतुष्काणां वृत्तक्षेत्रत्रयाणां च ।
अन्योऽन्यस्पृष्टानामन्तरजक्षेत्रसूक्ष्मगणितं किम् ॥ ८५$\frac{1}{2}$ ॥

षडश्रक्षेत्रस्य कर्णावलम्बकसूक्ष्मफलानयनसूत्रम्—

भुजभुजकृतिकृतिवर्गा द्वित्रित्रिगुणा यथाक्रमेणैव ।
श्रुत्यवलम्बककृतिधनकृतयश्च षडश्रके क्षेत्रे ॥ ८६$\frac{1}{2}$ ॥

अत्रोद्देशकः ।

भुजषट्कक्षेत्रे द्वौ द्वौ दण्डौ प्रतिभुजं स्याताम् ।
अस्मिन् श्रुत्यवलम्बकसूक्ष्मफलानां च वर्गाः के ॥ ८७$\frac{1}{2}$ ॥

वर्गस्वरूपकरणिराशीनां युतिसङ्ख्यानयनस्य च तेषां वर्गस्वरूपकरणिराशीनां यथाक्रमेण परस्परवियुतितः शेषसङ्ख्यानयनस्य च सूत्रम्—

केनाप्यपवर्तितफलपदयोगवियोगकृतिहताच्छेदात् ।
मूलं पदयुतिवियुती राशीनां विद्धि करणिगणितमिदम् ॥ ८८$\frac{1}{2}$ ॥

अत्रोद्देशकः ।

षोडशषट्त्रिंशच्छतकरणीनां वर्गमूलपिण्डं मे ।
अथ चैतत्पदशेषं कथय सखे गणिततत्त्वज्ञ ॥ ८९$\frac{1}{2}$ ॥

इति सूक्ष्मगणितं समाप्तम् ॥

जन्यव्यवहारः.

इतः परं क्षेत्रगणिते जन्यव्यवहारमुदाहरिष्यामः । इष्टसङ्ख्या-
बीजाभ्यामायतचतुरश्रक्षेत्रानयनसूत्रम्—

वर्गविशेषः कोटिस्संवर्गो द्विगुणितो भवेद्बाहुः ।
वर्गसमासः कर्णश्चायतचतुरश्रजन्यस्य ॥ ९०$\frac{1}{2}$ ॥

अत्रोद्देशकः ।

एकद्विके तु बीजे क्षेत्रे जन्ये तु संस्थाप्य ।
कथय विगणय्य शीघ्रं कोटिभुजाकर्णमानानि ॥ ९१$\frac{1}{2}$ ॥
बीजे द्वे त्रीणि सखे क्षेत्रे जन्ये तु संस्थाप्य ।
कथय विगणय्य शीघ्रं कोटिभुजाकर्णमानानि ॥ ९२$\frac{1}{2}$ ॥

पुनरपि बीजसंज्ञाभ्यामायतचतुरश्रक्षेत्रकल्पनायाः सूत्रम्—

बीजयुतिवियुतिघातः कोटिस्तद्वर्गयोश्च सङ्क्रमणे ।
बाहुश्रुती भवेतां जन्यविधौ करणमेतदपि ॥ ९३$\frac{1}{2}$ ॥

अत्रोद्देशकः ।

त्रिकपञ्चकबीजाभ्यां जन्यक्षेत्रं सखे समुत्थाप्य ।
कोटिभुजाश्रुतिसङ्ख्याः कथय विचिन्त्याशु गणिततत्त्वज्ञ ॥ ९४$\frac{1}{2}$ ॥

इष्टजन्यक्षेत्राद्बीजसंज्ञसङ्ख्ययोरानयनसूत्रम्—

कोटिच्छेदावाप्त्योस्सङ्क्रमणे बाहुदलफलच्छेदौ ।
बीजे श्रुतीष्टकृत्योर्योगवियोगार्धमूले ते ॥ ९५$\frac{1}{2}$ ॥

अत्रोद्देशकः ।

कस्यापि क्षेत्रस्य च षोडश कोटिश्च बीजे के ।
त्रिंशदथवान्यबाहुर्बीजे के ते श्रुतिश्चतुस्त्रिंशत् ॥ ९६$\frac{1}{2}$ ॥

कोटिसङ्ख्यां ज्ञात्वा भुजाकर्णसङ्ख्यानयनस्य च भुजसङ्ख्यां ज्ञात्वा कोटिकर्णसङ्ख्यानयनस्य च कर्णसङ्ख्यां ज्ञात्वा कोटिभुजासङ्ख्यानयनस्य च सूत्रम्—

कोटिकृतेश्छेदाप्त्योस्सङ्क्रमणे श्रुतिभुजौ भुजकृतेर्वा ।
अथवा श्रुतीष्टकृत्योरन्तरपदमिष्टमपि च कोटिभुजे ॥ ९७$\frac{1}{2}$ ॥

अत्रोद्देशकः ।

कस्यापि कोटिरेकादश बाहुष्षष्टिरन्यस्य ।
श्रुतिरेकषष्टिरन्यस्यानुक्तान्यत्र मे कथय ॥ ९८$\frac{1}{2}$ ॥

द्विसमचतुरश्रक्षेत्रस्यानयनप्रकारस्य सूत्रम्—

जन्यक्षेत्रभुजार्धहारफलजप्राग्जन्यकोट्योर्युति-
र्भूरास्यं वियुतिर्भुजा श्रुतिरथाल्पाल्पा हि कोटिर्भवेत् ।
आबाधा महती श्रुतिः श्रुतिरभूज्ज्येष्ठं फलं स्यात्फलं
बाहुस्स्यादवलम्बको द्विसमकक्षेत्रे चतुर्बाहुके ॥ ९९$\frac{1}{2}$ ॥

अत्रोद्देशकः ।

चतुरश्रक्षेत्रस्य द्विसमस्य च पञ्चषट्कबीजस्य ।
मुखभूभुजावलम्बककर्णाबाधाधनानि वद ॥ १००$\frac{1}{2}$ ॥

त्रिसमचतुरश्रक्षेत्रस्य मुखभूभुजावलम्बककर्णाबाधाधनानयनसूत्रम्—

भुजपदहतबीजान्तरहृतजन्यधनाप्तभागहाराभ्याम् ।
तद्भुजकोटिभ्यां च द्विसम इव त्रिसमचतुरश्रे ॥ १०१$\frac{1}{2}$ ॥

अत्रोद्देशकः ।

चतुरश्रक्षेत्रस्य त्रिसमस्यास्य द्विकत्रिकस्वबीजस्य ।
मुखभूभुजावलम्बककर्णाबाधाधनानि वद ॥ १०२$\frac{1}{2}$ ॥

विषमचतुरश्रक्षेत्रस्य मुखभूभुजावलम्बककर्णाबाधाधनानयनसूत्रम्—

ज्येष्ठाल्पान्योन्यहीनश्रुतिहतभुजकोटी भुजे भूमुखे ते
कोट्योरन्योन्यदोर्भ्यां हतयुतिरथ दोर्घातयुक्कोटिघातः ।
कर्णावल्पश्रुतिघ्नावनधिकभुजकोट्याहतौ लम्बकौ ता-
वाबाधे कोटिदोर्घ्नाववनिविवरके कर्णघातार्धमर्थः ॥ १०३½ ॥

अत्रोद्देशकः ।

एकद्विकद्विकत्रिकजन्ये चोत्थाप्य विषमचतुरश्रे ।
मुखभूभुजावलम्बककर्णाबाधाधनानि वद ॥ १०४½ ॥

पुनरपि विषमचतुरश्रानयनसूत्रम्—

ह्रस्वश्रुतिकृतिगुणितो ज्येष्ठभुजः कोटिरपि धरा वदनम् ।
कर्णाभ्यां सङ्गुणितावुभयभुजावल्पभुजकोटी ॥ १०५½ ॥
ज्येष्ठभुजकोटिवियुतिर्द्विधाल्पभुजकोटिताडिता युक्ता ।
ह्रस्वभुजकोटियुतिगुणपृथुकोट्याल्पश्रुतिघ्नकौ कर्णौ ॥ १०६½ ॥
अल्पश्रुतिहतकर्णाल्पकोटिभुजसंहती पृथग्लम्बौ ।
तद्भुजयुतिवियुतिगुणात्पदमाबाधे फलं श्रुतिगुणार्धम् ॥ १०७½ ॥

एकस्माज्जन्यायतचतुरश्राद्द्विसमात्रिभुजानयनसूत्रम् —

कर्णे भुजद्वयं स्याद्बाहुर्द्विगुणीकृतो भवेद्भूमिः ।
कोटिरवलम्बकोऽयं द्विसमत्रिभुजे धनं गणितम् ॥ १०८½ ॥

अत्रोद्देशकः ।

त्रिकपञ्चकबीजोत्थद्विसमत्रिभुजस्य गणक बाहू द्वौ ।
भूमिमवलम्बकं च प्रगणय्याचक्ष्व मे शीघ्रम् ॥ १०९½ ॥

विषमत्रिभुजक्षेत्रस्य कल्पनाप्रकारस्य सूत्रम्—

जन्यभुजार्धं छित्वा केनापिच्छेदलब्धजं चाभ्याम् ।
कोटियुतिर्भूः कर्णौ भुजौ भुजा लम्बका विषमे ॥ ११०½ ॥

अत्रोद्देशकः ।

हे द्वित्रिबीजकस्य क्षेत्रभुजार्धेन चान्यमुत्थाप्य ।
तस्माद्विषमत्रिभुजे भुजभूम्यवलम्बकं ब्रूहि ॥ १११½ ॥

इति जन्यव्यवहारः समाप्तः ॥

पैशाचिकव्यवहारः.

इतः परं पैशाचिकव्यवहारमुदाहरिष्यामः ।

समचतुरश्रक्षेत्रे वा आयतचतुरश्रक्षेत्रे वा क्षेत्रफले रज्जुसङ्ख्यया समे सति, क्षेत्रफले बाहुसङ्ख्यया समे सति, क्षेत्रफले कर्णसङ्ख्यया समे सति, क्षेत्रफले रज्ज्वर्धसङ्ख्यया समे सति, क्षेत्रफले बाहोस्तृतीयांशसङ्ख्यया समे सति, क्षेत्रफले कर्णसङ्ख्यायाश्चतुर्थांशसङ्ख्यया समे सति, द्विगुणितकर्णस्य त्रिगुणितबाहोश्च चतुर्गुणितकोटेश्च रज्जोस्संयोगसङ्ख्यां द्विगुणीकृत्य तद्द्विगुणितसङ्ख्यया क्षेत्रफले समाने सति, इत्येवमादीनां क्षेत्राणां कोटिभुजाकर्णक्षेत्रफलरज्जुषु इष्टराशिद्वयसाम्यस्य चेष्टराशिद्वयस्यान्योन्यमिष्टगुणकारगुणितफलवत्क्षेत्रस्य भुजाकोटिसङ्ख्यानयनस्य सूत्रम्—

स्वगुणेष्टेन विभक्तास्स्वेष्टानां गणक गणितगुणितेन ।
गुणिता भुजा भुजाः स्युः समचतुरश्रादिजन्यानाम् ॥ ११२½ ॥

अत्रोद्देशकः ।

रज्जुर्गणितेन समा समचतुरश्रस्य का तु भुजसङ्ख्या ।
अपरस्य बाहुसदृशं गणितं तस्यापि मे कथय ॥ ११३½ ॥

कर्णो गणितेन समः समचतुरश्रस्य को भवेद्वाहुः ।
रज्जुर्द्विगुणोऽन्यस्य क्षेत्रस्य धनाच्च मे कथय ॥ ११४½ ॥
आयतचतुरश्रस्य क्षेत्रस्य च रज्जुतुल्यमिह गणितम् ।
गणितं कर्णेन समं क्षेत्रस्यान्यस्य को बाहुः ॥ ११५½ ॥
कस्यापि क्षेत्रस्य त्रिगुणो बाहुर्धनाच्च को बाहुः ।
कर्णश्चतुर्गुणोऽन्यः समचतुरश्रस्य गणितफलात् ॥ ११६½ ॥
आयतचतुरश्रस्य श्रवणं द्विगुणं त्रिसङ्गुणो बाहुः ।
कोटिश्चतुर्गुणा ते रज्जुयुतैर्द्विगुणितं गणितम् ॥ ११७½ ॥
आयतचतुरश्रस्य क्षेत्रस्य च रज्जुरत्र रूपसमः ।
कोटिः को बाहुर्वा शीघ्रं विगणय्य मे कथय ॥ ११८½ ॥
कर्णो द्विगुणो बाहुस्त्रिगुणः कोटिश्चतुर्गुणा मिश्रः ।
रज्ज्वा सह तत्क्षेत्रस्यायतचतुरश्रकस्य रूपसमः ॥ ११९½ ॥

पुनरपि जन्यायतचतुरश्रक्षेत्रस्य बीजसङ्ख्यानयने करणसूत्रम्—

कोट्यूनकर्णदलतत्कर्णान्तरमुभययोश्च पदे ।
आयतचतुरश्रस्य क्षेत्रस्येयं क्रिया जन्ये ॥ १२०½ ॥

अत्रोद्देशकः ।

आयतचतुरश्रस्य च कोटिः पञ्चाशदधिकपञ्च भुजा ।
साष्टाचत्वारिंशात्रिसप्ततिः श्रुतिरथात्र के बीजे ॥ १२१½ ॥

इष्टकल्पितसङ्ख्याप्रमाणवत्कर्णसहितक्षेत्रानयनसूत्रम्—

यद्यत्क्षेत्रं जातं बीजैस्संस्थाप्य तस्य कर्णेन ।
इष्टं कर्णं विभजेल्लाभगुणाः कोटिदोःकर्णाः ॥ १२२½ ॥

अत्रोद्देशकः ।

एकद्विकाद्विकत्रिकचतुष्कसप्तैकसाष्टकानां च ।
गणक चतुर्णां शीघ्रं बीजैरुत्थाप्य कोटिभुजाः ॥ १२३½ ॥

आयतचतुरश्राणां क्षेत्राणां विषमबाहुकानां च ।
कर्णोऽत्र पञ्चषष्टिः क्षेत्राण्याचक्ष्व कानि स्युः ॥ १२४½ ॥

इष्टजन्यायतचतुरश्रक्षेत्रस्य रज्जुसङ्ख्यां च कर्णसङ्ख्यां च ज्ञात्वा तज्जन्यायतचतुरश्रक्षेत्रस्य भुजकोटिसङ्ख्यानयनसूत्रम्—

कर्णकृतौ द्विगुणायां रज्ज्वर्धकृतिं विशोध्य तन्मूलम् ।
रज्ज्वर्धे सङ्क्रमणीकृते भुजा कोटिरपि भवति ॥ १२५½ ॥

अत्रोद्देशकः ।

परिधिः स चतुस्त्रिंशत् कर्णश्चात्र त्रयोदशो दृष्टः ।
जन्यक्षेत्रस्यास्य प्रगणय्याचक्ष्व कोटिभुजौ ॥ १२६½ ॥

क्षेत्रफलं कर्णसङ्ख्यां च ज्ञात्वा भुजकोटिसङ्ख्यानयनसूत्रम्—

कर्णकृतौ द्विगुणीकृतगणितं हीनाधिकं कृत्वा ।
मूलं कोटिभुजौ हि ज्येष्ठे ह्रस्वेन सङ्क्रमणे ॥ १२७½ ॥

अत्रोद्देशकः ।

आयतचतुरश्रस्य हि गणितं षष्टिस्त्रयोदशास्यापि ।
कर्णस्तु कोटिभुजयोः परिमाणे श्रोतुमिच्छामि ॥ १२८½ ॥

क्षेत्रफलसङ्ख्यां रज्जुसङ्ख्यां च ज्ञात्वा आयतचतुरश्रस्य भुजकोटिसङ्ख्यानयनसूत्रम्—

रज्ज्वर्धवर्गराशेर्गणितं चतुराहतं विशोध्याथ ।
मूलेन हि रज्ज्वर्धे सङ्क्रमणे सति भुजाकोटी ॥ १२९½ ॥

अत्रोद्देशकः ।

सप्ततिशतं तु रज्जुः पञ्चशतोत्तरसहस्रमिष्टधनम् ।
जन्यायतचतुरश्रे कोटिभुजौ मे समाचक्ष्व ॥ १३०½ ॥

आयतचतुरश्रक्षेत्रद्वये रज्जुसङ्ख्यायां सदृक्षायां सत्यां द्वितीयक्षेत्र-फलात् प्रथमक्षेत्रफले द्विगुणिते सति, अथवा क्षेत्रद्वयेऽपि क्षेत्रफले सदृशे सति प्रथमक्षेत्रस्य रज्जुसङ्ख्याया अपि द्वितीयक्षेत्ररज्जुसङ्ख्यायां द्विगुणायां सत्याम्, अथवा क्षेत्रद्वये प्रथमक्षेत्ररज्जुसङ्ख्याया अपि द्वितीयक्षेत्रस्य रज्जुसङ्ख्यायां द्विगुणायां सत्यां द्वितीयक्षेत्रफलादपि प्रथमक्षेत्रफले द्विगुणे सति, तत्तत्क्षेत्रद्वयस्यानयनसूत्रम्—

स्वाल्पहतरज्जुधनहतकृतिरिष्टघ्नैव कोटिस्स्यात् ।
व्येका दोस्तुल्यफलेऽन्यत्राधिकगणितगुणितेष्टम् ॥ १३१½ ॥
व्येकं तदूनकोटिः त्रिगुणा दोः स्यादथान्यस्य ।
रज्ज्वर्धवर्गराशेरिति पूर्वोक्तेन सूत्रेण ।
तद्गणितरज्जुमितितः समानयेत्तद्भुजाकोटी ॥ १३३ ॥

अत्रोद्देशकः ।

असमव्यासायामक्षेत्रे द्वे द्वावथेष्टगुणकारः ।
प्रथमं गणितं द्विगुणं रज्जू तुल्ये किमत्र कोटिभुजे ॥ १३४ ॥
आयतचतुरश्रे द्वे क्षेत्रे द्वयमेव गुणकारः ।
गणितं सदृशं रज्जुर्द्विगुणा प्रथमात् द्वितीयस्य ॥ १३५ ॥
आयतचतुरश्रे द्वे क्षेत्रे प्रथमस्य धनमिह द्विगुणम् ।
द्विगुणा द्वितीयरज्जुस्तयोर्भुजां कोटिमपि कथय ॥ १३६ ॥

द्विसमत्रिभुजक्षेत्रयोः परस्पररज्जुधनसमानसङ्ख्ययोरिष्टगुणकगुणितरज्जुधनवतोर्वा द्विसमत्रिभुजक्षेत्रद्वयानयनसूत्रम्—

रज्जुकृतिघ्नान्योन्यधनाल्पाप्तं षड्ढाद्विघ्नमल्पमेकोनम् ।
तच्छेषं द्विगुणाल्पं बीजे तज्जन्ययोर्भुजादयः प्राग्वत् ॥ १३७ ॥

अत्रोद्देशकः ।

द्विसमत्रिभुजक्षेत्रद्वयं तयोः क्षेत्रयोस्समं गणितम् ।
रज्जू समे तयोस्स्यात् को बाहुः का भवेद्भूमिः ॥ १३८ ॥

द्विसमत्रिभुजक्षेत्रे प्रथमस्य धनं द्विसङ्गुणितम् ।
रज्जुः समा द्वयोरपि को बाहुः का भवेद्भूमिः ॥ १३९ ॥

द्विसमत्रिभुजक्षेत्रे द्वे रज्जुर्द्विगुणिता द्वितीयस्य ।
गणिते द्वयोस्समाने को बाहुः का भवेद्भूमिः ॥ १४० ॥

द्विसमत्रिभुजक्षेत्रे प्रथमस्य धनं द्विसङ्गुणितम् ।
द्विगुणा द्वितीयरज्जुः को बाहुः का भवेद्भूमिः ॥ १४१ ॥

एकद्व्यादिगणनातीतसङ्ख्यासु इष्टसङ्ख्यामिष्टवस्तुनो भागसङ्ख्यां परिकल्प्य तदिष्टवस्तुभागसङ्ख्यायाः सकाशात् समचतुरश्रक्षेत्रानयनस्य च समवृत्तक्षेत्रानयनस्य च समत्रिभुजक्षेत्रानयनस्य चायतचतुरश्रक्षेत्रानयनस्य च सूत्रम्—

स्वसमीकृतावधृतिहृतधनं चतुर्घ्नं हि वृत्तसमचतुरश्रव्यासः ।
षड्गुणितं त्रिभुजायतचतुरश्रभुजार्धमपि कोटिः ॥ १४२ ॥

अत्रोद्देशकः ।

स्वान्तःपुरे नरेन्द्रः प्रासादतले निजाङ्गनामध्ये ।
दिव्यं स रत्नकम्बलमपीपतत्तच्च समवृत्तम् ॥ १४३ ॥

ताभिर्देवीभिर्धृतमेभिर्भुजयोश्च मुष्टिभिर्लब्धम् ।
पञ्चदशैकस्याः स्युः कति वनिताः कोऽत्र विष्कम्भः ॥ १४४ ॥

समचतुरश्रभुजाः के समत्रिबाहौ भुजाश्चात्र ।
आयतचतुरश्रस्य हि तत्कोटिभुजौ सखे कथय ॥ १४५ ॥

क्षेत्रफलसङ्ख्यां ज्ञात्वा समचतुरश्रक्षेत्रानयनस्य चायतचतुरश्रक्षेत्रानयनस्य च सूत्रम्—

सूक्ष्मगणितस्य मूलं समचतुरश्रस्य बाहुरिष्टहृतम् ।
धनमिष्टफले स्यातामायतचतुरश्रकोटिभुजौ ॥ १४६ ॥

अत्रोद्देशकः ।

कस्य हि समचतुरश्रक्षेत्रस्य फलं चतुष्षष्टिः ।
फलमायतस्य सूक्ष्मं षष्टिः के वात्र कोटिभुजे ॥ १४७ ॥

इष्टद्विसमचतुरश्रक्षेत्रस्य सूक्ष्मफलसङ्ख्यां ज्ञात्वा, इष्टसङ्ख्यां गुणकं परिकल्प्य, इष्टसङ्ख्याङ्कबीजाभ्यां जन्यायतचतुरश्रक्षेत्रं परिकल्प्य, तदिष्टद्विसमचतुरश्रक्षेत्रफलवदिष्टद्विसमचतुरश्रानयनसूत्रम्—

तद्धनगुणितेष्टकृतिर्जन्यधनोना भुजाहृता मुखं कोटिः ।
द्विगुणा समुखा भूर्दोर्लम्बः कर्णौ भुजे तदिष्टघ्नाः ॥ १४८ ॥

अत्रोद्देशकः ।

सूक्ष्मधनं सप्तेष्टं त्रिकं हि बीजे द्विके त्रिके दृष्टे ।
द्विसमचतुरश्रबाहू मुखभूम्यवलम्बकान् ब्रूहि ॥ १४९ ॥

इष्टसूक्ष्मगणितफलवत्त्रिसमचतुरश्रक्षेत्रानयनसूत्रम्—

इष्टघनभक्तघनकृतिरिष्टयुतार्धं भुजा द्विगुणितेष्टम् ।
विभुजं मुखमिष्टाप्तं गणितं ह्यवलम्बकं त्रिसमजन्ये ॥ १५० ॥

अत्रोद्देशकः ।

कस्यापि क्षेत्रस्य त्रिसमचतुर्बाहुकस्य सूक्ष्मधनम् ।
षण्णवतिरिष्टमष्टौ भूबाहुमुखावलम्बकानि वद ॥ १५१ ॥

सूक्ष्मफलसङ्ख्यां ज्ञात्वा चतुर्भिरिष्टच्छेदैश्च विषमचतुरश्रक्षेत्रस्य मुखभूभुजाप्रमाणसङ्ख्यानयनसूत्रम्—

घनकृतिरिष्टच्छेदैश्चतुर्भिराप्तैव लब्धानाम् ।
युतिदलचतुष्टयं तैरूना विषमाख्यचतुरश्रभुजसङ्ख्या ॥ १५२ ॥

अत्रोद्देशकः ।

नवतिर्हि सूक्ष्मगणितं छेदः पञ्चैव नवगुणः ।
दशधृतिर्विंशतिषट्कृतिहतः क्रमाद्विषमचतुरश्रे ॥
मुखभूमिभुजासङ्ख्या विगणय्य ममाशु सङ्कथय ॥ १५३½ ॥

सूक्ष्मगणितफलं ज्ञात्वा तत्सूक्ष्मगणितफलवत्समत्रिबाहुक्षेत्रस्य बाहुसङ्ख्यानयनसूत्रम्—

गणितं तु चतुर्गुणितं वर्गीकृत्वा[1] भजेत् त्रिभिर्लब्धम् ।
त्रिभुजस्य क्षेत्रस्य च समस्य बाहोः कृतेर्वर्गः ॥ १५४½ ॥

अत्रोद्देशकः ।

कस्यापि समत्र्यश्रक्षेत्रस्य च गणितमुद्दिष्टम् ।
रूपाणि त्रीण्येव ब्रूहि प्रगणय्य मे बाहुम् ॥ १५५½ ॥

सूक्ष्मगणितफलसङ्ख्यां ज्ञात्वा तत्सूक्ष्मगणितफलवद्द्विसमत्रिबाहुक्षेत्रस्य भुजभूम्यवलम्बकसङ्ख्यानयनसूत्रम्—

इच्छाप्तधनेच्छाकृतियुतिमूलं दोः क्षितिर्द्विगुणितेच्छा ।
इच्छाप्तधनं लम्बः क्षेत्रे द्विसमत्रिबाहुजन्ये स्यात् ॥ १५६½ ॥

अत्रोद्देशकः ।

कस्यापि क्षेत्रस्य द्विसमत्रिभुजस्य सूक्ष्मगणितमिनाः ।
त्रीणीच्छा कथय सखे भुजभूम्यवलम्बकानाशु ॥ १५७½ ॥

सूक्ष्मगणितफलसङ्ख्यां ज्ञात्वा तत्सूक्ष्मगणितफलवद्विषमत्रिभुजानयनस्य सूत्रम्—

अष्टगुणितेष्टकृतियुतधनपदघनमिष्टपदहृदिष्टार्धम् ।
भूः स्याद्दूनं द्विपदाहतेष्टवर्गे भुजे च सङ्क्रमणम् ॥ १५८½ ॥

अत्रोद्देशकः ।

कस्यापि विषमबाहोस्त्र्यश्रक्षेत्रस्य सूक्ष्मगणितमिदम् ।
द्वे रूपे निर्दिष्टे त्रीणीष्टं भूमिबाहवः के स्युः ॥ १५९½ ॥

पुनरपि सूक्ष्मगणितफलसङ्ख्यां ज्ञात्वा तत्फलवद्विषमत्रिभुजानयनसूत्रम्—

[1] वर्गीकृत्वा ought to be वर्गीकृत्य; but this form will not suit the requirements of the metre.

स्वेष्टहतात्सेष्टकृतेः कृतिमूलं चेष्टमितरदितरहतम् ।
ज्येष्ठं स्वल्पार्धोनं स्वल्पार्धं तत्पदेन चेष्टेन ॥ ११०½ ॥
क्रमशो हत्वा च तयोः सङ्क्रमणे भूभुजौ भवतः ।
इष्टार्धमितरदोः स्याद्विषमत्रैकोणके क्षेत्रे ॥ १११½ ॥

अत्रोद्देशकः ।

द्वे रूपे सूक्ष्मफलं विषमात्रिभुजस्य रूपाणि ।
त्रीणिष्टं भूदोषौ कथय सखे गणिततत्त्वज्ञ ॥ ११२½ ॥

सूक्ष्मगणितफलं ज्ञात्वा तत्सूक्ष्मगणितफलवत्समवृत्तक्षेत्रानयनसूत्रम्—

गणितं चतुरभ्यस्तं दशपदभक्तं पदे भवेद्व्यासः ।
सूक्ष्मं समवृत्तस्य क्षेत्रस्य च पूर्ववत्फलं परिधिः ॥ ११३½ ॥

अत्रोद्देशकः ।

समवृत्तक्षेत्रस्य च सूक्ष्मफलं पञ्च निर्दिष्टम् ।
विष्कम्भः को वास्य प्रगणय्य ममाशु तं कथय ॥ ११४½ ॥

व्यावहारिकगणितफलं च सूक्ष्मफलं च ज्ञात्वा तद्व्यावहारिकफलवत्सूक्ष्मगणितफलवद्द्विसमचतुरश्रक्षेत्रानयनस्य त्रिसमचतुरश्रक्षेत्रानयनस्य च सूत्रम्—

धनवर्गान्तरपदयुतिवियुतीष्टं भूमुखे भुजे स्थूलम् ।
द्विसमे सपदस्थूलात्पदयुतिवियुतीष्टपदहतं त्रिसमे ॥ ११५½ ॥

अत्रोद्देशकः ।

गणितं सूक्ष्मं पञ्च त्रयोदश व्यावहारिकं गणितम् ।
द्विसमचतुरश्रभूमुखदोषः के षोडशेच्छा च ॥ ११६½ ॥

त्रिसमचतुरश्रस्योदाहरणम् ।

गणितं सूक्ष्मं पञ्च त्रयोदश व्यावहारिकं गणितम् ।
त्रिसमचतुरश्रबाहून् सञ्चिन्त्य सखे ममाचक्ष्व ॥ १६७½ ॥

व्यावहारिकस्थूलफलं सूक्ष्मफलं च ज्ञात्वा तद्व्यावहारिकस्थूलफलवत्सूक्ष्मगणितफलवत्समत्रिभुजानयनस्य च समवृत्तक्षेत्रव्यासानयनस्य च सूत्रम्—

धनवर्गान्तरमूलं यत्तन्मूलाद्द्विसङ्गुणितम् ।
बाहुस्त्रिसमत्रिभुजे समस्य वृत्तस्य विष्कम्भः ॥ १६८½ ॥

अत्रोद्देशकः ।

स्थूलं धनमष्टादश सूक्ष्मं त्रिघनो नवाहतः करणिः ।
विगणय्य सखे कथय त्रिसमत्रिभुजप्रमाणं मे ॥ १६९½ ॥

पञ्चकृतेर्वर्गो दशगुणितः करणिर्भवेदिदं सूक्ष्मम् ।
स्थूलमपि पञ्चसप्ततिरेतत्को वृत्तविष्कम्भः ॥ १७०½ ॥

व्यावहारिकस्थूलफलं च सूक्ष्मगणितफलं च ज्ञात्वा तद्व्यावहारिकफलवत्तत्सूक्ष्मफलवद्द्विसमत्रिभुजक्षेत्रस्य भूभुजाप्रमाणसङ्ख्ययोरानयनस्य सूत्रम्—

फलवर्गान्तरमूलं द्विगुणं भूर्व्यावहारिकं बाहुः ।
भूम्यर्धमूलभक्ते द्विसमत्रिभुजस्य करणमिदम् ॥ १७१½ ॥

अत्रोद्देशकः ।

सूक्ष्मधनं षष्टिरिह स्थूलधनं पञ्चषष्टिरुद्दिष्टम् ।
गणयित्वा ब्रूहि सखे द्विसमत्रिभुजस्य भुजसङ्ख्याम् ॥ १७२½ ॥

इष्टसङ्ख्यावद्विसमचतुरश्रक्षेत्रं ज्ञात्वा तद्विसमचतुरश्रक्षेत्रस्य सूक्ष्मगणितफलसमानसूक्ष्मफलवदन्यद्विसमचतुरश्रक्षेत्रस्य भूभुजमुखसङ्ख्यानयनसूत्रम्—

लम्बकृताविष्टेनासमसङ्क्रमणीकृते भुजा ज्येष्ठा ।
ह्रस्वयुतिवियुति मुखभूयुतिदलितं तलमुखे द्विसमचतुरश्रे ॥ १७३½ ॥

अत्रोद्देशकः ।

भूरिन्द्रा दोर्विश्वे वक्त्रं गतयोऽवलम्बको रवयः ।
इष्टं दिक् सूक्ष्मं तत्फलवद्विसमचतुरश्रमन्यत् किम् ॥ १७४½ ॥

द्विसमचतुरश्रक्षेत्रव्यावहारिकस्थूलफलसङ्ख्यां ज्ञात्वा तद्व्यावहारिकस्थूलफले इष्टसङ्ख्याविभागे कृते सति तद्विसमचतुरश्रक्षेत्रमध्ये तत्तद्भागस्य भूमिसङ्ख्यानयनेऽपि तत्तत्स्थानावलम्बकसङ्ख्यानयनेऽपि सूत्रम्—

खण्डयुतिभक्ततलमुखकृत्यन्तरगुणितखण्डमुखवर्गयुतम् ।
मूलमधस्तलमुखयुतदलहृतलब्धं च लम्बकः क्रमशः ॥ १७५½ ॥

अत्रोद्देशकः ।

वदनं सप्तोक्तमधः क्षितिस्त्रयोविंशतिः पुनस्त्रिंशत् ।
बाहू द्वाभ्यां भक्तं चैकैकं लब्धमत्र का भूमिः ॥ १७६½ ॥
भूमिर्द्विषष्टिशतमथ चाष्टादश वदनमत्र सन्दृष्टम् ।
लम्बश्चतुश्शतीदं क्षेत्रं भक्तं नरैश्चतुर्भिश्च ॥ १७७½ ॥
एकद्विकत्रिकचतुःखण्डान्येकैकपुरुषलब्धानि ।
प्रक्षेपतया गणितं तलमप्यवलम्बकं ब्रूहि ॥ १७८½ ॥
भूमिरशीतिर्वदनं चत्वारिंशच्चतुर्गुणा षष्टिः ।
अवलम्बकप्रमाणं त्रीण्यष्टौ पञ्च खण्डानि ॥ १७९½ ॥

स्तम्भद्वयप्रमाणसङ्ख्यां ज्ञात्वा तत्स्तम्भद्वयाग्रे सूत्रद्वयं बद्ध्वा तत्सूत्रद्वयं कर्णाकारेण इतरेतरस्तम्भमूलं वा तत्स्तम्भमूलमतिक्रम्य वा संस्पृश्य तत्कर्णाकारसूत्रद्वयस्पर्शनस्थानादारभ्य अधःस्थितभूमिपर्यन्तं तन्मध्ये एकं सूत्रं प्रसार्य तत्सूत्रप्रमाणसङ्ख्यैव अन्तरावलम्बकसंज्ञा भवति। अन्तरावलम्बकस्पर्शनस्थानादारभ्य तस्यां भूम्यामुभयपार्श्वयोः कर्णाकारसूत्रद्वयस्पर्शनपर्यन्तमाबाधासंज्ञा स्यात्। तदन्तरावलम्बकसङ्ख्यानयनस्य आबाधासङ्ख्यानयनस्य च सूत्रम्—

स्तम्भौ रज्ज्वन्तरभूहतौ स्वयोगाहतौ च भूगुणितौ।
आबाधे ते वामप्रक्षेपगुणोऽन्तरवलम्बः॥ १८०½॥

अत्रोद्देशकः।

षोडशहस्तोच्छ्रायौ स्तम्भाववनिश्च षोडशोद्दिष्टा।
आबाधान्तरसङ्ख्यामत्राप्यवलम्बकं ब्रूहि॥ १८१½॥

स्तम्भैकस्योच्छ्रायः षट्त्रिंशद्विंशतिर्द्वितीयस्य।
भूमिर्द्वादश हस्ताः काबाधा कोऽयमवलम्बः॥ १८२½॥

द्वादश च पञ्चदश च स्तम्भान्तरभूमिरपि च चत्वारः।
द्वादशकस्तम्भाग्राद्रज्जुः पतितान्यतो मूलात्॥ १८३½॥

आक्रम्य चतुर्हस्तात्परस्य मूलं तथैकहस्ताच्च।
पतिताग्रात्काबाधा कोऽस्मिन्नवलम्बको भवति॥ १८४½॥

बाहुप्रतिबाहू द्वौ त्रयोदशावनिरियं चतुर्दश च।
वदनेऽपि चतुर्हस्ताः काबाधा कोऽन्तरावलम्बश्च॥ १८५½॥

'क्षेत्रमिदं मुखभूम्योरेकैकोनं परस्पराग्राच्च।
रज्जुः पतिता मूलात्त्वं ब्रूह्यवलम्बकाबाधे॥ १८६½॥

बाहुस्त्रयोदशैकः पञ्चदश प्रतिभुजा मुखं सप्त ।
भूमिरियमेकविंशतिरस्मिन्नवलम्बकाबाधे ॥ १८७½ ॥

समचतुरश्रक्षेत्रं विंशतिहस्तायतं तस्य ।
कोणेभ्योऽथ चतुर्भ्यो विनिर्गता रज्जवस्तत्र ॥ १८८½ ॥

भुजमध्यं द्वियुगभुजे[1] रज्जुः का स्यात्सुसंवीता ।
को वावलम्बकः स्यादाबाधे केऽन्तरे[2] तस्मिन् ॥ १८९½ ॥

स्तम्भस्योन्नतप्रमाणसङ्ख्यां ज्ञात्वा तस्मिन् स्तम्भे येनकेनचित्कारणेन भग्ने पतिते सति तत्स्तम्भाग्रमूलयोर्मध्ये स्थितौ भूसङ्ख्यां ज्ञात्वा तत्स्तम्भमूलादारभ्य स्थितपरिमाणसङ्ख्यानयनस्य सूत्रम्—

निर्गमवर्गान्तरमितिवर्गविशेषस्य यद्भवेदर्धम् ।
निर्गमनेन विभक्तं तावत्स्थित्वाथ भग्नः स्यात् ॥ १९०½ ॥

अत्रोद्देशकः ।

स्तम्भस्य पञ्चविंशतिरुच्छ्रायः काश्चिदन्तरे भग्नः ।
स्तम्भाग्रमूलमध्ये पञ्च स गत्वा कियान् भग्नः ॥ १९१½ ॥

वेणूच्छ्राये हस्ताः सप्तकृतिः कश्चिदन्तरे भग्नः ।
भूमिश्च सैकविंशतिरस्य स गत्वा कियान् भग्नः ॥ १९२½ ॥

वृक्षोच्छ्रायो विंशतिरग्रस्थः कोऽपि तत्फलं पुरुषः ।
कर्णाकृत्या व्यक्षिपदथ तरुमूलस्थितः पुरुषः ॥ १९३½ ॥

तस्य फलस्याभिमुखं प्रतिभुजरूपेण गत्वा च ।
फलमग्रहीच्च तत्फलनरयोर्गतियोगसङ्ख्यैव ॥ १९४½ ॥

पञ्चाशदभूत्तत्फलगतिरूपा कर्णसङ्ख्या का ।
तद्वृक्षमूलगतनरगतिरूपा प्रतिभुजापि कियती स्यात् ॥ १९५½ ॥

---

[1] भुजचतुर्थं च is the reading found in the MSS., but it is not correct.

[2] The Sandhi in केऽन्तरे is grammatically incorrect; but the author seems to have intended the phonetic fusion for the sake of the metre; vide stanza 204½ of this chapter.

ज्येष्ठस्तम्भसङ्ख्यां च अल्पस्तम्भसङ्ख्यां च ज्ञात्वा उभयस्तम्भान्तरभूमिसङ्ख्यां ज्ञात्वा तज्ज्येष्ठसङ्ख्ये भग्ने सति ज्येष्ठस्तम्भाग्रे अल्पस्तम्भाग्रं स्पृशति सति ज्येष्ठस्तम्भस्य भग्नसङ्ख्यानयनस्य स्थितशेषसङ्ख्यानयनस्य च सूत्रम्—

ज्येष्ठस्तम्भस्य कृतेर्ह्रस्वावनिवर्गयुतिमपोह्यार्धम् ।
स्तम्भविशेषेण हृतं लब्धं भग्नोन्नतिर्भवति ॥ १९६½ ॥

अत्रोद्देशकः ।

स्तम्भः पञ्चोच्छ्रायः परस्त्रयोविंशतिस्तथा ज्येष्ठः ।
मध्यं द्वादश भग्नज्येष्ठाग्रं पतितमितराग्रे ॥ १९७½ ॥

आयतचतुरश्रक्षेत्रकोटिसङ्ख्यायास्तृतीयांशद्वयं पर्वतोत्सेधं परिकल्प्य तत्पर्वतोत्सेधसङ्ख्यायाः सकाशात् तदायतचतुरश्रक्षेत्रस्य भुजसङ्ख्यानयनस्य कर्णसङ्ख्यानयनस्य च सूत्रम्—

गिर्युत्सेधो द्विगुणो गिरिपुरमध्यक्षितिर्गिरेरर्धम् ।
गगने तत्रोत्पतितं गिर्यर्धव्याससंयुतिः कर्णः ॥ १९८½ ॥

अत्रोद्देशकः ।

षड्योजनोर्ध्वशिखरिणि यतीश्वरौ तिष्ठतस्तत्र ।
एकोऽङ्घ्रिचर्ययागात्तत्राप्याकाशचार्यपरः ॥ १९९½ ॥
श्रुतिवशमुत्पत्य पुरं गिरिशिखरान्मूलमवरुह्यान्यः ।
समगतिकौ सञ्जातौ नगरव्यासः किमुत्पतितम् ॥ २००½ ॥

डोलाकारक्षेत्रे स्तम्भद्वयस्य वा गिरिद्वयस्य वा उत्सेधपरिमाणसङ्ख्यामेव आयतचतुरश्रक्षेत्रद्वये भुजद्वयं परिकल्प्य तद्गिरिद्वयान्तरभूम्यां वा तत्स्तम्भद्वयान्तरभूम्यां वा आबाधाद्वयं परिकल्प्य तदाबाधा-

द्वयं व्युत्क्रमेण निक्षिप्य तद्व्युत्क्रमं न्यस्ताबाधाद्वयमेव आयतचतुरश्रक्षेत्र-द्वये कोटिद्वयं परिकल्प्य तत्कर्णद्वयस्य समानसङ्ख्यानयनसूत्रम्—

डोलाकारक्षेत्रस्तम्भद्वितयोर्ध्वसङ्ख्ये वा ।
शिखरिद्वयोर्ध्वसङ्ख्ये परिकल्प्य भुजद्वयं त्रिकोणस्य ॥ २०१½ ॥
तद्दोर्द्वितयान्तरगतभूसङ्ख्यायास्तदाबाधे ।
आनीय प्राग्वत्ते व्युत्क्रमतः स्थाप्य ते कोटी ॥ २०२½ ॥
स्यातां तस्मिन्नायतचतुरश्रक्षेत्रयोश्च तद्दोर्भ्याम् ।
कोटिभ्यां कर्णौ द्वौ प्राग्वत्स्यातां समानसङ्ख्यौ तौ ॥ २०३½ ॥

अत्रोद्देशकः ।

स्तम्भस्त्रयोदशैकः पञ्चदशान्यश्चतुर्दशान्तरितः ।
रज्जुर्बद्धा शिखरे भूमीपतिता क[1] आबाधे ॥
ते रज्जू समसङ्ख्ये स्यातां तद्रज्जुमानमपि कथय ॥ २०५ ॥
द्वाविंशतिरुत्सेधो गिरेस्तथाष्टादशान्यशैलस्य ।
विंशतिरुभयोर्मध्ये तयोश्च शिखरयोस्स्थितौ साधू ॥ २०६ ॥
आकाशचारिणौ तौ समागतौ नगरमत्र भिक्षार्थे ।
समगतिकौ सञ्जातौ तत्राबाधे कियत्सङ्ख्ये ॥
समगतिसङ्ख्या कियती डोलाकारेऽत्र गणितज्ञ ॥ २०७½ ॥
विंशतिरेकस्योन्नतिरद्रेश्च जिनास्तथान्यस्य ।
तन्मध्यं द्वाविंशतिरनयोरद्र्योश्च शृङ्गयोः स्थित्वा ॥ २०८½ ॥
आकाशचारिणौ द्वौ तन्मध्यपुरं समायातौ ।
भिक्षार्थे समगतिकौ स्यातां तन्मध्यशिखरिमध्यं किम् ॥ २०९½ ॥

विषमत्रिकोणक्षेत्ररूपेण हीनाधिकगतिमतोर्नरयोः समागमदिन-सङ्ख्यानयनसूत्रम्—

---

1. क आबाधे is grammatically incorrect since there can be no *sandhi* between के in the dual number and आबाधे; vide footnote on page 136.

दिनगतिकृतिसंयोगं दिनगतिकृत्यन्तरेण हृत्वाथ ।
हत्वोदग्गतिदिवसैस्तल्लब्धदिने समागमः स्यान्नोः ॥ २१०½ ॥

अत्रोद्देशकः ।

द्वे योजने प्रयाति हि पूर्वगतिस्त्रीणि योजनान्यपरः ।
उत्तरतो गच्छति यो गत्वासौ तद्दिनानि पश्चाथ ॥ २११½ ॥
गच्छन् कर्णाकृत्या कतिभिर्दिवसैर्नरं समाप्नोति ।
उभयोर्युगपद्गमनं प्रस्थानदिनानि सदृशानि ॥ २१२½ ॥

पञ्चविधचतुरश्रक्षेत्राणां च त्रिविधत्रिकोणक्षेत्राणां चेत्यष्टविधबाह्यवृत्तव्याससङ्ख्यानयनसूत्रम्—

श्रुतिरवलम्बकभक्ता पार्श्वभुजघ्ना चतुर्भुजे त्रिभुजे ।
भुजघातो लम्बहृतो भवेद्बहिर्वृत्तविष्कम्भः ॥ २१३½ ॥

अत्रोद्देशकः ।

समचतुरश्रस्य त्रिकबाहुप्रतिबाहुकस्य चान्यस्य ।
कोटिः पञ्च द्वादश भुजास्य किं वा बहिर्वृत्तम् ॥ २१४½ ॥
बाहू त्रयोदश मुखं चत्वारि धरा चतुर्दश प्रोक्ता ।
द्विसमचतुरश्रबाहिरविष्कम्भः को भवेदत्र ॥ २१५½ ॥
पञ्चकृतिर्वदनभुजाश्चत्वारिंशच्च भूमिरेकोना ।
त्रिसमचतुरश्रबाहिरवृत्तव्यासं ममाचक्ष्व ॥ २१६½ ॥
व्येका चत्वारिंशद्बाहुः प्रतिबाहुको द्विपञ्चाशत् ।
षष्टिर्भूमिर्वदनं पञ्चकृतिः कोऽत्र विष्कम्भः ॥ २१७½ ॥
त्रिसमस्य च षड् बाहुस्त्रयोदश द्विसमबाहुकस्यापि ।
भूमिर्दश विष्कम्भावनयोः कौ बाह्यवृत्तयोः कथय ॥ २१८½ ॥

बाहू पञ्चन्युत्तरदशकौ भूमिश्चतुर्दशो विषमे ।
त्रिभुजक्षेत्रे बाहिरवृत्तव्यासं ममाचक्ष्व ॥ २१९½ ॥

द्विकबाहुषडश्रस्य क्षेत्रस्य भवेद्विचिन्त्य कथय त्वम् ।
बाहिरविष्कम्भं मे पैशाचिकमत्र यदि वेत्सि ॥ २२०½ ॥

इष्टसङ्ख्याव्यासवत्समवृत्तक्षेत्रमध्ये समचतुरश्राद्यष्टक्षेत्राणां मुख-भूभुजसङ्ख्यानयनसूत्रम् —

लब्धव्यासेनेष्टव्यासो वृत्तस्य तस्य भक्तश्च ।
लब्धेन भुजा गुणयेद्भवेच्च जातस्य भुजसङ्ख्या ॥ २२१½ ॥

अत्रोद्देशकः ।

वृत्तक्षेत्रव्यासस्त्रयोदशाभ्यन्तरेऽत्र सञ्चिन्त्य ।
समचतुरश्राद्यष्टक्षेत्राणि सखे ममाचक्ष्व ॥ २२२½ ॥

आयतचतुरश्रं विना पूर्वकल्पितचतुरश्रादिक्षेत्राणां सूक्ष्मगणितं च रज्जुसङ्ख्यां च ज्ञात्वा तत्तत्क्षेत्राभ्यन्तरावस्थितवृत्तक्षेत्रविष्कम्भानयन-सूत्रम्—

परिधेः पादेन भजेदनायतक्षेत्रसूक्ष्मगणितं तत् ।
क्षेत्राभ्यन्तरवृत्ते विष्कम्भोऽयं विनिर्दिष्टः ॥ २२३½ ॥

अत्रोद्देशकः ।

समचतुरश्रादीनां क्षेत्राणां पूर्वकल्पितानां च ।
कृत्वाभ्यन्तरवृत्तं ब्रूह्यधुना गणिततत्त्वज्ञ ॥ २२४½ ॥

समवृत्तव्याससङ्ख्यायामिष्टसङ्ख्यां बाणं परिकल्प्य तद्बाणपरि-माणस्य ज्यासङ्ख्यानयनसूत्रम्—

व्यासाधिगमोनस्य च चतुर्गुणिताधिगमेन सङ्गुणितः ।
यत्तस्य वर्गमूलं ज्यारूपं निर्दिशेत्प्राज्ञः ॥ २२५½ ॥

अत्रोद्देशकः ।

व्यासो दश वृत्तस्य द्वाभ्यां छिन्नो हि रूपाभ्याम् ।
छिन्नस्य ज्या का स्यात्प्रगणय्याचक्ष्व तां गणक ॥ २२६½ ॥

समवृत्तक्षेत्रव्यासस्य च मौर्व्याश्च सङ्ख्यां ज्ञात्वा बाणसङ्ख्यानयनसूत्रम्—

व्यासज्यारूपकयोर्वर्गविशेषस्य भवति यन्मूलम् ।
तद्विष्कम्भाच्छोध्यं शेषार्धमिषुं विजानीयात् ॥ २२७½ ॥

अत्रोद्देशकः ।

दश वृत्तस्य विष्कम्भः शिञ्जिन्यभ्यन्तरे सखे ।
दृष्टाष्टौ हि पुनस्तस्याः कः स्यादधिगमो वद ॥ २२८½ ॥

ज्यासङ्ख्यां च बाणसङ्ख्यां च ज्ञात्वा समवृत्तक्षेत्रस्य मध्यव्याससङ्ख्यानयनसूत्रम्—

भक्तश्चतुर्गुणेन च शरेण गुणवर्गराशिरिषुसहितः ।
समवृत्तमध्यमस्थितविष्कम्भोऽयं विनिर्दिष्टः ॥ २२९½ ॥

अत्रोद्देशकः ।

कस्यापि च समवृत्तक्षेत्रस्याभ्यन्तराधिगमनं द्वे ।
ज्या दृष्टाष्टौ दण्डा मध्यव्यासो भवेत्कोऽत्र ॥ २३०½ ॥

समवृत्तद्वयसंयोगे एका मत्स्याकृतिर्भवति । तन्मत्स्यस्य मुखपुच्छविनिर्गतरेखा कर्तव्या । तया रेखया अन्योन्याभिमुखधनुर्द्वयाकृतिर्भ-

वति । तन्मुखपुच्छविनिर्गतरेखैव तद्धनुर्द्वयस्यापि ज्याकृतिर्भवति । तद्धनुर्द्वयस्य शरद्वयमेव वृत्तपरस्परसम्पातशरौ ज्ञेयौ । समवृत्तद्वयसंयोगे तयोः सम्पातशरयोरानयनस्य सूत्रम्—

ग्रासोनव्यासाभ्यां ग्रासे प्रक्षेपकः प्रकर्तव्यः ।
वृत्ते च परस्परतः सम्पातशरौ विनिर्दिष्टौ ॥ २३१½ ॥

अत्रोद्देशकः ।

समवृत्तयोर्द्वयोर्हि द्वात्रिंशदशीतिहस्तविस्तृतयोः ।
ग्रासेऽष्टौ कौ बाणावन्योन्यभवौ समाचक्ष्व ॥ २३२½ ॥

इति पैशाचिकव्यवहारः समाप्तः ॥

इति सारसङ्ग्रहे गणितशास्त्रे महावीराचार्यस्य कृतौ क्षेत्रगणितं नाम षष्ठव्यवहारः समाप्तः ॥

सप्तमः

खातव्यवहारः.

सर्वामरेन्द्रमकुटार्चितपादपीठं
सर्वज्ञमव्ययमचिन्त्यमनन्तरूपम् ।
भव्यप्रजासरसिजाकरबालभानुं
भक्त्या नमामि शिरसा जिनवर्धमानम् ॥ १ ॥
क्षेत्राणि यानि विविधानि पुरोदितानि
तेषां फलानि गुणितान्यवगाहनानि (नेन) ।
कर्मान्तिकौण्ड्रफलसूक्ष्मविकल्पितानि
वक्ष्यामि सप्तममिदं व्यवहारखातम् ॥ २ ॥

सूक्ष्मगणितम्.

अत्र परिभाषाश्लोकः—

हस्तघने पांसूनां द्वात्रिंशत्पलशतानि पूर्याणि ।
उत्कीर्यन्ते तस्मात् षट्त्रिंशत्पलशतानीह ॥ ३ ॥

खातगणितफलानयनसूत्रम्—

क्षेत्रफलं वेधगुणं समखाते व्यावहारिकं गणितम् ।
मुखतलयुतिदलमथ सत्सङ्ख्याप्तं स्यात्समीकरणम् ॥ ४ ॥

अत्रोद्देशकः.

समचतुरश्रस्याष्टौ बाहुः प्रतिबाहुकश्च वेधश्च ।
क्षेत्रस्य खातगणितं समखाते किं भवेदत्र ॥ ५ ॥
त्रिभुजस्य क्षेत्रस्य द्वात्रिंशद्बाहुकस्य वेधे तु ।
षट्त्रिंशदृष्टास्ते षडङ्गुलान्यस्य किं गणितम् ॥ ६ ॥
साष्टशतव्यासस्य क्षेत्रस्य हि पञ्चषष्टिसहितशतम् ।
वेधो वृत्तस्य त्वं समखाते किं फलं कथय ॥ ७ ॥
आयतचतुरश्रस्य व्यासः पञ्चाग्रविंशतिर्बाहुः ।
षष्टिर्वेधोऽष्टशतं कथयाशु समस्य खातस्य ॥ ८ ॥

अस्मिन् खातगणिते कर्मान्तिकसंज्ञफलं च औण्ड्रसंज्ञफलं च ज्ञात्वा ताभ्यां कर्मान्तिकौण्ड्रसंज्ञफलाभ्यां सूक्ष्मखातफलानयनसूत्रम्—

बाह्याभ्यन्तरसंस्थिततत्तत्क्षेत्रस्थबाहुकोटिभुवः ।
स्वप्रतिबाहुसमेता भक्तास्तत्क्षेत्रगणनयान्योन्यम् ॥ ९ ॥
गुणिताश्च वेधगुणिताः कर्मान्तिकसंज्ञगणितं स्यात् ।
तद्बाह्यान्तरसंस्थिततत्तत्क्षेत्रे फलं समानीय ॥ १० ॥
संयोज्य सङ्ख्ययाप्तं क्षेत्राणां वेधगुणितं च ।
औण्ड्रफलं तत्फलयोर्विशेषकस्य त्रिभागेन ॥
संयुक्तं कर्मान्तिकफलमेव हि भवति सूक्ष्मफलम् ॥ ११$\frac{१}{२}$ ॥

अत्रोद्देशकः ।

समचतुरश्रा वापी विंशतिरुपरीह षोडशैव तले ।
वेधो नव किं गणितं गणितविदाचक्ष्व मे शीघ्रम् ॥ १२$\frac{१}{२}$ ॥
वापी समत्रिबाहुर्विंशतिरुपरीह षोडशैव तले ।
वेधो नव किं गणितं कर्मान्तिकमौण्ड्रमपि च सूक्ष्मफलम् ॥ १३$\frac{१}{२}$ ॥
समवृत्तासौ वापी विंशतिरुपरीह षोडशैव तले ।
वेधो द्वादश दण्डाः किं स्यात्कर्मान्तिकौण्ड्रसूक्ष्मफलम् ॥ १४$\frac{१}{२}$ ॥
आयतचतुरश्रस्य त्वायामष्षष्टिरेव विस्तारः ।
द्वादश मुखे तलेऽर्धं वेधोऽष्टौ किं फलं भवति ॥ १५$\frac{१}{२}$ ॥
नवतिरशीतिः सप्ततिरायामश्चोर्ध्वमध्यमूलेषु ।
विस्तारो द्वात्रिंशत् षोडश दश सप्त वेधोऽयम् ॥ १६$\frac{१}{२}$ ॥
व्यासः षष्टिर्वदने मध्ये त्रिंशत्तले तु पञ्चदश ।
समवृत्तस्य च वेधः षोडश किं तस्य गणितफलम् ॥ १७$\frac{१}{२}$ ॥

त्रिभुजस्य मुखेऽशीतिः षष्टिर्मध्ये तले च पञ्चाशत् ।
बाहुत्रयेऽपि वेधो नव किं तस्यापि भवति गणितफलम् ॥ १८½ ॥

खातिकायाः खातगणितफलानयनस्य च खातिकाया मध्ये सूची-मुखाकारवत् उत्सेधे सति खातगणितफलानयनस्य च सूत्रम्—

परिखामुखेन सहितो विष्कम्भस्त्रिभुजवृत्तयोस्त्रिगुणात् ।
आयामश्चतुरश्रे चतुर्गुणो व्याससङ्गुणितः ॥ १९½ ॥
सूचीमुखवद्वेधे परिखा मध्ये तु परिखार्धम् ।
मुखसहितमथो करणं प्राग्वत्तलसूचिवेधे च ॥ २०½ ॥

अत्रोद्देशकः.

त्रिभुजचतुर्भुजवृत्तं पुरोदितं परिखया परिक्षिप्तम् ।
दण्डाशीत्या व्यासः परिखाश्चतुर्विकास्त्रिवेधाः स्युः ॥ २१½ ॥
आयतचतुरायामो विंशत्युत्तरशतं पुनर्व्यासः ।
चत्वारिंशत् परिखा चतुरुर्वीका त्रिवेधा स्यात् ॥ २२½ ॥

उत्सेधे बहुप्रकारवति सति खातफलानयनस्य च, यस्य कस्यचित् खातफलं ज्ञात्वा तत्खातफलात् अन्यक्षेत्रस्य खातफलानयनस्य च सूत्रम्—

वेधयुतिः स्थानहृता वेधो मुखफलगुणः स्वखातफलम् ।
त्रिचतुर्भुजवृत्तानां फलमन्यक्षेत्रफलहृतं वेधः ॥ २३½ ॥

अत्रोद्देशकः ।

समचतुरश्रक्षेत्रे भूमिचतुर्हस्तमात्रविस्तारे ।
तत्रैकद्वित्रिचतुर्हस्तनिखाते कियान् हि समवेधः ॥ २४½ ॥

समचतुरश्राष्टादशहस्तभुजा वापिका चतुर्वेधा ।
वापी तज्जलपूर्णान्या नवबाहात्र को वेधः ॥ २५½ ॥

यस्य कस्यचित्खातस्य ऊर्ध्वस्थितभुजासङ्ख्यां च अधस्स्थितभुजासङ्ख्यां च उत्सेधप्रमाणं च ज्ञात्वा, तत्खाते इष्टोत्सेधसङ्ख्यायाः भुजासङ्ख्यानयनस्य, अधस्सूचिवेधस्य च सङ्ख्यानयनस्य सूत्रम्—

मुखगुणवेधो मुखतलशेषहतोऽत्रैव सूचिवेधः स्यात् ।
विपरीतवेधगुणमुखतलयुत्यवलम्बहृद्व्यासः ॥ २६½ ॥

अत्रोद्देशकः ।

समचतुरश्रा वापी विंशतिरूर्ध्वे चतुर्दशाधश्च ।
वेधो मुखे नवाधस्त्रयो भुजाः केऽत्र सूचिवेधः कः ॥ २७½ ॥

गोलकाकारक्षेत्रस्य फलानयनसूत्रम्—

व्यासार्धघनार्धगुणा नव गोलव्यावहारिकं गणितम् ।
तद्दशमांशं नवगुणमशेषसूक्ष्मं फलं भवति ॥ २८½ ॥

अत्रोद्देशकः ।

षोडशविष्कम्भस्य च गोलकवृत्तस्य विगणय्य ।
किं व्यावहारिकफलं सूक्ष्मफलं चापि मे कथय ॥ २९½ ॥

शृङ्गाटकक्षेत्रस्य खातव्यावहारिकफलस्य खातसूक्ष्मफलस्य च सूत्रम्—

भुजकृतिदलघनगुणदशपदनवहृद्व्यावहारिकं गणितम् ।
त्रिगुणं दशपदभक्तं शृङ्गाटकसूक्ष्मघनगणितम् ॥ ३०½ ॥

अत्रोद्देशकः ।

त्र्यश्रस्य च शृङ्गाटकषड्बाहुघनस्य गणयित्वा ।
किं व्यावहारिकफलं गणितं सूक्ष्मं भवेत्कथय ॥ ३१½ ॥

वापीप्रणालिकानां विमोचने तत्तदिष्टप्रणालिकासंयोगे तज्जलेन वाप्यां पूर्णायां सत्यां तत्तत्कालानयनसूत्रम्--

वापीप्रणालिकाः स्वस्वकालभक्ताः सवर्णविच्छेदाः ।
तद्युतिभक्तं रूपं दिनांशकः स्यात्प्रणालिकायुत्या ॥
तद्दिनभागहतास्ते तज्जलगतयो भवन्ति तद्वाप्याम् ॥ ३३ ॥

अत्रोद्देशकः ।

चतस्रः प्रणालिकाः स्युस्तत्रैकैका प्रपूरयति वापीम् ।
द्वित्रिचतुःपञ्चांशैर्दिनस्य कतिभिर्दिनांशैस्ताः ॥ ३४ ॥

त्रैराशिकाख्यचतुर्थगणितव्यवहारे सूचनामात्रोदाहरणमेव ; अत्र सम्यग्विस्तार्य प्रवक्ष्यते —

समचतुरश्रा वापी नवहस्तघना नगस्य तले ।
तच्छिखराज्जलधारा चतुरश्राङ्गुलसमानविष्कम्भा ॥ ३५ ॥
पतिताग्रे विच्छिन्ना तया घना सान्तरालजलपूर्णा ।
शैलोत्सेधं वाप्यां जलप्रमाणं च मे ब्रूहि ॥ ३६ ॥

वापी समचतुरश्रा नवहस्तघना नगस्य तले ।
अङ्गुलसमवृत्तघना जलधारा निपतिता च तच्छिखरात् ॥ ३७ ॥
अग्रे विच्छिन्नाभूत्तस्या वाप्या मुखं प्रविष्टा हि ।
सा पूर्णान्तरगतजलधारोत्सेधेन शैलस्य ।
उत्सेधं कथय सखे जलप्रमाणं च विगणय्य ॥ ३८$\frac{1}{2}$ ॥

समचतुरश्रा वापी नवहस्तघना नगस्य तले ।
तच्छिखराज्जलधारा पतिताङ्गुलघनत्रिकोणा सा ॥ ३९$\frac{1}{2}$ ॥
वापीमुखप्रविष्टा साग्रे छिन्नान्तरालजलपूर्णा ।
कथय सखे विगणय्य च गिर्युत्सेधं जलप्रमाणं च ॥ ४०$\frac{1}{2}$ ॥

समचतुरश्रा वापी नवहस्तघना नगस्य तले ।
अङ्गुलविस्ताराङ्गुलखाताङ्गुलयुगलदीर्घजलधारा ॥ ४१$\frac{1}{2}$ ॥

पतिताग्रे विच्छिन्ना वापीमुखसंस्थितान्तरालजलैः ।
सम्पूर्णा स्याद्वापी गिर्युत्सेधो जलप्रमाणं किम् ॥ ४२$\frac{1}{2}$ ॥

इति खातव्यवहारे सूक्ष्मगणितं सम्पूर्णम् ।

चितिगणितम्.

इतः परं खातव्यवहारे चितिगणितमुदाहरिष्यामः । अत्र परिभाषा—

हस्तो दीर्घो व्यासस्तदर्धमङ्गुलचतुष्कमुत्सेधः ।
दृष्टस्तथेष्टकायास्ताभिः कर्माणि कार्याणि ॥ ४३$\frac{1}{2}$ ॥

इष्टक्षेत्रस्य खातफलानयने च तस्य खातफलस्य इष्टकानयने च सूत्रम्—

मुखफलमुदयेन गुणं तदिष्टकागणितभक्तलब्धं यत् ।
चितिगणितं तद्विद्यात्तदेव भवतीष्टकासङ्ख्या ॥ ४४$\frac{1}{2}$ ॥

अत्रोद्देशकः ।

वेदिः समचतुरश्रा साष्टभुजा हस्तनवकमुत्सेधः ।
घटिता तदिष्टकाभिः कतीष्टकाः कथय गणितज्ञ ॥ ४५$\frac{1}{2}$ ॥

अष्टकरसमत्रिकोणनवहस्तोत्सेधवेदिका रचिता ।
पूर्वेष्टकाभिरस्यां कतीष्टकाः कथय विगणय्य ॥ ४६$\frac{1}{2}$ ॥

समवृत्ताकृतिवेदिर्नवहस्तोर्ध्वा कराष्टकव्यासा ।
घटितेष्टकाभिरस्यां कतीष्टकाः कथय गणितज्ञ ॥ ४७$\frac{1}{2}$ ॥

आयतचतुरश्रस्य त्वायामः षष्टिरेव विस्तारः ।
पञ्चकृतिः षड् वेधस्तदिष्टकाचितिमिहाचक्ष्व ॥ ४८$\frac{1}{2}$ ॥

प्राकारस्य व्यासः सप्त चतुर्विंशतिस्तदायामः ।
घटितेष्टकाः कति स्युश्चोच्छ्रायो विंशतिस्तस्य ॥ ४९ १/२ ॥

व्यासः प्राकारस्योर्ध्वे षडधोऽथाष्ट तीर्थका दीर्घः ।
घटितेष्टकाः कति स्युश्चोच्छ्रायो विंशतिस्तस्य ॥ ९० १/२ ॥

द्वादश षोडश विंशतिरुत्सेधाः सप्त षट् च पञ्चाधः ।
व्यासा मुखे चतुस्त्रिद्विकाश्चतुर्विंशतिर्दीर्घः ॥ ९१ १/२ ॥

इष्टवेदिकायां पतितायां सत्यां स्थितस्थाने इष्टकासङ्ख्यानयनस्य च पतितस्थाने इष्टकासङ्ख्यानयनस्य च सूत्रम्—

मुखतलशेषः पतितोत्सेधगुणः सकलवेधहृत्समुखः ।
मुखभूम्योर्भूमिमुखे पूर्वोक्तं करणमवशिष्टम् ॥ ९२ १/२ ॥

अत्रोद्देशकः ।

द्वादश दैर्घ्यं व्यासः पञ्चाधश्चोर्ध्वमेकमुत्सेधः ।
दश तस्मिन् पञ्च करा भग्नास्तत्रेष्टकाः कति स्युस्ताः ॥ ९३ ६/२ ॥

प्राकारे कर्णाकारेण भग्ने सति स्थितेष्टकानयनस्य च पतितेष्टकानयनस्य च सूत्रम्—

भूमिमुखे द्विगुणे मुखभूमियुतेऽभग्नभूदययुतोने ।
दैर्घ्योदयषष्ठांशघ्ने स्थितपतितेष्टकाः क्रमेण स्युः ॥ ९४ १/२ ॥

अत्रोद्देशकः ।

प्राकारोऽयं मूलान्मध्यावर्तेन वायुना विद्धः ।
कर्णाकृत्या भग्नस्तत्स्थितपतितेष्टकाः कियत्यः स्युः ॥ ९५ १/२ ॥

प्राकारोऽयं मूलान्मध्यावर्तेन चैकहस्तं गत्वा ।
कर्णाकृत्या भग्नः कतीष्टकाः स्युः स्थिताश्च पतिताः काः ॥ ९६ १/२ ॥

प्राकारमध्यप्रदेशोत्सेधे तरवृद्ध्यानयनस्य प्राकारस्य उभयपार्श्वयोः तरहानेरानयनस्य च सूत्रम्—

इष्टेष्टकोदयहृतो वेधश्च तरप्रमाणमेतोक्तम् ।
मुखतलशेषेण हृतं फलमेव हि भवति तरहानिः ॥ ८७½ ॥

अत्रोद्देशकः ।

प्राकारस्य व्यासः सप्त तले विंशतिस्तदुत्सेधः ।
एकेनाग्रे घटितस्तरवृद्ध्यूने करोदयेष्टकया ॥ ८८½ ॥

समवृत्तायां वाप्यां व्यासचतुष्केऽर्धयुक्तकरभूमिः ।
घटितेष्टकाभिरभितस्तस्यां वेधस्त्रयः काः स्युः ।
घटितेष्टकाः सर्वे मे विगणय्य ब्रूहि यदि वेत्सि ॥ ९० ॥

इष्टकाघटितस्थले अधस्तलव्यासे सति ऊर्ध्वतलव्यासे सति च गणितन्यायसूत्रम्—

द्विगुणनिवेशो व्यासायामयुतो द्विगुणितस्तदायामः ।
आयतचतुरश्रे स्यादुत्सेधव्याससङ्गुणितः ॥ ९१ ॥

अत्रोद्देशकः ।

विद्याधरनगरस्य व्यासोऽष्टौ द्वादशैव चायामः ।
पञ्च प्राकारतले मुखे तदेकं दशोत्सेधः ॥ ९२ ॥

इति खातव्यवहारे चितिगणितं समाप्तम् ।

क्रकचिकाव्यवहारः.

इतः परं क्रकचिकाव्यवहारमुदाहरिष्यामः । तत्र परिभाषा—

हस्तद्वयं षडङ्गुलहीनं किष्काह्वयं भवति ।
इष्टाद्यन्तच्छेदनसङ्ख्यैव हि मार्गसंज्ञा स्यात् ॥ ९३ ॥
अथ शाकाख्यद्यादिद्रुमसमुदायेषु वक्ष्यमाणेषु ।
व्यासोदयमार्गाणामङ्गुलसंख्या परस्परघ्नाप्ता ॥ ९४ ॥

हस्ताङ्गुलवर्गेण क्रकचिके पट्टिकाप्रमाणं स्यात् ।
शाकाह्वयद्रुमादिद्रुमेषु परिणाहदैर्घ्यहस्तानाम् ॥ ६५ ॥

संख्या परस्परघ्ना मार्गाणां संख्यया गुणिता ।
तत्पट्टिकासमाप्ता क्रकचकृता कर्मसंख्या स्यात् ॥ ६६ ॥

शाकार्जुनाम्लवेतससरलासितसर्जतुण्डुकाख्येषु ।
श्रीपर्ण्यक्षाख्यद्रुमेष्वमीष्वेकमार्गस्य ।
षण्णवतिरङ्गुलानामायामः किष्कुरेव विस्तारः ॥ ६७½ ॥

अत्रोद्देशकः ।

शाकाख्यतरौ दीर्घः षोडश हस्ताश्च विस्तारः ।
सार्धत्रयश्च मार्गाश्चाष्टौ कान्यत्र कर्माणि ॥ ६८½ ॥

इति खातव्यवहारे क्रकचिकाव्यवहारः समाप्तः ॥

इति सारसङ्ग्रहे गणितशास्त्रे महावीराचार्यस्य कृतौ सप्तमः खातव्यवहारः समाप्तः ॥

अष्टमः.

छायाव्यवहारः.

शान्तिर्जिनः शान्तिकरः प्रजानां जगत्प्रभुर्ज्ञातसमस्तभावः[1] ।
यः प्रातिहार्याष्टविवर्धमानो नमामि तं निर्जितशत्रुसङ्घम् ॥ १ ॥

आदौ प्राच्याद्यष्टदिक्साधनं प्रवक्ष्यामः—

सलिलोपरितलवत्स्थितसमभूमितले लिखेद्वृत्तम् ।
बिम्बं स्वेच्छाशङ्कुद्विगुणितपरिणाहसूत्रेण ॥ २ ॥

तद्वृत्तमध्यस्थतदिष्टशङ्को-
श्छाया दिनादौ च दिनान्तकाले ।
तद्वृत्तरेखां स्पृशति क्रमेण
पश्चात्पुरस्ताच्च ककुप् प्रदिष्टा ॥ ३ ॥

तद्दिग्द्वयान्तर्गततन्तुना लिखे-
न्मत्स्याकृतिं याम्यकुबेरदिक्स्थाम् ।
तत्कोणमध्ये विदिशः प्रसाध्या-
श्छायैव याम्योत्तरदिग्दिशार्धजाः ॥ ४ ॥

अजघटरविसङ्क्रमणद्युदलजभैक्यार्धमेव विषुवद्भा ॥ ४½ ॥

लङ्कायां यवकोट्यां सिद्धपुरीरोमकापुर्योः ।
विषुवद्भा नास्त्येव त्रिंशद्धटिकं दिनं भवेत्तस्मात् ॥ ५½ ॥

देशेष्वितरेषु दिनं त्रिंशन्नाड्याधिकोनं स्यात् ।
मेषघटायनदिनयोस्त्रिंशद्धटिकं दिनं हि सर्वत्र ॥ ६½ ॥

दिनमानं दिनदलभां ज्योतिश्शास्त्रोक्तमार्गेण ।
ज्ञात्वा छायागणितं विद्यादिह वक्ष्यमाणसूत्रौघैः ॥ ७½ ॥

---

[1] M reads तत्त्वः.

विषुवच्छाया यत्रयत्र देशे नास्ति तत्रतत्र देशे इष्टशङ्कोरिष्टकाल-च्छायां ज्ञात्वा तत्कालानयनसूत्रम्—

छाया सैका द्विगुणा तया हृतं दिनमितं च पूर्वाह्णे ।
अपराह्णे तच्छेषं विज्ञेयं सारसङ्ग्रहे गणिते ॥ ८½ ॥

अत्रोद्देशकः ।

पूर्वाह्णे पौरुषी छाया त्रिगुणा वद किं गतम् ।
अपराह्णेऽवशेषं च दिनस्यांशं वद प्रिय ॥ ९½ ॥

दिनांशे जाते सति घटिकानयनसूत्रम्—

अंशहतं दिनमानं छेदविभक्तं दिनांशके जाते ।
पूर्वाह्णे गतनाड्यस्त्वपराह्णे शेषनाड्यस्तु ॥ १०½ ॥

अत्रोद्देशकः ।

विषुवच्छायाविरहितदेशेऽष्टांशो दिनस्य गतः ।
शेषश्चाष्टांशः का घटिकाः स्युः खाग्निनाड्योऽह्नः ॥ ११½ ॥

मल्लयुद्धकालानयनसूत्रम्—

कालानयनाद्दिनगतशेषसमासोनितः कालः ।
स्तम्भच्छाया स्तम्भप्रमाणभक्तैव पौरुषी छाया ॥ १२½ ॥

अत्रोद्देशकः ।

पूर्वाह्णे शङ्कुसमच्छायायां मल्लयुद्धमारब्धम् ।
अपराह्णे द्विगुणायां समाप्तिरासीच्च युद्धकालः कः ॥ १३½ ॥

अपरार्धस्योदाहरणम् ।

द्वादशहस्तस्तम्भच्छाया चतुरुत्तरैव विंशतिका ।
तत्काले पौरुषिकच्छाया कियती भवेद्गणक ॥ १४½ ॥

विषुवच्छायायुक्ते देशे इष्टच्छायां ज्ञात्वा कालानयनस्य सूत्रम्[1]—

शङ्कुयुतेष्टच्छाया मध्यच्छायोनिता द्विगुणा ।
तदवाप्ता शङ्कुमितिः पूर्वापरयोर्दिनांशः स्यात् ॥ १६½ ॥

अत्रोद्देशकः ।

द्वादशाङ्गुलशङ्कोर्द्युदलच्छायाङ्गुलद्वयी ।
इष्टच्छायाष्टाङ्गुलिका दिनांशः को गतः स्थितः ।
त्र्यंशो दिनांशो घटिकाः कास्त्रिंशन्नाडिकं दिनम् ॥ १७ ॥

इष्टनाडिकानां छायानयनसूत्रम्—

द्विगुणितदिनभागहृता शङ्कुमितिः शङ्कुमानोना ।
द्युदलच्छायायुक्ता छाया तत्स्वेष्टकालिका भवति ॥ १८ ॥

अत्रोद्देशकः ।

द्वादशाङ्गुलशङ्कोर्द्युदलच्छायाङ्गुलद्वयी ।
दशानां घटिकानां मा का त्रिंशन्नाडिकं दिनम् ॥ १९ ॥

पादच्छायालक्षणे पुरुषस्य पादप्रमाणस्य परिभाषासूत्रम्—

पुरुषोन्नतिसप्तांशस्तत्पुरुषाङ्घ्रेस्तु दैर्घ्यं स्यात् ।
यद्येवं चेत्पुरुषः स भाग्यवानङ्घ्रिभा स्पष्टा ॥ २० ॥

आरूढच्छायायाः सङ्ख्यानयनसूत्रम्—

नृच्छायाहतशङ्कुर्भित्तिस्तम्भान्तरोनितो भक्तः ।
नृच्छाययैव लब्धं शङ्कोर्भित्त्याश्रितच्छाया ॥ २१ ॥

अत्रोद्देशकः ।

विंशतिहस्तः स्तम्भो भित्तिस्तम्भान्तरं करा अष्टौ ।
पुरुषच्छाया द्विघ्ना भित्तिगता स्तम्भभा किं स्यात् ॥ २२ ॥

---

[1] Not found in any of the MSS.

स्तम्भप्रमाणं च भित्त्यारूढस्तम्भच्छायासङ्ख्यां च ज्ञात्वा भित्ति-स्तम्भान्तरसङ्ख्यानयनसूत्रम्—

पुरुषच्छायानिघ्नं स्तम्भारूढान्तरं तयोर्मध्यम् ।
स्तम्भारूढान्तरहृततदन्तरं पौरुषी छाया ॥ २३ ॥

अत्रोद्देशकः ।

विंशतिहस्तः स्तम्भः षोडश भित्त्याश्रितच्छाया ।
द्विगुणा पुरुषच्छाया भित्तिस्तम्भान्तरं किं स्यात् ॥ २४ ॥

अपरार्धस्योदाहरणम् ।

विंशतिहस्तः स्तम्भः षोडश भित्त्याश्रितच्छाया ।
कियती पुरुषच्छाया भित्तिस्तम्भान्तरं चाष्टौ ॥ २५ ॥

आरूढच्छायायाः सङ्ख्यां च भित्तिस्तम्भान्तरभूमिसङ्ख्यां च पुरुषच्छायायाः सङ्ख्यां च ज्ञात्वा स्तम्भप्रमाणसङ्ख्यानयनसूत्रम्—

नृच्छायाघ्नारूढा भित्तिस्तम्भान्तरेण संयुक्ता ।
पौरुषभाहृतलब्धं विदुः प्रमाणं बुधाः स्तम्भे ॥ २६ ॥

अत्रोद्देशकः ।

षोडश भित्त्यारूढच्छाया द्विगुणैव पौरुषी छाया ।
स्तम्भोत्सेधः कः स्याद्भित्तिस्तम्भान्तरं चाष्टौ ॥ २७ ॥

शङ्कुप्रमाणशङ्कुच्छायामिश्रविभक्तसूत्रम्—

शङ्कुप्रमाणशङ्कुच्छायामिश्रं तु सैकपौरुष्या ।
भक्तं शङ्कुमितिः स्याच्छङ्कुच्छाया तदूनमिश्रं हि ॥ २८ ॥

अत्रोद्देशकः ।

शङ्कुप्रमाणशङ्कुच्छायामिश्रं तु पञ्चाशत् ।
शङ्कूत्सेधः कः स्याच्चतुर्गुणा पौरुषी छाया ॥ २९ ॥

शङ्कुच्छायापुरुषच्छायामिश्रविभक्तसूत्रम्—

शङ्कुनरच्छाययुतिर्विभाजिता शङ्कुसैकमानेन ।
लब्धं पुरुषच्छाया शङ्कुच्छाया तदूनमिश्रं स्यात् ॥ ३० ॥

अत्रोद्देशकः ।

शङ्कोरुत्सेधो दश नृच्छायाशङ्कुभामिश्रम् ।
पञ्चोत्तरपञ्चाशन्नृच्छाया भवति कियती च ॥ ३१ ॥

स्तम्भस्य अवनतिसङ्ख्यानयनसूत्रम्—

छायावर्गाच्छोध्या नरभाकृतिगुणितशङ्कुकृतिः ।
सैकनरच्छायाकृतिगुणिता छायाकृतेः शोध्या ॥ ३२ ॥
तन्मूलं छायायां शोध्यं नरभानवर्गरूपेण[1] ।
भागं हृत्वा लब्धं स्तम्भस्यावनतिरेव स्यात् ॥ ३३ ॥

अत्रोद्देशकः ।

द्विगुणा पुरुषच्छाया त्र्युत्तरदशहस्तशङ्कोर्भा ।
एकोनत्रिंशत्सा स्तम्भावनतिश्च का तत्र ॥ ३४ ॥
कश्चिद्राजकुमारः प्रासादाभ्यन्तरस्थस्सन् ।
पूर्वाह्णे जिज्ञासुर्दिनगतकालं नरच्छायाम् ॥ ३५ ॥
द्वात्रिंशद्धस्तोर्ध्वे जाले प्राग्भित्तिमध्य आयाता ।
रविभा पश्चाद्भित्तौ त्र्येकत्रिंशत्करोर्ध्वदेशस्था ॥ ३६ ॥
तद्भित्तिद्वयमध्यं चतुरुत्तरविंशतिः करास्तस्मिन् ।
काले दिनगतकालं नृच्छायां गणक विगणय्य ।
कथयच्छायागणिते यद्यस्ति परिश्रमस्तव चेत् ॥ ३७$\frac{1}{2}$ ॥
समचतुरश्रायां दशहस्तघनायां नरच्छाया ।
पुरुषोत्सेधद्विगुणा पूर्वाह्णे प्राक्तटच्छाया ॥ ३८$\frac{1}{2}$ ॥

---

[1] नृभावर्ग is the reading given in the MSS. for नरभान ; but it is metrically incorrect.

तस्मिन् काले पश्चात्तटाश्रिता का भवेद्गणक ।
आरूढच्छायाया आनयनं वेत्सि चेत्कथय ॥ ३९$\frac{1}{2}$ ॥

शङ्कोर्दीपच्छायानयनसूत्रम्—

शङ्कूनितदीपोन्नतिराप्ता शङ्कुप्रमाणेन ।
तल्लब्धहृतं शङ्कोः प्रदीपशङ्क्वन्तरं छाया ॥ ४०$\frac{1}{2}$ ॥

अत्रोद्देशकः.

शङ्कुप्रदीपयोर्मध्यं षण्णवत्यङ्गुलानि हि ।
द्वादशाङ्गुलशङ्कोस्तु दीपच्छायां वदाशु मे ।
षष्टिर्दीपशिखोत्सेधो गणितार्णवपारग ॥ ४२ ॥

दीपशङ्कन्तरानयनसूत्रम्—

शङ्कूनितदीपोन्नतिराप्ता शङ्कुप्रामाणेन ।
तल्लब्धहता शङ्कुच्छाया शङ्कुप्रदीपमध्यं स्यात् ॥ ४३ ॥

अत्रोद्देशकः ।

शङ्कुच्छायाङ्गुलान्यष्टौ षष्टिर्दीपशिखोदयः ।
शङ्कुदीपान्तरं ब्रूहि गणितार्णवपारग ॥ ४४ ॥

दीपोन्नतिसङ्ख्यानयनसूत्रम्—

शङ्कुच्छायाभक्तं प्रदीपशङ्कन्तरं सैकम् ।
शङ्कुप्रमाणगुणितं लब्धं दीपोन्नतिर्भवति ॥ ४५ ॥

अत्रोद्देशकः ।

शङ्कुच्छाया द्विनिघ्नैव द्विशतं शङ्कुदीपयोः ।
अन्तरं ह्यङ्गुलान्यत्र का दीपस्य समुन्नतिः ॥ ४६ ॥

शङ्कुप्रमाणमत्रापि द्वादशाङ्गुलकं गते ।
ज्ञात्वोदाहरणे सम्यग्विद्यात्सूत्रार्थपद्धतिम् ॥ ४७ ॥

पुरुषस्य पादच्छायां च तत्पादप्रमाणेन वृक्षच्छायां च ज्ञात्वा वृक्षोन्नतेः सङ्ख्यानयनस्य च, वृक्षोन्नतिसङ्ख्यां च पुरुषस्य पादच्छायायाः सङ्ख्यां च ज्ञात्वा तत्पादप्रमाणेनैव वृक्षच्छायायाः सङ्ख्यानयनस्य च सूत्रम्—

स्वच्छायया भक्तनिजेष्टवृक्षच्छाया पुनस्सप्तभिराहता सा ।
वृक्षोन्नतिः साद्रिहृता स्वपादच्छायाहता स्याद्द्रुमभैव नूनम् ॥ ४८ ॥

अत्रोद्देशकः ।

आत्मच्छाया चतुःपादा वृक्षच्छाया शतं पदाम् ।
वृक्षोच्छ्रायः को भवेत्स्वपादमानेन तं वद ॥ ४९ ॥

वृक्षच्छायायाः सङ्ख्यानयनोदाहरणम् ।

आत्मच्छाया चतुःपादा पञ्चसप्ततिभिर्युतम् ।
शतं वृक्षोन्नतिर्वृक्षच्छाया स्यात्कियती तदा ॥ ५० ॥

पुरतो योजनान्यष्टौ गत्वा शैलो दशोदयः ।
स्थितः पुरे च गत्वान्यो योजनाशीतितस्ततः ॥ ५१ ॥

तदग्रस्थाः प्रदृश्यन्ते दीपा रात्रौ पुरे स्थितैः ।
पुरमध्यस्थशैलस्यच्छाया पूर्वागमूलयुक् ।
अस्य शैलस्य वेधः को गणकाशु प्रकथ्यताम् ॥ ५२½ ॥

इति सारसङ्ग्रहे गणितशास्त्रे महावीराचार्यस्य कृतौ छायाव्यवहारो नाम अष्टमः समाप्तः ।

समाप्तोऽयं सारसङ्ग्रहः ॥

ENGLISH TRANSLATION AND NOTES.

CONTENTS.

CHAPTER I.

CHAPTER II.

CHAPTER III.

CHAPTER IV.

CHAPTER V.

CHAPTER VI.

CHAPTER VII.

CHAPTER VIII.

CHAPTER IX.

GANITA-SĀRA-SAṄGRAHA.

ENGLISH TRANSLATION.

CHAPTER I.

ON TERMINOLOGY.

Salutation and Benediction.

1. Salutation to Mahāvīra, the Lord of the Jinas, the protector (of the faithful), whose four infinite attributes, worthy to be esteemed in (all) the three worlds, are unsurpassable (in excellence).

2. I bow to that highly glorious Lord of the Jinas, by whom, as forming the shining lamp of the knowledge of numbers, the whole of the universe has been made to shine.

3. That blessed Amōghavarṣa (*i.e.*, one who showers down truly useful rain), who (ever) wishes to do good to those whom he loves, and by whom the whole body of animals and vegetables, having been freed from (the effects of) pests and drought, has been made to feel delighted :

4. He, in whose mental operations, conceived as fire, the enemies in the form of sins have all been turned into the condition of ashes, and who in consequence has become one whose anger is not futile :

5. He, who, having brought all the world under his control and being himself independent, has not been overcome by (any) opponents, and is therefore an absolute lord (like) a new God of Love :

6. He, to whom the work (of service) is rendered by a circle of kings, who have been overpowered by the progress of (his) heroism, and who, being Cakrikābhañjana by name, is in reality a *cakrikābhañjana* (*i.e.*, the destroyer of the cycle of recurring re-births) :

These four attributes of Jina Mahāvīra are said to be his faith, understanding, blissfulness and power.

7. He, who, being the receptacle of the (numerous) rivers of learning, is characterised by the adamantine bank of propriety and holds the gems (of Jainism) within, and (so) is appropriately famous as the great ocean of moral excellence:

8. May (his rule)—the rule of that sovereign lord who has destroyed in philosophical controversy the position of single conclusions and propounds the logic of the *syādvāda* *—(may the rule) of that Nṛpatuṅga prosper!

An Appreciation of the Science of Calculation.

9. In all those transactions which relate to worldly, Vedic or (other) similarly religious affairs, calculation is of use.

10. In the science of love, in the science of wealth, in music and in the drama, in the art of cooking, and similarly in medicine and in things like the knowledge of architecture:

11. In prosody, in poetics and poetry, in logic and grammar and such other things, and in relation to all that constitutes the peculiar value of (all) the (various) arts: the science of computation is held in high esteem.

12. In relation to the movements of the sun and other heavenly bodies, in connection with eclipses and the conjunctions of planets, and in connection with the *tripraśna* † and the course of the moon—indeed in all these (connections) it is utilised.

13-14. The number, the diameter and the perimeter of islands, oceans and mountains; the extensive dimensions of the rows of habitations and halls belonging to the inhabitants of the

---

* The *syādvāda* is a process of reasoning adopted by the Jainas in relation to the question of the reality or otherwise of the totality of the perceptible objects found in the phenomenal universe. The word is translatable as the may-be-argument; and this may-be-argument declares that the phenomenal universe (1) may be real, (2) may not be real, (3) may and may not be real, (4) may be indescribable, (5) may be real and indescribable, (6) may be unreal and indescribable, and (7) may be real and unreal and indescribable. The position represented by this argument is not, therefore, one of a single conclusion.

† The *tripraśna* is the name of a chapter in Sanskrit astronomical works; and the fact that it deals with three questions is responsible for that name. The questions dealt with are *Dik* (direction), *Deśa* (position) and *Kāla* (time) as appertaining to the planets and other heavenly bodies.

(earthly) world, of the interspace (between the worlds), of the world of light, and of the world of the gods; (as also the dimensions of those belonging) to the dwellers in hell: and (other) miscellaneous measurements of all sorts—all these are made out by means of computation.

15. The configuration of living beings therein, the length of their lives, their eight attributes and other similar things, their progress and other such things, their staying together and such other things—all these are dependent upon computation (for their due measurement and comprehension).

16. What is the good of saying much in vain? Whatever there is in all the three worlds, which are possessed of moving and non-moving beings—all that indeed cannot exist as apart from measurement.

17–19. With the help of the accomplished holy sages, who are worthy to be worshipped by the lords of the world, and of their disciples and disciples' disciples, who constitute the well-known jointed series of preceptors, I glean from the great ocean of the knowledge of numbers a little of its essence, in the manner in which gems are (picked up) from the sea, gold is from the stony rock and the pearl from the oyster shell; and give out, according to the power of my intelligence, the *Sārasaṅgraha*, a small work on arithmetic, which is (however) not small in value.

20–23. Accordingly, from this ocean of *Sārasaṅgraha*, which is filled with the water of terminology and has the (eight) arithmetical operations for its bank; which (again) is full of the bold rolling fish represented by the operations relating to fractions, and is characterised by the great crocodile represented by the chapter of miscellaneous examples; which (again) is possessed of the waves represented by the chapter on the rule-of-three, and is variegated in splendour through the lustre of the gems represented by the excellent language relating to the chapter on mixed problems; and which (again) possesses the extensive bottom represented by the chapter on area-problems, and has the sands represented by the chapter on the cubic contents of excavations; and wherein (finally) shines forth the advancing tide represented by the chapter on shadows, which is related to the department of practical calculation in astronomy—(from this ocean) arithmeticians possessing the necessary qualifications in abundance will, through the instrumentality of calculation, obtain such pure gems as they desire.

24. For the reason that it is not possible to know without (proper) terminology the import of anything, at the (very) commencement of this science the required terminology is mentioned.

Terminology relating to (the measurement of) Space.

25–27. That infinitely minute (quantity of) matter, which is not destroyed by water, by fire and by other such things, is called a *paramāṇu*. An endless number of them makes an *aṇu*, which is the first (measure) here. The *trasarēṇu* which is derived therefrom, the *ratharēṇu*, thence (derived), the hair-measure, the louse-measure, the sesamum-measure, which (last) is the same as the mustard-measure, then the barley-measure and (then) the *aṅgula* are (all)—in the case of (all) those who are born in the worlds of enjoyment and the worlds of work, which are (all) differentiated as superior, middling and inferior—eight-fold (as measured in relation to what immediately precedes each of them), in the order (in which they are mentioned). This *aṅgula* is known as *vyavahārāṅgula*.

28. Those, who are acquainted with the processes of measurement, say that five-hundred of this (*vyavahārāṅgula*) constitutes (another *aṅgula* known as) *pramāṇa*. The finger measure of men now existing forms their own *aṅgula*.

29. They hold that in the established usage of the world the *aṅgula* is of three kinds, *vyavahāra* and *pramāṇa* constituting two (of them), and (then there being) one's own *aṅgula*; and six *aṅgulas* make the foot-measure as measured across.

30. Two (such) feet make a *vitasti*; and twice that is a *hasta*. Four *hastas* make a *daṇḍa*, and two thousands of that make a *krōśa*.

31. Those who are well versed in the measurement of space (or surface-area) say that four *krōśas* form a *yōjana*. After this, I mention in due order the terminology relating to (the measurement of) time.

Terminology relating to (the measurement of) Time.

32. The time in which an atom (moving) goes beyond another atom (immediately next to it) is a *samaya*; innumerable *samayas* make an *āvali*.

33. An immeasured number of *āvalis* makes an *ucchvāsa*; seven *ucchvāsas* make one *stōka*; seven *stōkas* make one *lava*, and with thirty-eight and a half of this the *ghaṭī* is formed.

34. Two *ghaṭīs* make one *muhūrta*; thirty *muhūrtas* make one day; fifteen days make one *pakṣa*; and two *pakṣas* are taken to be a month.

35. Two months make one *ṛtu*; three of these are understood to make one *ayana*; two of these form one year. Next, I give the grain-measure.

Terminology relating to (the measurement of) Grain.

36. Know that four *ṣōḍaśikas* form here one *kuḍaha*; four *kuḍahas* one *prastha*; and four *prasthas* one *āḍhaka*.

37. Four *āḍhakas* make one *drōṇa*, and four times one *drōṇa* make one *mānī*; four *mānīs* make one *khārī*; five *khārīs* make one *pravartikā*.

38. Four times that same (*pravartikā*) is a *vāha*; five *pravartikās* make one *kumbha*. After this the terminology relating to the measurement of gold is described.

Terminology relating to (the measurement of) Gold.

39. Four *gaṇḍakas* make one *guñjā*; five *guñjās* make one *paṇa*, and eight of this (*paṇa*) make one *dharaṇa*; two *dharaṇas* make one *karṣa*, and four *karṣas* make one *pala*.

Terminology relating to (the measurement of) Silver.

40. Two grains make one *guñjā*; two *guñjās* make one *māṣa*; sixteen *māṣas* are said here to make one *dharaṇa*.

41. Two and a half of that (*dharaṇa*) make one *karṣa*; four *purāṇas* (or *karṣas*) make one *pala*—so say persons well versed in calculation in respect of the measurement of silver according to the standard current in Magadha.

Terminology relating to (the measurement of) Other Metals.

42. What is known as a *kalā* consists of four *pādas*; six and a quarter *kalās* make one *yava*; four *yavas* make one *aṁśa*; four *aṁśas* make one *bhāga*.

43. Six *bhāgas* make one *drakṣūṇa*; twice that (*drakṣūṇa*) is one *dīnāra*; two *dīnāras* make one *satēra*. Thus say the learned men in regard to the (measurement of other) metals.

44. Twelve and a half *palas* make one *prastha*; two hundred *palas* make one *tulā*; ten *tulās* make one *bhāra*. Thus say those who are clever in calculation.

45. In this (matter of measurement) twenty pairs of cloths, of jewels or of canes (are called) a *kōṭikā*. Next I give the names of the (principal) operations (in arithmetic).

Names of the Operations in Arithmetic.

46. The first among these (operations) is *guṇakāra* (multiplication), and it is also (called) *pratyutpanna*; the second is what is known as *bhāgahāra* (division); and *kṛti* (squaring) is said to be the third.

47. The fourth, as a matter of course, is *varga-mūla* (square root), and the fifth is said to be *ghana* (cubing); then *ghanamūla* (cube root) is the sixth, and the seventh is known as *citi* (summation).

48. This is also spoken of as *saṅkalita*. Then the eighth is *vyutkalita* (the subtraction of a part of a series, taken from the beginning, from the whole series), and this is also spoken of as *śēṣa*. All these eight (operations) appertain to fractions also.

General rules in regard to zero and positive and negative quantities.

49. A number multiplied by zero is zero, and that (number) remains unchanged when it is divided by,* combined with (or)

* It can be easily seen here that a number when divided by zero does not really remain unchanged. Bhāskara calls the quotient of such zero-divisions *khahara* and rightly assigns to it the value of infinity. Mahāvīrācārya obviously thinks that a division by zero is no division at all.

diminished by zero. Multiplication and other operations in relation to zero (give rise to) zero; and in the operation of addition, the zero becomes the same as what is added to it.

50. In multiplying as well as dividing two negative (or) two positive (quantities, one by the other), the result is a positive (quantity). But it is a negative quantity in relation to two (quantities), one (of which is) positive and the other negative. In adding a positive and a negative (quantity, the result) is (their) difference.

51. The addition of two negative (quantities or) of two positive (quantities gives rise to) a negative or positive (quantity) in order. A positive (quantity) which has to be subtracted from a (given) number becomes negative, and a negative (quantity) which has to be (so) subtracted becomes positive.

52. The square of a positive as well as of a negative (quantity) is positive; and the square roots of those (square quantities) are positive and negative in order. As in the nature of things a negative (quantity) is not a square (quantity), it has therefore no square root.

53–62. [These stanzas give certain names of certain things, which names are frequently used to denote figures and numbers in arithmetical notation. They are not therefore translated here; but the reader is referred to the appendix wherein an alphabetical list of such of these names as occur in this work is given with their ordinary and numerical meanings.]

The names of Notational Places.

63. The first place is what is known as *ēka* (unit); the second place is named *daśa* (ten); the third they call as *śata* (hundred), while the fourth is *sahasra* (thousand).

64. The fifth is *daśa-sahasra* (ten-thousand) and the sixth is no other than *lakṣa* (lakh). The seventh is *daśa-lakṣa* (ten-lakh) and the eighth is said to be *kōṭi* (crore).

65. The ninth is *daśa-kōṭi* (ten-crore) and the tenth is *śata-kōṭi* (hundred-crore). The (place) characterised by eleven is *arbuda* and the twelfth (place) is *nyarbuda*.

66. The thirteenth place is *kharva* and the fourteenth is *mahā-kharva*. Similarly the fifteenth is *padma* and the sixteenth *mahā-padma*.

67. Again the seventeenth is *kṣōṇī*, the eighteenth *mahā-kṣōṇī*. The nineteenth place is *śaṅkha* and the twentieth is *mahā-śaṅkha*.

68. The twenty-first place is *kṣityā*, the twenty-second *mahā-kṣityā*. Then the twenty-third is *kṣōbha* and the twenty-fourth *mahā-kṣōbha*.

69. By means of the (following) eight qualities, viz., quick method in working, forethought as to whether a desirable result may be arrived at, or as to whether an undesirable result will be produced, freedom from dullness, correct comprehension, power of retention, and the devising of new means in working, along with getting at those numbers which make (unknown) quantities known—(by means of these qualities) an arithmetician is to be known as such.

70. Great sages have briefly stated the terminology thus. What has to be further said (about it) in detail must be learnt from (a study of) the science (itself).

Thus ends the chapter on Terminology in Sāra-saṅgraha, which is a work on arithmetic by Mahā-vīrācārya.

CHAPTER II.

ARITHMETICAL OPERATIONS.

The First Subject of Treatment.

Hereafter we shall expound the first subject of treatment, which is named *Parikarman.*

Multiplication.

The rule of work in relation to the operation of multiplication, which is the first (among the *parikarman* operations), is as follows:—

1. After placing (the multiplicand and the multiplier one below the other) in the manner of the hinges of a door, the multiplicand should be multiplied by the multiplier, in accordance with (either of) the two methods of normal (or) reverse working, by adopting the process of (i) dividing the multiplicand and multiplying the multiplier by a factor of the multiplicand, (ii) of dividing the multiplier and multiplying the multiplicand

---

1. Symbolically expressed, this rule works out thus:—

In multiplying ab by cd, the product is (i) $\frac{ab}{a} \times (a \times cd)$; or (ii) $(ab \times c) \times \frac{cd}{c}$; or (iii) $ab \times cd$. Obviously the object of the first two devices here is to facilitate working through the choice of suitable factors.

The *anulōma* or normal method of working is the one that is generally followed. The *vilōma* or the reverse method of working is as follows:—

To multiply 1998 by 27:

1998
27

2 × 1 =	2				
2 × 9 =	1	8			
2 × 9 =		1	8		
2 × 8 =			1	6	
7 × 1 =		7			
7 × 9 =		6	3		
7 × 9 =			6	3	
7 × 8 =				5	6
	5	3	9	4	6

by a factor of the multiplier, or (iii) of using them (in the multiplication) as they are (in themselves).

Examples in illustration thereof.

2. Lotuses were given away (in offering)—eight of them to each Jina temple. How many (were given away) to 144 temples?

3. Nine *padmarāga* gems are seen to have been offered in worship in a single Jina temple. How many will they be (at that same rate) in relation to 288 temples?

4. One hundred and thirty-nine *puṣyarāga* gems have to be offered in worship in a single Jina temple. Say, how many gems (have to be so offered) in 109 temples.

5. Twenty-seven lotuses have been given away in offering to a single Jina temple. Say, how many they are (which have been at that rate given away) to 1998 (temples).

6. (At the rate of) 108 golden lotuses to each temple, how many will they be in relation to 85697481 (temples)?

7. If (the number represented by) the group (of figures) consisting of 1, 8, 6, 4, 9, 9, 7 and 2 (in order from the units' place upwards) is written down and multiplied by 441, what is the value of the (resulting) quantity?

8. In this (problem), write down (the number represented by) the group (of figures) consisting of 1, 4, 4. 1, 3 and 5 (in order from the units' place upwards), and multiply it by 81; and then tell me the (resulting) number.

9. In this (problem), write down the number 157683 and multiply it by 9, and then tell me, friend, the value of the (resulting) quantity.

10. In this (problem), 12345679 multiplied by 9 is to be written down; this (product) has been declared by the holy preceptor Mahāvīra to constitute the necklace of Narapāla.

---

4. Here, 139 is mentioned in the original as 40 + 100 — 1.

5. Here, 1998 is mentioned in the original as 1098 + 900.

10. Here as well as in the following stanzas, certain numbers are said to constitute different kinds of necklaces on account of the symmetrical arrangement of similar figures which is readily noticeable in relation to them.

11. Six 3's, five 6's, and (one) 7, which is at the end, are put down (in the descending order down to the units' place); and this (number) multiplied by 33 has (also) been declared to be a (kind of) necklace.

12. In this (problem), write down 3, 4, 1, 7, 8, 2, 4, and 1 (in order from the units' place upwards), and multiply (the resulting number) by 7; and then say that it is the necklace of precious gems.

13. Write down (the number) 142857143, and multiply it by 7; and then say that it is the royal necklace.

14. Similarly 37037037 is multiplied by 3. Find out (the result) obtained by multiplying (this product) again to get such multiples (thereof) as have one as the first and nine as the last (of the multipliers in order).

15. The (figures) 7, 0, 2, 2, 5 and 1 are put down (in order from the units' place upwards); and then this (number) which is to be multiplied by 73, should (also) be called a necklace (when so multiplied).

16. Write down (the number represented by) the group (of figures) consisting of 4, 4, 1, 2, 6 and 2 (in order from the units' place upwards); and when (this is) multiplied by 64, you, who know arithmetic, tell me what the (resulting) number is.

17. In this (problem) put down in order (from the units' place upwards) 1, 1, 0, 1, 1, 0, 1 and 1, which (figures so placed) give the measure of a (particular) number; and (then) if this (number) is multiplied by 91, there results that necklace which is worthy of a prince.

Thus ends multiplication, the first of the operations known as *Parikarman*.

---

11. The multiplicand here is 333333666667.

14. This problem reduces itself to this: multiply 37037037 × 3 by 1, 2, 3, 4, 5, 6, 7, 8, and 9 in order.

Division.

The rule of work in relation to the operation of division, which is the second (among the *parikarman* operations), is as follows:—

18. Put down the dividend and divide it, in accordance with the process of removing common factors, by the divisor, which is placed below that (dividend), and then give out the resulting (quotient).

Or:

19. The dividend should be divided in the reverse way (*i.e.*, from left to right) by the divisor placed below, after performing in relation to (both of) them the operation of removing the common factors, if that be possible.

Examples in illustration thereof.

20. Dīnāras (amounting to) 8192 have been divided between 64 men. What is the share of one man?

21. Tell me the share of one person when 2701 pieces of gold are divided among 37 persons.

22. Dīnāras (amounting to) 10349 have been divided between 79 persons. What is it that is obtained by one (person)?

23. Gold pieces (amounting to) 14141 are given to 79 temples. What is the money (given) to each (temple)?

24. Jambū fruits (amounting to) 31317 have been divided between 39 persons. Tell me the share of each.

25. Jambū fruits (amounting to) 31313 have been divided between 181 persons. Give out the share of each.

26. Gems amounting to 36261 (in number) are given to 9 persons (equally). What does one man obtain here?

27. O friend, gold pieces (to the value of the number wherein the figures in order from the units' place upwards are) such as

---

20. Here, 8192 is mentioned in the original as 8000 + 92 + 100.

22. In the original, 10349 is given as $10000 + 300 + 7^2$.

23. Here, 14141 is given as 10000 + (40 + 4000 + 1 + 100).

24. Here, 31317 is given as 17 + 300 + 31000.

25. Here, 31313 is given as 13 + 300 + 31000.

26. Here, 36261 is given as 30000 + 1 + (60 + 200 + 6000).

27. Here, the given dividend is obviously 12345654321.

begin with 1 and end with 6, and then become gradually diminished, are divided between 441 persons. What is the share of each?

28. Gems (amounting to) 28483 (in number) are given (in offering) to 13 Jina temples. Give out the share of each (temple).

Thus ends division, the second of the operations known as *Parikarman.*

Squaring.

The rule of work in relation to the operation of squaring, which is the third (among the *parikarman* operations), is as follows:—

29. The multiplication of two equal quantities: or the multiplication of the two quantities obtained (from the given quantity) by the subtraction (therefrom), and the addition (thereunto), of any chosen quantity, together with the addition of the square of that chosen quantity (to that product): or the sum of a series in arithmetical progression, of which 1 is the first term, 2 is the common difference, and the number of terms wherein is that (of which the square is) required: gives rise to the (required) square.

30. The square of numbers consisting of two or more places is (equal to) the sum of the squares of all the numbers (in all the places) combined with twice the product of those (numbers) taken (two at a time) in order.

---

28. Here, 28483 is given as $83 + 400 + (4000 \times 7)$.

29. The rule given herein, expressed algebraically, comes out thus:

(i) $a \times a = a^2$; (ii) $(a + x)(a - x) + x^2 = a^2$; (iii) $1 + 3 + 5 + 7 + \ . \ . \ .$ up to a terms $= a^2$.

30. The word translated by *place* here is स्थान; it obviously means a place in notation. Here, as a commentary interprets it, it may also denote the component parts of a sum, as each such part has a place in the sum. According to both these interpretations the rule works out correctly.

For instance, $(1234)^2 = (1000^2 + 200^2 + 30^2 + 4^2) + 2 \times \overline{1000 \times 200} + 2 \times \overline{1000 \times 30} + 2 \times \overline{1000 \times 4} + 2 \times \overline{200 \times 30} + 2 \times \overline{200 \times 4} + 2 \times \overline{30 \times 4}$.

Similarly $(1 + 2 + 3 + 4)^2 = (1^2 + 2^2 + 3^2 + 4^2) + 2(1 \times 2 + 1 \times 3 + 1 \times 4 + 2 \times 3 + 2 \times 4 + 3 \times 4)$.

31. Get the square of the last figure (in the number, the order of counting the figures being from the right to the left,) and then multiply this last (figure), after it is doubled and pushed on (to the right by one notational place), by (the figures found in) the remaining places. Each of the remaining figures (in the number) is to be pushed on (by one place) and then dealt with similarly. This is the method of squaring.

Examples in illustration thereof.

32. Give out the squares of (the numbers from) 1 to 9, of 15, 16, 25, 36 and 75.

33. What will 338, 4661 and 256 become when squared?

34. O arithmetician, give out, if you know, the squares of 65536, 12345 and 3333.

35. (Each of the numbers) 6387, and then 7135, and (then) 1022 is squared. O clever arithmetician, tell me, after multiplying well, the value of those three (squares).

Thus ends squaring, the third of the operations known as *Parikarman.*

---

31. The pushing on to the right mentioned herein will become clear from the following worked out examples:—

To square 131.

$1^2 =$	1				
$2\times1\times3 =$		6			
$2\times1\times1 =$			2		
$3^2 =$			9		
$2\times3\times1 =$				6	
$1^2 =$					1
		(1)			
	1	7	1	6	1

To square 132.

$1^2 =$	1				
$2\times1\times3 =$		6			
$2\times1\times2 =$			4		
$3^2 =$			9		
$2\times3\times2 =$				12	
$2^2 =$					4
		(1)	(1)		
	1	7	4	2	4

To square 555.

$5^2 =$	25				
$2\times5\times5 =$		50			
$2\times5\times5 =$			50		
$5^2 =$			25		
$2\times5\times5 =$				50	
$5^2 =$					25
	(5)	(8)	(5)	(2)	
	30	8	0	2	5

33. Here, 4661 is given as $4000 + 61 + 600$.

35. Here, 7135 is given as $135 + (1000 \times 7)$.

Square Root.

The rule of work in relation to the operation of (extracting) the square root, which is the fourth (of the *parikarman* operations) is as follows:—

36. From the (number represented by the figures up to the) last odd place (of notation counted from the right), subtract the (highest possible) square number; then multiply the root (of this number) by two, and divide with this (product the number represented by taking into position the figure belonging to) the (next) even place; and then the square of the quotient (so obtained) is to be subtracted from the (number represented by taking into position the figure belonging to the next) odd place. (If it is so continued till the end), the half of the (last) doubled quantity (comes to be) the resulting square root.

Examples in illustration thereof.

37. O friend, tell me quickly the roots of the squares of the numbers from 1 to 9, and of 256 and 576.

38. Find out the square root of 6561 and of 65536.

39. What are the square roots of 4294967296 and 622521?

40. What are the square roots of 63664441 and 1771561?

41. Tell me, friend, after considering well, the square roots of 1296 and 625.

---

36. To illustrate the rule, the following example is worked out below:—
To extract the square root of 65536:

6 | 55 | 36
$2^2 = 4$

$2 \times 2 = 4)25(5$
20

55
$5^2 = 25$

$25 \times 2 = 50)303(6$
300

36
$6^2 = 36$

$256 \times 2 = 512)\ 0\ (0$
0

Square root required $= \frac{512}{2} = 256$.

42. Tell me, O leading arithmetician, the square roots of 110889, 12321, and 844561.

Thus ends square root, the fourth of the operations known as *Parikarman*.

Cubing.

The rule of work in relation to the operation of cubing, which is the fifth (of the *parikarman* operations), is as follows :—

43. The product of (any) three equal quantities: or the product obtained by the multiplication of any (given) quantity by that (given quantity) as diminished by a chosen quantity and (then again) by that (given quantity) as increased by the (same) chosen quantity, when combined with the square of the chosen quantity as multiplied by the least (of the above three quantities) and (combined) also with the cube of the chosen quantity: gives rise to a cubic quantity.

44. Or, the summing up of a series in arithmetical progression, of which the first term is the quantity (the cube whereof is) required, the common difference is twice this quantity, and the number of terms is (equal to) this (same given) quantity, (gives rise to the cube of the given quantity). Or, the square of the quantity (the cube whereof is required), when combined with the product (obtained by the multiplication) of this given quantity diminished by one by the sum of a series in arithmetical progression in which the first term is *one*, the common difference is *two* and the number of terms is (equal to) the given quantity, (gives rise to the cube of the given quantity).

---

43. Symbolically expressed, this rule works out thus:
(i) $a \times a \times a = a^3$: (ii) $a\,(a+b)\,(a-b) + b^2\,(a-b) + b^3 = a^3$.

44. Algebraically, this rule means—
(i) $a^3 = a + 3a + 5a + 7a + \ldots\ldots\ldots$ to a terms.
(ii) $a^3 = a^2 + (a-1)\,(1+3+5+7+\ldots\ldots\ldots$ to a terms).

45. In an arithmetically progressive series, wherein *one* is the first term as well as the common difference, and the number of terms is (equal to) the given number, multiply the preceding terms by the immediately following ones. The sum of the products (so obtained), when multiplied by *three* and combined with the last term (in the above series in arithmetical progression), becomes the cube (of the given quantity).

46. (In a given quantity), the squares of (the number represented by the figures in) the last place as also (by those in) the other (remaining places) are taken; and each of these (squares) is multiplied by the number of the other place and also by *three*; the sum of the two (quantities resulting thus), when combined again with the cubes of the numbers corresponding to all the (optional) places, (gives rise to) the cube (of the given quantity).

47. Or, the cube of the last figure (in the number counted from right to left is to be obtained); and thrice the square (of that last figure) is to be pushed on (to the right by one notational place) and multiplied by (the number represented by the figures found in) the remaining (places); then the square of this (number represented by the figures found in the) remaining (places) is to be pushed on (as above) and multiplied by thrice the last figure (above-mentioned). These (three quantities) are then to be placed in position (and then summed up). Such is the rule (to be carried out) here.

Examples in illustration thereof.

48. Give out the cubes of the numbers from 1 to 9 and of 15, 25, 35, 77 and 96.

49. Give out the cubes of 101, 172, 516, 717 and 1344.

---

45. $3\left\{1\times2+2\times3+3\times4+4\times5+\quad\ldots\quad+\overline{a-1}\times a\right\}+a=a^3$.

46. $3a^2b+3ab^2+a^3+b^3=(a+b)^3$. To make the rule general and applicable to numbers having more than two places, it is clearly implied here that $3a^2(b+c)+3a(b+c)^2+a^3+(b+c)^3=(a+b+c)^3$; and it is obvious that any number may be represented as the sum of two other suitably chosen numbers.

47. The pushing on of a figure here referred to is similar to what is exhibited in the note under stanza 31 in this chapter.

50. The number 213 is cubed; and twice, thrice, four times and five times that (number are) also (cubed; find out the corresponding quantities).

51. It is seen that 168 multiplied by all the numbers from 1 to 8 is related (as base) to the required cubes. Give out those cubes quickly.

52. O you, who have seen the other shore of the deep and excellent ocean of the practice of (arithmetical) operations, write down the figures 4, 0, 6, 0, 5, and 9 in order (from right to left), and work out the cube of the number (represented by those figures), and mention the result at once.

Thus ends cubing, the fifth of the operations known as *Parikarman*.

Cube Root.

The rule of work in relation to the operation of extracting the cube root, which is the sixth (among the *parikarman* operations), is as follows:—

53. From (the number represented by the figures up to) the last *ghana* place, subtract the (highest possible) cube; then divide the (number represented by the next) *bhājya* place (after it is taken into position) by three times the square of the root (of that cube); then subtract from the (number represented by the next) *śōdhya* place (after it is taken into position) the square of the (above) quotient as multiplied by *three* and by the already mentioned (root of the highest possible cube); and then (subtract) from

---

53 and 54. The figures in any given number, the cube-root whereof is required, are conceived in these rules to be divided into groups, each of which consists as far as possible of three figures, named, in the order from right to left, as *ghana* or that which is cubic, that is, from which the cube is to be subtracted, as *śōdhya* or that which is to be subtracted from, and as *bhājya* or that which is to be divided. The *bhājya* and *śōdhya* are also known as *aghana* or non-cubic. The last group on the left need not always consist of all these three figures; it may

the (number represented by the figure in the next) *ghana* place (after it is taken into position) the cube (of this same quotient).

54. One (figure in the various groups of three figures) is cubic: two are non-cubic. Divide (the non-cubic figure) by three times the square of the cube root. From the (next) non-cubic (figure) subtract the square of the quotient (obtained as above and) multiplied by three times the previously mentioned (cube-root of the highest cube that can be subtracted from the previous cubic figure) and (then subtract) the cube of the (above) quotient (from the next cubic figure as taken into position). With the help of the cube-root-figures (so) obtained (and taken into position, the procedure is) as before.

Examples in illustration thereof.

55. What is the cube root of the numbers beginning with 1 and ending with 9, all cubed; and of 4913; and of 1860867?

56. Extract the cube root of 13824, 36926037 and 618470208.

---

consist of one or two or three figures, as the case may be. The rule mentioned will be clear from the following worked out example.

To extract the cube root of 77308776:—

```
                                ś. gh.  bh.  ś. gh.  bh. s. gh.
                                7   7 | 3    0   8    7  7  6
gh.  ...     ...  4³       =    6   4
                                ----
bh.  ...     ...  4² × 3 = 48)133(2
                                  96
                                 ----
                                 370
ś.   ...     ...  2² × 3 × 4 =    48
                                  ----
                                 3228
gh.  ...     ...  2³       =        8
                                -----
bh.  ...     ... 42² × 3 = 5292)32207(6
                                31752
                                -----
                                 4557
s.   ...     ...  6² × 3 × 42 =  4536
                                 ----
                                  216
gh.  ...     ...  6³   =          216
                                  ---
```

Cube root = 426.

The rule does not state what figures constitute the cube root; but it is meant that the cube root is the number made up of the figures which are cubed in this operation, written down in the order from above from left to right

57. Give the cube roots of 270087225344 and 76332940488.

58. Give the cube roots of 77308776 and also of 269917119.

59. Give the cube roots of 2427715584 and of 1626379776.

60. O arithmetician, who are clever in calculation, give out after examination the root of 859011369945948864, which is a cubic quantity.

Thus ends cube root, the sixth of the operations known as *Parikarman*.

Summation.

The rule of work in relation to the operation of summation of series, which is the seventh (among the *parikarman* operations), is as follows :—

61. The number of terms in the series is (first) diminished by *one* and (is then) halved and multiplied by the common difference; this when combined with the first term in the series and (then) multiplied by the number of terms (therein) becomes the sum of all (the terms in the series in arithmetical progression).

The rule for obtaining the sum of the series in another manner :—

62. The number of terms (in the series) as diminished by *one* and (then) multiplied by the common difference is combined with twice the first term in the series; and when this (combined sum) is multiplied by the number of terms (in the series) and is (then) divided by *two*, it becomes the sum of the series in all cases.

---

61. This rule comes out thus when expressed algebraically :—

$\left(\frac{n-1}{2}b+a\right)n=S$, where a is the first term, b the common difference, n the number of terms, and S the sum of the whole series.

62. Similarly, $\frac{\{(n-1)b+2a\}n}{2}=S$.

The rule for finding out the *ādidhana*, the *uttaradhana* and the *sarvadhana* :—

63. The *ādidhana* is the first term multiplied by the number of terms (in the series). The *uttaradhana* is (the product of) the number of terms multiplied by the common difference (and again) multiplied by the half of the number of terms less by *one*. The sum of these two (gives) the *sarvadhana*, *i.e.*, the sum of all the terms in the series; and (this sum will be the same as that of a series which is) characterised by a negative common difference, when (the order of the terms in the series is reversed so that) the last term is made to be the first term.

The rule for finding the *antyadhana*, the *madhyadhana* and the *sarvadhana* :—

64. The number of terms (in the series) lessened by *one* and multiplied by the common difference and (then) combined with the first term (gives) the *antyadhana*. Half of the sum of

---

63–64. In these rules, each of the terms in an arithmetically progressive series is supposed to be obtained by adding to the first term thereof a multiple of the common difference, the nature of this multiple being determined by the position which any specified term holds in the series. According to this conception we have to find in every term of the series the first term along with a multiple of the common difference. The sum of all such first terms so found is what is here called the *ādidhana*; the sum of all such multiples of the common difference constitutes the *uttaradhana*; and the *sarvadhana* which is obtained by adding these two sums is of course the sum of the whole series. The expression *antyadhana* denotes the value of the last term in an arithmetically progressive series. And *madhyadhana* means the value of the middle term which value, however, corresponds to the arithmetical mean of the first and the last terms in the series, so that when there are $2n + 1$ terms in the series, the value of the $(n + 1)$th term is the *madhyadhana*, but when there are $2n$ terms in the series the arithmetical mean of the value of the nth term and of that of the $(n + 1)$th term becomes the *madhyadhana*. Accordingly we have

(1) *Ādidhana* $= n \times a$.

(2) *Uttaradhana* $= \frac{n-1}{2} \times n \times b$.

(3) *Antyadhana* $= (n - 1) \times b + a$.

(4) *Madhyadhana* $= \frac{\left\{(n-1)b + a\right\} + a}{2}$.

(5) *Sarvadhana* $= (1) + (2) = (n \times a) + \left(\frac{n-1}{2} \times n \times b\right)$;

or $= (4) \times n = n \times \frac{\left\{(n-1)b + a\right\} + a}{2}$.

this (*antyadhana*) and the first term (gives) the *madhyadhana*. The product of this (*madhyadhana*) and the number of terms (in the series gives) the desired sum of all the terms therein.

Examples in illustration thereof.

65. (Each of) ten merchants gives away money (in an arithmetically progressive series) as a religious offering, the first terms of the (ten) series being from 1 to 10, the common difference (in each of these series) being of the same value (as the first terms thereof), and the number of terms being 10 (in every one of the series). Calculate the sums of those (series).

66. A certain excellent *śrāvaka* gave gems in offering to 5 temples (one after another) commencing (the offering) with 2 (gems), and then increasing (it successively) by 3 (gems). O you who know how to calculate, mention what their (total) number is.

67. The first term is 3; the common difference is 8; and the number of terms is 12. All these three (quantities) are (gradually) increased by 1, until (there are) 7 (series). O arithmetician, give out the sums of all (those series).

68. O you who possess enough strength of arms to cross the ocean of arithmetic, give out the total value of the offerings made in relation to 1000 cities, commencing (the offering) with 4 and increasing it successively by 8.

The rule for finding out the number of terms (in a series in arithmetical progression):—

69. When, to the square root of the quantity obtained by the addition of the square of the difference between twice the first

---

It is quite obvious that an arithmetically progressive series having a negative common difference becomes changed into one with a positive common difference when the order of the terms is reversed throughout so as to make the last of them become the first.

66. A *śrāvaka* is a lay follower of the Jaina religion, who merely hears, *i.e.*, listens to and learns the *dharmas* or duties, as opposed to the ascetics who are entitled to teach those religious duties.

69. Algebraically this rule works out thus :-

$$\frac{\dfrac{\sqrt{(2a-b)^2+8bS}+b}{2}-a}{b}=n$$

term and the common difference to 8 times the common difference multiplied by the sum of the series, the common difference is added, and the resulting quantity is halved; and when (again) this is diminished by the first term and then divided by the common difference, we get the number of terms in the series.

The rule for finding out the number of terms (stated) in another manner :—

70. When, from the square root of (the quantity obtained by) the addition of the square of the difference between twice the first term and the common difference to 8 times the common difference multiplied by the sum of the series, the *kṣēpapada* is subtracted, and (the resulting quantity) is halved; and (when again this is) divided by the common difference, (we get) the number of terms in the series.

Examples in illustration thereof.

71. The first term is 2, the common difference 8; these two are increased successively by 1 till three (series are so made up). The sums of the three series are 90, 276 and 1110, in order. What is the number of terms in each series?

72. The first term is 5, the common difference 8, and the sum of the series 333. What is the number of terms?

The first term (of another series) is 6, the common difference 8, and the sum 420. What is the number of terms?

The rule for finding out the common difference as well as the first term :—

73. The sum (of the series) diminished by the *ādidhana*, and (then) divided by half (the quantity represented by) the square

---

70. *Kṣēpapada* is half of the difference between twice the first term and the common difference, *i.e.*, $\frac{2a-b}{2}$. It is obvious that this stanza varies the rule mentioned in the previous stanza only to the extent necessitated by the introduction of this *kṣēpapada* therein.

73. For *ādidhana* and *uttaradhana*, see note under stanzas 63 and 64 in this chapter. Symbolically expressed this stanza works out thus :—

$$b = \frac{S - na}{\frac{n^2 - n}{2}}; \text{ and } a = \frac{S - \frac{n(n-1)}{2}b}{n}$$

of the number of terms as lessened by the number of terms, (gives) the common difference. The sum (of the series) diminished by *uttaradhana* and (then) divided by the number of terms, (gives) the first term of the series.

The rule for finding out the first term as well as the common difference :—

74. The sum of the series divided by the number of terms (therein), when diminished by the product of the common difference multiplied by the half of the number of terms less by *one*, gives the first term of the series. The common difference is (obtained, when) the sum, divided by the number of terms and then diminished by the first term, is divided by the half of the number of terms less by *one*.

Two rules for finding out, in another way, the common difference and the first term :—

75. Understand that the common difference is (obtained, when) the sum of the series, multiplied by *two* and divided by the number of terms (therein), is diminished by twice the first term, and is (then) divided by the number of terms lessened by *one*.

76. Twice the sum of the series divided by the number of terms therein, and (then) diminished by the number of terms as lessened by *one* and multiplied by the common difference, when divided by *two*, (gives) the first term of the series.

Examples in illustration thereof.

77. The first term is 9; the number of terms is 7; and the sum of the series is 105. Of what value is the common difference?

---

74. Algebraically, $a = \frac{S}{n} - \frac{n-1}{2}b$; and $b = \frac{\frac{S}{n} - a}{\frac{n-1}{2}}$

75. Symbolically, $b = \frac{\frac{2S}{n} - 2a}{n-1}$.

76. Algebraically, $a = \frac{\frac{2S}{n} - (n-1)b}{2}$

The common difference (in respect of another series) is 5, the number of terms is 8, and the sum is 156. Tell me the first term.

The rule for finding out how (when the sum is given) the first term, the common difference, and the number of terms may, as desired, be arrived at:—

78. When the sum is divided by any chosen number, the divisor becomes the number of terms (in the series); when the quotient here is diminished by any number chosen (again), this subtracted number becomes the first term (in the series); and the remainder (got after this subtraction) when divided by the half of the number of terms lessened by *one* becomes the common difference.

Example in illustration thereof.

79. The sum given in this problem is 540. O crest-jewel of arithmeticians, tell me the number of terms, the common difference, and the first term.

Three rule-giving stanzas for splitting up (into the component elements) such a sum of a series (in arithmetical progression) as is combined with the first term, or with the common difference, or with the number of terms, or with all these.

80. O crest-jewel of calculators, understand that the *miśradhana* diminished by the *uttaradhana*, and (then) divided by the number of terms to which *one* has been added, gives rise to the first term.

81. The *miśradhana*, diminished by the *ādidhana*, and (then) divided by the (quantity obtained by the) addition of *one* to the (product of the) number of terms multiplied by the half of the number of terms lessened by *one*, (gives rise to) the common

---

78. Symbolically, the problem herein is to find out b, when S is given, and a and n are allowed to be chosen at option. Naturally, there may be in relation to any given value of S n any values of b, which depend upon the chosen values of a and n. When the values of a and n are definitely chosen, the rule herein given for finding out b turns out to be the same as that given in stanza 74 above.

80–82. The expression *miśradhana* means a mixed sum. It is used here to denote the quantity which may be obtained by adding the first term or the common difference or the number of terms or all three of these to the sum of a

difference. (In splitting up the number of terms from the *miśra-dhana*), the (required) number of terms (is obtained) in accordance with the rule for obtaining the number of terms, provided that the first term is taken to be increased by *one* (so as to cause a corresponding increase in all the terms).

82. The *miśradhana* is diminished by the first term and the number of terms, both (of these) being optionally chosen: (then) that quantity, which is obtained (from this difference) by applying the rule for (splitting up) the *uttara-miśradhana*, happens to be the common difference (required here). This is the method of work in (splitting up) the all-combined (*miśradhana*).

Examples in illustration thereof.

83. Forty exceeded by 2, 3, 5 and 10, represents (in order) the *ādi-miśradhana* and the other (*miśradhanas*). Tell me what (respectively) happens in these cases to be the first term, the common difference, the number of terms and all (these three).

---

series in arithmetical progression. There are accordingly four different kinds of *miśradhana* mentioned here; and they are respectively *ādi-miśradhana*, *uttara-miśradhana*, *gaccha-miśradhana* and *sarva-miśradhana*. For *ādidhana* and *uttara-dhana* see note under stanzas 63 and 64 in this chapter.

Algebraically, stanza 80 works out thus: $a = \dfrac{S_a - \dfrac{n(n-1)}{2} b}{n+1}$, where S_a is the *ādi-misradhana, i.e.*, $S + a$.

And stanza 81 gives $b = \dfrac{S_b - na}{\dfrac{n(n-1)}{2} + 1}$ where S_b is the *uttara-miśradhana, i.e.*, $S + b$: and further points out that the value of n may be found out, when the value of S_n, which, being the *gaccha-miśradhana*, is equal to $S + n$, is given, from the fact that, when $S = a + (a + b) + (a + 2b) + \ldots$ up to n terms, $S_n = (a + 1) + (\overline{a+1} + b)\ (\overline{a+1} + 2b) + \ldots\ldots$ up to the same n terms.

Since, in stanza 82, the choice of a and n are left to our option, the problem of finding out a, n, and b from the given value of S_{anb}, which, being the *sarva-miśradhana*, is equal to $S + a + n + b$, resolves itself easily to the finding out of b from any given value of S_b in the manner above explained.

83. The problem expressed in plainer terms is:—(1) Find out a when $S_a = 42$, $b = 3$ and $n = 5$. (2) Find out b, when $S_b = 43$, $a = 2$ and $n = 5$. (3) Find out n when $S + n = 45$, $a = 2$ and $b = 3$. And (4) find out a, b, and n when $S + a + b + n = 50$.

The rule for finding out, from the known sum, first term, and common difference (of a given series in arithmetical progression), the first term and the common difference (of another series), the optionally chosen sum (whereof) is twice, three times, half, one-third, or some such (multiple or fraction of the known sum of the given series):—

84. Put down in two places (for facility of working) the chosen sum as divided by the known (*i.e.*, the given) sum; this (quotient) when multiplied by the (known) common difference gives the (required) common difference; and that (same) quotient when multiplied by the (known) first term gives the (required) first term of (the series of which) the sum is either a multiple or a fraction (of the known sum of the given series).

Examples in illustration thereof.

85. Sixty is the (known) first term, and the (known) common difference is twice that, and the number of terms is the same, *i.e.*, 4 (in the given series as well as in all the required series). Give out the first terms and the common differences of these required (series, the sums whereof are) represented by that (known sum) as multiplied or divided by the (numbers) beginning with 2.

The rule for finding out, in relation to two (series), the number of terms wherein are optionally chosen, their mutually interchanged first term and common difference, as also their sums which may be equal, or (one of which may be) twice, thrice, half, or one-third, or any such (multiple or fraction of the other) :—

86. The number of terms (in one series), multiplied by itself as lessened by *one*, and then multiplied by the chosen (ratio between the sums of the two series), and then diminished by

---

84. Symbolically, $a_1 = \frac{S_1}{S} a$, $b_1 = \frac{S_1}{S} b$, where S_1, a_1 and b_1 are the sum, the first term and the common difference, in order, of the series whose sum is chosen. Given the sums of two series, the ratio between the two first terms and that between the two common differences need not always be $\frac{S_1}{S}$. The solution here given is hence applicable only to certain particular cases.

86. Algebraically, $a = n(n-1) \times p - 2n_1$, and $b = (n_1)^2 - n - 2pn$, where a, b and n are the first term, the common difference and the number of

twice the number of terms in the other series (gives rise to the interchangeable) first term of one (of the series). The square of the (number of terms in the) other (series), diminished by that (number of terms) itself, and (then) diminished (again) by the product of two (times the) chosen (ratio) and the number of terms (in the first series gives rise to the interchangeable) common difference (of that series).

Examples in illustration thereof.

87. In relation to two men, (whose wealth is measured respectively by the sums of two series in arithmetical progression) having 5 and 8 for the number of terms, the first term and the common difference of both these series being interchangeable (in relation to each other); the sums (of the series) being equal or the sum (of one of them) being twice, thrice, or any such (multiple of that of the other)—O arithmetician give out (the value of these) sums and the interchangeable first term and common difference after calculating (them all) well.

88. In relation to two series (in arithmetical progression), having 12 and 16 for their number of terms, the first term and the common difference are interchangeable. The sums (of the series) are equal, or the sum (of one of them) is twice or any such multiple, or half or any such fraction (of that of the other). You, who are versed in the science of calculation, give out (the value of these sums and the interchangeable first term and common difference).

The rule for finding out the first terms in relation to such (series in arithmetical progression) as are characterised by varying common differences, equal numbers of terms and equal sums:—

89. Of that (series) which has the largest common difference, *one* is (taken to be) the first term. The difference between this

---

terms in the first series, n_1 the number of terms in the second series, and p the ratio between the two sums: a and b being thus found out, the first term and the common difference of the second series are b and a respectively in value.

89. The solution herein given is only a particular case of the general rule $a_1 = \frac{n-1}{2}(b_1 - b) + a$, where a and a_1 are the first terms of two series, and

largest common difference and (any other) remaining common difference is multiplied by the half of the number of terms lessened by *one*; and when this (product) is combined with one, (we get,) O friend, the first terms of (the various series having) the remaining (smaller) common differences.

Examples in illustration thereof.

90. Give out quickly, O friend, the first terms of (all the series found in two sets of) such (series) as have equal sums (in relation to each set) and are characterised by 9 as the number of terms in each (series), when those (series belonging to the first and second sets) have (respectively) common differences beginning with I and ending with 6 (in one case) and have 1, 3, 5 and 7 as the common differences (in the other case).

The rule for finding out the common difference in relation to such (series in arithmetical progression) as are characterised by varying first terms, equal numbers of terms and equal sums:—

91. Of that (series) which has the largest first term, one is taken to be the common difference. The difference between this largest first term and (each of the) remaining (smaller) first terms is divided by the half of the number of terms lessened by *one*; and when this (quotient in each case) is combined with *one*, (we get) the common differences of (the various series having) the remaining (smaller) first terms.

An example in illustration thereof.

92. O arithmetician, who have seen the other shore of calculation, give out the common differences of (all) those (series) which are characterised by equal sums and have 1, 3, 5, 7, 9 and 11 for their first terms and 5 for the number of terms in each.

---

b and b_1 their corresponding common differences. It is obvious that in this formula, when b, b_1 and n are given, a_1 is determined by choosing any value for a; and *one* is chosen as the value of a in the rule here.

91. The general formula in this case is—

$b_1 = \dfrac{a - a_1}{\frac{n-1}{2}} + b$, wherein also the value of b is taken to be *one* in the rule given above.

The rule for finding out the *guṇadhana* and the sum of a series in geometrical progression :—

93. The first term (of a series in geometrical progression), when multiplied by that self-multiplied product of the common ratio in which (product the frequency of the occurrence of the common ratio is) measured by the number of terms (in the series), gives rise to the *gunadhana*. And it has to be understood that this *guṇadhana*, when diminished by the first term, and (then) divided by the common ratio lessened by *one*, becomes the sum of the series in geometrical progression.

Another rule also for finding out the sum of a series in geometrical progression :—

94. The number of terms in the series is caused to be marked (in a separate column) by *zero* and by *one* (respectively) corresponding to the even (value) which is halved and to the uneven (value from which *one* is subtracted till by continuing these processes *zero* is ultimately reached); then this (representative series made up of *zero* and *one* is used in order from the last *one* therein, so that this *one* multiplied by the common ratio is again) multiplied by the common ratio (wherever one happens to be the denoting item), and multiplied so as to obtain the square (wherever *zero* happens to be the denoting item). When (the result

---

93. The *guṇadhana* of a series of n terms in geometrical progression corresponds in value to the $(n + 1)$th term thereof, when the series is continued. The value of this *guṇadhana* algebraically stated is $r \times r \times r$ . . . . . up to n such factors $\times a$, *i.e.*, ar^n. Compare this with the *uttaradhana*.

This rule for finding out the sum may be algebraically expressed thus :—

$$S = \frac{ar^n - a}{r - 1},$$ where a is the first term, r the common ratio, and n the number of terms.

94. This rule differs from the previous one in so far as it gives a new method for finding out r^n by using the processes of squaring and ordinary multiplication; and this method will become clear from the following example:—

Let n in r^n be equal to 12.

12 is even; it has therefore to be divided by 2, and to be denoted by 0:
$\frac{12}{2} = 6$ „ „ „ „ 2, „ „ „ 0:
$\frac{6}{2} = 3$ is odd; 1 is „ „ subtracted from it, and it is „ „ 1:
3—1=2 is even; it has „ „ divided by 2, and to be „ „ 0:
$\frac{2}{2} = 1$ is odd; 1 is „ „ subtracted from it, and it is „ „ 1
1—1=0, which concludes this part of the operation.

of) this (operation) is diminished by *one*, and (is then) multiplied by the first term, and (is then) divided by the common ratio lessened by *one*, it becomes the sum (of the series).

The rule for finding out the last term in a geometrically progressive series as also the sum of that (series):—

95. The *antyadhana* or the last term of a series in geometrical progression is the *guṇadhana* (of another series) wherein the number of terms is less by *one*. This (*antyadhana*), when multiplied by the common ratio, and (then) diminished by the first term, and (then) divided by the common ratio lessened by *one*, gives rise to the sum (of the series).

An example in illustration thereof.

96. Having (first) obtained 2 golden coins (in some city), a man goes on from city to city, earning (everywhere) three times (of what he earned immediately before). Say how much he will make in the eighth city.

Now, in the representative column of figures so derived and given in the margin—

0 the lowest 1 is multiplied by r, which gives r: since this lowest 1 has 0
0 above it, the r obtained as before is squared, which gives r^2: since this 0
1 has 1 above it, the r^2 now obtained is multiplied by r, which gives r^3;
0 since this 1 has 0 above it, this r^3 is squared, which gives r^6: and since
1 again this 0 has another 0 above it, this r^6 is squared, which gives r^{12}.

Thus the value of r may be arrived at by using as few times as possible the processes of squaring and simple multiplication. The object of the method is to facilitate the determination of the value of r^n; and it is easily seen that the method holds true for all positive and integral values of n.

95. Expressed algebraically, $S = \frac{ar^{n-1} \times r - a}{r - 1}$. The *antyadhana* is the value of the last term in a series in geometrical progression; for the meaning and value of *guṇadhana*, see stanza 93 above in this chapter. The *antyadhana* of a geometrically progressive series of n terms is ar^{n-1}, while the *guṇadhana* of the same series is ar^n. Similarly the *antyadhana* of a geometrically progressive series of $n - 1$ terms is ar^{n-2}, while the *guṇadhana* thereof is ar^{n-1}. Here it is evident that the *antyadhana* of the series of n terms is the same as the *guṇadhana* of the series of $n - 1$ terms.

The rule for finding out the first term and the common ratio in relation to a (given) *guṇadhana* :—

97. The *guṇadhana* when divided by the first term becomes equal to the (self-multiplied) product of a certain quantity in which (product) that (quantity) occurs as often as the number of terms (in the series); and this (quantity) is the (required) common ratio. The *guṇadhana*, when divided by that (self-multiplied) product of the common ratio in which (product the frequency of the occurrence of this common ratio) is measured by the number of terms (in the series), gives rise to the first term.

The rule for finding out in relation to a given *guṇadhana* the number of terms (in the corresponding geometrically progressive series) :—

98. Divide the *guṇadhana* (of the series) by the first term (thereof). Then divide this (quotient) by the common ratio (time after time) so that there is nothing left (to carry out such a division any further); whatever happens (here) to be the number of vertical strokes, (each representing a single such division), so much is (the value of) the number of terms in relation to the (given) *guṇadhana*.

Examples in illustration thereof.

99. A certain man (in going from city to city) earned money (in a geometrically progressive series) having 5 *dīnāras* for the first term (thereof) and 2 for the common ratio. He (thus) entered 8 cities. How many are the *dīnāras* (in) his (possession)?

100. What is (the value of) the wealth owned by a merchant (when it is measured by the sum of a geometrically progressive series), the first term whereof is 7, the common ratio 3, and the number of terms (wherein) is 9 : and again (when it is measured by the sum of another geometrically progressive series), the first

---

97 and 98. It is clear that ar^n, when divided by a gives r^n ; and this is divisible by r as many times as n, which is accordingly the measure of the number of terms in the series. Similarly $r \times r \times r$ ...... up to n times gives r^n ; and the *guṇadhana* *i.e.*, ar^n divided by this r^n gives a, which is the required first term of the series.

term, the common ratio and the number of terms thereof being 3, 5 and 15 (respectively)?

The rule for finding out the common ratio and the first term in relation to the (given) sum of a series in geometrical progression:—

101. That (quantity) by which the sum of the series divided by the first term and (then) lessened by *one* is divisible throughout (when this process of division after the subtraction of *one* is carried on in relation to all the successive quotients) time after time—(that quantity) is the common ratio. The sum, multiplied by the common ratio lessened by *one*, and (then) divided by that self-multiplied product of the common ratio in which (product) that (common ratio) occurs as frequently as the number of terms (in the series), after this (same self-multiplied product of the common ratio) is diminished by *one*, gives rise to the first term.

Examples in illustration thereof.

102. When the first term is 3, the number of terms is 6, and the sum is 4095 (in relation to a series in geometrical progression), what is the value of the common ratio? The common ratio is 6, the number of terms is 5, and the sum is 3110 (in relation to another series in geometrical progression). What is the first term here?

---

101. The first part of the rule will become clear from the following example:—

The sum of the series is 4095, the first term 3, and the number of terms 6. Here, dividing 4095 by 3 we get 1365. Now, $1365 - 1 = 1364$. Choosing by trial 4, we have $\frac{1364}{4} = 341$; $341 - 1 = 340$; $\frac{340}{4} = 85$; $85 - 1 = 84$; $\frac{84}{4} = 21$; $21 - 1 = 20$; $\frac{20}{4} = 5$; $5 - 1 = 4$; $\frac{4}{4} = 1$. Hence 4 is the common ratio. The principle on which this method is based will be clear from the following:—

$\frac{a(r^n - 1)}{r - 1} \div a = \frac{r^n - 1}{r - 1}$; and $\frac{r^n - 1}{r - 1} - 1 = \frac{r^n - r}{r - 1}$ which is obviously divisible by r.

The second part expressed algebraically is $a = \frac{a(r^n - 1)}{r - 1} \times \frac{r - 1}{r^n - 1}$.

The rule for finding out the number of terms in a geometrically progressive series :—

103. Multiply the sum (of the given series in geometrical progression) by the common ratio lessened by *one*; (then) divide this (product) by the first term and (then) add *one* to this (quotient). The number of times that this (resulting quantity) is (successively) divisible by the common ratio—that gives the measure of the number of terms (in the series).

Examples in illustration thereof.

104. O my excellently able mathematical friend, tell me of what value the number of terms is in relation to (a series, whereof) the first term is 3, the common ratio is 6, and the sum is 777.

105. What is the value of the number of terms in those (series) which (respectively) have 5 for the first term, 2 for the common ratio, 1275 for the sum : 7 for the first term, 3 for the common ratio, 68887 for the sum : and 3 for the first term, 5 for the common ratio and 22888183593 for the sum ?

Thus ends summation, the seventh of the operations known as *Parikarman*.

Vyutkalita.

The rule of work in relation to the operation of *Vyutkalita*,* which is the eighth (of the *Parikarman* operations), is as follows :—

106. (Take) the chosen-off number of terms as combined with the total number of terms (in the series), and (take) also your own chosen-off number of terms (simply); diminish (each of)

---

* In a given series, any portion chosen off from the beginning is called *iṣṭa* or the chosen-off part; and the rest of the series is called *śeṣa*, and it contains the remaining terms and forms the remainder-series. It is the sum of these *śeṣa* terms which is called *vyutkalita*.

106. Algebraically, *vyutkalita* or $S_v = \left\{ \frac{n + d - 1}{2} b + a \right\} (n - d)$, and the sum of the *iṣṭa* or $S_i = \left(\frac{d - 1}{2} . b + a \right) d$; where d is the number of terms in the chosen-off part of the series.

these (quantities) by *one* and (then) halve it and multiply it by the common difference; and (then) add the first term to (each of) these (resulting products). And these (resulting quantities), when multiplied by the remaining number of terms and the chosen-off number of terms (respectively), give rise to the sum of the remainder-series and to the sum of the chosen-off part of the series (in order).

The rule for obtaining in another manner the sum of the remainder-series and also the sum of the chosen-off part of the given series :—

107. (Take) the chosen-off number of terms as combined with the total number of terms (in the series), and (take) also the chosen-off number of terms (simply); diminish (each of) these by *one*, and (then) multiply by the common difference, and (then) add to (each of) these (resulting products) twice the first term. These (resulting quantities), when multiplied by the half of the remaining number of terms and by the half of the chosen-off number of terms (respectively), give rise to the sum of the remainder-series and to the sum of the chosen-off part of the series (in order).

The rule for finding out the sum of the remainder-series in respect of an arithmetically progressive as well as a geometrically progressive series, as also for finding out the remaining number of terms (belonging to the remainder-series) :—

108. The sum (of the given series) diminished by the sum of the chosen-off part (of the series) gives rise to the sum of the remainder-series in respect of the arithmetically progressive as well as the geometrically progressive series; and when the difference between the total number of terms and the chosen-off number of terms (in the series) is obtained, it becomes the remaining number of terms belonging to that (remainder-series).

---

107. Again, $S_r = \left\{(n + d - 1)\, b + 2a\right\} \frac{n-d}{2}$, and $S_i = \left\{(d-1)\, b + 2a\right\} \frac{d}{2}$.

The rule for finding out the first term in relation to the remaining number of terms (belonging to the remainder-series) :—

109. The chosen-off number of terms multiplied by the common difference and (then) combined with the first term (of the given series) gives rise to the first term in relation to the remaining terms (belonging to the remainder-series) The already mentioned common difference is the common difference in relation to these (remaining terms also) ; and in relation to the chosen-off number of terms (also both the first term and the common difference) are exactly those (which are found in the given series).

The rule for finding out the first term in relation to the remaining number of terms belonging to the remainder-series in a geometrically progressive series :—

110. Even in respect of a geometrically progressive series, the common ratio and the first term are exactly alike (in the given series and in the chosen-off part thereof). There is (however) this difference here in respect of (the first term in relation to) the remaining number of terms (in the remainder-series), viz., that the first term of the (given) series multiplied by that self-multiplied product of the common ratio, in which (product) the frequency of the occurrence of the common ratio is measured by the chosen-off number of terms, gives rise to the first term (of the remainder-series).

Examples in illustration thereof.

111. Calculate what the sums of the remainder-series are in respect of a series in arithmetical progression, the first term of which is 2, the common difference is 3, and the number of terms is 14, when the chosen-off numbers of the terms are 7, 8, 9, 6 and 5 (respectively).

112. (In connection with a series in arithmetical progression) here (given), the first term is 6, the common difference is 8, the number of terms is 36, and the chosen-off numbers of terms are 10,

---

109. The first term of the remainder series $= db + a$. The series dealt with in this rule is obviously in arithmetical progression.

110. The first term of the remainder series is ar^n.

12 and 16 (respectively). In connection with another (similar series), the first term and the other things are 5, 5, 200 and 100 (in order). Say what the sums are of the (corresponding) remainder-series.

113. The number of terms (in a series in arithmetical progression) is 216; the common difference is 8; the first term is 14; 37 is the chosen-off number of terms (to be removed). Find the sums both of the remainder-series and of the chosen-off part (of the given series).

114. The first term (in a given series in arithmetical progression) is, in this (problem), 64; the common difference is *minus* 4; the number of terms is 16. What are the sums of the remainder-series when the chosen-off numbers of terms are 7, 9, 11 and 12?

Examples on vyutkalita *in respect of a geometrically progressive series.*

115. Where (in the process of reckoning of the fruits on trees in serial bunches), 4 happens to be the first term, 2 the common ratio, and 16 the number of terms, while the chosen-off number of terms (removed) are 10, 9, 8, 7, 6, 5 and 4 (respectively)—there, say, O you who know arithmetic and have penetrated into the interior of the forest of practical mathematical operations, (the interior) wherein wild elephants sport—(there say) what the total of the remaining fruits is on the tops of the various good trees (dealt with therein).

Thus ends *vyutkalita*, the eighth of the operations known as *Parikarman.*

Thus ends the first subject of treatment known as *Parikarman* in Sārasaṅgraha, which is a work on arithmetic by Mahavīrācārya.

---

115. In this problem, there are given 7 different fruit trees, each of which has 16 bunches of fruits. The lowest bunch on each tree has 4 fruits; the fruits in the higher bunches are geometrically progressive in number, the common ratio being 2; and 10, 9, 8, 7, 6, 5 and 4 represent the numbers of the bunches removed from below in order from the 7 trees. We have to find out "the total of the remaining fruits on the tops of the various good trees". *Mattēbhavikrīḍita*, as it occurs in this stanza, is the name of the metre in which it is composed, at the same time that it means the sporting of wild elephants.

CHAPTER III.

FRACTIONS.

The Second Subject of Treatment.

1. Unto that excellent Lord of the *Jinas*, by whom the tree of *karman* has been completely uprooted, and whose lotus-like feet are enveloped in the halo of splendour proceeding from the tops of the crowns belonging to the chief sovereigns in all the three worlds —(unto that Lord of the *Jinas*), I bow in devotion.

Hereafter, we shall expound the second subject of treatment known as *Kalāsavarṇa* * (*i.e.*, fractions).

Multiplication of Fractions.

The rule of work here, in relation to the multiplication of fractions, is as follows:—

2. In the multiplication of fractions, the numerators are to be multiplied by the numerators and the denominators by the denominators, after carrying out the process of cross-reduction, if that be possible in relation to them.

Examples in illustration thereof.

3. Tell me, friend, what a person will get for $\frac{3}{8}$ of a *pala* of dried ginger, if he gets $\frac{4}{9}$ of a *paṇa* for 1 *pala* of such ginger.

4. Where the price of 1 *pala* of pepper is $\frac{7}{8}$ of a *paṇa*, there, say, what the price will be of $\frac{6}{5}$ of a *pala*.

5. A person gets $\frac{3}{5}$ of a *pala* of long pepper for 1 *paṇa*. O arithmetician, mention, after multiplying, what (he gets) for $\frac{9}{2}$ *paṇas*.

6. Where a merchant buys $\frac{9}{10}$ of a *pala* of cumin seeds for 1 *paṇa*, there, O you who possess complete knowledge, mention what (he buys) for $\frac{5}{2}$ *paṇas*.

7. The numerators of the given fractions begin with 2 and go on increasing gradually by 2; again their denominators begin

---

* *Kalāsavarṇa* literally means parts resembling $\frac{1}{16}$, since *kalā* denotes the sixteenth part. Hence the term *Kalāsavarṇa* has come to signify fractions in general.

2. When $\frac{3}{4} \times \frac{2}{9}$ is reduced as $\frac{1}{2} \times \frac{1}{3}$, the process of cross-reduction is applied.

7. The fractions herein mentioned are: $\frac{2}{3}$, $\frac{4}{5}$, $\frac{6}{7}$, &c.

with 3 and go on increasing by 2; those (numerators and denominators) are, in both (the cases), 10 in number. Mention, of what value the products here will be, when those (fractions) are multiplied, they being taken two by two.

Thus ends multiplication of fractions.

Division of Fractions.

The rule of work, in relation to the division of fractions, is as follows:—

8. After making the denominator of the divisor its numerator (and *vice versa*), the operation to be conducted then is as in the multiplication (of fractions). Or, when (the fractions constituting) the divisor and the dividend are multiplied by the denominators of each other and (these two products) are (thus reduced so as to be) without denominators, (the operation to be conducted) is as in the division of whole numbers.

Examples in illustration thereof.

9. When the cost of half a *pala* of asafœtida is $\frac{3}{4}$ of a *paṇa*, what does a person get if he sells 1 *pala* at that (same) rate?

10. In case a person gets $\frac{20}{3}$ of a *paṇa* for $\frac{3}{8}$ of a *pala* of red sandalwood, what will he get for 1 *pala* (of the same wood)?

11. When $\frac{82}{7}$ *palas* of the perfume *nakha* is obtainable for $\frac{4}{5}$ of a *paṇa*, what (will be obtainable) for 1 *paṇa* at that (same rate)?

12. The numerators (of the given fractions) begin with 3 and go on increasing gradually by 1, till they are 8 in number; the denominators begin with 2 and are (throughout) less by one (than the corresponding numerators). Tell me what the result is when the succeeding (fractions here) are divided (in order by the preceding ones).

Thus ends the division of fractions.

---

8. (i) $\frac{a}{b} \div \frac{c}{d} = \frac{a}{b} \times \frac{d}{c}$; (ii) $\frac{a}{b} \div \frac{c}{d} = ad \div bc$.

The Squaring, Square-Root, Cubing, and Cube-Root of Fractions.

In connection with the squaring, the square root, the cubing, and the cube root of fractions, the rule of operation is as follows:—

13. If, after getting the square, the square root, the cube (or) the cube root of the (simplified) denominator and numerator (of the given fraction), the (new) numerator (so obtained) is divided by the (similarly new) denominator, there arises the result of the operation of squaring or of any of the other above-mentioned (operations as the case may be) in relation to fractions.

Examples in illustration thereof.

14. O arithmetician, tell me the squares of $\frac{5}{2}$, $\frac{7}{2}$, $\frac{9}{2}$, $\frac{16}{3}$, $\frac{20}{3}$, $\frac{100}{3}$ and $\frac{200}{3}$.

15. The numerators (of the given fractions) begin with 3 and (gradually) rise by 2; the denominators begin with 2 and (gradually) rise by 1; the number of these (fractions) is known to be 12. Tell me quickly their squares, you who are foremost among arithmeticians.

16. Tell me quickly, O arithmetician, the square roots of $\frac{1}{4}$, $\frac{1}{9}$, $\frac{1}{16}$, $\frac{1}{25}$ and $\frac{1}{36}$.

17. O clever man, tell me what the square roots are of the squared quantities which are found in the (examples bearing on the) squaring of fractions and also of $\frac{676}{25}$.

18. The following quantities, namely, $\frac{1}{2}$, $\frac{1}{3}$, $\frac{1}{4}$, $\frac{1}{5}$, $\frac{1}{6}$, $\frac{1}{7}$, $\frac{1}{8}$ and $\frac{1}{9}$, are given. Tell me their cubes separately.

19. The numerators (of the given fractions) begin with 3, and (gradually) rise by 4; the denominators begin with 2 and (gradually) rise by 2; the number of such (fractional) terms is 10. Tell me their cubes quickly, O friend who are possessed of keen intelligence in calculation.

---

17. Here $\frac{676}{25}$ is given in the original as $\frac{700-3\times 8}{5^2}$.

20. Give the cube roots of $\frac{125}{8}$ and $\frac{729}{8}$.

21. O friend of prominent intelligence, give the cube roots of the cubed quantities found in (the examples on) the cubing of fractions and (give also the cube root) of $\frac{2197}{27}$.

Thus end the squaring, square-root, cubing and cube-root of fractions.

Summation of fractional series in progression.

In regard to the summation of fractional series, the rule of work is as follows :—

22. The optional number of terms (making up the fractional series in arithmetical progression) is multiplied by the common difference, and (then it) is combined with twice the first term and diminished by the common difference. And when this (resulting quantity) is multiplied by the half of the number of terms, it gives rise to the sum in relation to a fractional series (in arithmetical progression).

Examples in illustration thereof.

23. Tell me what the sum is (in relation to a series) of which $\frac{2}{3}$, $\frac{1}{6}$ and $\frac{3}{4}$ are the first term, the common difference and the number of terms (in order); as also in relation to another of which $\frac{2}{5}$, $\frac{3}{4}$ and $\frac{2}{3}$ (constitute these elements).

24. The first term, the common difference and the number of terms are $\frac{3}{5}$, $\frac{1}{5}$ and $\frac{3}{4}$ (in order in relation to a given series in arithmetical progression). The numerators and denominators of all (these fractional quantities) are (successively) increased by 2 and 3 (respectively) until seven (series are so made up). What is the sum (of each of these)?

---

22 Algebraically $S = (nb + 2a - b)\,\frac{n}{2}$. *Cf.* note under 62, Chap. II.

23. Whenever the number of terms in a series is given as a fraction, as here, it is evident that such a series cannot generally be formed actually number of terms. But the intention seems to be to show that the rule holds good even in such cases.

The rule for arriving, in relation to (a series made up of any) optional number of terms, at the first term, the common difference and the (related) sum, which is equivalent firstly to the square and secondly to the cube (of the number of terms) :—

25. Whatever is (so) chosen is the number of terms, and *one* is the first term. The number of terms diminished by the first term, and (then) divided by the half of the number of terms diminished by *one*, becomes the common difference. The sum (of the series) in relation to these is the square of the number of terms. This multiplied by the number of terms becomes the cube thereof.

Examples in illustration thereof.

26. The optional number of terms (in a given series) is (taken to be) $\frac{2}{3}$; and the numerator as well as the denominator (of this fraction) is (successively) increased by one till ten (such different fractional terms) are obtained. In relation to these (fractions taken as the number of terms of corresponding arithmetically progressive series), give out the first term, the common difference and the square and the cube (values of the sums in the manner explained above).

The rule for finding out the first term, the common difference and the number of terms, in relation to the sum (of a series in arithmetical progression) which (sum) happens to be the cube of (any) chosen quantity :—

27. One-fourth of the chosen quantity is the first term; and from this first term, when it is multiplied by two, results, the

---

25. It is obvious that, in the formula $S = \frac{n}{2}(2a + \overline{n-1}.b)$, the value of S becomes equivalent to n^2 when $a = 1$, and $b = \frac{(n-a)2}{n-1}$. In the multiplication of this sum by n, there is necessarily involved the multiplication of a as well as of b by n, so that, when $a = n$ and $b = \frac{(n-a)}{n-1}2n$, $S = n^3$. A little consideration will show how the value of b as $\frac{2(n-a)}{n-1}$ makes it possible to arrive at n^2 as the value of S whatever may be the value of a, whether fractional or integral.

27. This rule gives only a particular case of what may be generally applied. The rule as given here works out thus: $\frac{x}{4} + \frac{3x}{4} + \frac{5x}{4} + \ldots\ldots$ up to $2x$ terms

common difference. The common difference multiplied by four is the number of terms (in the required series). The sum as related to these is the cube (of the chosen quantity).

Examples in illustration thereof.

28. The numerators begin with 2 and are successively increased by 1; the denominators begin with 3 and are (also) successively increased by 1; and both these kinds of terms (namely, the numerators and the denominators) are (severally) five (in number). In relation to these (chosen fractional quantities), give out, O friend, the cubic sum and the (corresponding) first term, common difference, and number of terms.

The rule for finding out, from the known sum, first term and common difference (of a given series in arithmetical progression), the first term and the common difference (of a series), the optionally chosen sum (whereof) is twice, three times, half, one-third, or some such (multiple or fraction of the known sum of the given series):—

29. Put down in two places (for facility of working) the chosen sum as divided by the known sum. This (quotient), when multiplied by the (known) common difference, gives the (required) common difference—and that (same quotient), when multiplied by the (known) first term, gives the (required) first term—of (the series of which) the sum is either a multiple or a fraction (of the known sum of the given series).

Examples in illustration thereof.

30. The first term (of a series) is $\frac{3}{2}$, the common difference is 1, and the number of terms common (to the given as well as the

---

$= \frac{x}{4}(2x)^2 = x^3$. The general applicability of this process can be at once made out from the equality, $\frac{x}{p^2} \times (px)^2 = x^3$, so that in all such cases the number of terms in the series is obtained by multiplying by p^3 the first term, which is representable as $\frac{x}{p^3}$; and the common difference is of course taken to be twice this first term in every case.

29. See note under 84, Chap. II.

required series) is (taken to be) $\frac{5}{8}$. The sum of the required series is of the same value ($\frac{5}{8}$). Find out, O friend, the first term and the common difference (of the required series).

31. The first term is twice the common difference (which is taken to be 1); the number of terms is (taken to be) $\frac{13}{8}$. The sum of the required series is $\frac{67}{216}$. Find out the first term and the common difference.

32. The first term is 1, the common difference is $\frac{2}{3}$ and the number of terms common (to both the given as well as the required series) is (taken to be) $\frac{4}{9}$. The sum of the required series is $\frac{22}{81}$. Give out the first term and the common difference (of the required series).

The rule for finding out the number of terms (in a series in arithmetical progression):—

33. When, to the square root of (the quantity obtained by) the addition, of the square of the difference between the half of the common difference and the first term, to twice the common difference multiplied by the sum of the series, half the common difference is added, and when (this sum is) diminished by the first term, and (then) divided by the common difference, (we get) the number of terms in the series.

He (the author) states in another way (the rule for finding out) the same (number of terms):—

34. When, from the square root of (the quantity obtained by) the addition, of the square of the difference between the half of the common difference and the first term, to twice the common difference multiplied by the sum of the series, the *kṣēpapada* is subtracted, and when (this resulting quantity is) divided by the common difference, (we get) the number of terms in the series.

---

33. Symbolically expressed, $n = \dfrac{\sqrt{2bs + \left(\frac{b}{2} - a\right)^2} + \frac{b}{2} - a}{b}$. *Cf.* note under 69, in Chap. II.

34. For *kṣēpapada*, see note under 70 in Chap. II.

Examples in illustration thereof.

35. In relation to this (given) series, the first term is $\frac{2}{5}$, the common difference is $\frac{3}{4}$, and the sum given is $\frac{7}{54}$; again (in relation to another series), the common difference is $\frac{5}{8}$, the value of the first term is $\frac{3}{8}$, and the sum is $\frac{3}{40}$. In respect of these two (series), O friend, give out the number of terms quickly.

The rule for finding out the first term as well as the common difference :—

36. The sum (of the series) divided by the number of terms (therein), when diminished by (the product of) the common difference multiplied by the half of the number of terms less by *one*, (gives) the first term (of the series). The common difference is (obtained when) the sum, divided by the number of terms and (then) diminished by the first term, is divided by the half of the number of terms less by *one*.

Examples in illustration thereof.

37. Give out the first term and the common difference (respectively) in relation to (the two series characterised by) $\frac{31}{150}$ as the sum, and having $\frac{3}{4}$ (in one case) as the common difference and $\frac{4}{5}$ as the number of terms, and (in the other case) $\frac{1}{3}$ as the first term and $\frac{4}{5}$ as the number of terms.

The rule for finding out in relation to two (series), the number of terms wherein is optionally chosen, their mutually interchanged first term and the common difference, as also their sums which may be equal, or (one of which may be) twice, thrice, half or one-third (of the other) :—

38. The number of terms (in one series), multiplied by itself as lessened by *one*, and then multiplied by the chosen (ratio between the sums of the two series), and then diminished by twice the number of terms in the other (series, gives rise to the interchangeable) first term (of one of the series). The square of the

---

36. See note under 74, Chap. II.

38. See note under 86, Chap. II.

(number of terms in the) other (series), diminished by that (number of terms) itself, and (then) diminished (again) by the product of two (times) the chosen (ratio) and the number of terms (in the first series, gives rise to the interchangeable) common difference (of that series).

Examples in illustration thereof.

39. In relation to two series, having $10\frac{1}{3}$ and $9\frac{1}{3}$ to (respectively) represent their number of terms, the first term and the common difference are interchangeable, the sum of one (of the series) is either a multiple or a fraction (of that of the other, this multiple or fraction being the result of the multiplication or the division as the case may be) by means of (the natural numbers) commencing with 1. O friend, give out (these) sums, the first terms and the common differences.

The rule for finding out the *guṇadhana* and the sum of a series in geometrical progression:—

40. The first term (of a series in geometrical progression), when multiplied by that self-multiplied product of the common ratio, in which (product) the frequency of the occurrence of the common ratio is measured by the number of terms (in the series), gives rise to the *guṇadhana*. And it has to be understood that this (*guṇadhana*), when diminished by the first term and (then) divided by the common ratio lessened by *one*, becomes the sum of the series in geometrical progression.

The rule for finding out the last term in a geometrically progressive series as well as the sum of that (series):—

41. The *antyadhana* or the last term of a series in geometrical progression is the *guṇadhana* of (another series) wherein the number of terms is less by *one*. This (*antyadhana*), when multiplied by the common ratio and (then) diminished by the first term and (then)

---

40. See note under 93, Chap. II.
41. See note under 95, Chap. II.

divided by the common ratio lessened by *one*, gives rise to the sum (of the series).

An example in illustration thereof.

42. In relation to a series in geometrical progression, the first term is $\frac{1}{8}$, the common ratio is $\frac{1}{4}$ and the number of terms is here 5. Tell me quickly the sum and the last term of that (series).

The first term, the common ratio and the number of terms, in relation to the *guṇadhana* and the sum of a series in geometrical progression, should also be found out by means of the rules stated already (in the last chapter).*

The rule for finding out the (common) first term of two series having the same sum, one of them being in arithmetical progression and the other in geometrical progression, their optionally chosen number of terms being equal and the similarly chosen common difference and common ratio also being equal in value.

43. *One* is (taken as) the first term, the number of terms and the common ratio as well as the common difference (which is equal to it) are optionally chosen. The *uttaradhana* (here), divided by the sum of this geometrically progressive series as diminished by the *ādidhana* (thereof), and (then) multiplied by whatever is taken as the first term, gives rise to the (required common) first term in relation to the two series, (one of which is in geometrical progression and the other in arithmetical progression, and both of) which are characterised by sums of the same value.

---

* For these rules, see 97, 98, 101 and 103, Chap. II.

43. For *ādidhana* and *uttaradhana*, see note under 63 and 64, Chap. II. This rule, symbolically expressed, works out thus: $a = \dfrac{\dfrac{n(n-1)}{2} \times b}{\dfrac{(r^n-1)1}{r-1} - n \times 1}$ where $b = r$.

For facility of working, 1 is chosen as the provisional first term, but it is obvious that any quantity may be so provisionally chosen. The use of the provisional first term is seen in facilitating the statement of the rule by means of the expressions *ādidhana* and *uttaradhana*. The formula here given is obtained by equating the formulæ giving the sums of the geometrical and the arithmetical series. It is worth noting that the word *caya* is used here to denote both the common difference in an arithmetical and the common ratio in a geometrical series.

Examples in illustration thereof.

44. The number of terms are 5, 4 and 3 (respectively) and the common ratios as well as the (equal) common differences are $\frac{4}{3}$, $\frac{5}{3}$ and $\frac{7}{3}$ (in order). What is the value of the (corresponding) first terms in relation to these (sets of two series, one in geometrical progression and the other in arithmetical progression), which are characterised by sums of the same value?

Thus ends the summation of fractions in series.

Vyutkalita of fractions in series.

The rule for performing the operation of *vyutkalita* is as follows :—

45. (Take) the chosen-off number of terms as combined with the total number of terms (in the series), and (take) also your chosen-off number of terms (separately). Multiply each of these quantities by the common difference and diminish (the products) by the common difference; (then) multiply by *two*; and these (resulting quantities), when multiplied by the half of the remaining number of terms and by the half of the chosen-off number of terms (respectively), give rise to the sum of the remainder-series and to the sum of the chosen-off part of the (given) series (in order).

The rule for finding out the first term in relation to the remaining number of terms (making up the remainder-series) :—

46. The first term (of the series), diminished by the half of the common difference, and combined with the chosen-off number of terms as multiplied by the common difference, as also with the half of the common difference, (gives) the first term of the remaining number of terms (making up the remainder-series). And the common difference (of the remainder-series) is the same as what is found in the given series.

---

45. Cf. note under 106, Chap. II.
46. Cf. note under 109, Chap. II.

47. Even in respect of a geometrically progressive series, the common ratio and the first term are exactly alike (in the given series and in the chosen-off part thereof). There is (however) this difference here in respect of (the first term among) the remaining number of terms (constituting the remainder-series), viz., that the first term of the (given) series multiplied by that self-multiplied product of the common ratio, in which (product) the frequency of occurrence of the common ratio is measured by the chosen-off number of terms, gives rise to the first term (of the remainder-series).

Examples in illustration thereof.

48. Calculate what the sum of the remainder-series is in relation to that (series) of which $\frac{1}{4}$ is the common difference, $\frac{1}{2}$ the first term, and $\frac{3}{4}$ is (taken to be) the number of terms, when the chosen-off number of terms (to be removed) is (taken as) $\frac{1}{4}$.

49. In relation to a series in arithmetical progression, the first term is $\frac{1}{2}$, the common difference is $\frac{1}{5}$, and the number of terms is (taken to be) $\frac{2}{3}$. When the chosen-off number of terms (to be removed) is (taken as) $\frac{5}{8}$, give out, O you who know calculation, the sum of the remainder-series.

50. What is the value of the sum of the remainder-series in relation to a series of which the first term is $\frac{1}{4}$, the common difference is $\frac{1}{5}$, and the number of terms is (taken to be) $\frac{3}{5}$, when the chosen-off number of terms is $\frac{1}{10}$?

51. The first term is $\frac{2}{3}$, the common difference is $\frac{1}{5}$, and the number of terms is (taken as) $\frac{3}{4}$, and the chosen-off number of terms is taken to be $\frac{1}{5}$, $\frac{1}{6}$ or $\frac{1}{7}$. O you, who, being the abode of *kalās* *, are the moon shining with the moon-light of wisdom, tell me the sum of the remaining number of terms.

52. Calculate the sum of the remaining number of terms in relation to a series of which the number of terms is 12, the common difference is *minus* $\frac{1}{4}$, and the first term is $4\frac{1}{2}$, the chosen-off number of terms being 3, 4, 5 or 8.

---

47. See note under 110, Chap. II.

* *Kalā* is here used in the double sense of 'learning' and 'the digits of the moon'.

Example in illustration of vyutkalita *in relation to a series in geometrical progression.*

53. The first term is $7\frac{1}{3}$, the common ratio is $\frac{2}{3}$, and the number of terms is 8; and the chosen-off number of terms is 3, 4 or 5. What are the first term, the sum and the number of terms in relation to the (respective) remainder-series?

Thus ends the *vyutkalita* of fractions.

The six varieties of fractions.

Hereafter we shall expound the six varieties of fractions.

54. ***Bhāga*** (or simple fractions), ***Prabhāga*** (or fractions of fractions), then ***Bhāgabhāga*** (or complex fractions), then ***Bhāgānubandha*** (or fractions in association), ***Bhāgāpavāha*** (or fractions in dissociation), together with ***Bhāgamātṛ*** (or fractions consisting of two or more of the above-mentioned fractions)—these are here said to be the six varieties of fractions.

Simple fractions: (addition and subtraction).

The rule of operation in connection with simple fractions therein:—

55. If, in the operations relating to simple fractions, the numerator and the denominator (of each of two given simple fractions) are multiplied in alternation by the quotients obtained

55. The method of reducing fractions to common denominators described in this rule applies only to pairs of fractions. The rule will be clear from the following worked out example:—

To simplify $\frac{a}{xy} + \frac{b}{yz}$. Here, a and xy are to be multiplied by z which is the quotient obtained by dividing yz, the denominator of the other fraction, by y which is the common factor of the denominators. Thus we get $\frac{az}{xyz}$.

Similarly in the second fraction, by multiplying b and yz by x which is the quotient obtained by dividing the first denominator xy by y the common factor, we get $\frac{bx}{xyz}$. Now $\frac{az}{xyz} + \frac{bx}{xyz} = \frac{az + bx}{xyz}$.

by dividing the denominators by means of a common factor thereof, (the quotient derived from the denominator of either of the fractions being used in the multiplication of the numerator and the denominator of the other fraction), those (fractions) become so reduced as to have equal denominators. (Then) removing one of these (equal) denominators, the numerators are to be added (to one another) or to be subtracted (from one another, so that the result may be the numerator in relation to the other equal denominator).

Another rule for arriving at the common denominator in another manner:—

56. The *niruddha* (or the least common multiple) is obtained by means of the continued multiplication of (all) the (possible) common factors of the denominators and (all) their (ultimate) quotients. In the case of (all) such multiples of the denominators and the numerators (of the given fractions), as are obtained by multiplying those (denominators and numerators) by means of the quotients derived from the division of the *niruddha* by the (respective) denominators, the denominators become equal (in value).

Examples in illustration thereof.

57 and 58. A *śrāvaka* purchased, for the worship of Jina, *jambu* fruits, limes, oranges, cocoanuts, plantains, mangoes and pomegranates for $\frac{1}{2}$, $\frac{1}{6}$, $\frac{1}{12}$, $\frac{1}{20}$, $\frac{1}{30}$, $\frac{1}{42}$, and $\frac{1}{7}$ of the golden coin in order; tell (me) what the result is when these (fractions) are added together.

59. Add together $\frac{8}{15}$, $\frac{1}{20}$, $\frac{7}{36}$, $\frac{11}{63}$ and $\frac{1}{21}$.

60. (There are 3 sets of fractions), the denominators whereof begin with 1, 2 and 3, (respectively) and go on increasing gradually by one till the last (of such denominators) becomes 9, 10 and

60. The resulting problems are to find the values of—

(i) $\frac{1}{1\times 2}+\frac{1}{2\times 3}+\frac{1}{3\times 4}+\cdots\cdots+\frac{1}{8\times 9}+\frac{1}{9}$

(ii) $\frac{2}{2\times 3}+\frac{2}{3\times 4}+\frac{2}{4\times 5}+\cdots\cdots+\frac{2}{9\times 10}+\frac{2}{10}$

(iii) $\frac{3}{3\times 4}+\frac{3}{4\times 5}+\frac{3}{5\times 6}+\cdots\cdots+\frac{3}{15\times 16}+\frac{3}{16}$

16 (in order in the respective sets); the numerators (of these sets of fractions) are of the same value as the first number (in those sets of denominators), and every one of these (above-mentioned denominators in each set) is multiplied by the next one, (the last denominator, however, remaining in each case unchanged for want of a further multiplying denominator). What is the sum of (each of) these (finally resulting sets of fractions)?

61 and 62. (There are 4 sets of fractions), the denominators whereof begin with 1, 2, 3 and 4 (respectively) and rise successively in value by 1 until 20, 42, 25 and 36 become the last (denominators in the several sets) in order; the numerators of these (sets of fractions) are of the same value as the first number (in these sets of denominators). And every one of these (denominators in each set) is multiplied in order by the next one, (the last denominator, however, remaining unchanged in each case). What is the sum on adding these (finally resulting sets of fractions)?

63. A man purchased on account of a Jina-festival sandal-wood, camphor, *agaru* and saffron for $\frac{1}{4}$, $\frac{1}{2}$, $\frac{1}{20}$ and $\frac{1}{5}$ of a golden coin. What is the remainder (left thereof)?

64. A worthy *śrāvaka* gave me two golden coins and told me that I should bring, for the purpose of worshipping in the temple of Jina, blossomed white lotuses, thick curds, ghee, milk and sandal-wood for $\frac{1}{4}$, $\frac{1}{5}$, $\frac{1}{2}$, $\frac{3}{10}$ and $\frac{7}{20}$ of a golden coin, (respectively, out of the given amount). Now tell me, O arithmetician, what remains after subtracting the (various) parts (so spent).

65 and 66. (There are two sets of fractions) the denominators whereof begin with 8 and 5 (respectively) and rise in both cases successively in value by 1, until 30 becomes (in both cases) the last (denominator). The numerators of these (sets of fractions) are of the same value as the first term in each (of these sets of denominators). And every one of the denominators (in each set) is multiplied by the next one, the last (denominator) being (in each case) multiplied by 4. After subtracting from 1, (each of) these two (sums obtained by the addition of the sets of fractions finally resulting as above), tell me, O friend, who have gone over to the other shore of the ocean of simple fractions, what it is that remains.

67 to 71. The denominators (of certain given fractions) are stated to be 19, 23, 62, 29, 123, 35, 188, 37, 98. 47, 140, 141, 116, 31, 92, 57, 73, 55, 110, 49, 74, 219, (in order); and the numerators begin with 1 and rise successively in value by 1 (in order). Add (all) these (fractions) and give the result, O you who have reached the other shore of the ocean of simple fractions.

Here, the rule for arriving at the numerators, (when the denominators and the sum of a number of fractions are given, is as follows):—

72. Make *one* the numerator (in relation to all the given denominators); then, multiply by means of such (numbers) as are optionally chosen, those numerators which (are derived from these fractions so as to) have a common denominator. (Here), those (numbers) turn out to be the required numerators, the sum of the products whereof, obtained by multiplying them with the numerators (derived as above), is equal to (the numerator of) the given sum (of the fractions concerned).

The rule for arriving at the numerators, (the denominators and the sum being given as before), in relation to such (fractional) quantities as have their numerators (successively) rising in value by *one*, when, in the (given) sum (of these fractions), the denominator is higher in value than the numerator:—

73. The quotient obtained by dividing the (given) sum (of the fractions concerned) by the sum of those (tentative fractions)

---

72. This rule will become clear from the working of the example in stanza No. 74, wherein we assume 1 to be the provisional numerator in relation to each of the given denominators; thus we get $\frac{1}{9}$, $\frac{1}{10}$ and $\frac{1}{11}$, which, being reduced so as to have a common denominator, become $\frac{110}{990}$, $\frac{99}{990}$ and $\frac{90}{990}$. When the numerators are multiplied by 2, 3 and 4 in order, the sum of the products thus obtained becomes equal to the numerator of the given sum, namely, 877. Hence, 2, 3, and 4 are the required numerators. Here it may be pointed out that this given sum also must be understood to have the same denominator as the common denominator of the fractions.

73. To work out the sum given under 74 below, according to this rule:—

Reducing to the same denominator the fractions formed by assuming 1 to be the numerator in relation to each of the given denominators, we get $\frac{110}{990}$, $\frac{99}{990}$ and $\frac{90}{990}$. Dividing the given sum $\frac{877}{990}$ by the sum of these fractions $\frac{299}{990}$, we get the quotient 2, which is the numerator in relation to the first denominator. The remainder 279

which, (while having the given denominators), have *one* for the numerators and (are then reduced so as to) have a common denominator, becomes the (first required) numerator among those which (successively) rise in value by *one* (and are to be found out). On the remainder (obtained in this division) being divided by the sum of the other numerators (having the common denominator as above), it, (*i.e.*, the resulting quotient), becomes another (viz., the second required) numerator (if added to the first one already obtained). In this manner (the problem has to be worked out) to the end.

An example in illustration thereof.

74. The sum of (certain) numbers which are divided (respectively) by 9, 10 and 11 is 877 as divided by 990. Give out what the numerators are (in this operation of adding fractions).

The rule for arriving at the (required) denominators (is as follows):—

75. When the sum of the (different fractional) quantities having *one* for their numerators is *one*, the (required) denominators are such as, beginning with *one*, are in order multiplied (successively) by

---

obtained in this division is then divided by the sum of the remaining provisional numerators, *i.e.*, 189, giving the quotient 1, which, combined with the numerator of the first fraction, namely 2, becomes the numerator in relation to the second denominator. The remainder in this second division, viz., 90, is divided by the provisional numerator 90 of the last fraction, and the quotient 1, when combined with the numerator of the previous fraction, namely 3, gives rise to the numerator in relation to the last denominator. Hence the fractions, of which $\frac{877}{990}$ is the sum, are $\frac{2}{9}$, $\frac{3}{10}$ and $\frac{4}{11}$.

It is noticeable here that the numerators successively found out thus become the required numerators in relation to the given denominators in the order in which they are given.

Algebraically also, given the denominators a, b & c, in respect of 3 fractions whose sum is $\frac{bcx + (x+1)ac + (x+2)ab}{abc}$, the numerators x, $x+1$ and $x+2$ are easily found out by the method as given above.

75. In working out an example according to the method stated herein, it will be found that when there are n fractions, there are, after leaving out the first and the last fractions, $n - 2$ terms in geometrical progression with $\frac{1}{3}$ as the first term and $\frac{1}{3}$ as the common ratio. The sum of these $n - 2$ terms is $\frac{\frac{1}{3}\left\{1-(\frac{1}{3})^{n-2}\right\}}{1-\frac{1}{3}}$, which when reduced becomes $\frac{1}{2} - \frac{1}{2}\cdot\frac{1}{3^{n-2}}$, which is the same

three, the first and the last (denominators so obtained) being (however) multiplied (again) by 2 and $\frac{2}{3}$ (respectively).

Examples in illustration thereof.

76. The sum of five or six or seven (different fractional) quantities, having 1 for (each of) their numerators, is 1 (in each case). O you, who know arithmetic, say what the (required) denominators are.

The rule for finding out the denominators in the case of an uneven number (of fractions) :—

77. When the sum of the (different fractional) quantities, having *one* for each of their numerators, is *one*, the (required) denominators are such as, beginning with *two*, go on (successively) rising in value by *one*, each (such denominator) being (further) multiplied by that

---

as $\frac{1}{2} - \frac{1}{\frac{2}{3}} \times \frac{1}{3^{n-1}}$. From this it is clear that, when the first fraction $\frac{1}{2}$ and the last fraction $\frac{1}{\frac{2}{3} \cdot 3^{n-1}}$ are added to this last result, the sum becomes 1.

In this connection it may be noted that, in a series in geometrical progression consisting of n terms, having $\frac{1}{a}$ as the first term and $\frac{1}{a}$ as the common ratio, the sum is, for all positive integral values of a, less than $\frac{1}{a-1}$ by $\frac{1}{\frac{a-1}{a}}$ × the $(n+1)$th term in the series. Therefore, if we add to the sum of the series in geometrical progression $\frac{1}{\frac{a-1}{a}}$ × the $(n+1)$th term, which is the last fraction according to the rule stated in this stanza, we get $\frac{1}{a-1}$. To this $\frac{1}{a-1}$, we have to add $\frac{a-2}{a-1}$ in order to get 1 as the sum. This $\frac{a-2}{a-1}$ is mentioned in the rule as the first fraction, and so 3 is the value chosen for a, since the numerator of all the fractions has to be 1.

77. Here note: $\frac{1}{2 \times 3 \times \frac{1}{2}} + \frac{1}{3 \times 4 \times \frac{1}{2}} + \frac{1}{4 \times 5 \times \frac{1}{2}} + \ldots\ldots + \frac{1}{(n-1)n \times \frac{1}{2}} + \frac{1}{n \times \frac{1}{2}}$

$$= 2\left\{\frac{1}{2 \times 3} + \frac{1}{3 \times 4} + \frac{1}{4 \times 5} + \ldots\ldots + \frac{1}{n(n-1)} + \frac{1}{n}\right\}$$

$$= 2\left\{\left(\tfrac{1}{2} - \tfrac{1}{3}\right) + \left(\tfrac{1}{3} - \tfrac{1}{4}\right) + \left(\tfrac{1}{4} - \tfrac{1}{5}\right) + \ldots + \left(\frac{1}{n-1} - \frac{1}{n}\right) + \frac{1}{n}\right\}$$

$$= 2 \times \tfrac{1}{2} = 1.$$

(number) which is (immediately) next to it (in value) and then halved.

The rule for arriving at the (required) denominators (in the case of certain intended fractions), when their numerators are (each) *one* or other than *one*, and when the (fraction constituting their) sum has *one* for its numerator :—

78. When the sum (of certain intended fractions) has *one* for its numerator, then (their required denominators are arrived at by taking) the denominator of the sum to be that of the first (quantity), and (by taking) this (denominator) combined with its own (related) numerator to be (the denominator) of the next (quantity) and so on, and then by multiplying (further each such denominator in order) by that which is (immediately) next to it, the last (denominator) being (however multiplied) by its own (related) numerator.

Examples in illustration thereof.

79. The sums (of certain intended fractions) having for their numerators 7, 9, 3 and 13 (respectively) are (firstly) 1, (secondly) $\frac{1}{4}$ and (thirdly) $\frac{1}{8}$. Say what the denominators (of those fractional quantities) are.

The rule for arriving at the denominators (of certain intended fractions) having *one* for their numerators, when the sum (of those fractions) has *one* or (any quantity) other than *one* for its numerator :—

---

78. Algebraically, if the sum is $\frac{1}{n}$, and a, b, c, and d are the given numerators, the fractions summed up are as below :—

$$= \frac{a}{n(n+a)} + \frac{b}{(n+a)(n+a+b)} + \frac{c}{(n+a+b)(n+a+b+c)} + \frac{d}{d(n+a+b+c)}$$

$$= \frac{a(n+a+b)+bn}{n(n+a)(n+a+b)} + \frac{c+n+a+b}{(n+a+b)(n+a+b+c)}$$

$$= \frac{(n+a)(a+b)}{n(n+a)(n+a+b)} + \frac{1}{n+a+b}$$

$$= \frac{a+b+n}{n(n+a+b)} = \frac{1}{n}.$$

80. The denominator (of the given sum), when combined with an optionally chosen quantity and then divided by the numerator of that sum so as to leave no remainder, becomes the denominator related to the first numerator (in the intended series of fractions); and the (above) optionally chosen quantity, when divided by this (denominator of the first fraction) and by the denominator of the (given) sum, gives rise to (the sum of) the remaining (fractions in the series). From this (known sum of the remaining fractions in the series, the determination) of the other (denominators is to be carried out) in this very manner.

Examples in illustration thereof.

81. Of three (different) fractional quantities having 1 for each of their numerators, the sum is $\frac{1}{4}$; and of 4 (such other quantities, the sum is) $\frac{3}{7}$. Say what the denominators are.

The rule for arriving at the denominators (of certain intended fractions) having either *one* or (any number) other than *one* for their numerators, when the sum (of those fractions) has a numerator other than *one*:—

82. When the known numerators are multiplied by (certain) chosen quantities, so that the sum of these (products) is equal to the numerator of the (given) sum (of the intended fractions), then, if the denominator of the sum (of the intended fractions) is divided by the multiplier (with which a given numerator has) itself (been multiplied as above), it gives rise to the required denominator in relation to that (numerator).

---

80. Algebraically, if $\frac{a}{n}$ is the sum, the first fraction is $\frac{1}{\frac{n+p}{a}}$; and the sum of the remaining fractions is mentioned in the rule to be $\frac{p}{\frac{n+p}{a}\,n}$, where p is the optionally chosen quantity. This $\frac{p}{\frac{n+p}{a}\,n}$ is obtained obviously by simplifying

$$\frac{a}{n} - \frac{1}{\frac{n+p}{a}}.$$

We must here give such a value to p that $n + p$ becomes exactly divisible by a.

Examples in illustration thereof.

83. Say what the denominators are of three (different fractional) quantities each of which has 1 for its numerator, when the sum (of those quantities) is $\frac{23}{12}$.

84. Say what the denominators are of three (fractional quantities) which have 3, 7 and 9 (respectively) for their numerators, when the sum (of those quantities) is $\frac{73}{48}$.

The rule for arriving at the denominators of two (fractional) quantities which have *one* for each of their numerators, when the sum (of those quantities) has *one* for its numerator:—

85. The denominator of the (given) sum multiplied by any chosen number is the denominator (of one of the intended fractional quantities); and this (denominator) divided by the (previously) chosen (number) as lessened by one gives rise to the other (required denominator). Or, when in relation to the denominator of the (given) sum (any chosen) divisor (thereof) and the quotient (obtained therewith) are (each) multiplied by their sum, they give rise to the two (required) denominators.

Examples in illustration thereof.

86. Tell me, O you who know the principles of arithmetic, what the denominators of the two (intended fractional) quantities are when their sum is either $\frac{1}{6}$ or $\frac{1}{10}$.

The first rule for arriving at the denominators of two (intended fractions) which have either *one* or (any number) other

---

85. Algebraically, when $\frac{1}{n}$ is the sum of two intended fractions, the fractions according to this rule are $\frac{1}{pn}$ and $\frac{1}{\frac{pn}{p-1}}$, where p is any chosen quantity. It will be seen at once that the sum of those two fractions is $\frac{1}{n}$.

Or, when the sum is $\frac{1}{ab}$, the fractions may be taken to be $\frac{1}{a(a+b)}$ and $\frac{1}{b(a+b)}$.

than *one* for their numerators, when the sum (of those fractions) has either *one* or (any number) other than *one* for its numerator :—

87. (Either) numerator mulitiplied by a chosen (number), then combined with the other numerator, then divided by the numerator of the (given) sum (of the intended fractions) so as to leave no remainder, and then divided by the (above) chosen number and mulitiplied by the denominator of the (above) sum (of the intended fractions), gives rise to a (required) denominator. The denominator of the other (fraction), however, is this (denominator) multiplied by the (above) chosen (quantity).

Examples in illustration thereof.

88. Say what the denominators are of two (intended fractional) quantities which have 1 for each of their numerators, when the sum (of those fractional quantities) is either $\frac{1}{4}$ or $\frac{2}{5}$; as also of two (other fractional quantities) which have 7 and 9 (respectively) for (their) numerators.

The second rule (is as follows) :—

89. The numerator (of one of the intended fractions) as multiplied by the denominator of the sum (of the intended fractions), when combined with the other numerator and then divided by the numerator of the sum (of the intended fractions), gives rise to the denominator of one (of the fractions). This (denominator), when multiplied by the denominator of the sum (of the intended fractions), becomes the denominator of the other (fraction).

---

87. Algebraically, if $\frac{m}{n}$ is the sum of two intended fractions with a and b as their numerators, then the fractions are $\frac{a}{\frac{ap+b}{m}\times\frac{n}{p}}$ and $\frac{b}{\frac{ap+b}{m}\times\frac{n}{p}\times p}$, where p is any number so chosen that $ap+b$ is divisible by m. The sum of these fractions, it will be found, is $\frac{m}{n}$.

89. This rule is only a particular case of the rule given in stanza No. 87, as the denominator of the sum of the intended fractions is itself substituted in this rule for the quantity to be chosen in the previous rule.

Examples in illustration thereof.

90. O friend, tell me what the denominators are of two (fractional) quantities which have 1 for each of their numerators, when the sum (of those intended fractions) is $\frac{2}{7}$; as also of (two other intended fractions) which have 6 and 8 (respectively) for (their) numerators.

91. The sum of $\frac{1}{2}$, $\frac{1}{3}$, $\frac{1}{10}$ and $\frac{1}{15}$ is 1. When $\frac{1}{15}$ is left out here, what two (fractions) having 1 (for each of their numerators) have to be added (instead so as to give the same total)?

92. The sum of $\frac{1}{2}$, $\frac{1}{4}$, $\frac{1}{5}$ and $\frac{1}{20}$ is 1. If $\frac{1}{20}$ is left out here, what two (fractions) having 7 and 11 for their numerators should be added (instead so as to give the same total)?

The rule for arriving at the denominators (of a number of intended fractions) by taking (them) in pairs:—

93. After splitting up the sum (of all the intended fractions) into as many parts having one for each of their numerators as there are (numbers of) pairs (among the given numerators), these (parts) are taken (severally) as the sums of the pairs; (and from them) the (required) denominators are to be found out in accordance with the rule relating to two (such component fractional quantities).

Examples in illustration thereof.

94. What are the denominators of (those intended) fractions whose numerators are 3, 5, 13, 7, 9 and 11, when the sum of (those fractional) quantities is 1 or $\frac{4}{5}$?

The rule for arriving at (a number of) denominators, with the help of the denominators that have *one* as (their corresponding) numerators and are arrived at according to one of the (already given) rules (for finding out the denominators), as also with the help of the denominators that have *one* as (their corresponding) numerators and are arrived at according to any other of those

93. The rules relating to two fractional quantities have been given in stanzas 85, 87 and 89.

rules, when the sum (of all the intended fractions) is *one*; and also (the rule) for getting at (the value of) the part that is left out:—

95. The denominators derived in accordance with (any) chosen rule, when (severally) multiplied by the denominators derived in accordance with another rule, become the (required) denominators. The sum (of all the fractions), diminished by the sum of the specified part (thereof), gives the measure of the optionally left-out part.

Examples in illustration thereof.

96. The number of fractions (obtained) by rule No. 77 is 13, and 4 (is obtained) by rule No. 78. When the sum (of the fractions arrived at with the help of these rules) is 1, how many are the (component) fractions?

97. The number of fractions (obtained) by rule No. 78 is 7, and 3 (is obtained) by rule No. 77. When the sum (of the fractions arrived at) with the help of these (rules) is 1, how many are the (component) fractions?

98. Certain fractions are given with 1 for each of their numerators, and 2, 6, 12 and 20 for their respective denominators. The (fifth fractional) quantity is here left out. The sum of all (these five) being 1, what is that (fractional) quantity (which is left out)?

Here end Simple Fractions.

Compound and Complex Fractions.

The rule for (simplifying) compound and complex fractions:—

99. In (simplifying) compound fractions, the multiplication of the numerators (among themselves) as well as of the denominators (among themselves) shall be (the operation). In the operation (of simplification) relating to complex fractions, the denominator of (the fraction forming) the denominator (becomes) the multiplier of the number forming the numerator (of the given fraction).

---

99. The complex fraction here dealt with is of the sort which has an integer for the numerator and a fraction for the denominator.

Examples in compound fractions.

100 to 102. To offer in worship at the feet of Jina, lotuses, jasamines, *kētakīs* and lilies were purchased in return for the payment of $\frac{1}{2}$ of 1, $\frac{1}{2}$ of $\frac{1}{3}$, $\frac{1}{2}$ of $\frac{1}{2}$ of $\frac{1}{3}$, $\frac{1}{5}$ of $\frac{1}{2}$ of $\frac{1}{2}$, $\frac{1}{3}$ of $\frac{1}{2}$ of $\frac{1}{5}$, $\frac{1}{7}$ of $\frac{1}{2}$ of $\frac{1}{3}$, $\frac{1}{7}$ of $\frac{1}{2}$ of $\frac{1}{2}$ of $\frac{1}{2}$, $\frac{1}{2}$ of $\frac{1}{2}$ of $\frac{1}{2}$ of $\frac{1}{3}$ of $\frac{1}{3}$, $\frac{1}{5}$ of $\frac{1}{3}$ of $\frac{1}{3}$ of $\frac{1}{2}$, and $\frac{1}{2}$ of $\frac{1}{5}$, of a *paṇa.* Sum up these (paid quantities) and give out the result.

103 and 104. A certain person gave (to a vendor) $\frac{1}{2}$ of 1, $\frac{1}{2}$ of $\frac{1}{3}$ of $\frac{1}{2}$, $\frac{1}{4}$ of $\frac{7}{9}$, $\frac{2}{3}$ of $\frac{2}{7}$, and $\frac{2}{7}$ of $\frac{1}{9}$, (of a *paṇa*) out of the 2 *paṇas* (in his possession), and brought fresh ghee for (lighting) the lamps in a Jina temple. O friend, give out what the remaining balance is.

105 and 106. If you have taken pains in connection with compound fractions, give out (the resulting sum) after adding these (following fractions):—$\frac{2}{5}$ of $\frac{1}{3}$, $\frac{13}{6}$ of $\frac{1}{3}$, $\frac{1}{13}$ of $\frac{5}{18}$, $\frac{1}{9}$ of $\frac{1}{8}$, $\frac{4}{13}$ of $\frac{1}{9}$ and $\frac{1}{2}$ of $\frac{3}{4}$ of $\frac{1}{5}$.

The rule for finding out the one unknown (element common to each of a set of compound fractions whose sum is given):—

107. The given sum, when divided by whatever happens to be the sum arrived at in accordance with the rule (mentioned) before by putting down *one* in the place of the unknown (element in the compound fractions), gives rise to the (required) unknown (element) in (the summing up of) compound fractions.

An example in illustration thereof.

108. The sum of $\frac{1}{6}$, $\frac{1}{4}$ of $\frac{1}{4}$, $\frac{1}{5}$ of $\frac{1}{2}$, $\frac{1}{5}$ of $\frac{3}{4}$ of $\frac{1}{6}$, of a certain quantity is $\frac{1}{2}$. What is this unknown (quantity)?

The rule for finding out more than one unknown (element, one such occurring in each of a set of compound fractions whose sum is given):—

109. Make the unknown (values of the various partially known compound fractions) to be (equivalent to) such optionally chosen

---

109. This rule will be clear from the following working of the problem given in stanza No. 110:—

Splitting up $\frac{1}{2}$, the sum of the intended fractions, into 3 fractions according to rule No. 78, we get $\frac{1}{6}$, ^{1} and $\frac{1}{4}$. Making these the values of the three quantities, as, (being equal in number to the given compound fractions), have their sum equal to the given sum (of the partially given compound fractions) : then, divide these (optionally chosen) values of the unknown (compound-fractional) quantities by (their) known (elements) respectively.

An example in illustration thereof.

110. (The following partially known compound fractions, viz.,) $\frac{1}{2}$ of a certain quantity, $\frac{3}{5}$ of $\frac{1}{8}$ of another (quantity), and $\frac{1}{2}$ of $\frac{2}{3}$ of (yet) another (quantity give rise to) $\frac{1}{2}$ as (their) sum. What are the unknown (elements here in respect of these compound fractions).

Examples in complex fractions.

111. (Given) $\frac{1}{\frac{6}{7}}$, $\frac{1}{\frac{3}{8}}$, $\frac{1}{\frac{4}{9}}$ and $\frac{1}{\frac{3}{4}}$; say what the sum is when these are added.

112. After subtracting $\frac{\frac{1}{2}}{3}$, $\frac{\frac{2}{3}}{4}$, and also $\frac{\frac{3}{2}}{4}$ and $\frac{\frac{1}{2}}{3}$, from 9, give out the remainder.

Thus end Compound and Complex Fractions.

Bhāgānubandha Fractions.

The rule in respect of the (simplification of) *Bhāgānubandha* or associated fractions :—

113. In the operation concerning (the simplification of) the *Bhāgānubandha* class (of fractions), add the numerator to the

---

partially known compound fractions, we divide them in order by $\frac{1}{2}$, $\frac{3}{5}$ of $\frac{1}{8}$, and $\frac{1}{2}$ of $\frac{2}{3}$ respectively. The fractions thus obtained, viz. $\frac{1}{3}$, $\frac{10}{9}$, and $\frac{3}{4}$, are the quantities to be found out.

113. *Bhāgānubandha* literally means an associated fraction. This rule contemplates two kinds of associated fractions. The first is what is known as a mixed number, *i.e.*, a fraction associated with an integer. The second kind consists of fractions associated with fractions, *e.g.*, $\frac{1}{2}$ associated with $\frac{1}{3}$, $\frac{1}{2}$ associated with its own $\frac{1}{3}$ and with $\frac{1}{4}$ of this associated quantity. The expression "$\frac{1}{2}$ associated with $\frac{1}{3}$" means $\frac{1}{2}$ + $\frac{1}{3}$ of $\frac{1}{2}$. The meaning of the other example here is $\frac{1}{2}$ + $\frac{1}{3}$ of $\frac{1}{2}$ + $\frac{1}{4}$ of ($\frac{1}{2}$+$\frac{1}{2}$ of $\frac{1}{3}$). This kind of relationship is what is denoted by association in additive consecution.

(product of the associated) whole number multiplied by the denominator. (When, however, the associated quantity is not integral, but is fractional), multiply (respectively) the numerator and denominator of the first (fraction, to which the other fraction is attached) by the denominator combined with the numerator, and by the denominator (itself, of this other fraction).

Examples on Bhāgānubandha *fractions containing associated integers.*

114. *Niṣkas* 2, 3, 6 and 8 in number are (respectively) associated with $\frac{1}{12}$, $\frac{1}{8}$, $\frac{1}{6}$ and $\frac{5}{8}$. O friend, subtract (the sum of these) from 20.

115. Lotuses were purchased for $1\frac{1}{2}$, camphor for $10\frac{1}{8}$, and saffron for $2\frac{1}{2}$ (*niṣkas*). What is (their total) value when added?

116. O friend, subtract from 20 (the following):—$8\frac{1}{8}$, $6\frac{1}{6}$, $2\frac{1}{12}$ and $3\frac{5}{8}$.

117. A person, after paying $7\frac{1}{4}$, $8\frac{1}{4}$, $9\frac{1}{4}$ and $10\frac{1}{4}$ *māṣas*, offered in worship in a Jina temple, garlands of blooming *kuravaka*, *kunda*, *jāti* and *mallī* flowers. O arithmetician, tell me quickly (the sum of those *māṣas*) after adding them.

Examples on Bhāgānubandha *fractions containing associated fractions.*

118. (Here) $\frac{1}{2}$ is associated with its own $\frac{1}{3}$ and with $\frac{1}{4}$ (of this associated quantity); and $\frac{1}{5}$ also (is similarly associated); $\frac{1}{3}$ is associated with its own $\frac{1}{6}$ and with $\frac{1}{2}$ (of this associated quantity). What is the value when these are (all) added?

119. For the purpose of worshipping the exalted Jinas a certain person brings—flowers (purchased) for $\frac{1}{2}$ (*niṣka*) associated (in additive consecution) with fractions (thereof) commencing with $\frac{1}{3}$ and ending with $\frac{1}{7}$ (in order); and scents (purchased) for $\frac{1}{7}$ (*niṣka*) associated (similarly) with $\frac{1}{3}$, $\frac{1}{4}$, $\frac{1}{5}$ and $\frac{1}{9}$ (thereof); and incense (purchased) for $\frac{1}{5}$ (*niṣka*) associated (similarly) with $\frac{1}{2}$, $\frac{1}{4}$ and $\frac{1}{3}$ (thereof): what is the sum when these (*niṣkas*) are added?

120. O friend, subtract (the following) from 3 : $\frac{1}{4}$ associated with $\frac{1}{2}$ of itself and with $\frac{1}{3}$ of this (associated quantity), $\frac{2}{9}$ associated with $\frac{1}{8}$, $\frac{1}{3}$ and $\frac{1}{2}$ of itself (in additive consecution), $\frac{1}{9}$ (similarly) associated with (fractions thereof) commencing with $\frac{1}{8}$ and ending with $\frac{1}{2}$, and $\frac{1}{3}$ associated with $\frac{1}{2}$ of itself.

121. O friend, you, who have a thorough knowledge of *Bhāgā-nubandha*, give out (the result) after adding $\frac{1}{4}$ associated with $\frac{1}{2}$ of itself, $\frac{1}{10}$ associated with $\frac{1}{4}$ of itself, $\frac{1}{6}$ associated with $\frac{1}{2}$ of itself, $\frac{1}{2}$ associated with $\frac{1}{3}$ of itself, and $\frac{1}{3}$ associated with $\frac{1}{3}$ of itself.

Now the rule for finding out the one unknown (element) at the beginning (in each of a number of associated fractions, their sum being given):—

122. The optionally split up parts of the (given) sum, which are equal (in number) to the (intended) component elements (thereof), when divided in order by the resulting quantities arrived at by taking *one* to be the associated quantity (in relation to these component elements), give rise to the value of the (required) unknown (quantities in association).

Examples in illustration thereof.

123. A certain fraction is associated with $\frac{1}{2}$, $\frac{1}{3}$ and $\frac{1}{4}$ of itself (in additive consecution); another (is similarly associated) with $\frac{1}{5}$, $\frac{1}{4}$, and $\frac{1}{9}$ of itself; and another (again is similarly associated) with $\frac{3}{5}$, $\frac{1}{9}$ and $\frac{1}{2}$ of itself; the sum of these (three fractions so associated) is 1 : what are these fractions ?

124. A certain fraction, when associated (as above) with $\frac{1}{2}$, $\frac{1}{5}$, $\frac{3}{4}$ and $\frac{1}{9}$ of itself, becomes $\frac{1}{2}$. Tell me, friend, quickly the measure of this unknown (fraction).

---

122. This rule will be clear from the working of example No. 123 as explained below:—

There are three sets of fractions given ; and splitting up the sum, 1, into three fractions according to rule No. 75, we get $\frac{1}{2}$, $\frac{1}{3}$ and $\frac{1}{6}$. By dividing these fractions by the quantities obtained by simplifying the three given sets of fractions wherein 1 is assumed as the unknown quantity, we obtain $\frac{1}{5}$, $\frac{1}{4}$ and $\frac{1}{16}$, which are the required quantities.

The rule for finding out any unknown fraction in other required places (than the beginning) :—

125. The optionally split up parts of the (given) sum, when divided in order by the simplified known quantities (in the intended *Bhāgānubandha* fractions), and (then) diminished by *one*, become the unknown (fractional quantities) in the required places of our choice.

Thus ends the *Bhāgānubandha* class (of fractions).

Bhāgāpavāha Fractions.

Then (comes) the rule for the (simplification of) *Bhāgāpavāha* (or the dissociated) variety (in fractions) :—

126. In the operation concerning (the simplification of) the *Bhāgāpavāha* class (of fractions), subtract the numerator from the (product of the dissociated) whole number as multiplied by the denominator. (When, however, the dissociated quantity is not integral, but is fractional,) mulitiply (respectively) the numerator and the denominator of the first (fraction to which the other fraction is negatively attached) by the denominator diminished by the numerator, and by the denominator (itself, of this other fraction).

Examples on Bhāgāpavāha *fractions containing dissociated integers.*

127. *Karṣus* 3, 8, 4 and 10, diminished by $\frac{1}{4}$, $\frac{1}{2}$, $\frac{1}{12}$ and $\frac{1}{6}$ of a *karṣa*, are offered by certain men for the worship of *tīrthaṅkaras*. What is (the sum) when they are added ?

---

125. The method given in this rule is similar to what is explained under stanza No. 122 : only the results thus obtained have to be, in this case, each diminished by *one*.

126. *Bhāgāpavāha* literally means fractional dissociation. As in *Bhāgānubandha*, there are two varieties here also. When an integer and a fraction are in *Bhāgāpavāha* relation, the fraction is simply subtracted from the integer.

Two or more fractions may also be in such relation, as for example, $\frac{3}{5}$ dissociated from $\frac{1}{6}$ of itself or $\frac{6}{7}$ dissociated from $\frac{1}{6}$, $\frac{1}{8}$, and $\frac{1}{9}$ of itself. It is meant here that $\frac{1}{6}$ of $\frac{3}{5}$ is to be subtracted from $\frac{3}{5}$ in the first example ; and the second example comes to $\frac{6}{7} - \frac{1}{6}$ of $\frac{6}{7} - \frac{1}{8}$ of $(\frac{6}{7} - \frac{1}{6}$ of $\frac{6}{7}) - \frac{1}{9}$ of $\left\{\frac{6}{7} - \frac{1}{6}\right.$ of $\frac{6}{7} - \frac{1}{8}$ of $\left.(\frac{6}{7} - \frac{1}{6} \text{ of } \frac{6}{7})\right\}$.

128. Tell me, friend, quickly the amount of the money remaining after subtracting from 6 × 4 of it, (the quantities) 9, 7 and 9 as diminished in order by $\frac{3}{4}$, $\frac{1}{2}$ and $\frac{3}{8}$.

Examples on Bhāgāpavāha *fractions containing dissociated fractions.*

129. Add $\frac{2}{5}$, $\frac{1}{9}$, $\frac{1}{3}$, $\frac{1}{8}$ and $\frac{2}{7}$ which are (respectively) diminished by $\frac{1}{6}$, $\frac{1}{4}$, $\frac{1}{4}$, $\frac{1}{3}$ and $\frac{1}{8}$ of themselves in order; and (then) give out (the result).

130. (Given) $\frac{6}{7}$ of a *paṇa* diminished by $\frac{1}{6}$, $\frac{1}{8}$, $\frac{1}{9}$ and $\frac{1}{10}$ of itself (in consecution); $\frac{5}{12}$ (similarly) diminished by $\frac{1}{4}$, $\frac{1}{3}$ and $\frac{1}{5}$ of itself; $\frac{5}{6}$ (similarly) diminished by $\frac{2}{3}$, $\frac{2}{5}$ and $\frac{1}{2}$ of itself; and another (quantity), viz., $\frac{2}{3}$ diminished by $\frac{5}{8}$ of itself—when these are (all) added, what is the result?

131. If you have taken pains, O friend, in relation to *Bhāgāpavāha* fractions, give out the remainder after subtracting from $1\frac{1}{2}$ (the following quantities): $\frac{1}{2}$ diminished (in consecution) by $\frac{3}{8}$, $\frac{1}{4}$ and $\frac{1}{9}$ of itself; also $\frac{1}{3}$ (similarly) diminished by $\frac{1}{8}$, $\frac{1}{7}$ and $\frac{1}{4}$ of itself; and (also) $\frac{1}{7}$ (similarly) diminished by $\frac{1}{8}$ and $\frac{1}{6}$ of itself.

Here, the rule for finding out the (one) unknown element at the beginning (in each of a number of dissociated fractions, their sum being given):—

132. The optionally split up parts of the (given) sum which are equal (in number) to the (intended) component elements (thereof), when divided in order by the resulting quantities arrived at by taking *one* to be the dissociated quantity (in relation to these component elements), give rise to the value of the (required) unknown (quantities in dissociation).

Examples in illustration thereof.

133. A certain fraction is diminished (in consecution) by $\frac{1}{4}$, $\frac{1}{5}$ and $\frac{1}{6}$ of itself; another fraction is (similarly) diminished by $\frac{1}{2}$, $\frac{1}{6}$ and $\frac{1}{5}$ of itself; and (yet) another is (similarly) diminished by $\frac{2}{5}$,

---

132. The working is similar to what has been explained under stanza No. 122.

$\frac{1}{4}$ and $\frac{1}{6}$ of itself. The sum of these (quantities so diminished) is $\frac{1}{2}$. What are the unknown fractions here?

134. A certain fraction, diminished (in consecution) by $\frac{1}{2}$, $\frac{1}{6}$, $\frac{1}{5}$, $\frac{1}{8}$ and $\frac{1}{7}$ of itself, becomes $\frac{1}{6}$. O you, who know the principles of arithmetic, what is that (unknown) fraction?

The rule for finding out any unknown fraction in other required places (than the beginning):—

135. The optionally split up parts derived from the (given) sum, when divided in order by the simplified known quantities (in the intended *Bhāgāpavāha* fractions), and (then) subtracted from *one* (severally), become the unknown (fractional quantities) in the (required) places of our choice.

Thus ends the *Bhāgāpavāha* variety of fractions.

The rule for finding out the unknown fractions in all the places in relation to a *Bhāgānubandha* or *Bhāgāpavāha* variety of fractions (when their ultimate value is known):—

136. Optionally choose your own desired fractions in relation to all unknown places, excepting (any) one. Then by means of the rules mentioned before, arrive at that (one unknown) fraction with the help of these (optionally chosen fractional quantities).

Examples in illustration thereof.

137. A certain fraction combined with five other fractions of itself (in additive consecution) becomes $\frac{1}{2}$; and a certain (other) fraction diminished (by five other fractions of itself in consecution) becomes $\frac{1}{4}$. O friend, give out (all) those fractions.

---

135. This rule is similar to the rule already given in stanza No. 125.

136. The previous rules here intended are those given in stanzas 122, 125, 132 and 135.

137. In working out the first case in this example, choose the fractions $\frac{1}{5}$, $\frac{1}{6}$, $\frac{1}{7}$, $\frac{1}{8}$ and $\frac{1}{9}$ in places other than the beginning; and then find out, by the rule given in stanza 122, the first fraction which comes to be $\frac{1}{4}$. Or choosing $\frac{1}{4}$, $\frac{1}{5}$, $\frac{1}{6}$, $\frac{1}{8}$, and $\frac{1}{9}$, find out the fraction left out in a place other than the beginning in accordance with the rule given in stanza 125; the result arrived at is $\frac{1}{7}$. Similarly, the second case which involves fractions in dissociation can be worked out with the help of the rules given in stanzas 132 and 135.

Bhāgamātṛ Fractions.

The rule for (the simplification of) that class of fractions which contains all the foregoing varieties of fractions :—

138. In the case of the *Bhāgamātṛ* class of fractions (or that class of fractions which contains all the foregoing varieties), the respective rules pertaining to the (different) varieties beginning with simple fractions (hold good). It, *i.e.*, *Bhāgamātṛ*, is of twenty-six kinds.

One is (taken to be) the denominator (in the case) of a quantity which has no denominator.

Examples in illustration thereof.

139 and 140. (Given) $\frac{1}{3}$; $\frac{1}{4}$; $\frac{1}{2}$ of $\frac{1}{2}$; $\frac{1}{6}$ of $\frac{1}{5}$; $\frac{1}{\frac{3}{4}}$; $\frac{1}{\frac{5}{2}}$; $1\frac{1}{6}$; $1\frac{1}{5}$; $\frac{1}{2}$ associated with $\frac{1}{3}$ of itself; then $\frac{3}{7}$ associated with $\frac{1}{6}$ of itself; 1 diminished by $\frac{1}{8}$; 1 diminished by $\frac{1}{10}$; $\frac{1}{8}$ diminished by $\frac{1}{9}$ of itself; and $\frac{1}{4}$ diminished by $\frac{1}{5}$ of itself : after adding these according to the rules which are strung together in the manner of a garland of blue lotuses made up of fractions, give out, O friend, (what the result is).

Thus ends the *Bhāgamātṛ* variety of fractions.

Thus ends the second subject of treatment known as Fractions in Sārasaṅgraha which is a work on arithmetic by Mahāvīrācārya.

---

138. The twenty-six varieties here mentioned are Bhāga, Prabhāga, Bhāgabhāga, Bhāgānubandha, and Bhāgāpavāha, in combinations of two, three, four or five of these at a time; such as, the variety in which Bhāga and Prabhāga are mixed, or Bhāga and Bhāgabhāga are mixed, and so on. The number of varieties obtained by mixing two of them at a time is 10, by mixing three of them at a time is 10, and by mixing four of them at a time is 5, and by mixing all of them at a time is 1; so there are 26 varieties. The example given in stanza 139 belongs to this last-mentioned variety of Bhāgamātṛ in which all the five simple varieties are found.

139. The word *utpalamālikā*, which occurs in this stanza, means a garland of blue lotuses, at the same time that it happens to be the name of the metre in which the stanza is composed.

CHAPTER IV.

MISCELLANEOUS PROBLEMS (ON FRACTIONS).

The Third Subject of Treatment.

1. After saluting the Lord Jina, Mahāvīra, whose collection of infinite attributes is highly praiseworthy, and who vouchsafes boons to (all) the three worlds that worship (him), I shall treat of miscellaneous problems (on fractions).

2. May Jina, who has destroyed the darkness of unrighteousness, and is the authoritative exponent of the *syādvāda*, and is the joy of learning, and is the great disputant and the best of sages, be (ever) victorious. Hereafter we shall expound the third subject of treatment, viz., miscellaneous problems (on fractions).

3. There are these ten (varieties in miscellaneous problems on fractions, namely), *Bhāga, Śēṣa, Mūla, Śēṣamūla*, the two varieties

---

3. The *Bhāga* variety consists of problems wherein is given the numerical value of the portion remaining after removing certain specified fractional parts of the total quantity to be found out. The fractional parts removed are each of them called a *bhāga*, and the numerical value of the known remainder is termed *dṛśya*.

The *Śēṣa* variety consists of problems wherein the numerical value is given of the portion remaining after removing a known fractional part of the total quantity to be found out as also after removing certain known fractional parts of the successive *śēṣas* or remainders.

The *Mūla* variety consists of problems wherein the numerical value is given of the portion remaining after subtracting from the total quantity certain fractional parts thereof as also a multiple of the square root of that total quantity.

The *Śēṣamūla* variety is the same as the *mūla* variety with this difference, viz., the square root here is of the remainder after subtracting the given fractional parts, instead of being of the whole.

The *Dviragra-śēṣamūla* variety consists of problems wherein a known number of things is first removed, then some fractional parts of the successive remainders and then some multiple of the square root of the further remainder are removed, and lastly the numerical value of the remaining portion is given. The known number first removed is called *pūrvāgra*.

In the *Aṁśamūla* variety, a multiple of the square root of a fractional part of the total number is supposed to be first removed, and then the numerical value of the remaining portion is given.

Dviragraśēṣamūla and *Aṁśamūla*, and then *Bhāgābhyāsa*, then *Aṁśavarga*, *Mūlamiśra* and *Bhinnadṛśya*.

The rule relating to the *Bhāga* and the *Śēṣa* varieties therein, (*i.e.*, in miscellaneous problems on fractions).

4. In the operation relating to the *Bhāga* variety, the (required) result is obtained by dividing the given quantity by *one* as diminished by the (known) fractions. In the operation relating to the *śēṣa* variety, (the required result) is the given quantity divided by the product of (the quantities obtained respectively by) subtracting the (known) fractions from *one*.

Examples in the Bhāga variety.

5. Of a pillar, $\frac{1}{8}$ part was seen by me to be (buried) under the ground, $\frac{1}{3}$ in water, $\frac{1}{4}$ in moss, and 7 *hastas* (thereof was free) in the air. What is the (length of the) pillar?

In the *Bhāgābhyāsa* or *Bhāgasaṁvarga* variety, the numerical value is given of the portion remaining after removing from the whole the product or products of certain fractional parts of the whole taken two by two.

The *Aṁśavarga* variety consists of problems wherein the numerical value is given of the remainder after removing from the whole the square of a fractional part thereof, this fractional part being at the same time increased or decreased by a given number.

The *Mūlamiśra* variety consists of problems wherein is given the numerical value of the sum of the square root of the whole when added to the square root of the whole as increased or diminished by a given number of things.

In the *Bhinnadṛśya* variety, a fractional part of the whole as multiplied by another fractional part thereof is removed from it, and the remaining portion is expressed as a fraction of the whole. Here it will be seen that unlike in the other varieties the numerical value of the last remaining portion is not actually given, but is expressed as a fraction of the whole.

4. Algebraically, the rule relating to the *Bhāga* variety is $x=\frac{a}{1-b}$, where x is the unknown collective quantity to be found out, a is the *dṛśya* or *agra*, and b is the *bhāga* or the fractional part or the sum of the fractional parts given.

It is obvious that this is derivable from the equation $x - bx = a$.

The rule relating to the *Śēṣa* variety, when algebraically expressed, comes to $x=\frac{a}{(1-b_1)(1-b_2)(1-b_3)\times \&c.}$ where b_1, b_2, b_3, &c., are fractional parts of the successive remainders. This formula also is derivable from the equation

$$x-b_1x-b_2\ (x-b_1x)-b_3\left\{x-b_1x-b_2\ (x-b_1x)\right\}-\&c.=a.$$

6. Out of a collection of excellent bees, $\frac{1}{6}$ took delight in *pāṭalī* trees, $\frac{1}{3}$ in *kadamba* tree, $\frac{1}{4}$ in mango trees, $\frac{1}{5}$ in a *campaka* tree with blossoms fully opened; $\frac{1}{30}$ in a collection of full-blown lotuses, opened by the rays of the sun; and (finally), a single intoxicated bee has been circling in the sky. What is the number (of bees) in that collection?

7. A certain *śrāvaka*, having gathered lotuses, and loudly uttering hundreds of prayers, offered those (lotuses) in worship, $\frac{1}{3}$ of those lotuses and $\frac{1}{3}$, $\frac{1}{4}$ and $\frac{1}{6}$ of this ($\frac{1}{3}$) respectively to four *tīrthaṅkaras* commencing with the excellent *Jina* Vṛṣabha; then to Sumati $\frac{1}{9}$ as well as $\frac{1}{12}$ of this (same $\frac{1}{3}$ of the lotuses); (thereafter) he offered in worship to the remaining (19) *tīrthaṅkaras* 2 lotuses each with a mind well-pleased. What is the numerical value of (all) those (lotuses)?

8 to 11. There was seen a collection of pious men, who had brought their senses under control, who had driven away the poison-like sin of *karma*, who were adorned with righteous conduct and virtuous qualities and whose bodies had been embraced by the Lady Mercy. Of that (collection), $\frac{1}{12}$ was made up of logicians; this ($\frac{1}{12}$) diminished by $\frac{1}{3}$ of itself was made up of the teachers of the true religion; the difference between these two (, namely, $\frac{1}{12}$ and $\frac{1}{12} - \frac{1}{3}$ of $\frac{1}{12}$) was made up of those that knew the Vēdas; this (last proportional quantity) multiplied by 6 was made up of the preachers of the rules of conduct, and this very same (quantity) diminished by $\frac{1}{4}$ of itself was made up of astrologers; the difference between these two (last mentioned quantities) was made up of controversialists; this (quantity) multiplied by 6 was made up of penitent ascetics; and 9×8 leading ascetics were (further) seen by me near the top of a mountain with their shining bodies highly heated by the rays of the sun. Tell me quickly (the measure of this) collection of prominent sages.

12 to 16. (A number of) parrots descended on a paddy-field beautiful with (the crops) bent down through the weight of the ripe corn. Being scared away by men, all of them suddenly flew up. One-half of them went to the east, and $\frac{1}{6}$ went to the south-east; the difference between those that went

to the east and those that went to the south-east, diminished by half of itself and (again) diminished by the half of this (resulting difference), went to the south; the difference between those that went to the south and those that went to the south-east, diminished by $\frac{2}{5}$ of itself, went to the south-west; the difference between those that went to the south and those that went to the south-west, went to the west; the difference between those that went to the south-west and those that went to the west, together with $\frac{3}{7}$ of itself, went to the north-west; the difference between those that went to the north-west and those that went to the west, together with $\frac{7}{8}$ of itself, went to the north; the sum of those that went to the north-west and those that went to the north, diminished by $\frac{2}{3}$ of itself, went to the north-east; and 280 parrots were found to remain in the sky (above). How many were the parrots (in all)?

17 to 22. One night, in a month of the spring season, a certain young lady . . . was lovingly happy along with her husband on . . . the floor of a big mansion, white like the moon, and situated in a pleasure-garden with trees bent down with the load of the bunches of flowers and fruits, and resonant with the sweet sounds of parrots, cuckoos and bees which were all intoxicated with the honey obtained from the flowers therein. Then on a love-quarrel arising between the husband and the wife, that lady's necklace made up of pearls became sundered and fell on the floor. One-third of that necklace of pearls reached the maid-servant there; $\frac{1}{6}$ fell on the bed; then $\frac{1}{2}$ of what remained (and one-half of what remained thereafter and again $\frac{1}{2}$ of what remained thereafter) and so on, counting six times (in all), fell all of them everywhere; and there were found to remain (unscattered) 1,161 pearls; and if you know (how to work) miscellaneous problems (on fractions), give out the (numerical) measure of the pearls (in that necklace).

23 to 27. A collection of bees characterized by the blue color of the shining *indranīla* gem was seen in a flowering pleasure-

---

17. Certain epithets here have not been considered fit for translation.

garden. One-eighth of that (collection) became hidden in *aśōka* trees, 1/6 in *kuṭaja* trees. The difference between those that hid themselves in the *kuṭaja* trees and the *aśōka* trees, respectively, multiplied by 6, became hidden in a crowd of big *pāṭalī* trees. The difference between those that hid themselves in the *pāṭalī* trees and the *aśōka* trees, diminished by 1/9 of itself became hidden in an extensive forest of *sāla* trees. The same difference, together with 1/7 of itself, became hidden in a forest of *madhuka* trees; 1/5 of that whole collection of bees was seen hidden in the *vakula* trees with well-blossomed flower-buds; and that same 1/5 part was found hidden in *tilaka*, *kuravaka*, *sarala* and mango trees, and on collections of lotuses, and at the base of the temples of forest elephants; and 33 (remaining) bees were seen in a crowd of lotuses, that were variegated in color on account of the large quantity of (their) filaments. Give out, O you arithmetician, the (numerical) measure of that collection of bees.

28. Of a herd of cattle, $\frac{1}{2}$ is on a mountain; $\frac{1}{2}$ of that is at the base of the mountain; and 6 more parts, each being in value half of what precedes it, are found together in an extensive forest, and there are (the remaining) 32 cows seen in the neighbourhood of a city. Tell me, O you my friend, the (numerical) measure of that herd of cattle.

Here end the examples in the *Bhāga* variety.

Examples in the Śēṣa variety.

29-30. Of a collection of mango fruits, the king (took) $\frac{1}{6}$; the queen (took) $\frac{1}{5}$ of the remainder, and three chief princes took $\frac{1}{4}$, $\frac{1}{3}$ and $\frac{1}{2}$ (of that same remainder); and the youngest child took the remaining three mangoes. O you, who are clever in (working) miscellaneous problems on fractions, give out the measure of that (collection of mangoes).

31. One-seventh of (a herd of) elephants is moving on a mountain; portions of the herd, measuring from $\frac{1}{6}$ in order up to $\frac{1}{2}$, in the end, of every successive remainder, wander about in a forest; and the remaining 6 (of them) are seen near a lake. How many are those elephants?

32. Of (the contents of) a treasury, one man obtained $\frac{1}{9}$ part; others obtained from $\frac{1}{9}$ in order to $\frac{1}{2}$, in the end, of the successive remainders; and (at last) 12 *purāṇas* were seen by me (to remain). What is the (numerical) measure (of the *purāṇas* contained in the treasury)?

Here end examples in the *Śēṣa* variety.

The rule relating to the *Mūla* variety (of miscellaneous problems on fractions):—

33. Half of (the coefficient of) the square root (of the unknown quantity) and (then) the known remainder should be (each) divided by *one* as diminished by the fractional (coefficient of the unknown) quantity. The square root of the (sum of the) known remainder (so treated), as combined with the square (of the coefficient) of the square root (of the unknown quantity dealt with as above), and (then) associated with (the similarly treated coefficient of) the square root (of the unknown quantity), and (thereafter) squared (as a whole), gives rise to the (required unknown) quantity in this *mūla* variety (of miscellaneous problems on fractions).

Examples in illustration thereof.

34. One-fourth of a herd of camels was seen in the forest; twice the square root (of that herd) had gone on to mountain-slopes; and 3 times 5 camels (were), however, (found) to remain on the bank of a river. What is the (numerical) measure of that herd of camels?

35. After listening to the distinct sound caused by the drum made up of the series of clouds in the rainy season, $\frac{1}{16}$ and $\frac{1}{8}$ (of a collection) of peacocks, together with $\frac{1}{3}$ of the remainder and $\frac{1}{6}$ of the remainder (thereafter), gladdened with joy, kept on dancing on

---

33. Algebraically expressed, this rule comes to

$$x = \left\{ \frac{\frac{c}{2}}{1-b} + \sqrt{\frac{a}{1-b} + \left(\frac{\frac{c}{2}}{1-b} \right)^2} \right\}^2;$$ this is easily obtained from the equation $x - (bx + c\sqrt{x} + a) = 0$. This equation is the algebraical expression of problems of this variety. Here c stands for the coefficient of the square root of the unknown quantity to be found out.

the big theatre of the mountain top; and 5 times the square root (of that collection) stayed in an excellent forest of *vakula* trees; and (the remaining) 25 were seen on a *punnāga* tree. O arithmetician, give out after calculation (the numerical measure of) the collection of peacocks.

36. One-fourth (of an unknown number) of *sārasa* birds is moving in the midst of a cluster of lotuses; $\frac{1}{9}$ and $\frac{1}{4}$ parts (thereof) as well as 7 times the square root (thereof) move on a mountain; (then) in the midst of (some) blossomed *vakula* trees (the remainder) is (found to be) 56 in number. O you clever friend, tell me exactly how many birds there are altogether.

37. No fractional part of a collection of monkeys (is distributed anywhere); three times its square root are on a mountain; and 40 (remaining) monkeys are seen in a forest. What is the measure of that collection (of monkeys)?

38. Half (the number) of cuckoos were found on the blossomed branch of a mango tree; and 18 (were found) on a *tilaka* tree. No (multiple of the) square root (of their number was to be found anywhere). Give out (the numerical value of) the collection of cuckoos.

39. Half of a collection of swans was found in the midst of *vakula* trees; five times the square root (of that collection was found) on the top of *tamāla* trees; and here nothing was seen (to remain thereafter). O friend, give out quickly the numerical measure of that (collection).

Here ends the *Mūla* variety (of miscellaneous problems on fractions).

The rule relating to the *Śēṣamūla* variety (of miscellaneous problems on fractions).

40. (Take) the square of half (the coefficient) of the square root (of the remaining part of the unknown collective quantity), and

---

40. Algebraically, $x - bx = \left\{\frac{c}{2} + \sqrt{\left(\frac{c}{2}\right)^2 + a}\right\}^2$. From this the value of x is to be found out according to rule 4 given in this chapter. This value of $x - bx$ is obtained easily from the equation $x - bx + (c\sqrt{x - bx} + a) = 0$.

combine it with the known number remaining, and (then extract) the square root (of this sum, and make that square root become) combined with half of the previously mentioned (coefficient of the) square root (of the remaining part of the unknown collective quantity). The square of this (last sum) will here be the required result, when the remaining part (of the unknown collective quantity) is taken as the original (collective quantity itself). But when that remaining part (of the unknown collective quantity) is treated merely as a part, the rule relating to the *bhāga* variety (of miscellaneous problems on fractions) is to be applied.

Examples in illustration thereof.

41. One-third of a herd of elephants and three times the square root of the remaining part (of the herd) were seen on a mountain-slope; and in a lake was seen a male elephant along with three female elephants (constituting the ultimate remainder). How many were the elephants here?

42 to 45. In a garden beautified by groves of various kinds of trees, in a place free from all living animals, many ascetics were seated. Of them the number equivalent to the square root of the whole collection were practising *yōga* at the foot of the trees. One-tenth of the remainder, the square root (of the remainder after deducting this), $\frac{1}{9}$ (of the remainder after deducting this), then the square root (of the remainder after deducting this), $\frac{1}{8}$ (of the remainder after deducting this), the square root (of the remainder after deducting this), $\frac{1}{7}$ (of the remainder after deducting this), the square root (of the remainder after deducting this), $\frac{1}{6}$ (of the remainder after deducting this), the square root (of the remainder after deducting this), $\frac{1}{5}$ (of the remainder after deducting this), the square root (of the remainder after deducting this)—these parts consisted of those who were learned in the teaching of literature, in religious law, in logic, and in politics, as also of those who were versed in controversy, prosody, astronomy, magic, rhetoric and grammar and of those who possessed the power derived from the 12 kinds of austerities, as well as of those who possessed an intelligent knowledge of the twelve varieties of the *aṅga-śāstra*; and

at last 12 ascetics were seen (to remain without being included among those mentioned before). O (you) excellent ascetic, of what numerical value was (this) collection of ascetics ?

46. Five and one-fourth times the square root (of a herd) of elephants are sporting on a mountain slope ; $\frac{5}{9}$ of the remainder sport on the top of the mountain ; five times the square root of the remainder (after deducting this) sport in a forest of lotuses ; and there are 6 elephants then (left) on the bank of a river. How many are (all) the elephants here ?

Here ends the *Śēṣamūla* variety (of miscellaneous problems on fractions).

The rule relating to the *Śēṣamūla* variety involving two known (quantities constituting the) remainders :—

47. The (coefficient of the) square root (of the unknown collective quantity). and the (final) quantity known (to remain), should (both) be divided by the product of the fractional (proportional) quantities, as subtracted from *one* (in each case).; then the first known quantity should be added to the (other) known quantity (treated as above). Thereafter the operation relating to the *Śēṣamūla* variety (of miscellaneous problems on fractions is to be adopted).

---

47. Algebraically, this rule enables us to arrive at the expressions $\frac{c}{(1-b_1)(1-b_2)\times \&c.}$ and $\frac{a_2}{(1-b_1)(1-b_2)\times \&c.}+a_1$, which are required to be substituted for c and a respectively in the formula for *śēṣamūla*, which is $x-bx=\left\{\frac{c}{2}+\sqrt{\left(\frac{c}{2}\right)^2+a}\right\}^2$. In applying this formula the value of b becomes zero, as the *mūla* or square root involved in the *dvirāgra-śēṣamūla* is that of the total collective quantity and not of a fractional part of that quantity. Substituting as desired, we get $x=\left\{\frac{c}{2(1-b_1)(1-b_2)\times \&c.}+\sqrt{\left(\frac{c}{2(1-b_1)(1-b_2)\times \&c.}\right)^2+\frac{a_2}{(1-b_1)(1-b_2)\times \&c.}+a_1}\right\}^2$. This result may easily be obtained from the equation $x-a_1-b_1(x-a_1)-b_2\left\{x-a_1-b_1(x-a_1)\right\}-\;.\;.\;.\;.\;.-c\sqrt{x}-a_2=0$, where b_1, b_2, &c., are, the various fractional parts of the successive remainders ; and a_1 and a_2 are the first known quantity and the final known quantity respectively.

Examples in illustration thereof.

48. A single bee (out of a swarm of bees) was seen in the sky; $\frac{1}{5}$ of the remainder (of the swarm), and $\frac{1}{4}$ of the remainder (left thereafter), and (again), $\frac{1}{3}$ of the remainder (left thereafter), and (a number of bees equal to) the square root (of the numercial value of the swarm, were seen) in lotuses; and two (bees remaining at last were seen) on a mango tree. How many are those (bees in the swarm)?

49. Four (out of a collection of) lions were seen on a mountain; and fractional parts commencing with $\frac{1}{6}$ and ending with $\frac{1}{2}$ of the successive remainders (of the collection), and (lions equivalent in number to) twice the square root (of the numerical value of the collection), as also (the finally remaining) four (lions), were seen in a forest. How many are those (lions in the collection)?

50. (Out of a herd of deer) two pairs of young female deer were seen in a forest; fractional parts commencing with $\frac{1}{5}$ and ending with $\frac{1}{3}$ of the (successive) remainders (of the herd were seen) near a mountain; (a number) of them (equivalent to) 3 times the square root (of the numerical value of the herd) were seen in an extensive paddy field; and (ultimately) only ten remained on the bank of a lotus-lake. What is the (numerical) measure of the herd?

Thus ends the *Śēṣamūla* variety involving two known quantities.

The rule relating to the *Aṁśamūla* variety (of miscellaneous problems on fractions).

51. Write down (the coefficient of) the square root (of the given fraction of the unknown collective quantity) and the known quantity (ultimately remaining, both of these) having been

---

50. The word *hariṇī* occurring in this stanza not only means 'a female deer' but is also the name of the metre in which the stanza is composed.

51. Algebraically stated, this rule helps us to arrive at *cb* and *ab*, which are required to be substituted for *c* and *b* respectively in the formula $x - b\sqrt{x} = \left\{\frac{c}{2} + \sqrt{\left(\frac{c}{2}\right)^2 + a}\right\}^2$, as in the *Śēṣamūla* variety. As pointed out in the note

multiplied by the (given proportional) fraction; then that result which is arrived at by means of the operation of finding out (the unknown quantity) in the *Śēṣamūla* variety (of miscellaneous problems on fractions), when divided by the (given proportional) fraction, becomes the required quantity in the *Aṁśamūla* variety (of miscellaneous problems on fractions).

Another rule relating to the *Aṁśamūla* variety.

52. The known quantity given as the (ultimate) remainder is divided by the (given proportional) fraction and multiplied by *four*; to this the square (of the coefficient) of the square root (of the given fraction of the unknown collective quantity) is added; then the square root (of this sum), combined with (the above mentioned coefficient of) the square root (of the fractional unknown quantity), and (then) halved, and (then) squared, and (then) multiplied by the (given proportional) fraction, becomes the required result.

Examples in illustration thereof.

53. Eight times the square root of $\frac{1}{3}$ part of the stalk of a lotus is within water, and 16 *aṅgulas* (thereof are) in the air (above water); give out the height of the water (above the bed) as well as of the stalk (of the lotus).

54–55. (Out of a herd of elephants), nine times the square root of $\frac{2}{3}$ part of their number, and six times the square root of $\frac{3}{5}$ of the remainder (left thereafter), and (finally) 24 (remaining) elephants with their broad temples wetted with the stream of the exuding ichor, were seen by me in a forest. How many are (all) the elephants?

---

under stanza 47, $x - bx$ becomes x here also. After substituting as desired, and dividing the result by b, we get $x = \left\{\frac{cb}{2} + \sqrt{\left(\frac{cb}{2}\right)^2 + ab}\right\}^2 \div b$. This value of x may be easily arrived at from the equation $x - c\sqrt{bx - a} = 0$.

52. Algebraically stated, $x = \left\{\frac{c + \sqrt{c^2 + \frac{4a}{b}}}{2}\right\}^2 \times b$. This is obvious from the equation given in the note under the previous stanza.

56. Four times the square root of $\frac{1}{2}$ the number of a collection of boars went to a forest wherein tigers were at play; 8 times the square root of $\frac{1}{10}$ of the remainder (of the collection) went to a mountain; and 9 times the square root of $\frac{1}{2}$ of the (further) remainder (left thereafter) went to the bank of a river; and boars equivalent in (numerical) measure to 56 were seen (ultimately) to remain (where they were) in the forest. Give out the (numerical) measure of (all) those (boars).

Thus ends the *Aṁśamūla* variety.

The rule relating to the *Bhāgasaṁvarga* variety (of miscellaneous problems on fractions):—

57. From the (simplified) denominator (of the specified compound fractional part of the unknown collective quantity), divided by its own (related) numerator (also simplified), subtract four times the given known part (of the quantity), then multiply this (resulting difference) by that same (simplified) denominator (dealt with as above). The square root (of this product) is to be added to as well as subtracted from that (same) denominator (so dealt with); (then) the half (of either) of these (two quantities resulting as sum or difference is the unknown) collective quantity (required to be found out).

Examples in illustration thereof.

58. A cultivator obtained (first) $\frac{1}{8}$ of a heap of paddy as multiplied by $\frac{1}{16}$ (of that same heap); and (then) he had 24 *vāhas* (left in addition). Give out what the measure of the heap is.

59. One-sixteenth part of a collection of peacocks as multiplied by itself, (*i.e.*, by the same $\frac{1}{16}$ part of the collection), was found

---

56. The word *śārdūlavikrīḍita* in this stanza means 'tigers at play,' and at the same time happens to be the name of the metre in which the stanza is composed.

57. Algebraically stated $x = \dfrac{\frac{nq}{mp} \pm \sqrt{\left(\frac{nq}{mp} - 4a\right)\frac{nq}{mp}}}{2}$; and this value of x may easily be obtained from the equation $x - \frac{m}{n}x \times \frac{p}{q}x - a = 0$, where $\frac{m}{n}$ and $\frac{p}{q}$ are the fractions contemplated in the rule.

on a mango tree; $\frac{1}{9}$ of the remainder as multiplied by that same ($\frac{1}{9}$ part of that same remainder), as also (the remaining) fourteen (peacocks) were found in a grove of *tamāla* trees. How many are they (in all)?

60. One-twelfth part of a pillar, as multiplied by $\frac{1}{30}$ part thereof, was to be found under water; $\frac{1}{20}$ of the remainder, as multiplied by $\frac{3}{16}$ thereof, was found (buried) in the mire (below); and 20 *hastas* of the pillar were found in the air (above the water). O friend, you give out the measure of the length of the pillar.

Here ends the *Bhāgasaṁvarga* variety.

The rule relating to the *Aṁśavarga* variety (of miscellaneous problems on fractions), characterised by the subtraction or addition (of known quantities):—

61. (Take) the half of the denominator (of the specified fractional part of the unknown collective quantity), as divided by its own (related) numerator, and as increased or diminished by the (given) known quantity which is subtracted from or added to (the specified fractional part of the unknown collective quantity). The square root of the square of this (resulting quantity), as diminished by the square of (the above known) quantity to be subtracted or to be added and (also) by the known remainder (of the collective quantity), when added to or subtracted from the square root (of the square quantity mentioned above) and then divided by the (specified) fractional part (of the unknown collective quantity), gives the (required) value (of the unknown collective quantity).

Examples of the minus *variety.*

62. (A number) of buffaloes (equivalent to) the square of $\frac{1}{8}$ (of the whole herd) *minus* 1 is sporting in the forest. The

---

61. Algebraically,

$$x = \left\{ \pm\sqrt{\left(\frac{n}{2m} \pm d\right)^2 - d^2 - a} + \left(\frac{n}{2m} \pm d\right) \right\} \div \frac{m}{n}.$$ This value is obtained from the equation $x - \left(\frac{m}{n}x \mp d\right)^2 - a = 0$, where d is the given known quantity.

(remaining) 15 (of them) are seen grazing grass on a mountain. How many are they (in all)?

63. (A number) of elephants (equivalent to) $\frac{1}{10}$ of the herd *minus* 2, as multiplied by that same ($\frac{1}{10}$ of the herd *minus* 2), is found playing in a forest of *sallakī* trees. The (remaining) elephants of the herd measurable in number by the square of 6 are moving on a mountain. How many (together) are (all) these elephants here?

An example of the plus *variety.*

64. (A number of peacocks equivalent to) $\frac{1}{15}$ of their whole collection *plus* 2, multiplied by that same ($\frac{1}{15}$ of the collection *plus* 2), are playing on a *jambū* tree. The other (remaining) proud peacocks (of the collection), numbering $2^2 \times 5$, are playing on a mango tree. O friend, give out the numerical measure of (all) these (peacocks in the collection).

Here ends the *Aṁśavarga* variety characterised by *plus* or *minus* quantities.

The rule relating to the *Mūlamiśra* variety (of miscellaneous problems on fractions).

65. To the square of the (known) combined sum (of the square roots of the specified unknown quantities), the (given) *minus* quantity is added, or the (given) *plus* quantity is subtracted (therefrom); (then) the quantity (thus resulting) is divided by twice the combined sum (referred to above); (this) when squared gives rise to the required value (of the unknown collection). In relation to the working out of the *Mūlamiśra* variety of problems, this is the rule of operation.

---

64. The word *mattamayūra* occurring in the stanza means 'a proud peacock' and is also the name of the metre in which the stanza is composed.

65. Algebraically $x = \left\{ \frac{m^2 \mp d}{2m} \right\}^2$. This is easily derived from the equation $\sqrt{x} + \sqrt{x \pm d} = m$. The quantity m is here the known combined sum mentioned in the rule.

Examples of the minus *variety.*

66. On adding together (a number of pigeons equivalent to) the square root of the (whole) collection of pigeons and (another number equivalent to) the square root of the (whole) collection as diminished by 12, (exactly) 6 pigeons are seen (to be the result). What is (the numerical value of) that collection (of pigeons)?

67. The sum of two (quantities, which are respectively equivalent to the) square roots of the (whole) collection of pigeons and of (that same) collection as diminished by the cube of 4, amounts to 16. How many are the birds in that collection?

An example of the plus *variety.*

68. The sum of the two (quantities, which are respectively equivalent to the) square root (of the numerical value) of a collection of superior swans and (the square root of that same collection) as combined with 68, amounts to $6^2 - 2$. Give out how many swans there are in that collection.

Here ends the *Mūlamiśra* variety.

The rule relating to the *Bhinnadṛśya* variety (of miscellaneous problems on fractions):—

69. When *one*, diminished by the (given) fractional remainder (related to the unknown quantity), is divided by the product of the (specified) fractional parts (related thereto), the result which is (thus) arrived at becomes the (required) answer in working out the *Bhinnadṛśya* variety (of problems on fractions).

Examples in illustration thereof.

70. One-eighth part of a pillar, as multiplied by the $\frac{1}{18}$ part (of that same pillar), was found (to be buried) in the sands; $\frac{1}{2}$ of the pillar was visible (above). Say how much the (vertically measured) length of the pillar is.

---

69. Algebraically stated, $x = \left(1 - \frac{r}{s}\right) \div \frac{mp}{nq}$. This is obvious from the equation $x - \frac{m}{n} x \times \frac{p}{q} x - \frac{r}{s} x = 0$.

71. (Elephants equivalent in number to) $\frac{1}{27}$ part of the whole herd of elephants, as multiplied by $\frac{1}{9}$ (of that same herd) as divided by 2, are in a happy condition on a plain. The remaining (ones forming) $\frac{1}{3}$ (of the herd), resembling exceedingly dark masses of clouds in form, are playing on a mountain. O friend, you tell me now the numerical measure of the herd of elephants.

72. (Ascetics equivalent in number to) $\frac{1}{16}$ part of a collection of ascetics, as divided by 3 and as multiplied by that same ($\frac{1}{16}$ part divided by 3), are living in the interior of a forest; (the remaining ones forming) $\frac{1}{4}$ part (of that collection) are living on a mountain. O you, who have crossed over to the other shore of the ocean-like miscellaneous problems on fractions, tell me quickly the (numerical) value of that (collection of ascetics).

Here ends the *Bhinnadṛśya* variety.

Thus ends the third subject of treatment known as *Prakīrṇaka* in Sārasaṅgraha which is a work on arithmetic by Mahāvīrācārya.

---

71. The word *pṛthvī* occurring in this stanza means 'the earth', and is also the name of the metre in which the stanza is composed.

CHAPTER V.

RULE-OF-THREE.

The fourth subject of treatment.

1. Salutation to that blessed Vardhamāna, who is like a (helpful) relation to (all) the three worlds, and is (resplendent) like the sun in the matter of absolute knowledge, and has cast off (the taint of) all the *karmas*.

Next we shall expound the fourth subject of treatment, viz., rule-of-three.

The rule of operation in respect thereof is as follows :—

2. Here, in the rule-of-three, *Phala* multiplied by *Icchā* and divided by *Pramāṇa*, becomes the (required) answer, when the *Icchā* and the *Pramāṇa* are similar, (*i.e.*, in direct proportion); and in the case of this (proportion) being inverse, this operation (involving multiplication and division) is reversed, (so as to have division in the place of multiplication and multiplication in the place of division).

Examples relating to the former half of the above rule, i.e., *on the direct rule-of-three.*

3. The man who in $3\frac{1}{4}$ days goes over $5\frac{3}{4}$ *yōjanas*—give out what (distance) he (goes over) in a year and a day.

4. A lame man walks over $\frac{1}{8}$ of a *krōśa* together with $\frac{1}{5}$ (thereof) in $7\frac{1}{2}$ days. Say what (distance) he (goes over) in $3\frac{1}{5}$ years (at this rate).

5. A worm goes in $\frac{1}{8}$ of a day over $\frac{1}{4}$ of an *aṅgula*. In how many days will it reach the top of the *Mēru* mountain from its bottom ?

6. The man who in $3\frac{1}{2}$ days uses up $1\frac{1}{4}$ *kārṣāpaṇas*—in what time (will) he (use up) 100 *purāṇas* along with 1 *paṇa* ?

---

2. *Pramāṇa* and *Phala* together give the rate, in which *Phala* is a quantity of the same kind as the required answer and *Pramāṇa* is of the same kind as *Icchā*. This *Icchā* is the quantity about which something is required to be found out at the given rate. For instance in the problem in stanza 3 here, $3\frac{1}{4}$ days is the *Pramāṇa*, $5\frac{3}{4}$ *yōjanas* is the *Phala*, and 1 year and 1 day is the *Icchā*.

5. The height of the *Mēru* mountain is supposed to be 99,000 *yōjanas* or 76,032,000,000 *aṅgulas*.

7. A good piece of *kṛṣṇāgaru*, 12 *hastas* in length and 3 *hastas* in diameter, is consumed (at the rate of) 1 cubic *aṅgula* a day. What is the time required for the (complete) consumption of this cylinder?

8. (If) a *vāha* of very superior black gram, along with 1 *drōṇa*, 1 *āḍhaka* and 1 *kuḍava* (thereof), has been purchased by means of $10\frac{1}{2}$ *svarṇas*, what measure (may we purchase of it) by means of $100\frac{1}{2}$ *svarṇas*?

9. Where $1\frac{1}{8}$ *pala* of *kuṅkuma* is obtainable by means of $3\frac{1}{2}$ *purāṇas*, what measure (of it) may (we obtain) there by means of 100 *purāṇas*?

10. By means of $7\frac{1}{2}$ *palas* of ginger, $13\frac{1}{2}$ *paṇas* were obtained; say, O friend, what (may be obtained) in return for $32\frac{1}{2}$ *palas* of ginger?

11. By means of $4\frac{1}{5}$ *kārṣāpaṇas*, a man obtains $16\frac{1}{2}$ *palas* of silver; what (weight does he obtain thereof) by means of 10,000 *karṣas*?

12. By means of $7\frac{2}{3}$ *palas* of camphor, a man obtains 5 *dīnāras* along with 1 *bhāga*, 1 *aṁśa* and 1 *kalā*. What (does he obtain) here by means of 1,000 *palas* (thereof)?

13. The man who purchases here $5\frac{1}{5}$ *palas* of ghee by means of $3\frac{1}{2}$ *paṇas*—what (measure of it does he purchase) by means of $100\frac{1}{8}$ *karṣas*?

14. By means of $5\frac{1}{3}$ *purāṇas*, $16\frac{1}{2}$ pairs of cloths were obtained. O friend, say what (number of them may be obtained) by means of 61 *karṣas*?

15–16. There is a square well without water, (cubically) measuring 512 *hastas*. A hill rises on its bank; from the top

---

7. Here the process of finding out, from the given diameter, the area of the cross-section of a cylinder is supposed to be known. This is given in the sixth *Vyavahāra*, in the 19th stanza, where the area of a circle is said to be approximately equal to the diameter squared and then divided by 4 and multiplied by 3.

Kṛṣṇāgaru is a kind of fragrant wood burnt in fire as incense.

15–16. In this problem, the stream of water is as long as the mountain is high, so that as soon as it reaches the bottom of the mountain, it is supposed to cease to flow at the summit. For finding out the quantity of water in *Vāhas*, etc., the relation between cubical measure and liquid measure should have been given. The Sanskrit commentary in P and the Kanarese *ṭīkā* in B state that 1 cubic *aṅgula* of water is equal to 1 *karṣa* thereof in liquid measure.

thereof flows down, (to the bottom) a crystal-clear stream of water having 1 *aṅgula* for the diameter of its circular section, and the well becomes quite filled with water within. What is the height of the hill, and (what) the numerical value (of the liquid-measure) of water ?

17. A king gave, on (the occasion of) the *saṅkrānti*, to 6 Brahmins, 2 *drōṇas* of kidney-bean, 9 *kuḍabas* of ghee, 6 *drōṇas* of rice, 8 pairs of cloths, 6 cows with calves and 3 *svarṇas*. Give out quickly, O friend, what (the measure) is (of) the kidney-bean and the other things given by him (at that rate) to 336 Brahmins.

Here ends the (direct) rule-of-three.

Examples on inverse rule-of-three as explained in the fourth pāda * *(of the rule given above).*

18. How much is the gold of 9 *varṇas* for 90 of pure gold, as also for 100 gold (*Dharaṇas*) along with a *guñjā* thereof made up of gold of $10\frac{1}{8}$ *varṇas* ?

19. There are 300 pieces of China silk of 6 *hastas* in breadth as well as in length ; give out, O you who know the method of inverse proportion, how many pieces (of that same silk) there are (in them, each) measuring 5 by 3 *hastas*.

Here ends the inverse rule-of-three.

An example on inverse double rule-of-three.

20. Say how many pieces of that famous clothing, each measuring 2 *hastas* in breadth and 3 *hastas* in length, are to be found in 70 (pieces) of China silk, (each) measuring 5 *hastas* in breadth and 9 *hastas* in length.

An example on inverse treble rule-of-three.

21. Say how many images of *Tīrthaṅkaras*, (each) measuring 2 by 6 by 1 *hastas*, there may be in a big gem, which is 4 *hastas* in breadth, 9 *hastas* in length and 8 *hastas* in height.

---

17. *Saṅkrānti* is the passage of the sun from one zodiacal sign to another.

18. Pure gold is here taken to be of 16 *varṇas*.

* The reference here is to the fourth quarter of the second stanza in this chapter.

An example on inverse quadruple rule-of-three.

22. There is a block of stone (suited for building purposes), which measures 6 *hastas* in breadth, 30 *hastas* in length and 8 *hastas* in height, and (it is) 9 in worth. By means of this (given in exchange), how many (blocks) of such stone, fit to be used in building a Jina temple, (may be obtained, each) measuring 2 by 6 by 1 (*hastas*), and being 5 in worth?

Thus ends the inverse double, treble and quadruple rule-of-three.

The rule in regard to (problems bearing on associated) forward and backward movement.

23. Write down the net daily movement, as derived from the difference of (the given rates of) forward and backward movements, each (of these rates) being (first) divided by its own (specified) time; and then in relation to this (net daily movement), carry out the operation of the rule-of-three.

Examples in illustration thereof.

24–25. In the course of $\frac{3}{7}$ of a day, a ship goes over $\frac{1}{5}$ of a *krōśa* in the ocean; being opposed by the wind she goes back (during the same time) $\frac{1}{9}$ of a *krōśa*. Give out, O you who have powerful arms in crossing over the ocean of numbers well, in what time that (ship) will have gone over $99\frac{3}{5}$ *yōjanas*.

26. A man earning (at the rate of) $1\frac{1}{4}$ of a gold coin in $3\frac{1}{3}$ days, spends in $4\frac{1}{2}$ days $\frac{1}{4}$ of the gold coin as also $\frac{1}{8}$ of that ($\frac{1}{4}$) itself; by what time will he own 70 (of those gold coins as his net earnings)?

27. That excellent elephant, which, with temples that are attacked by the feet of bees greedy of the (flowing) ichor, goes over $\frac{1}{5}$ as well as $\frac{1}{2}$ of a *yōjana* in $5\frac{1}{2}$ days, and moves back in $3\frac{1}{2}$ days over $\frac{2}{5}$ of a *krōśa*: say in what time he will have gone over (a net distance of) 100 *yōjanas* less by $\frac{1}{2}$ *krōśa*.

28–30. A well completely filled with water is 10 *daṇḍas* in depth; a lotus sprouting up therein grows from the bottom

28–30. The 'depth' of the well is mentioned in the original as 'height' measured from the bottom of it.

(at the rate of) $2\frac{1}{2}$ *aṅgulas* in a day and half; the water (thereof) flows out through a pump (at the rate of) $2\frac{1}{2}$ *aṅgulas* (of the well in depth) in $1\frac{1}{5}$ days; $1\frac{1}{5}$ *aṅgulas* of water (in depth) are lost in a day by evaporation owing to the (heating) rays of the sun; a tortoise below pulls down $5\frac{1}{4}$ *aṅgulas* of the stalk of the lotus plant in $3\frac{1}{2}$ days. By what time will the lotus be on the same level with the water (in the well)?

31. A powerful unvanquished excellent black snake, which is 32 *hastas* in length, enters into a hole (at the rate of) $7\frac{1}{2}$ *aṅgulas* in $\frac{5}{14}$ of a day; and in the course of $\frac{1}{4}$ of a day its tail grows by $2\frac{3}{4}$ of an *aṅgula*. O ornament of arithmeticians, tell me by what time this same (serpent) enters fully into the hole.

Thus end the (problems bearing on associated) forward and backward movements.

The rule of operation relating to double, treble and quadruple rule-of-three.

32. Transpose the *Phala* from its own place to the other place (wherein a similar concrete quantity would occur); (then, for the purpose of arriving at the required result), the row consisting of the larger number (of different quantities) should be, (after they are all multiplied together), divided by the row consisting of the

---

32. The transference of the *Phala* and the other operations herein mentioned will be clear from the following worked out example.

The data in the problem in stanza No. 36 are to be first represented thus:—

9 *Mānīs.*	1 *Vāha* + 1 *Kumbha.*
3 *Yōjanas.*	10 *Yōjanas.*
60 *Paṇas.*	

When the *Phala* here, viz., 60 *paṇas*, is transferred to the other row we have—

9 *Mānīs.*	1 *Vāha* + 1 *Kumbha* $= 1\frac{1}{4}$ *Vāha.*
3 *Yōjanas.*	10 *Yōjanas.*
	60 *Paṇas.*

Now the right hand row, consisting of a larger number of different quantities, should be, after they are all multiplied together, divided by the smaller left hand row similarly dealt with.

Then we have

$$\frac{1\frac{1}{4} \times 10 \times 60}{9 \times 3}$$

The result here gives the number of *paṇas* to be found out.

smaller number (of different quantities, after these are also similarly thrown together and multiplied); but in the matter of the buying and selling of living animals (the transposition is to take place) only (in relation to the numbers representing) them.

Examples in illustration thereof.

33. At the rate of 2, 3 and 4 per cent. (per month), 50, 60 and 70 *Purāṇas* were (respectively) put to interest by a person desiring profit. How much interest does he obtain in ten months?

34. The interest on $80\frac{1}{2}$ gold coins for $\frac{1}{3}$ of a month is $1\frac{1}{2}$. How much (will it be) on $90\frac{3}{4}$ gold coins for $5\frac{3}{4}$ months?

35. He who obtains 20 gems in return for 100 gold pieces of 16 *varṇas*—what (will he obtain) in return for 288 gold pieces of 10 *varṇas*?

36. A man, by carrying 9 *māṇīs* of wheat over 3 *yōjanas*, obtained 60 *paṇas*. How much (would he obtain) by carrying one *kumbha* along with one *vāha* (thereof) over 10 *yōjanas*?

Examples on barter.

37. A man obtains 3 *karṣas* of musk for 10 gold coins and 2 *karṣas* of camphor for 8 gold coins. How many (*karṣas* of camphor does he obtain) in return for 300 *karṣas* of musk?

38. In return for 8 (*māṣas* in weight of silver), a man obtains 60 jack fruits; and in return for 10 *māṣas* (in weight of silver he obtains) 80 pomegranates. How many pomegranates (does he obtain) in return for 900 jack fruits?

Examples of (problems bearing on) the buying and selling of animals.

39. Twenty horses, (each) of 16 years (of age), are worth 100,000 gold coins. O leading arithmetician, say how much 70 horses, (each) of 10 years (of age), will be (worth) at this (rate).

40. Three hundred gold coins form the price of 9 damsels, (each) of 10 years (of age). What is the price of 36 damsels, (each) of 16 years (of age)?

41. What is the interest for 10 months on 90, invested at the rate of 6 per 100 (per month)? O you, who are a mirror to the face of arithmeticians, say, with the aid of the two (other requisite) known quantities, what the time in relation to that (interest) is, and what the capital is (in relation to that interest and time).

An example on treble rule-of-three.

42. Two pieces of sandal-wood, measuring 3 and 4 *hastás* in diameter and length respectively, are worth 8 gold coins. At this (rate) how much will be the worth of 14 (pieces of sandal-wood, each) measuring 6 and 9 *hastas* in diameter and length (respectively)?

Thus ends treble rule-of-three.

An example on quadruple rule-of-three.

43. A household well, measuring 5, 8 and 3 *hastas* in breadth, length and height (from the bottom, respectively), contain 6 *vāhas* of water; O you, who are learned, give out how much (water) 9 wells, (each being) 7 *hastas* in breadth, 60 in length and 5 in height (from the bottom, will contain).

Thus ends the fourth subject of treatment known as Rule-of-three in Sārasaṅgraha which is a work on arithmetic by Mahāvīrācārya.

---

43. The word *śālinī* occurring in this stanza indicates the name of the metre in which the stanza is composed, at the same time that it means 'belonging to a house.'

CHAPTER VI.

MIXED PROBLEMS.

The Fifth Subject of Treatment.

1. For attaining the supreme good, we worshipfully salute the holy Jinas, who are in possession of the fourfold infinite attributes, who are the makers of *tīrthas*,[1] who have attained self-conquest, are pure, are honoured in all the three worlds and are also excellent preceptors—the Jinas who have gone over to the (other) shore of the ocean of the Jaina doctrines, and are the guides and teachers of (all) born beings, and who, being the abode of all good qualities, are good in themselves and do good to others.

Hereafter we shall expound the fifth subject of treatment known as mixed problems. It is as follows:—

Statement of the meaning of the technical terms *saṅkramaṇa* and *viṣama-saṅkramaṇa*:—

2. Those who have gone to the end of the ocean of calculation say that the halving of the sum and of the difference (of any two quantities) is (known as) *saṅkramaṇa*, and that the *saṅkramaṇa* of two quantities which are (respectively) the divisor and the quotient is that which is *viṣama* (*i.e.*, *viṣama-saṅkramaṇa*).[2]

Examples in illustration thereof.

3. What is the *saṅkramaṇa* where the number 12 (is associated) with 2; and what is the divisional *viṣama-saṅkramaṇa* of that (same) number (12 in relation to 2)?

---

1 *Tīrtha* is interpreted to mean a ford intended to cross the river of mundane existence which is subject to *karma* and reincarnation. The Jinas are conceived to be capable of enabling the souls of men to get out of the stream of *samsāra* or the recurring cycle of embodied existence. The Jinas are therefore called *tīrthaṅkaras*.

2. Algebraically the *saṅkramaṇa* of any two quantities a and b is finding out $\frac{a+b}{2}$ and $\frac{a \sim b}{2}$; their *viṣama-saṅkramaṇa* is arriving at $\frac{b+\frac{a}{b}}{2}$ and $\frac{b \sim \frac{a}{b}}{2}$.

Double Rule-of-three.

The rule for arriving at (the value of) the interest which (operation) is of the nature of double rule-of-three :—

4. The number representing the *Icchā*, *i.e.*, the amount the interest whereon is desired to be found out, is multiplied by the time connected with itself and is then multiplied by (the number representing) the (given) rate of interest for the given capital; (then the resulting product) is divided by the time and the capital quantity (connected with the rate of interest); this (quotient) is, in arithmetic, the interest of the desired amount.

Examples in illustration thereof.

5. *Purāṇas*, 50, 60, and 70 (in amount) were lent out on interest at the rate of 3, 5 and 6 per cent (per mensem respectively); what is the interest for 6 months?

6. (A sum of) 30 *kārṣāpaṇas* and 8 *paṇas* were lent out on interest at the rate of $7\frac{1}{2}$ per cent (per month); what is the interest produced in exactly $7\frac{1}{2}$ months?

7. The interest on 60 for 2 months is seen to be 5 *purāṇas* with 3 *paṇas*; what would be the interest on 100 for 1 year?

8. The interest for 1 month and a half on lending out 150 is 15. What would be the interest obtained at this rate on 300 for 10 months?

9. A merchant lent out 63 *kārṣāpaṇas* at the rate of 8 for 108 (per month). What (is the interest) for $7\frac{1}{5}$ months?

The rule for finding out the capital lent out:—

10. The capital quantity (involved in the rate of interest) is multiplied by the time connected with itself and is then divided

---

4. Symbolically $i = \frac{c \times t \times I}{T \times C}$, where T, C and I are respectively the time, capital and interest of the *pramāṇa* or the rate, and t, c and i are respectively the time, capital and interest of the *icchā*. For an explanation of *pramāṇa*, *icchā*, &c., see note under Ch. V. 2.

5. Unless otherwise mentioned, the rate of interest is for 1 month.

10. Symbolically $\frac{C \times T \times i}{I \times t} = c$.

by the interest connected with itself. (Then) this (quotient) has to be divided by the time connected with the capital lent out; (this last) quotient when multiplied by the interest (that has accrued) becomes the capital giving rise to that (interest).

Examples in illustration thereof.

11. In lending out at the rate of $2\frac{1}{2}$ per cent (per mensem), a month and a half (is the time for which interest has accrued), and a certain person thus obtains 5 *purāṇas* as the interest. Tell me what the capital is in relation to that (interest).

12. The interest on 70 for $1\frac{1}{2}$ months is exactly $2\frac{1}{2}$. When the interest is $2\frac{1}{2}$ for $7\frac{1}{2}$ months what is the capital lent out?

13. In lending out at the rates of 3, 5 and 6 per cent (per mensem), the interest has so accrued in 6 months as to be 9, 18 and $25\frac{1}{5}$ (respectively); what are the capital amounts lent out?

The rule for finding out the time (during which interest has accrued):—

14. Take the capital amount (involved in the given rate of interest) as multiplied by the time (connected therewith); then cause this to be divided by its own (connected) rate-interest and by the capital lent out; then this (quotient) here is multiplied by the interest that has accrued on the capital lent out. Wise men say that the resulting (product) is the time (for which the interest has accrued).

Examples in illustration thereof.

15. O friend, mention, after calculating the time, by what time 28 will be obtained as interest on 80, lent out at the rate of $3\frac{1}{2}$ per cent (per mensem).

16. The capital amount lent out at the rate of 20 per 600 (per mensem) is 420. The interest also is 84. O friend, you tell me quickly the time (for which the interest has accrued).

---

14. Symbolically, $\frac{C \times T \times i}{I \times c} = t$.

17. It is 96 that is lent out at the rate of 6 per cent (per mensem); the interest thereon is seen to be $57\frac{3}{5}$. What is the time (for which interest has accrued)?

The rule regarding barter or exchange of commodities :—

18. The quantity of the commodity taken in exchange is divided by its own price as well as by the quantity of the commodity given in exchange. (It is then) multiplied by the price of the commodity given in exchange, and thereafter multiplied by the quantity of the commodity intended to be exchanged. This (resulting) product is the required quantity corresponding to the prices of the commodity given in exchange as well as of the commodity taken in exchange.

An example in illustration thereof.

19 and 20. *Palas* 8 of dried ginger were purchased for $6\frac{1}{4}$ *paṇas* and *palas* 5 of long pepper for $8\frac{3}{4}$ *paṇas*. Think out and tell me quickly, O you who know arithmetic, how many *palas* of long pepper have been purchased by one (at the above rate) by means of 80 *palas* of dried ginger.

Thus end the problems on double rule-of-three in this chapter on mixed problems.

Problems bearing on interest.

Next, in the chapter on mixed problems, we shall expound problems bearing on interest.

The rule for the separation of the capital and interest from their mixed sum :—

21. The result arrived at by carrying out the operation of division in relation to the given mixed sum of capital and interest

---

21. Symbolically, $c = \dfrac{m}{1 + \dfrac{1 \times t \times I}{T \times C}}$, where $m = c + i$; hence $i = m - c$.

by means of *one*, to which the interest thereon for the (given) time is added, (happens to be the required) capital; and the interest required is the combined sum *minus* this capital.

An example in illustration thereof.

22. If one lends out money at the rate of 5 per cent (per month), the combined sum of interest and capital becomes 48 in 12 months. What are the capital and the interest therein?

Again another rule for the separation of the capital and the interest from their combined sum :—

23. The product of the given time and the rate-interest, divided by the rate-time and the rate-capital and then combined with *one*, is the divisor of the combined sum of the capital and interest; the resulting quotient has to be understood as the (required) capital.

An example in illustration thereof.

24. Having given out on interest some money at the rate of $2\frac{1}{2}$ per cent (per mensem), one obtains 33 in 4 months as the combined sum (of the capital and the interest). What may be the capital (therein)?

The rule for the separation of the time and the interest from their combined sum :—

25. Take the rate-capital multiplied by the rate-time and divided by the rate-interest and by the given capital, and then combine this (resulting quantity) with *one*; then the quotient obtained by dividing the combined sum (of the time and interest) by this (resulting sum) indeed becomes the (required) interest.

Examples in illustration thereof.

26. Money amounting to 60 exactly was lent out at the rate of 5 per cent (per month) by one desirous of obtaining interest.

---

23. Symbolically $c = m \div \left\{\frac{t \times I}{T \times C} + 1\right\}$. It is evident that this is very much the same as the formula given under 21.

25. Symbolically $i = m \div \left\{\frac{C \times T}{I \times c} + 1\right\} = i$, where $m = i + t$.

The time (for which the interest has accrued) combined with the interest therefor is 20. What is the time here?

27. The capital put to interest at the rate of $1\frac{1}{2}$ per $70\frac{1}{2}$ (per mensem) is 705. The mixed sum of its time and interest is 80. (What is the value of the time and of the interest?)

28. The capital put to interest at the rate of $3\frac{1}{2}$ per 80 for $2\frac{1}{2}$ months is 400, and the mixed sum of time and interest is 36. (What is the time and what the interest?)

The rule for arriving at the separation of the capital and the time of interest from their mixed sum:—

29. From the square of the given mixed sum (of the capital and the time), the rate-capital divided by its rate-interest and multiplied by the rate-time and by four times the given interest is to be subtracted. The square root of this (resulting remainder) is then used in relation to the given mixed sum so as to carry out the process of *saṅkramaṇa*.

Examples in illustration thereof.

30. This, viz., 4 *Purāṇas* is the interest on 70 (per month). The interest (obtained on the whole) is 25. The mixed sum (of the capital used and the time of interest) is $45\frac{1}{4}$. What is the capital lent out?

31. By lending out what capital for what time at the rate of 3 per 60 (per mensem) would a man obtain 18 as interest, 66 being the mixed sum of that time and that capital?

32. It has been ascertained that the interest for $1\frac{1}{2}$ months on 60 is only $2\frac{1}{2}$. The interest here (in the given instance) is 24, and

---

29. Symbolically, $\dfrac{\sqrt{m^2 - \frac{C \times T}{I} \times 4i} \pm m}{2} = c$ or t as the case may be, where $m = c + t$.

The value of the quantity under the root, as given in the rule, is $(c-t)^2$; and the square root of this and the *miśra* have the operation of *saṅkramaṇa* performed in relation to them.

For the explanation of *saṅkramaṇa* see Ch. VI. 2.

60 is (the value of) the time combined with the capital lent out. (What is the time and what the capital?)

The rule for arriving at the separation of the rate-interest and the required time from their sum :—

33. The rate-capital is multiplied by its own rate-time, by the given interest and by four, and is then divided by the other (that is, the given) capital. The square root of the remainder (obtained by subtracting this resulting quotient) from the square of the given mixed sum is then used in relation to the mixed sum so as to carry out the process of *saṅkramaṇa*.

An example in illustration thereof.

34. The mixed sum of the rate-interest and of the time (for which interest has accrued) at the rate of the quantity to be found out per 100 per month and a half is $12\frac{1}{2}$, the capital lent out being 30 and the interest accruing thereon being 5. (What is the rate of interest and what the time for which it has accrued?)

The rule for arriving separately at the capital, time, and the interest from their mixed sum :—

35. Any (optionally chosen) quantity subtracted from the given mixed sum may happen to be the time required. By means of the interest on *one* for that same time, to which interest *one* is added, (the quantity remaining after the optionally chosen time is subtracted from the given mixed sum) is to be divided. (The resulting quotient) is the required capital. The mixed sum diminished by its own corresponding time and capital becomes the (required) interest.

An example in illustration thereof.

36. In a loan transaction at the rate of 5 per cent (per mensem), the quantities representing the time, the capital and the interest

---

33. Symbolically, $\sqrt{m^2 - \frac{C \times T \times i \times 4}{c}}$ is used with m in carrying out the required *saṅkramaṇa*, m being equal to $I + t$.

35. Here, of the three unknown quantities, the value of the time is to be optionally chosen, and the other two quantities are arrived at in accordance with rule in Ch. VI. 21.

(connected with the loan) are not known. Their sum however is 82. What is the capital, what is the time, and what the interest?

The rule for arriving separately at the various amounts of interest accruing on various capitals for various periods of time from the mixed sum of (those) amounts of interest :—

37. Let each capital amount, multiplied by the (corresponding) time and multiplied (also) by the (given) total (of the various amounts) of interest, be separately divided by the sum of the products obtained by multiplying each of the capital amounts by its corresponding time, and let the interest (of the capital so dealt with) be (thus) declared.

An example in illustration thereof.

38. In this (problem), the (given) capitals are 40, 30, 20 and 50; and the months are 5, 4, 3 and 6 (respectively). The sum of the amounts of interest is 34. (Find out each of these amounts.)

The rule for separating the various capital amounts from their mixed sum :—

39. Let the quantity representing the mixed sum of the various capitals lent out be divided by the sum of those (quotients) which are obtained by dividing the various amounts of interest by their corresponding periods of time, and let the (resulting) quotient be multiplied (respectively) by (the various) quotients obtained by

---

37. Symbolically, $\frac{c_1 t_1 m}{c_1 t_1 + c_2 t_2 + c_3 t_3 + \ldots} = i_1$;

and $\frac{c_2 t_2 m}{c_1 t_1 + c_2 t_2 + c_3 t_3 + \ldots} = i_2$: where $m = i_1 + i_2 + i_3 + \ldots$ and c_1, c_2, c_3, etc., are the various capitals, and t_1, t_2, t_3, etc., are the various periods of time.

39. Symbolically, $\frac{m}{\frac{i_1}{t_1} + \frac{i_2}{t_2} + \frac{i_3}{t_3} + \ldots} \times \frac{i_1}{t_1} = c_1$;

and $\frac{m}{\frac{i_1}{t_1} + \frac{i_2}{t_2} + \frac{i_3}{t_3} + \ldots} \times \frac{i_2}{t_2} = c_2$:

where $m = c_1 + c_2 + c_3 + \ldots$ etc.

dividing the various amounts of interest by their corresponding periods of time. Thus the various capital amounts happen to be found out.

Examples in illustration thereof.

40. (Sums represented by) 10, 6, 3 and 15 are the (various given) amounts of interest, and 5, 4, 3 and 6 are the (corresponding) months (for which those amounts of interest have accrued); the mixed sum of the (corresponding) capital amounts is seen to be 140. (Find out these capital amounts.)

41. The (various) amounts of interest are $\frac{5}{2}$, 6, $10\frac{1}{2}$, 16 and 30; (the corresponding periods of time are) 5, 6, 7, 8 and 10 months; 80 is the mixed sum (of the various capital amounts lent out. What are these amounts respectively?)

The rule for arriving separately at the various periods of time from their given mixed sum:—

42. Let the quantity representing the mixed sum of the (various) periods of time be divided by the sum of those (various quotients) obtained by dividing the various amounts of interest by their corresponding capital amounts; and (then) let the (resulting) quotient be multiplied (separately by each of the abovementioned quotients). (Thus) the (various) periods of time happen to be found out.

An example in illustration thereof.

43. Here, (in this problem,) the (given) capital amounts are 40, 30, 20 and 50; and 10, 6, 3 and 15 are the (corresponding) amounts of interest; 18 is the quantity representing the mixed sum of the (respective) periods of time (for which interest has accrued. Find out these periods of time separately).

---

42. Symbolically, $\dfrac{m}{\dfrac{i_1}{c_1}+\dfrac{i_2}{c_2}+\dfrac{i_3}{c_3}+\cdots} \times \dfrac{i_1}{c_1} = t_1$, where $m = t_1 + t_2 + t_3 +$ &c.

Similarly t_2, t_3, etc., may be found out.

The rule for arriving separately at the rate-interest of the rate-capital from the quantity representing the mixed sum obtained by adding together the capital amount lent out, which is itself equal to the rate-interest, and the interest on such capital lent out:—

44. The rate-capital as multiplied by the rate-time is divided by the other time (for which interest has accrued); the square root of this (resulting quotient) as multiplied by the (given) mixed sum once, and (then) as combined with the square of half of that (above-mentioned) quotient, when diminished by the half of this (same) quotient, becomes the (required) rate-interest (which is also equal to the capital lent out).

Examples in illustration thereof.

45. The rate-interest per 100 per 4 months is unknown. That (unknown quantity) is the capital lent out; this, when combined with its own interest, happens to be 12; and 25 months is the time for (which) this (interest has accrued. Find out the rate-interest equal to the capital lent out).

46. The rate-interest per 80 per 3 months is unknown; $7\frac{1}{5}$ is the mixed sum of that (unknown quantity taken as the) capital lent out and of the interest thereon for 1 year. What is the capital here and what the interest?

The rule for separating the capital, which is of the same value in all cases, and the interest (thereon for varying periods of time), from their mixed sum:—

47. Know that, when the difference between (any two of) the (given) mixed sums as multiplied by each other's period * (of

---

44. Symbolically, $\sqrt{\frac{CT}{t} \times m + \left(\frac{CT}{2t}\right)^2} - \frac{CT}{2t} = I$ which is equal to c.

47. Symbolically, $\frac{m_1 t_2 \backsim m_2 t_1}{t_1 \backsim t_2} = c$.

* By "the period of interest" here is meant the time for which interest has accrued in connection with any of the given mixed sums of capital and interest.

interest) is divided by the difference between those periods, what happens to be the quotient is the required capital in relation to (all) those (given mixed sums).

Examples in illustration thereof.

48. The mixed sums are 50, 58 and 66, and the months (during which interest has accrued respectively) are 5, 7 and 9. Find out what the interest is (in each case).

49 and 50. O arithmetician, a certain man paid out to 4 persons 30, $31\frac{2}{3}$, $33\frac{1}{3}$ and 35, (these) being the mixed sums (of the same capital and the interest due thereon) at the end of 3, 4, 5 and 6 months (respectively). Tell me quickly, what may be the capital here?

The rule for separating the capital, which is of the same value in all cases, and the time (during which interest has accrued), from their mixed sum:—

51. Wise men say that that is the (required) capital, which is obtained as the quotient of the difference between (any two of) the (given) mixed sums as multiplied by each other's interest, when this (difference) is divided by the difference between the (two chosen) amounts of interest.

Examples in illustration thereof.

52. The (given) mixed sums of the capital and the periods of interest are 21, 23 and 25; here, (in this problem,) the amounts of interest are 6, 10 and 14. What may be the capital of equal value here?

53. The (given) mixed sums are 35, 37 and 39; and the amounts of interest are 20, 28 and 36. (What is the common capital?)

---

51. Symbolically, $\frac{m_1 i_2 \backsim m_2 i_1}{i_1 \backsim i_2} = c$, where m_1, m_2, etc., are the various *miśras* or mixed sums.

The rule for arriving at the capital dealt out at two different rates of interest :—

54. Let the balance quantity (*i.e.*, the difference between the two amounts of interest,) be divided by the difference between those (two quantities) which form the interest on *one* for the given periods of time ; (this quotient) becomes the capital thought of by one's self before.

Examples in illustration thereof.

55. Borrowing at the rate of 6 per cent, and then lending out at the rate of 9 per cent, one obtains in the way of the differential gain 81 duly at the end of 3 months. What is the capital (utilized here)?

56. Borrowed at the rate of 3 per cent per mensem, a certain capital amount is put out to interest at the rate of 8 per cent per mensem. The differential gain is 80 at the end of 2 months. How much is the capital (so used)?

The rule for arriving at the time when both capital and interest will become paid up (by instalments) :—

57. The capital lent out is multiplied by its time (of instalment) and is again multiplied by the rate-interest; this product, when divided by the rate-capital and the rate-time, becomes the interest in relation to the instalment. The capital (in the instalment) and the time (of discharge of the debt are to be made out) as before from (this) interest.

Examples in illustration thereof.

58. The rate of interest is 5 for 70 per mensem ; the (amount of the) instalment to be paid is 18 in (every) 2 months ; the capital lent out is 84. What is the time of discharge?

---

54. Symbolically, $\dfrac{i_1 \backsim i_2}{\dfrac{1 \times t_1 \times I_1}{T_1 \times C_1} - \dfrac{1 \times t_2 \times I_2}{T_2 \times C_2}} = c.$

57. Symbolically, $\dfrac{c \times p \times I}{C \times T}$ = interest in the instalment, where p is the time of each instalment.

59. The monthly interest on 60 is exactly 5. The capital lent out is 35; the (amount of the) instalment (to be paid) is 15 in (every) 3 months. What is the time (of discharge) of that (debt)?

The rule for separating various capital amounts, on which the same interest has accrued, from their mixed sum :—

60. Let the (given) mixed sum multiplied by the time (given) in relation to it be divided by the sum of that quantity, wherein are combined the various rate-capitals as multiplied by their respective rate-times and as divided by their respective rate-interests. The interest (is thus arrived at); and (from this) the capital amounts are arrived at as before.

Examples in illustration thereof.

61. The mixed sum (of the capital amounts lent out) at the rates of 2, 6 and 4 per cent per mensem is 4,400. Here the capital amounts are such as have equal amounts of interest accruing after 2 months. What (are the capital amounts lent, and what is the equal interest)?

62. An amount represented (on the whole) by 1,900 was lent out at the rates of 3 per cent, 5 per 70, and $3\frac{3}{4}$ per 60 (per mensem); the interest (accrued) in 3 months (on the various lent parts of this capital amount) is the same (in each case). (What are these amounts lent out and what is the interest?)

The rule for arriving at the lent out capital in relation to the known time of discharge by instalments :—

63. Let the amount of the instalment as divided by the time thereof and as multiplied by the time of discharge be divided by

---

60. Symbolically, $\dfrac{m \times t}{\dfrac{C_1 \times T_1}{I_1} + \dfrac{C_2 \times T_2}{I_2} + \&c.} = i$; from this, the capitals are found out by the rule in Ch. VI. 10.

63. Symbolically, $\dfrac{\frac{s}{p}\, t}{1 + \dfrac{1 \times t \times I}{T \times C}} = c$, where s = amount of instalment, p = the time of an instalment, and t = the time of discharge.

that interest on *one* for the time of discharge to which *one* is added; the capital lent out is (thus arrived at).

Examples in illustration thereof.

64. In accordance with the rate of 5 per cent (per mensem), 2 months is the time for each instalment; and paying the instalment of 8 (on each occasion), a man here became free (from debt) in 60 months. What is the capital (borrowed by him)?

65. A certain person gives once in 12 days an instalment of $2\frac{2}{5}$, the rate of interest being 3 per cent (per mensem). What is the capital amount of the debt discharged in 10 months?

The rule for arriving separately at the various capital-amounts which, when combined with or diminished by their respective interests, are equal to one another, from their mixed sum, (the interests being either added to the capital amounts in all the given cases or subtracted from them similarly in all the given cases):—

66. *One* is to be either combined with or diminished by the interest (accruing) thereon for the (given) period of time (in each case in accordance with the respectively given rate of interest; then again in each case,) *one* is divided respectively by these (combined or diminished quantities arrived at as before). Thereafter the (given) mixed sum (of the various capital amounts lent out) is divided by the sum of these (resulting quotients), and in relation to the mixed sum (so treated) the process of multiplication is to be conducted (separately in each case by multiplying it) by (the corresponding) proportionate part (of the abovementioned sum of the quotients). This gives rise to the capital

66. Symbolically,

$$\frac{m}{\dfrac{1}{1 \pm \dfrac{1 \times t \times I_1}{T_1 \times C_1}} + \dfrac{1}{1 \pm \dfrac{1 \times t \times I_2}{T_2 \times C_2}} + \&c.} \times \frac{1}{1 \pm \dfrac{1 \times t \times I_1}{T_1 \times C_1}} = c_1$$

Similarly, do. do. $\times \dfrac{1}{1 \pm \dfrac{1 \times t \times I_2}{T_2 \times C_2}} = c_2$,

And so on for c_3, c_4, &c.

amounts lent out, which on being combined with or diminished by their respective amounts of interest are equal (in value).

Examples in illustration thereof.

67. The total capital represented by 8,520 is invested (in parts) at the (respective) rates of 3, 5 and 8 per cent (per month). Then, in this investment, in 5 months the capital amounts lent out are, on being diminished by the (respective) amounts of interest, (seen to be) equal in value. (What are the respective amounts invested thus?)

68. The total capital represented by 4,250 is invested (in parts) at the (respective) rates of 3, 6 and 8 for 60 for 2 months; then, in this investment, in 8 months the capital amounts lent out are, on being diminished by the (respective) amounts of interest, (seen to be) equal in value. (What are the respective amounts invested thus?)

69. The total capital represented by 13,740 is invested (in parts) at the (respective) rates of 2, 5 and 9 per cent (per month); then, in this investment, in 4 months the capital amounts lent out are, on being combined with the (respective) amounts of interest, (seen to be) equal in value. (What are the respective amounts invested thus?)

70. The total capital represented by 3,646 is invested (in parts) at the (respective) rates of $1\frac{1}{2}$, $\frac{5}{2}$ and $\frac{6}{2}$ for 80 (per month); then, in this investment, in 8 months (the capital amounts lent out are, on being combined with the respective amounts of interest, seen to be equal in value. What are the respective amounts invested thus?)

The rule for arriving at the capital, the interest, and the time of discharge (of the debt) in relation to the debt-amount (paid up) in instalments in arithmetical progression :—

71. (The required capital amount in the due debt) is that capital amount (which results) by adding the product of the

---

71. The rule is very elliptical and will become clear from the following working of the example contained in stanzas $72—73\frac{1}{2}$:—

Here the *mūla* or the maximum available amount of an instalment is 60; this, when divided by 7, the amount of the first instalment, gives $\frac{60}{7}$ or $8\frac{4}{7}$, of which optionally chosen (maximum available amount of an instalment) by (whatever happens to be) the outstanding (fractional part of the number of terms in the series), to the amount of the (first) instalment as multiplied by the sum of that series in arithmetical progression, which has (*one* for the first term, *one* for the common difference, and has for the number of terms the integral value of) the quotient obtained by dividing (the above optionally chosen maximum) amount of debt (discharged at an instalment) by the (above amount of the first) instalment. The interest thereon is that which accrues for the period of an instalment. The time (of an instalment) divided by the amount of the (first) instalment and multiplied by the (optionally chosen maximum) amount of debt (discharged at an instalment) gives rise to the time (which is the time of the discharge of the whole debt).

Examples in illustration thereof.

72 and 73½. A certain man utilised, (for the discharge of a debt) bearing interest at 5 per cent (per month), 60 (as the available maximum amount) with 7 as the first instalment amount, increasing it by 7 in successive instalments due every $\frac{4}{5}$ of a month. He thus gave in discharge of the debt the sum of a series in arithmetical progression consisting of $\frac{60}{7}$ terms, and gave also the interest accruing on those multiples of 7. What is the debt amount corresponding to the sum of the series, what is that interest (which he paid), and (what is) the time of discharge of that debt?

73½ to 76. A certain man utilised for the discharge of a debt, bearing interest at 5 per cent (per mensem), 80 (as the available maximum amount) with 8 as the first instalment amount, increasing it by 8 in successive instalments due every ½ of a month. He thus

8 represents the number of terms of the series in arithmetical progression, which has 1 for the first term and 1 for the common difference; and $\frac{4}{7}$ is the *agra* or the outstanding fractional part. The sum of the above-mentioned series, viz., 36, multiplied by 7, the amount of the first instalment, is added to the product of $\frac{4}{7}$ and 60, which latter is the maximum available amount of an instalment. Thus, we get $36 \times 7 + \frac{4}{7} \times 60 = \frac{2004}{7}$, which is the required capital amount in the due debt. The interest on $\frac{2004}{7}$ for $\frac{4}{5}$ of a month at the rate of 5 per cent per mensem will be the interest paid on the whole. The time of discharge will be $(\frac{4}{5} \div 7) \times 20 = \frac{48}{7}$ months.

gave in discharge of the debt the sum of a series in arithmetical progression consisting of $\frac{80}{8}$ terms and gave also the interest accruing on those multiples of 8. The debt amount (corresponding to the sum of the series), the interest (which he paid), and the time of discharge (of that debt)—tell me, friend, after calculating, what the (respective) value of these quantities is.

The rule for arriving at the average common interest :—

77 and 77½. Divide the sum of the (various accruing) interests by the sum of the (various corresponding) interests due for a month ; the resulting quotient is the required time. The product of the (assumed) rate-time and the rate-capital is divided by this required time, then multiplied by the sum of the (various accruing) interests and then divided again by the sum of the (various given) capital amounts. This gives rise to the (required) rate-interest.

An example in illustration thereof.

78½. In this problem, four hundreds were (separately) invested at the (respective) rates of 2, 3, 5 and 4 per cent (per mensem) for 5, 4, 2 and 3 months (respectively). What is the average common time of investment, and what the average common rate of interest ?

Thus end the problems bearing on interest in this chapter on mixed problems.

---

77 and 77½. The various accruing interests are the various amounts of interests accruing on the several amounts at the various rates for their respective periods.

Symbolically, $$\left\{\frac{c_1 \times t_1 \times I_1}{T \times C} + \frac{c_2 \times t_2 \times I_2}{T \times C} + \ldots\right\} \div \left\{\frac{c_1 \times 1 \times I_1}{T \times C} + \frac{c_2 \times 1 \times I_2}{T \times C} + \ldots\right\} = t_a \text{ or average time;}$$

and $$\frac{T \times C}{t_a} \times \left\{\frac{c_1 \times t_1 \times I_1}{T \times C} + \frac{c_2 \times t_2 \times I_2}{T \times C} + \ldots\right\} \div (c_1 + c_2 + \ldots) = i_a \text{ or average interest.}$$

Proportionate Division.

Hereafter we shall expound in (this) chapter on mixed problems the working of proportionate division:—

$79\frac{1}{2}$. The operation of proportionate division is that wherein the (given) collective quantity (to be divided) is first divided by the sum of the numerators of the common-denominator-fractions (representing the various proportionate parts), the denominators of which fractions are struck off out of consideration; and (then it) has to be multiplied (respectively in each case) by (these) proportional numerators. This is called *kuṭṭīkāra* by the learned.

Examples in illustration thereof.

$80\frac{1}{2}$. Here, (in this problem,) 120 gold pieces are divided among 4 servants in the (respective) proportional parts of $\frac{1}{2}$, $\frac{1}{3}$, $\frac{1}{4}$ and $\frac{1}{6}$. O arithmetician, tell me quickly what they obtained.

$81\frac{1}{2}$. (The sum of) 363 *dīnāras* was divided among five, the first one (among them) getting 3 parts, and 3 being the common ratio successively (in relation to the shares of the others). What was the share of each?

$82\frac{1}{2}$ to $85\frac{1}{2}$. A certain faithful *śrāvaka* took a number of lotus flowers, and going into the Jina temple conducted (therein) with devotion the worship of the chief Jinas that were worthy of worship. He offered $\frac{1}{4}$ part to Vṛṣabha, $\frac{1}{6}$ to worthy Pārśva, and $\frac{1}{12}$ to Jinapati, and $\frac{1}{3}$ to sage Suvrata; he devotedly gave $\frac{1}{8}$ to Ariṣṭanémi who destroyed all the eight kinds of *karmas* and who was beloved by the world; and $\frac{1}{6}$ of $\frac{1}{4}$ to Jinaśānti: 480 lotuses were brought (for this purpose.) By adopting the operation known

---

$79\frac{1}{2}$. In working the example in stanza $80\frac{1}{2}$ according to this rule we get: $\frac{1}{2}, \frac{1}{3}, \frac{1}{4}, \frac{1}{6} = \frac{6}{12}, \frac{4}{12}, \frac{3}{12}, \frac{2}{12}$. After removing the denominators here, we have 6, 4, 3 and 2. These are also called *prakṣēpas* or proportional numerators. The sum of these is 15, by which the amount to be distributed, viz., 120, is divided; and the resulting quotient 8 is separately multiplied by the proportional numerators, 6, 4, 3 and 2. Then the amounts thus obtained are 6×8 or 48, 4×8 or 32, 3×8 or 24, 2×8 or 16. It is worthy of note that *prakṣēpa* means both the operation of proportionate division and a proportional numerator.

as *prakṣēpaka*, give out the proportionate distribution of the flowers.

86½. (A sum of) 480 was divided among five men in the proportion of 2, 3, 4, 5 and 6; O friend, give out (the share of each).

The rule for arriving at (certain) results in required proportions :—

87½. The (number representing the) rate-price is divided by (the number representing) the thing purchasable therewith; (it) is (then) multiplied by the (given) proportional number; by means of this, (we get at) the sum of the proportionate parts, (through) the process of addition. Then the given amount multiplied by the (respective) proportionate parts and then divided by (this sum of) the proportionate parts gives rise to the value (of the various things in the required proportion).

Another rule for this (same) purpose :—

88½. Multiply the numbers representing the rate-prices (respectively) by the numbers representing the (given) proportions of the (various) things (to be purchased); then divide (the result) by the (respective) numbers measuring the things purchasable for the rate-price; the resulting quantities happen to be the (requisite) multipliers in the operation of *prakṣēpaka*. The intelligent man may (then) give out the required answer by adopting the rule-of-three.

Again a rule for this (same) purpose :—

89½. The (numbers representing the various) rate-prices are respectively divided by their own related (numbers representing the) things purchasable therefor and are (then) multiplied by their related proportional numbers. With the help of these, the remainder (of the operation should be carried out) as before.

87½ to 89½. In working the example in stanza 90½ and 91½ according to these rules 2, 3 and 5 are divided by 3, 5 and 7 respectively and are similarly multiplied by 6, 3 and 1. Thus we have $\frac{2}{3} \times 6, \frac{3}{5} \times 3, \frac{5}{7} \times 1 = 4, \frac{9}{5}, \frac{5}{7}$. These are the proportional parts. Tho rules in stanzas 88½ and 89½ require thereafter the operation of *prakṣēpa* to be applied in relation to these proportional parts; but the rule in stanza 87½ expressly describes this operation.

The required result is well arrived at by going through the process of the rule-of-three.

Examples in illustration thereof.

$90\frac{1}{2}$ and $91\frac{1}{2}$. Pomegranates, mangoes and woodapples are obtainable at the (respective) rates of 3 for 2, 5 for 3, and 7 for 5 *paṇas*. O you friend, who know the principles of calculation, come quickly having purchased fruits for 76 *paṇas*, so that the mangoes may be three times as the woodapples, and the pomegranates six times as much.

$92\frac{1}{2}$ to $94\frac{1}{2}$. A follower of Jina had the image of Jina bathed in potfuls of curds, ghee and milk. Three pots became filled with 72 *palas* (of these); 32 *palas* were found in the first pot and 24 in the second pot and 16 in the third pot. From these (potfuls of mixed-up) curds, ghee and milk, find out each of those (ingredients) separately and give them out, there being altogether 24 *palas* of ghee, 16 *palas* of milk and 32 *palas* of curds.

$95\frac{1}{2}$ and $96\frac{1}{2}$. Three *purāṇas* formed the pay of one man who is a mounted soldier; and at that rate there were 65 men in all. Some (among them) broke down, and the amount of their pay was given to those that remained in the field. Of this, each man obtained 10 *purāṇas*. You tell me, after thinking well, how many remained in the field and how many broke down.

The rule for the operation of proportionate division, wherein there is the addition or the subtraction of certain optionally chosen integral quantities :—

$97\frac{1}{2}$. The given total quantity is diminished by the integral quantities that are to be added, or is combined with the positive integral quantities that are to be subtracted; then with the help of this resulting quantity the operation of proportionate division is to be conducted, and the resulting proportionate parts are respectively combined with those (integral quantities that are to be added to them), or they are diminished (respectively) by those (integral quantities that are to be subtracted).

$97\frac{1}{2}$. The operation of proportionate division to be conducted here is according to any of the rules in stanzas $87\frac{1}{2}$ to $89\frac{1}{2}$.

Examples in illustration thereof.

98½. Four men obtained their shares in successively doubled proportions and with successively doubled differences in addition, the first man obtaining one share: 67 (is the quantity so to be distributed) here. What is the share of each?

99½. (A sum of) 78 is divided by these four (among themselves) in proportions which are successively from the first 1½ times (what precedes) and with differences (in addition, which,) commencing with 1, (go on) increasing three-fold. Give out the (value of the) parts obtained (by each.)

100½. (The shares of) five (persons) are (successively) from the first 1½ times (what goes before), and the differences in addition are quantities which are (successively) 2½ times (the preceding difference) 51¾ is (the total quantity) to be divided. (Find out the values of the portions obtained by each.)

101½. (A sum of) 400 *minus* 15 is divided by four men (among themselves) in proportions which from the first are 2½ times (what precedes), and which (besides) are less by differences which are (successively) 4 times (the preceding difference). (Find out the values of the various portions obtained.)

The rule for arriving at the value of the prices producing equal sale-proceeds and at the value of the highest capital (invested in the transactions concerned):—

102½. The largest capital (invested) combined with *one* becomes the vending rate of the commodity (to be sold). That (same vending rate), multiplied by the (given) price at which the remnant is to be sold, and diminished by *one*, gives rise to the

---

98½. The difference quantity to be added to the shares here is 1 in the case of the second man, and twice the preceding difference in the case of each of the remaining two men; and this difference in the case of the second man is not expressly mentioned as 1 in this example as well as in the example in stanza 101½.

102½. The examples bearing on this rule contemplate the purchase of a commodity at a certain common rate for various capital amounts; then the commodity so purchased is to be sold at a certain other common rate. That quantity of the commodity which is left over, owing to its not being enough to be sold for a unit of the kind of money employed in the transaction, is here

purchasing rate. By reversing the processes, one may arrive at the valuation of the highest capital (invested in the transaction).

Examples in illustration thereof.

103½. The capital amounts invested by (three) men are (respectively) 2, 8 and 36; 6 is the price at which the remnants of the commodity are to be sold. Having purchased and sold at the same rates, they became possessors of equal wealth. (Find out the buying and selling prices.)

104½. Those three persons took up 1½, ½ and 2½ (as their respective capital amounts) and conducted the operations of buying and selling (in relation to the same commodity at the same rates of price); by selling the remnant (in the end) at a price represented by 6, they became possessors of equal wealth. (Find out their buying and selling prices.)

105½. The quantity measuring the equal wealth is 41, and the price at which the remnants of the commodity are sold is 6. O arithmetician, tell me quickly what the highest capital (invested) is, and what the (various) capitals are.

106½. In the case where 35 *dīnāras* give the numerical measure of the equal wealth, and 4 is the price at which the remnant is to be sold, you tell me, O arithmetician, what the highest capital (invested) is.

---

spoken of as the remnant, and the price at which this remnant is sold is the remnant-price.

Symbolically, let a, $a + b$ and $a + b + c$ be the capitals, where the last is the ज्येष्ठधन or the largest capital, and let p be the चरमार्घ or the remnant-price; then, according to the rule, $a + b + c + 1 =$ the *vending* rate; and $(a + b + c + 1) p - 1 =$ the *purchasing* rate.

From these, it can be easily shown that the sum of the amounts realised by selling the commodity at the vending rate and the remnant at the remnant-price turns out to be the same in each case.

It may be noted that the *purchasing* rate happens in problems bearing on this rule to be the same in value as the समधन or the equal sale-proceeds.

105½. It may be noted here that, according to the rule, it is only the largest capital that is found out; while the other capitals required in the problem are optionally chosen, so as to be less than the largest capital.

The rule for arriving at the value of the prices producing equal sale-proceeds when the price of the remnant is fractional in character:—

107½. When the remnant-price is fractional in character, the selling and the buying rates are to be derived as before with (the data consisting of) the (invested) capitals and the remnant-price reduced to the same denominator, which is (however) ignored (for the time being); these selling and buying rates are (then respectively) to be multiplied by (this) denominator and the square of (this) denominator (for arriving at the required selling and buying rates). The value of the equal sale-proceeds is (then obtained) by means of the rule-of-three.

An example in illustration thereof.

108½. (In a transaction) $\frac{1}{2}$, $\frac{1}{3}$, $\frac{1}{4}$ are the capital amounts (invested respectively by three persons); the remnant-price is $\frac{6}{5}$. By purchasing and selling at the same prices, they became possessed of equal sale-proceeds. (What is the buying price, what the selling price, and what the equal sale-amount?)

Again, another rule for arriving at the value of the equal sale-proceeds, when the remnant-price is fractional:—

109½. The continued product of the highest numerator, of *two*, and of (all) the denominators (to be found in the values of the capital amounts invested), when combined with the (last) denominator belonging to the value of the remnant-price, gives rise to the selling rate. This multiplied by the remnant-price, and then diminished by *one*, and then multiplied (successively) by *two* and all the denominators, becomes the purchasing rate. Then the rule-of-three (is to be used for arriving at the common value of the sale-amounts).

An example in illustration thereof.

110½. Having invested $\frac{1}{2}$, $\frac{2}{3}$, $\frac{3}{4}$ (respectively), and having bought and sold (the same commodity), and with $\frac{5}{4}$ as the remnant-price, three merchants became possessors of equal sale-proceeds

(in the end. What is the buying price, what is the selling price, and what the equal sale-amount ?)

The rule for arriving at (the solution of a problem wherein) optionally chosen quantities (are) bestowed in optionally chosen multiples for an optionally chosen number of times :—

111½. Let the penultimate quantity be added to the ultimate quantity as divided by its own corresponding multiple number, and let the result of this operation be divided by that (multiple number which is associated with this) penultimate quantity (given in the problem). What results (from carrying out this operation throughout in relation to all the various quantities bestowed) happens to be the (required) original quantity.

Examples in illustration thereof.

112½ and 113½. A certain lay follower of Jainism went to a Jina temple with four gate-ways, and having taken (with him) fragrant flowers offered them (thus) in worship with devotion :— At the four gate-ways, they became doubled, then trebled, then quadrupled and then quintupled (respectively in order.) The number of flowers offered by him was five at every (gate-way). How many were the lotuses (originally taken by him)?

114½. Flowers were obtained and offered in worship by devotees with devotion, the flowers (so offered) being (successively) 3, 5, 7 and 8 ; (their corresponding) multiple quantities being $\frac{1}{2}$, $\frac{1}{3}$, $\frac{1}{4}$ and $\frac{1}{2}$ (in order. Find out the original number of flowers).

Thus ends proportionate division in this chapter on mixed problems.

Vallikā-kuṭṭīkāra.

Hereafter we shall explain the process of calculation known as *Vallikā-kuṭṭīkāra* *:—

The rule underlying the process of calculation known as *Vallikā* in relation to *Kuṭṭīkāra* (which is a special kind of division or distribution):—

115½. Divide the (given) group-number by the (given) divisor; discard the first quotient; then put down one below the other the (various) quotients obtained by the successive division (of the various resulting divisors by the various resulting remainders; again), put down below this the optionally chosen number,

---

* It is so called because the method of *kuṭṭīkāra* explained in the rule is based upon a creeper-like chain of figures.

115½. The rule will become clear from the following working of the problem in stanza No. 117½.

Here it is stated that 63 heaps of plantains together with 7 separate fruits are exactly divisible among 23 persons; it is required to find out the number of fruits in a heap. Here the 63 is called the 'group-number', and the numerical value of the fruits contained in each heap is called the 'group-value'; and it is this latter which has to be found out.

Now, according to the rule, we divide first the *rāśi*, or group-number 63, by the *chēda* or the divisor 23; and then we continue the process of division as in finding out H.C.F. of two numbers:—

23)63(2
46
—
17)23(1
17
—
6)17(2
12
—
5)6(1
5
—
1)5(4
4
—
1

Here we stop the division with the fifth remainder as it is the least remainder in the odd position of order in the series of divisions carried out here.

Here, the first quotient 2 is discarded; the other quotients are written down in a line one below the other as in the margin; then we have to choose such a number as, when multiplied by the last remainder 1, and then combined with 7, (the number of separate fruits given in the problem,) will be divisible by the last divisor 1. We accordingly choose 1, which is written down below the last figure in the chain; and below this chosen number, again, is written down the quotient obtained in the above division with the help of the chosen number.

1
2
1
4

with which the least remainder in the odd position of order (in the above-mentioned process of successive division) is to be multiplied; and (then put down) below (this again) this product increased or decreased (as the case may be by the given known number) and then divided (by the last divisor in the above mentioned process of successive division. Thus the *Vallikā* or the creeper-like chain of figures is obtained. In this) the sum obtained by adding (the lowermost number in the chain) to the product obtained by multiplying the number above it with the number (immediately) above (this upper number, this process of addition being in the same way continued till the whole chain is exhausted,) this sum, is to be divided by the (originally

---

Thus we get the chain or *Vallikā* noted in the first column of figures in the margin. Then we multiply the penultimate figure below in the chain, viz., 1, by 4, which is above it, and add 8, the last number in the chain; the resulting 12 is written down so as to be in the place corresponding to 4; then multiplying this 12 by 1 which is the figure above it in the creeper chain, and adding 1, the figure similarly below it, we get 13 in the place of 1; proceeding in the same manner 38 and 51 are obtained in the places of 2 and 1 respectively. This 51 is divided by 23, the divisor in the problem; and the remainder 5 is seen to be the least number of fruits in a bunch.

1—51
2—38
1—13
4—12
1
8

The *rationale* of the rule will be clear from the following algebraical representation :—

$$\frac{Bx+b}{A} = y \text{ (an integer)} = q_1 x + p_1, \text{ where } p_1 = \frac{(B-Aq_1)x+b}{A}.$$

$$\therefore\ x = \frac{Ap_1 - b}{r_1}, \text{ (where } r_1 = B - Aq_1 \text{ the first remainder)}$$

$= q_2 p_1 + p_2$, where $p_2 = \frac{r_2 p_1 - b}{r_1}$, and q_2 is the second quotient and r_2 the second remainder.

Hence, $p_1 = \frac{r_1 p_2 + b}{r_2} = q_3 p_2 + p_3$, where $p_3 = \frac{r_3 p_2 + b}{r_2}$ and q_3 is the third quotient and r_3 the third remainder.

Similarly, $p_2 = \frac{r_2 p_3 - b}{r_3} = q_4 p_3 + p_4$, where $p_4 = \frac{r_4 p_3 - b}{r_3}$;

$p_3 = \frac{r_3 p_4 + b}{r_4} = q_5 p_4 + p_5$, where $p_5 = \frac{r_5 p_4 + b}{r_4}$.

Thus we have, $x = q_2 p_1 + p_2$;

$p_1 = q_3 p_2 + p_3$;

$p_2 = q_4 p_3 + p_4$;

$p_3 = q_5 p_4 + p_5$.

given) divisor. (The remainder in this last division becomes the multiplier with which the originally given group-number is to be multiplied for the purpose of arriving at the quantity which is to be divided or distributed in the manner indicated in the problem. Where, however, the given group-numbers, increased or decreased in more than one way, are to be divided or distributed in more than one proportion,) the divisor related to the larger group-value, (arrived at as explained above in relation to either of two specified distributions), is to be divided (as above) by the divisor (related to

---

By choosing a value for p_4 such that $\frac{r_5 p_4 + b}{r_4}$, which is, as shown above, the value of p_5, becomes an integer, and by arranging in a chain q_2, q_3, q_4, q_5, p_4 and p_5 we get at the value of x by proceeding as stated in the rule, that is, by the processes of multiplication by the upper quantity and the addition of the lower quantity in the chain, which are carried up to the topmost quantity. The value of x so obtained is divided by A, and the remainder represents the least value of x; for the values of x which satisfy the equation, $\frac{Bx + b}{A}$ = an integer, are all in an arithmetical progression wherein the common difference is A.

This same rule contemplates problems where two or more conditions are given, such as the problems given in stanzas 121½ to 129½. The problem in 121½ may be thus worked out according to the rule :—It is given that a heap of fruits when diminished by 7 is exactly divisible among 8 men, and the same heap when diminished by 3 is exactly divisible among 13 men.

Now, according to the method already given, find out first the least number of fruits that will satisfy the first condition, and then find out the number of fruits that will satisfy the second condition. Thus we get the group-values 15 and 16 respectively. Now, the divisor related to the larger group-value is divided as before by that related to the smaller group-value to obtain a fresh *vallikā* chain. Thus dividing 13 by 8 and continuing the division, we have—

```
8)13(1
  8
  --
  5)8(1
    5
    -
    3)5(1
      3
      -
      2)3(1
        2
        -
        1)2(1
          1
          -
          1
```

From this the *Vallikā* chain comes out thus :—Choosing 1 as the *mati*, and adding the difference between the two group-values already arrived at, that is, 16—15, or 1, to the product of the *mati* and the last divisor, and dividing this sum by the last divisor, we have 2, which is to be written down below the *mati* in the *Vallikā* chain. Then proceeding as before with the *vallikā*, we get 11, which, when divided by the first divisor 8, leaves the remainder 3. This is multiplied by the divisor related to the larger group-value, viz., 13, and then is combined with the larger group-value. Thus 55 is the number of fruits in the heap.

```
1
1
1
1
1
2
```

the smaller group-value, so that a creeper-like chain of successive quotients may be obtained in this case also as before. Below the lowermost quotient in this chain, the optionally chosen multiplier of the least remainder in the odd position of order in this last successive division is to be put down; and below this again is to be put down the number which is obtained by) adding the difference between the two group-values (already referred to) to the product (of the least remainder in the last odd position of order multiplied by the above optionally chosen multiplier thereof, and then by dividing the resulting sum by the last divisor in the

---

The *rationale* of this process will be clear from the following considerations:—

We have (i) $\frac{B_1 x + b_1}{A_1}$ is an integer; (ii) $\frac{B_2 x + b_2}{A_2}$ is an integer; and (iii) $\frac{B_3 x + b_3}{A_3}$ is an integer. In (i) Let the lowest value of $x = s_1$.

In (ii) ,, ,, ,, $x = s_2$.
In (iii) ,, ,, ,, $x = s_3$.

(iv) When both (i) and (ii) are to be satisfied, $dA_1 + s_1$ has to be equal to $kA_2 + s_2$, so that $s_1 - s_2 = kA_2 - dA_1$. That is, $\frac{A_1 d + (s_1 - s_2)}{A_2} = k$.

From (iv), which is an indeterminate equation with the values of d and k unknown, we arrive, according to what has been already proved, at the lowest positive integral value of d. This value of d multiplied by A_1, and then increased by s_1, gives the value of x which will satisfy (i) and (ii).

Let this be t_1; and let the next higher value of x which will satisfy both these equations be t_2.

(v) Now, $t_1 + nA_1 = t_2$;
(vi) and $t_1 + mA_2 = t_2$.

$\therefore \frac{A_1}{A_2} = \frac{m}{n}$. Thus $A_1 = mp$, and $A_2 = np$, where p is the highest common factor between A_1 and A_2.

$\therefore m = \frac{A_1}{p}$, and $n = \frac{A_2}{p}$.

Substituting in (v) or (vi), we have

$$t_1 + \frac{A_1 A_2}{p} = t_2.$$

From this it is obvious that the next higher value of x satisfying the two equations is obtained by adding the least common multiple of A_1 and A_2 to the lower value.

Now again, let v be the value of x which satisfies all the three equations.

Then $v = t_1 + \frac{A_1 A_2}{p} \times r$, (where r is a positive integer) $=$ (say) $t_1 + lr$; and $v = s_3 + cA_3 = t_1 + lr$.

$$\therefore r = \frac{c A_3 + s_3 - t_1}{l}.$$

above division chain. Thus the creeper-like chain of figures required for the solution of this latter combined problem is obtained. This chain is to be dealt with as before from below upwards, and the resulting number is to be divided as before by the first divisor in this last division chain. The remainder obtained in this operation is then) to be multiplied by the divisor (related to the larger group-value, and to the resulting product, this) larger group-value is to be added. (Thus the value of the required multiplier of the given group-number is obtained; and this will satisfy both the specified distributions taken together into consideration).

Examples in illustration thereof.

116½. Into the bright and refreshing outskirts of a forest, which were full of numerous trees with their branches bent down with the weight of flowers and fruits, trees such as *jambū* trees, lime trees, plantains, areca palms, jack trees, date-palms, *hintāla* trees, palmyras, *punnāga* trees and mango trees—(into the outskirts), the various quarters whereof were filled with the many sounds of crowds of parrots and cuckoos found near springs containing lotuses with bees roaming about them—(into such forest outskirts) a number of weary travellers entered with joy.

117½. (There were) 63 (numerically equal) heaps of plantain fruits put together and combined with 7 (more) of those same fruits; and these were (equally) distributed among 23 travellers so as to leave no remainder. You tell (me now) the (numerical) measure of a heap (of plantains.)

118½. Again, in relation to 12 (numerically equal) heaps of pomegranates, which, after having been put together and

---

By applying the principle of *vallikā-kuṭṭīkāra* in the last equation, the value of c is obtained, and thence the value of v can be easily arrived at.

It is seen from this that, when, in order to find out v, we deal with t_1 and s_2 in accordance with the *kuṭṭīkāra* method, the *chēda* or the divisor to be taken in relation to t_1 is $\frac{A_1 A_2}{p}$, or the least common multiple of the divisors in the first two equations.

combined with 5 of those (same fruits), were distributed similarly among 19 travellers. Give out the (numerical) measure of (any) one (heap).

119½. A traveller sees heaps of mangoes (equal in numerical value), and makes 31 heaps less by 3 (fruits); and when the remainder (of these 31 heaps) is (equally) divided among 73 men, there is no remainder. Give out the numerical value of one (of these heaps).

120½. In the forest 37 heaps of wood-apples were seen by the travellers. After 17 fruits were removed (therefrom, the remainder) was (equally) divided among 79 persons (so as to leave no remainder). What is the share obtained by each?

121½. When, after seeing a heap of mangoes in the forest and removing 7 fruits (therefrom), it was divided equally among 8 of the travellers; and when again after removing 3 (fruits) from that (same) heap it was (equally) divided among 13 of them; it left no remainder (in both cases). O arithmetician, tell me (the numerical measure of this) single heap.

122½. A single heap of wood-apples divided among 2, 3, 4, or 5 (persons) leaves 1 as remainder (in each case). O you who know arithmetic, tell me the (numerical) measure of that (heap).

123½. When (divided) by 2, the remainder is 1; when by 3, it is 2; when by 4, it is 3; when by 5, it is 4. Tell me, O friend, what this heap is.

124½. When (divided) by 2, the remainder is 1; when by 3, there is no remainder; when by 4, it is 3; when by 5, it is 4. Tell me, O friend, what the heap is (in numerical value).

125½. When divided by 2, there is no remainder; when by 3, there is 1 as remainder; when by 4, there is no remainder; and when by 5, there is one as remainder. What is this quantity?

126½. When divided by 2 (the remainder is) 1; when by 3, there is no remainder; when by 4, (the remainder is) 3; and when divided by 5, there is no remainder. Tell me now what (this) quantity is.

127½. The travellers saw on the way certain (equal) heaps of *jambū* fruits. Of them, 2 (heaps) were equally divided among 9 ascetics and left 3 (fruits) as remainder. Again 3 (heaps) were (similarly) divided among 11 persons, and the remainder was 5 fruits; then again 5 of those heaps were similarly divided among 7, and there were 4 more fruits (left out) of them. O you arithmetician who know the meaning of the *kuṭṭīkāra* process of distribution, tell me after thinking out well the numerical measure of a heap (here).

128½. In the interior of the forest, 3 heaps (equal in value) of pomegranates were divided (equally) among 7 travellers, leaving 1 (fruit) as remainder; 7 (of such heaps) were divided (similarly) among 9, leaving a remainder of 3 (fruits; again) 5 (of such heaps) were (similarly) divided among 8, leaving 2 fruits as remainder. O arithmetician, what (is the numerical value of a heap here).

129½. There were 5 (heaps of fruits equal in numerical value), which after being combined with 2 (fruits of the same kind) were (equally) divided among 9 travellers (and left no remainder); 6 (heaps) combined with 4 (fruits) were (similarly) divided among 8 of them; and 4 (heaps) combined with 1 (fruit) were (also similarly) divided among 7 of them. Give out the numerical measure (of a heap here).

The rule for arriving at the original quantity distributed (as desired), after obtaining the remainder due to (the removal of certain specified) known quantities :—

130½. (Obtain) the product of the (given) known quantity (to be removed), as multiplied by the fractional proportion of what is left (after a specified fractional part of what remains on the removal of the given known quantity has been given away). The next quantity is (obtained by means of) this (product), to which

130½. Here the known quantity to be removed is called the *agra*. What remains after the removal of the *agra* is the remainder. That fraction of this remainder which is given or taken away is the *agrāṁśa*, and what is left of the remainder after the *agrāṁśa* is given or taken away is the *śēṣāṁśa* or the remaining fractional proportion of the remainder. For example, where x is the quantity to be found out, and a is the *agra* in relation to the first distribution with $\frac{1}{3}$ as the fractional proportion distributed, $\frac{x-a}{3}$ happens to be the *agrāṁśa*, and $(x-a) - \frac{x-a}{3}$ to be the *śēṣāṁśa*.

the specified known quantity which is to be taken away (from the previous remainder) is added; (and this resulting sum) is multiplied by that (same kind of) remaining fractional proportion (of the remainder as has been mentioned above). This is to be done as many times as there are distributions to be made.[1] Then these quantities so obtained should be deprived of their denominators; and these denominator-less quantities (and the successive products of the above-mentioned remaining fractional proportions of the remainder) are (to be used as) the known quantity and the (other elements, viz., the coefficient) multiple (of the unknown quantity and the divisor, required in relation to a problem on *Vallikā-kuṭṭīkāra*).

Examples in illustration thereof.

131½. On a certain man bringing mango fruits (home, his) elder son took one fruit first and then half of what remained. (On the elder son going away after doing this), the younger (son) did similarly (with what was left there. He further took half

---

[1] The rule will be clear from the following working of the problem in 132½—133½ :—

Here 1 is the first *agra*, and $\frac{1}{3}$ is the first *agrāṁśa*; therefore $1-\frac{1}{3}$ or $\frac{2}{3}$ is the *śēṣāṁśa*. Now, obtain the product of *agra* and *śēṣāṁśa* or $1\times\frac{2}{3}$ or $\frac{2}{3}$. Write it down in 2 places. $\left\{\begin{matrix}\frac{2}{3}\\ \frac{2}{3}\end{matrix}\right\}$. I

Repeat the quantities $\left\{\begin{matrix}\frac{2}{3}\\ \frac{2}{3}\end{matrix}\right\}$; add the second *agra* 1 (to one of the quantities)

Then we have $\left\{\begin{matrix}\frac{5}{3}\\ \frac{2}{3}\end{matrix}\right\}$; multiply both by the next *śēṣāṁśa* $1-\frac{1}{3}$ or $\frac{2}{3}$, so that you get $\left\{\begin{matrix}\frac{10}{9}\\ \frac{4}{9}\end{matrix}\right\}$. II

Take these figures and add the third *agra* 1 as before; and you have $\left\{\begin{matrix}\frac{19}{9}\\ \frac{4}{9}\end{matrix}\right\}$; multiply by the next *śēṣāṁśa* $1-\frac{1}{3}$ or $\frac{2}{3}$ and by the last *aṁśa* or $\frac{1}{3}$; and you have $\left\{\begin{matrix}\frac{38}{81}\\ \frac{8}{81}\end{matrix}\right\}$ III

The denominators of the first fractions in these three sets of fractions marked I, II, III, are dropped, and the numerators represent negative *agras* in a problem on *Vallikā-kuṭṭīkāra*, wherein the numerator and the denominator of each of the second fractions in those sets represent respectively the dividend coefficients and the divisor. Thus we have

$\frac{2x-2}{3}$ is an integer; $\frac{4x-10}{9}$ is an integer; and $\frac{8x-38}{81}$ is an integer.

The value of x satisfying these three conditions gives the number of flowers.

of what was thereafter left); and the other (son) took the other half. (Find the number of fruits brought by the father.)

$132\frac{1}{2}$ and $133\frac{1}{2}$. A certain person went (with flowers) into a Jina temple which was (in height) three times the height of a man. At first he offered one (out of those flowers) in worship at the foot of the Jina and then (offered in worship) one-third of the remaining number (of flowers) to the first height-measure (of the Jina). Out of the remaining two-thirds (of the number of flowers, he conducted worship) in the same manner in relation to the second height-measure; and (then he did) the same thing in relation to the third height-measure also. The two-thirds which remained at last were also made into 3 equal parts (by him); and having worshipped the 24 *tīrthaṅkaras* (with these parts at the rate of eight *tīrthaṅkaras* for each part), he went away with no (flower) on hand. (Find out the number of flowers taken by him.)

Thus ends simple *Kuṭṭīkāra* in this chapter on mixed problems.

**Viṣama-kuṭṭīkāra*.

Hereafter we shall expound complex *kuṭṭīkāra*.

The rule relating to complex *kuṭṭīkāra*:—

$134\frac{1}{2}$. The (given) divisor, (written down) in two (places), is to be multiplied (in each place) by an optionally chosen number; and the (known) quantity given (in the problem) for the purpose of being added is to be subtracted (from the product in one of these places); and the quantity given (in the problem) for the purpose of being subtracted is to be added (to the product noted down in the other place. The two quantities thus obtained are) to be divided by the known (coefficient) multiplier (of the unknown

---

* The words *Viṣama* and *Bhinna* here used in relation to *Kuṭṭīkara* have obviously the same meaning and refer to the fractional character of the dividend quantities occurring in the problems contemplated by the rule.

quantities to be distributed in accordance with the problem). Each (of the quotients so obtained) happens to be the required (quantity which is to be multiplied by the given) multiplier in the process of *Bhinnakuṭṭīkāra.**

An example in illustration thereof.

135½. A certain quantity multiplied by 6, (then) increased by 10 and (then) divided by 9 leaves no remainder. Similarly, (a certain other quantity multiplied by 6, then) diminished by 10 (and then divided by 9 leaves no remainder). Tell me quickly what those two quantities are (which are thus multiplied by the given multiplier here).

Sakala-kuṭṭīkāra.

The rule in relation to *sakala-kuṭṭīkāra.*

136½. The quotient in the first among the divisions, carried on by means of the dividend-coefficient (of the unknown quantity to be distributed), as well as by means of the divisor and the (successively) resulting remainders, is to be discarded. The other quotients obtained by means of this mutual division (carried on till the divisor and the remainder become equal) are to be written down (in a vertical chain along with the ultimately equal remainder and divisor); to the lowermost figure (in this chain), the remainder (obtained by dividing the given known quantity in the problem by the divisor therein), is to be added. (Then by means of these numbers in the chain), the sum, (which has to be) obtained by adding (successively to the lowermost number) the product of the two

---

136½. This rule will become clear from the following working of the problem given in 137½:—

The problem is, when $\frac{177x \pm 240}{201}$ is an integer, to find out the values of x.

Removing the common factors, we have $\frac{59x \pm 80}{67}$ is an integer.

numbers immediately above it, (till the topmost figure in the chain becomes included in the operation), is to be arrived at. (Thereafter) this resulting sum and the divisor in the problem (give rise), in the shape of two remainders, (to the two values of) the unknown quantity, (which is to be multiplied by the given dividend-coefficient in the problem), which (values) are related either to the known given quantity that is to be added or to the known given quantity that is to be subtracted, according as the number of figure-links in the above-mentioned chain of quotients is even or odd. (Where, however, the given groups, increased or decreased in more than one way, are to be divided or distributed in more than one proportion), the divisor related to the larger group-value, (arrived at as explained above in relation to either of two specified distributions), is to be divided over and over (as above by the divisor

---

Carry out the required process of continued division :—

67)59(0
0
—
59)67(1
59
—
8)59(7
56
—
3)8(2
6
—
2)3(1
2
—
1)2(1
1
—
1

After discarding the first quotient, the others are written down in a chain thus :—

1
7
2
1
1
1
1 + 13 = 14

Below this are next written down 1 and 1, the last equal divisor and remainder. Here also, as in *Vallikā-kuṭṭīkāra*, it is worthy of note that in the last division there can be really no remainder, as 2 is fully divisible by 1. But since the last remainder is wanted for the chain, it is allowed to occur by making the last quotient smaller than possible. And to the last number 1 here, add 13, which is the remainder obtained by dividing 80 by 67 ; the 14 so obtained is also written down at the bottom of the chain, which now becomes complete.

1—392
7—345
2—47
1—16
1—15
1
14

Now, by the continned process of multiplying and adding the figures in this chain, as already explained in the note under stanza No. 115½, we arrive at 392. This is then divided by 67 ; and the remainder 57 is one of the values of x, when 80 is taken as negative owing to the number of figures in the chain being odd. When 80 is taken as positive, the value of x is 67 − 57 or 10. If the number of figures in the chain happen to be even, then the value of x first arrived at is in relation to the positive *agra* ; if this value be subtracted from the divisor, the value of x in relation to a negative *agra* is arrived at.

related to the smaller group-value obtained as above so that a creeper-like chain of successive quotients may be obtained in this case also. Below the lowermost quotient in this chain the optionally chosen multiplier of the least remainder in the odd position of order in this last successive division is to be put down

---

The principle underlying the process given in the rule is the same as that explained in the rule regarding *Vallikā-kuṭṭīkāra*—but with this difference, namely, that the last two figures in the chain here are obtained in a different way.

Again, from the *rationale* given in the footnote to rule in 115½, Ch. VI, it will be seen that the *agra*, b, associated with the remainder in the odd position of order, has the same algebraical sign as is given to it in the problem; while the sign of the *agra*, b, associated with the remainder in the even position of order is opposite to its sign as given in the problem. Hence, when the continued division is carried up to a remainder in the odd position of order, the value of x arrived at therefrom is in relation to such an *agra* as has its sign unchanged; on the other hand, when the continued division is carried up to a remainder in the even position of order, the value of x arrived at therefrom is in relation to an *agra* that has its sign changed. When the number of remainders obtained is odd, the number of quotients in the chain is even; and when the remainders are even, the quotients are odd in number. As the *agra* associated with the last remainder is in this rule always taken to be positive, the value of x arrived at is in relation to the positive *agra*, if the last remainder happens to be in the odd position of order. And it is in relation to the negative *agra*, if the last remainder happens to be in the even position of order. In other words, if the number of quotients be even, the value is in relation to the positive *agra*; and if the number of quotients be odd, it is in relation to the negative *agra*.

The value of x in relation to the positive or the negative *agra* being thus found out, the other value is arrived at by subtracting this value from the divisor in the problem. How this turns out will be clear from the following representation:—

$\frac{Ax + b}{B}$ = an integer. Here let $x = c$; then $\frac{Ac + b}{B}$ = an integer. We know that $\frac{AB}{B}$ is also an integer. Hence $\frac{AB}{B} - \frac{Ac + b}{B}$ or $\frac{A(B - c) - b}{B}$ is an integer.

It has to be noted here that the common factor, if any, of the three given numerical quantities is to be removed before the operation of continued division is begun. The last divisor and the last remainder being required to be equal it will invariably happen that these come to be 1.

The *mati*, required to be chosen in the rule relating to the *Vallikā-kuṭṭīkāra* and required to be written below the chain of quotients, is in this rule always 1, the last divisor being 1. Therefore the last divisor here takes the place of the *mati* in the *Vallikā-kuṭṭīkāra*. It will be seen further that the last figure of the chain obtained according to this rule, *i.e.*, 1 + *agra*, is the same as the last figure in the chain obtained in the *Vallikā-kuṭṭīkāra* by dividing by the last divisor the sum of the *agra* and the product of the *mati* as multiplied by the last remainder.

as before; and below this again is to be put down) the number which is obtained by adding the difference between the two group-values, (already referred to, to the product of the least remainder in the odd position of order multiplied by the above optionally chosen multiplier thereof, and then by dividing this resulting sum by the last divisor in the above division chain.

Thus the creeper-like chain of figures required for the solution of this latter kind of problem is obtained. This chain is to be dealt with as before from below upwards, and the resulting number is to be divided as before by the first divisor in this last division chain. The remainder obtained in this operation is then to be) multiplied by the divisor (related to the larger group-value); and to the resulting product this larger group-value is to be added.

(Thus the value of the required multiplier of the given group number is obtained so as to satisfy the two specified distributions taken into consideration.)

Examples in illustration thereof.

137½. One hundred and seventy-seven (is the dividend-coefficient of the unknown factor), 240 is the known quantity associated (with the product so as to be added to or subtracted from it); the whole is divided by 201 (and leaves no remainder). What is the (unknown) factor here (with which the given dividend-coefficient is to be multiplied)?

138½. Thirty-five and other quantities, 16 in number, rising (thence successively in value) by 3, (are the given dividend-coefficients). The given divisors are 32 (and others) as successively increased by 2. And 1 successively increased by 3 gives rise to the associated known (positive and negative) quantities. What are the values of the (unknown) factors (of the known dividend-coefficients), according as they are additively associated with positive or negative (known) numbers?

17

The rule for separating the prices of (an interchangeable) larger and (a similar) smaller number of two different things from the given mixed sums of the prices of these things:—

139½. From the higher price-sum, as multiplied by the corresponding larger number of one of the two kinds of things, subtract the lower price-number as multiplied by the smaller number relating to the other of the two kinds of things. Then divide the result by the difference between the squares of the numbers relating to these things. This gives rise to the price of the thing which is larger in number. The other, that is, the price of the thing which is smaller in number, is obtained by interchanging the multipliers.

An example in illustration thereof.

140½ to 142½. The mixed price of 9 citrons and 7 fragrant wood-apples is 107; again the mixed price of 7 citrons and 9 fragrant wood-apples is 101. O you arithmetician, tell me quickly the price of a citron and of a wood-apple here, having distinctly separated those prices well.

The rule for separating the prices and the numbers of different mixed quantities of different kinds of things from their given mixed price and given mixed values:—

143½. The (different) given (mixed) quantities (of the different things) are to be multiplied by an optionally chosen number; the given (mixed) price (of these mixed quantities) is to be diminished (by the value of these products separately). The resulting quantities

---

139½. Algebraically, if

$$ax + by = m$$
and $$bx + ay = n,$$
then $$a^2x + aby = am$$
and $$b^2x + aby = bn.$$
$$\therefore x(a^2 - b^2) = am - bn.$$
$$\therefore x = \frac{am - bn}{a^2 - b^2}$$

143½. The rule will become clear by the following working of the problem in stanzas 144½ and 145½:—

The total number of fruits in the first heap is 21.
Do. do. second do. 22.
Do. do. third do. 23.

are to be divided (one after another) by an optionally chosen number (and the remainders again are to be divided by an optionally chosen number, this process being repeated) over and over again. The given (mixed) quantities of the different things are to be (successively) diminished by the corresponding quotients in the above process. (In this manner the numerical values of the various things in the mixed sums are arrived at). The optionally chosen divisors (in the above processes of continued division) combined with the optionally chosen multiplier as also that multiplier constitute (respectively) the prices (of a single thing in each of the varieties of the given different things).

Choose any optional number, say 2, and multiply with it these total numbers; we get 42, 44, 46. Subtract these from 73, the price of the respective heaps. The remainders are 31, 29, and 27. These are to be divided by another optionally chosen number, say 8. The quotients are 3, 3, 3, and the remainders are 7, 5 and 3. These remainders are again divided by a third optionally chosen number say 2. The quotients are 3, 2, 1, and the remainders are 1, 1, 1. These last remainders are in their turn divided by a fourth optionally chosen number which is 1 here. The quotients are 1, 1, 1 with no remainders. The quotients derived in relation to the first total number are to be subtracted from it. Thus we get $21-(3+3+1)=14$; this number and the quotients 3, 3, 1 represent the number of fruits of the different sorts in the first heap. Similarly we get in the second group 16, 3, 2, 1, and in the third group 18, 3, 1, 1, as the number of the different sorts of fruits.

The prices are the first chosen multiplier, viz., 2, and its sums with the other optionally chosen multipliers. Thus we get 2, 2 + 8 or 10, 2 + 2 or 4, and 2 + 1 or 3, as the price of each of the four different kinds of fruits in order.

The principle underlying this method will be clear from the following algebraical representation :—

$$ax + by + cz + dw = p \quad \ldots \quad \text{I}$$

$$a + b + c + d = n \quad \ldots \quad \text{II}$$

Let $w = s$.

Multiplying II by s, we have $s(a + b + c + d) = sn \quad \ldots \quad$ III

Subtracting III from I, we get $a(x-s) + b(y-s) + c(z-s) = p - sn \quad \ldots \quad$ IV

Dividing IV by $x-s$, we get a as the quotient, and $b(y-s) + c(z-s)$ as the remainder, where $x - s$ is a suitable integer.

Similarly we proceed till the end.

Thus it will be seen that the successively chosen divisors $x - s$, $y - s$, and $z - s$, when combined with s, give the value of the various prices, s by itself being the price of the first thing; and that the successive quotients a, b, c, along with $n - (a+b+c)$ are the numbers measuring the various kinds of things.

It may be noted that, in this rule, the number of divisions to be carried out is one less than the number of the kinds of things given, and that there should be no remainder left in the last division.

An example in illustration thereof.

144½ and 145½. There are here fragrant citrons, plantains, wood-apples and pomegranates mixed up (in three heaps). The number of fruits in the first (heap) is 21, in the second 22, and in the third 23. The combined price of each of these (heaps) is 73. What is the number of the (various) fruits (in each of the heaps), and what the price (of the different varieties of fruits)?

The rule for arriving at the numerical value of the prices of dearer and cheaper things (respectively) from the given mixed value (of their total price):—

146½. Divide (the rate-quantities of the given things) by their rate-prices. Diminish (these resulting quantities separately) by the least among them. Then multiply by the least (of the above-mentioned quotient-quantities) the given mixed price of all the things; and subtract (this product) from the given (total number of the various) things. Then split up (this remainder optionally) into as many (bits as there are remainders of the above quotient-quantities left after subtraction); and then divide (these bits by those remainders of the quotient-quantities. Thus the prices of the various cheaper things are arrived at). These, separated from the total price, give rise to the price of the dearest article of purchase.

Examples in illustration thereof.

147½ to 149. "In accordance with the rates of 3 peacocks for 2 *paṇas*, 4 pigeons for 3 *paṇas*, 5 swans for 4 *paṇas*, and 6 *sārasa*

146½. The rule will be clear from the following working of the problem given in 147½—149:—

Divide the rate-quantities 3, 4, 5, 6 by the respective rate-prices 2, 3, 4, 5; thus we have $\frac{3}{2}, \frac{4}{3}, \frac{5}{4}, \frac{6}{5}$. Subtract the least of these $\frac{6}{5}$ from each of the other three. We get $\frac{3}{10}, \frac{2}{15}, \frac{1}{20}$. By multiplying the given mixed price, 56, by the above-mentioned least quantity, $\frac{6}{5}$, we have $56 \times \frac{6}{5}$. Subtract this from the total number of birds, 72. Split up the remainder $\frac{24}{5}$ into any three parts, say $\frac{7}{5}, \frac{8}{5}, \frac{9}{5}$. Dividing these respectively by $\frac{3}{10}, \frac{2}{15}, \frac{1}{20}$ we get the prices of the first three kinds of birds, $\frac{14}{3}$, 12, 36. The price of the fourth variety of birds can be found out by subtracting all these three prices from the total 56.

birds for 5 *paṇas*, purchase, O friend, for 56 *paṇas* 72 birds and bring them (to me)". So saying a man gave over the purchase-money (to his friend). Calculate quickly and find out how many birds (of each variety he bought) for how many *paṇas*.

150. For 3 *paṇas*, 5 *palas* of ginger are obtained; for 4 *paṇas*, 11 *palas* of long pepper; and for 8 *paṇas*, 1 *pala* of pepper is obtained By means of the purchase-money of 60 *paṇas*, quickly obtain 68 *palas* (of these drugs).

The rule for arriving at the desired numerical value of certain specified objects purchased at desired rates for desired sums of money as their total price :—

151. The rate-values (of the various things purchased are each separately) multiplied by the total value (of the purchase-money), and the various values of the rate-money are (alike separately)

---

151. The following working of the problem given in 152–153 will illustrate the rule :—

5	7	9	3
3	5	7	9
500	700	900	300
300	500	700	900
0	0	0	600
200	200	200	0
0	0	0	6
2	2	2	0
0	0	0	36
6	8	10	0
6			
4			
–			
4			
6			
–			
6	6	6	4
6	6	6	4
18	30	42	36
30	42	54	12
3	5	7	6
5	7	9	2
9	20	35	36
15	28	45	12

Write down the rate-things and the rate-prices in two rows, one below the other. Multiply by the total price and by the total number of things respectively. Then subtract. Remove the common factor 100. Multiply by the chosen numbers 3, 4, 5, 6. Add the numbers in each horizontal row and remove the common factor 6. Change the position of these figures, and write down in two rows each figure as many times as there are component elements in the corresponding sum changed in position. Multiply the two rows by the rate-prices and the rate-things respectively. Then remove the common factor 6. Multiply by the already chosen numbers 3, 4, 5, 6. The numbers in the two rows represent the proportions according to which the total price and the total number of things become distributed.

This rule relates to a problem in indeterminate equations, and as such, there may be many sets of answers, these answers obviously depending upon the quantities chosen optionally as multipliers.

It can be easily seen that, only when certain sets of numbers are chosen as optional multipliers, integral answers are obtained; in other cases, fractional answers are obtained, which are of course not wanted. For an explanation of the rationale of the proces, see the note given at the end of the chapter.

multiplied by the total number of things purchased; (the latter products are subtracted in order from the former products; the positive remainders are all written down in a line below, the negative remainders in a line above; and all these are reduced to their lowest terms by the removal of the factors which are common to all of them. Then each of these reduced) differences is multiplied by (a separate) optionally chosen quantity; (then those products which are in a line below as well as those which are so above are separately added together); and the sums are written upside down, (the sum of the lower row of numbers being written above and the sum of the upper row being written below. These sums are also reduced to the lowest terms by means of the removal of common factors, if any; and the resulting quantities) are each of them written down twice, (so as to make one be below the other, as often as there are component elements in the corresponding alternate sum. These numbers thus arranged in two rows) are multiplied by their respective rate-prices and rate-values of things, (the rate-price multiplication being conducted with one row of figures and the rate-number multiplication being in relation to the other row of figures. The products so obtained are again reduced to their lowest terms by the removal of such factors as are common to all of them. The resulting figures in each vertical row are separately) multiplied (each) by (means of its corresponding originally chosen) optional multiplier. (And the products should be written down as before in two horizontal rows. The numbers in the upper row of products give the proportion in which the purchase money is distributed; those in the lower row of products give the proportion in which the corresponding things purchased are distributed. Therefore) what remains thereafter is only the operation of *prakṣēpaka-karaṇa* (proportionate distribution in accordance with rule-of-three).

An example in illustration thereof.

152 and 153. Pigeons are sold at the rate of 5 for 3 (*paṇas*), *sārasa* birds at the rate of 7 for 5 (*paṇas*), swans at the rate of 9 for 7 (*paṇas*), and peacocks at the rate of 3 for 9 (*paṇas*). A certain man

was told to bring at these rates 100 birds for 100 *panas* for the amusement of the king's son, and was sent to do so. What (amount) does he give for each (of the various kinds of birds that he buys)?

The rule for arriving at the measure of two given commodities whose prices are interchanged:—

154. Let (the numerical value of) the sum of the (total selling and buying) money-prices (of the two given commodities) be divided by (the numerical measure of) the sum (of the commodities put together); then let the difference (between the above-mentioned buying and selling prices) be divided by the (numerical measure of any such) difference as may be obtained by subtracting any optionally chosen commodity-quantity from the given measure of the sum of the given commodities. If the operation of *saṅkramaṇa* is conducted in relation to these, (viz., the quotient obtained in the first operation above and any one of the many quotients that may be obtained in the second operation), the rates at which those commodities are purchased is obtained. Then if the same operation of *saṅkramaṇa* as relating to the sum of the commodities and to their difference is carried out, it of course gives rise to (the numerical measure of) the commodities (in question). The alternation (of these above-mentioned purchase-rates) gives rise to the sale-rates. This is the solution of (this kind of) problems as propounded by the learned; and the rule (itself) has been declared by the great Jina.

---

154. The algebraical representation of the method described in the rule may be given thus in relation to the problem proposed in stanzas 155 and 156—

Let $ax + by = 104$ I

$ay + bx = 116$ II

$a + b = 20$ III

Adding I and II, we have $(a + b)(x + y) = 220$ ... IV

$\therefore x + y = 11$ V

Again subtracting I from II, we get $(a - b)(y - x) = 12$

Now $2b$ is optionally chosen to be equal to 6.

$a + b - 2b$ or $a - b = 20 - 6$ or 14 VI

$\therefore y - x = \frac{12}{14}$ VII

Carry out the operation of *saṅkramaṇa* with reference to VII and V, and VI and III; and the values of x, y, a and b are all made out.

An example in illustration thereof.

155 and 156. The original price of one piece of sandalwood and one piece of *agaru* wood, they being together 20 *palas* (in weight), is 104 *paṇas*; when after a time they were sold with their prices mutually altered, 116 *paṇas* were obtained. You give out their buying and selling rates and the numerical measure of the commodities, taking 6 and 8 separately as the optional (number) needed by the rule.

The rule for arriving at the distance in *yōjanas* travelled by the horses of the sun's chariot when yoked as desired :—

157. The number representing the total *yōjanas*, divided by the total number of horses, gives the *yōjanas* (which each has at a stage to travel) in turn These *yōjanas*, as multiplied by the optionally chosen number of horses to be yoked, give the measure of the distance to be travelled over by each horse.

An example in illustration thereof.

158. It is well-known that the horses belonging to the sun's chariot are 7. Four horses (have to) drag it along, being harnessed to the yoke. They have to do a journey of 70 *yōjanas*. How many times are they unyoked and how many times yoked (again) in four?

The rule for arriving at the value of the commodity to be found in the hands of each (of a body of joint proprietors), from the conjoint remainder left after subtracting whatever is desired from the total value of all the commodities :—

159. Let the sum (of the values of the conjoint remainders) of the commodities be divided by the number of men lessened by one; the quotient will be the total value of all the commodities (owned in common). This total value as diminished by the specified values gives (in the corresponding cases) the value of commodity in the hands (of each of the proprietors in turn).

An example in illustration thereof.

160 to 162. Four merchants who had invested their money in common were asked each separately by the customs officer what the value of the commodity (they were dealing in) was ; and one

eminent merchant (among them), deducting his own investment, said that that (value) was in fact 22. Then another said that it was 23; then another said 24; and the fourth said that it was 27; (in saying so) each of them deducted his own invested amount (from the total value of the commodity for sale). O friend, tell me separately the value of the (share in the) commodity owned by each.

The rule for arriving at equal amounts of wealth, (as owned in precious gems,) after mutually exchanging any desired number of gems:—

163. The number of gems to be given away is multiplied by the total number of men (taking part in the exchange). This product is (separately) subtracted from the number (of the gems) for sale (owned by each); the continued product of the remainders (so obtained) gives rise to the value of the gem (in each case), provided the remainder relating to it is given up (in obtaining such a product).

Examples in illustration thereof.

164. The first man had 6 azure-blue gems (of equal value), the second man had 7 (similar) emeralds, and the other—the third man—had 8 (similar) diamonds. Each (of them), on giving to each (of the others) the value of a single gem (owned by himself), became equal (in wealth-value to the others. What is the value of a gem of each variety ?)

165 and 166. The first man has 16 azure-blue gems, the second has 10 emeralds, and the third man has 8 diamonds. Each among them gives to each of the others 2 gems of the kind owned by himself; and then all three men come to be possessed of equal

---

163. Let m, n, p, be respectively the numbers of the three kinds of gems owned by three different persons, and a the number of gems mutually exchanged: and let x, y, z, be the value in order of a single gem in the three varieties concerned.

Then it may be easily found out as required that $x = (n - 3a)(p - 3a)$;
$y = (m - 3a)(p - 3a)$;
$z = (m - 3a)(n - 3a)$;

wealth. Of what nature are the prices of those azure-blue gems, emeralds, and diamonds ?

The rule for arriving at the (value of the) invested capital by means of the rate of purchase, the rate of sale, and the profit obtained :—

167. The buying and the selling rate-measures of the commodity are each multiplied alternately by the rate-prices ; (the product obtained with the help of) the buying rate-measure is divided by (the other product obtained with the aid of) the selling rate-measure. The profit, divided by the resulting quotient as diminished by *one*, gives rise to the originally employed capital amount

An example in illustration thereof.

168. A merchant buys at the rate of 7 *prasthas* of grain for 3 *paṇas*, and sells it at the rate of 9 *prasthas* for 5 *paṇas*, and makes a profit of 72 *paṇas*. What is the capital employed in this transaction ?

Thus ends *Sakala-kuṭṭīkāra* in the chapter on mixed problems.

Suvarṇa-kuṭṭīkāra.

Hereafter we shall explain that *kuṭṭīkāra* which consists of calculations relating to gold.

The rule for arriving at the *varṇa* of the resulting mixed gold obtained by putting together (different component varieties of) gold of (various) desired *varṇas* :—

169. It has to be known that the (sum of the various) products of (the various component quantities of) gold as multiplied by (their respective) *varṇas*, when divided by (the total quantity of)

---

167. If the buying rate is a things for b and the selling rate is c things for d, and if m is the gain by the transaction, then the capital invested is—

$$m \div \left(\frac{ad}{bc} - 1 \right)$$

the mixed gold gives rise to the (resulting) *varṇa*. (The original *varṇa* of any component part thereof), when divided by the latter resulting *varṇa* (of the mixed up whole), and multiplied by the (given) quantity of gold (in that component part), gives rise to (that) corresponding quantity of (the mixed) gold (which is equal in value to that same component part thereof).

An example in illustration thereof.

170 to 171½. There are 1 part (of gold) of 1 *varṇa*, 1 part of 2 *varṇas*, 1 part of 3 *varṇas*, 2 parts of 4 *varṇas*, 4 parts of 5 *varṇas*, 7 parts of 14 *varṇas*, and 8 parts of 15 *varṇas*. Throwing these into the fire, make them all into one (mass), and then (say) what the *varṇa* of the mixed gold is. This mixed gold is distributed among the owners of the foregoing parts. What does each of them get?

The rule for arriving at the required weight of gold (of any desired *varṇa* equivalent in value to given quantities of gold) of given *varṇas*:—

172½. The given quantities of gold are all (separately) multiplied by their respective *varṇas*, and the products are added. The resulting sum is divided by the total weight of the mixed gold; the quotient is to be understood as the resulting average *varṇa*. This (above-mentioned sum of the products) is separately divided by the desired *varṇas* (to arrive at the required equivalent weight of this gold).

Examples in illustration thereof.

173½. Twenty *paṇas* (in weight of gold) of 16 *varṇas* have been exchanged for (gold of) 10 *varṇas* in quality; you give out how many *purāṇas* (in weight) they become now.

174½. One hundred and eight (in weight of) gold of 11⅜ *varṇas* is exchanged for (gold of) 14 *varṇas*. What is the (equivalent quantity of this new) gold?

The rule for finding out the unknown *varṇa*:—

175½. From the product obtained by multiplying the total quantity of gold by the resulting *varṇa* of the mixture, the sum of the products obtained by multiplying the (several component) quantities of gold by (their respective *varṇas*) is to be subtracted. The remainder, when divided by the known component quantity of gold, (the *varṇa* of which is to be found out), gives rise to the required *varṇa*; and when divided by the difference between the resulting *varṇa* and the known *varṇa* (of an unknown component quantity of gold) gives rise to the (required weight of that) gold.

Another rule in relation to the unknown *varṇa* :—

176½. The sum of the products of the (various component quantities of) gold as multiplied by their respective *varṇas* is to be subtracted from the product of the total quantity of gold as multiplied by the resulting *varṇa*. Wise people say that this remainder when divided by the weight of the gold of the unknown *varṇa* gives rise to the required *varṇa*.

Examples in illustration thereof.

177½ and 178. With gold of 6, 4 and 3 (in weight), characterised respectively by 13, 8 and 6 as their *varṇas*, 5 in weight of gold of an unknown *varṇa* is mixed. The resulting *varṇa* of the mixed gold is 11. O you, friend, who know the secrets of calculation, tell me the numerical value of this unknown *varṇa*.

179. Seven in weight (of a given specimen) of gold has exactly 14 as the measure of its *varṇa*; then 4 in weight (of another specimen of gold) is added to it. The resulting *varṇa* is 10. Give out the unknown *varṇa* (of this second specimen of gold).

The rule for arriving at the unknown weight of gold :—

180. Subtract the sum, obtained by adding together the products of the (various component quantities of) gold as multiplied by their respective *varṇas*, from the product of the sum (of the known weights) of gold as multiplied by the now durable resulting *varṇa*; the remainder divided by the difference between the (known) *varṇa* of the unknown quantity of gold and the resulting durable *varna* (of the mixed gold) gives rise to the (weight of) gold.

An example in illustration thereof.

181. Three pieces of gold, of 3 each in weight, and of 2, 3, and 4 *varṇas* (respectively), are added to (an unknown weight of) gold of 13 *varṇas*. The resulting *varṇa* comes to be 10. Tell me, O friend, the measure (of the unknown weight) of gold.

The rule for arriving at (the weights of) gold (corresponding to two given *varṇas*) from (the known weight and *varṇa* of) the mixture of two (given specimens of) gold of (given) *varṇas* :—

182. Obtain the differences between the resulting *varṇa* (of the mixture on the one hand) and the known higher and lower *varṇas* (of the unknown component quantities of gold on the other hand); divide *one* by these differences (in order); then carry out as before the operation of *prakṣēpaka* (or proportionate distribution with the aid of these various quotients). In this manner it is possible to arrive even at the value of many component quantities of gold also.

Again, the rule for arriving at (the weights of) gold (corresponding to two given *varṇas*) from (the known weight and *varṇa* of) the mixture of two (given specimens of) gold of (given) *varṇas* :—

183. Write down in inverse order the difference between the resulting *varṇa* and the higher (of the two given *varṇas* of the two component quantities of gold), and also the difference between the resulting *varṇa* and the lower (of the two given *varṇas*). The result arrived at by means of the operation of proportionate distribution (carried out with the aid of these inversely arranged differences),—that (result) gives the required (weights of the component quantities of) gold.

An example in illustration thereof.

184. If gold of 10 *varṇas*, on being combined with gold of 16 *varṇas*, produces as result 100 in weight of gold of 12 *varṇas*, give out separately (the measures in weight of) the two different varieties of gold.

The rule for arriving at the (weights of) many (component quantities of) gold (of known *varṇas* in a mixture of known *varṇa* and weight):—

185. (In relation to all the known component *varṇas*) excepting one of them, optionally chosen weights may be adopted. Then what remains should be worked out as in relation to the previously given cases by means of the rule bearing upon the (determination of an) unknown weight of gold.

An example in illustration thereof.

186. The (given) *varṇas* (of the component quantities of gold) are 5, 6, 7, 8, 11, and 13 (respectively); and the resulting *varṇa* is in fact 9; and if (the total) weight (of all the component quantities) of gold be 60, what may be the several measures (in weight of the various component quantities) of gold?

The rule for arriving at the unknown *varṇas* of two (known quantities of gold when the resulting *varṇa* of the mixture is known):—

187. Divide *one* (separately) by the two (given weights of) gold; multiply (separately each of the quotients thus obtained) by (the weight of) the (corresponding quantity of) gold and (also) by the (resulting) *varṇa*; write down (both the products so obtained) in two (different) places; (each of these in each of the two sets,) if diminished and increased alternately by *one* as divided by (the

---

185. The rule referred to here is found in stanza 180 above.

187. The rule will become clear by the following working of the problem in stanza 188:—

$\frac{1}{16} \times 16 \times 11$ and $\frac{1}{10} \times 10 \times 11$ are written down in two places

thus: $\begin{matrix} 11 & 11 \\ 11 & 11 \end{matrix}$

Then $\frac{1}{16}$ and $\frac{1}{10}$ are added and subtracted alternately in each of the two sets thus:

$$\left.\begin{matrix} 11 + \frac{1}{16} \\ 11 - \frac{1}{10} \end{matrix}\right\} \text{and} \left\{\begin{matrix} 11 - \frac{1}{16} \\ 11 + \frac{1}{10} \end{matrix}\right.$$ These give the two sets of answers.

known weight of) the corresponding (variety of) gold, gives rise as a matter of course, to the required *varṇas*.

An example in illustration thereof.

188. If, the (component) *varṇas* not being known, the resulting *varṇa* obtained by means of two (different kinds of) gold weighing 16 and 10 (respectively) happens to be 11, what would be the (respective) *varṇas* of those two (different kinds of) gold ?

Again, the rule for arriving at the unknown *varṇas* of two (known quantities of gold, when the resulting *varṇa* of the mixture is known) :—

189. Choose an optional *varṇa* in relation to one (of the two given quantities of gold) ; what remains (to be found out) may then be arrived at as before. In relation to (the known quantities of all) the numerous varieties of gold excepting one, the *varṇas* are optional ; then (proceed) as before.

An example in illustration thereof.

190. On fusing together (two different kinds of) gold which are 12 and 14 (respectively in weight), the resulting *varṇa* is made out to be 10. Think out and say (what) the *varṇas* of those two (kinds of gold are).

An example to illustrate the latter half of the rule.

191. On fusing together 7, 9, 3, and 10 (in weight respectively of four different kinds) of gold, the resulting mixture turns out to be (gold of) 12 *varṇas*. Give out the *varṇas* (of the various component kinds of gold) separately.

The rule regarding how to arrive at (an estimate of the value of) the test sticks (of gold) :—

192. The *varṇa* of every stick is to be separately divided by the (given) maximum *varṇa*, and (the quotients so obtained) are (all) to be added together. The resulting sum gives (the measure of) the required quantity of (pure) gold. From the summed up

(weight of all the) sticks, this is to be subtracted. What remains is (the quantity of) the *prapūraṇikā* (that is, the quantity of the baser metal mixed).

An example in illustration thereof.

193—196½. (Three) merchants, well acquainted with the *varṇa* of gold, were desirous of making test sticks of gold, and produced (such) golden sticks. The gold of the first (merchant) was of 12 *varṇas*; (that of the second was of) 14 *varṇas*; and that of the third was of 16 *varṇas.* The (various specimens of the test sticks of) gold in the case of the first (merchant) were (regularly) less by 1 (in *varṇa*); those of the second were less by ½ and ½; and those of the third were (in regular order) less by ¼. (The specimens of test gold) possessed by the first (merchant) began with that of (his) maximum *varṇa* and ended with that of 1 *varṇa*; (similarly, those of the second began with that of his maximum *varṇa* and) ended with that of 2 *varṇas*; and those of the third merchant (began with that of his maximum *varṇa* and) ended with that of 3 *varṇas.* Every test stick is 1 *māṣa* in weight. O mathematician, if you indeed know gold calculation, tell me separately and soon what the measure of pure gold here is, and what that of the baser metal mixed.

The rule for arriving at (the different weights of) gold obtained in exchange and characterised by (two given) *varṇas*:—

197½. The two differences between, (firstly,) the product of the (given weight of) gold to be exchanged as multiplied by the (given) *varṇa* (thereof) and the product of the weight of gold obtained in exchange as multiplied by the (first of the two specified) *varṇas* (of the exchanged gold)—(and, secondly, between the first product above-mentioned and the product of the weight of

---

197½. This rule will be clear from the following working of the problem given in stanza 198½:—

$700 \times 16 - 1008 \times 10$, and $1008 \times 12 - 700 \times 16$ are altered in position and written down as 896 and 1120; and these, when divided by $12 - 10$ or 2, give rise to the answers, namely, 448 and 560 in weight of gold of 10 and 12 *varṇas* respectively.

gold obtained in exchange as multiplied by the second of the specified *varṇas* of the exchanged gold—these two differences) have to be written down. If then, they are altered in position and divided by the difference between the (two specified) *varṇas* (of the two varieties) of the exchanged gold, the result happens to be the (two required) quantities (of the two kinds) of gold (obtained in exchange).

An example in illustration thereof.

198½. Seven hundred in weight of gold characterised by 16 *varṇas* produces, on being exchanged, 1,008 (in weight) of two kinds of gold characterised (respectively) by 12 and 10 *varṇas*. Now, what is the weight (of each of these two varieties) of gold?

The rule for finding out the (various weights of) gold obtained as the result of many (specified) kinds of exchange :—

199½. If the (given) weight of gold (to be exchanged) as multiplied by the *varṇa* (thereof) is divided by (the quantity of) the desired gold (obtained in exchange), there arises the uniform average *varṇa*. On carrying out (further) operations as mentioned before, the result arrived at gives the required weights of the various kinds of gold obtained in exchange.

An example in illustration thereof.

200½–201. In the case of a man exchanging 300 in weight of gold characterised by 14 *varṇas*; the gold (obtained in exchange) is seen to be altogether 500 in weight, (the various parts whereof are respectively) characterised by 12, 10, 8 and 7 *varṇas*. What is the weight of gold separately corresponding to each of these (different) *varṇas*?

The rule for arriving at (the various weights of) gold obtained in exchange which are characterised by known *varṇas* and are (definite) multiples in proportion :—

202–203. The sum of the (given) proportional multiple numbers is to be divided by the sum of the products (obtained) by

---

199½. The operation which is stated here as having been mentioned before is what is given in stanza 185 above.

multiplying the (given proportional quantities of the various kinds of the exchanged) gold by (their respective specified) *varṇas*. (The resulting quotient) is to be multiplied by the original *varṇa* (of the gold to be exchanged). If by this product as diminished by *one*, the increase (in the weight of gold due to exchange) is divided, and the quotient (so obtained) is subtracted from the original wealth of gold, the remaining (weight of unexchanged) gold is arrived at. This (weight of the unexchanged gold) is then to be subtracted from the sum (of the weight) of the original gold and the increase (in weight due to exchange). Then if the resulting remainder (here) is divided by the sum of the proportional multiple numbers connected with the exchange, and is then multiplied by (each of those) proportional numbers (separately), the (various weights of) gold obtained in exchange and characterised by the specified *varṇas* and the specified proportions are arrived at.

An example in illustration thereof.

204—205. There is a certain merchant desirous of obtaining profit; and the gold (in his possession) is of 16 *varṇas* and 200 in weight. A portion of it is exchanged in return for (four different kinds of) gold characterised respectively by 12, 8, 9 and 10 *varṇas*, (so that those varieties of gold are by weight) in proportions which begin with 1 and are then (regularly) multiplied by 2. The gain (in the weight of gold resulting out of this exchange transaction) is 102. What is the remaining (weight of the unexchanged) gold? Tell me also the weights of gold obtained in exchange corresponding to those (above-mentioned *varṇas*).

The rule for arriving at (the weight of) the original (quantity of) gold with the aid of the gold exchanged (in part), and with the aid (of the weight) of gold seen to be in excess (in consequence of the exchange):—

206. Each specified part of (the original) gold (to be exchanged) is divided by the *varṇa* corresponding to its exchange. (The resulting quotient is in each case to be) multiplied by the

optionally chosen *varṇa* (of the originally given gold; and then all these products are to be added). From this sum, the sum of the (various) fractional (exchanged) parts (of the original gold) is to be subtracted. (If now) the observed excess (in the weight of gold due to the exchange) is divided by this resulting remainder, what comes out here happens to be the original wealth of gold.

An example in illustration thereof.

207-208. A certain small ball of gold of 16 *varṇas* belonging to a merchant is taken; and $\frac{1}{3}$, $\frac{1}{4}$ and $\frac{1}{5}$ parts thereof are in order exchanged for (different kinds of) gold characterised (respectively) by 12, 10 and 9 *varṇas*. (The weights of these exchanged varieties of gold are) added to what remains (unexchanged) of the original gold. Then 1,000 is observed to be in excess on removing from the account the weight of the original gold. What then is (the weight of this) original gold?

The rule for arriving at the desired *varṇa* with the help of the (mutual) gift of a desired fractional part of the gold (owned by the other), and also for arriving at the (weights of) gold (respectively) corresponding to those optionally gifted parts:—

209 to 212. *One* divided by (the numerical measure of each of two specifically gifted) parts is to be noted down in reverse order; and (if each of the quotients so obtained is) multiplied by an

---

299—212. The rule will be clear from the following working of the problem in 213—215:—

Dividing 1 by $\frac{1}{2}$ and $\frac{1}{3}$, we get respectively 2, 3; altering their position and multiplying them by any optionally chosen number, say 1, we get 3, 2. These two numbers represent the quantities of gold owned respectively by the two merchants.

Choosing 9 as the *varṇa* of the gold owned by the first merchant, we can easily arrive, from the exchange proposed by him, at 13 as the *varṇa* of the gold owned by the second merchant. These *varṇas*, 9 and 13, give, in the exchange proposed by the second merchant, the average *varṇa* of $\frac{35}{3}$, while the average *varṇa* as given in the sum has to be 12 or $\frac{36}{3}$.

Therefore the *varṇas* 9 and 13 have to be altered. If 8 is chosen instead of 9, 13 has to be increased to 16 in the first exchange. Using these two *varṇas*, 8 and 16, in the second exchange, we obtain $\frac{40}{3}$ as the average *varṇa*, instead of $\frac{35}{3}$.

optionally chosen quantity, (it) gives rise to (the weights of each of the two small) balls of gold. The *varṇa* (of each) of these (little balls of gold) as also that of the gold gifted by the other person (in the transaction) has to be arrived at as before with the aid of the (given) final average *varṇa* (in each case). It in this manner both sets of answers (arrived at) happen to tally (with the requirements of the problem), the two *varṇas* arrived at in accordance with the previously adopted option become the verified *varṇas* mentioned in relation to the two (given) little balls of gold. If, (however, these answers do) not (tally), the *varṇas* belonging to the first set (of answers) have to be made (as the case may be) a little less or a little more; (then the average *varṇa* corresponding to these modified component *varṇas* has to be further obtained). Thereafter, the difference between this (average) *varṇa* and the previously obtained (untallying average) *varṇa* is written down; (and the required proportionate quantities) are (therefrom) derived by means of the operation of the Rule of Three: and the *varṇas* (arrived at according to the option chosen before, when respectively) diminished by one of these two quantities and increased by the other, turn out to be evidently the required *varṇas* (here).

An example in illustration thereof.

213—215. Two merchants well versed in estimating the value of gold asked each other (for an exchange of gold). Then the first (of them) said to the other—"If you give me half (of your gold), I shall combine that small pellet of gold with my own gold and make (the whole become gold of) 10 *varṇas*." Then this other said—"If I only obtain your gold by one-third (thereof), I shall likewise make the whole (gold in my possession become

---

Thus, in the second exchange, we see an increase of 40 − 35 or 5 in the sum of the products of weight and *varṇa*, while the decrease and the increase in relation to the originally chosen *varṇas* are 9 − 8 or 1 and 16—13 or 3.

But the required increase in the sum of the products of weight and *varṇa* in the second exchange is 36 — 35 or 1. Applying the Rule of Three, we get the corresponding decrease and increase in the *varṇas* to be $\frac{1}{5}$ and $\frac{3}{5}$.

Therefore, the *varṇas* are $9 - \frac{1}{5}$ or $8\frac{4}{5}$ and $13 + \frac{3}{5}$ or $13\frac{3}{5}$.

gold of) 12 *varṇas* with the aid of the two pellets." O you, who know the secret of calculation, if you possess cleverness in relation to calculations bearing upon gold, tell me quickly, after thinking out well, the measures of the quantities of gold possessed by both of them, and also of the *varṇas* (of those quantities of gold).

Thus ends *Suvarṇa-kuṭṭīkāra* in the chapter on mixed problems

---

Vicitra-kuṭṭīkāra.

Hereafter we shall expound the *Vicitra-kuṭṭīkāra* in the chapter on mixed problems.

The rule in regard to (the ascertaining of) the number of truthful and untruthful statements (in a situation like the one given below wherein both are simultaneously possible):—

216. The number of men, multiplied by the number of those liked (among them) as increased by *one*, and (then) diminished by twice the number of men liked, gives rise to the number of untruthful statements. The square of the number representing all the men, diminished by the number of these (untruthful statements), gives rise to the statements that are truthful.

---

216. The *rationale* of this rule will be clear from the following algebraical representation of the problem given in stanza 217 below :-

Let a be the total number of persons of whom b are liked. The number of utterances is a, and each statement refers to a persons. Hence the total number of statements is $a \times a$ or a^2.

Now, of these a persons, b are liked, and $a - b$ are not liked. When each of the b number of persons is told—"You alone are liked," the number of untruthful statements in each case is $b - 1$. Therefore, the total number of untruthful statements in b statements is $b\,(b - 1)$ . . . . . I.

When, again, the same statement is made to each of the $a - b$ persons, the number of untruthful statements in each case is $b + 1$. Therefore, the total number of untruthful statements in $a - b$ utterances is $(a - b)\,(b + 1)$ . . II.

Adding I and II, we get $b\,(b - 1) + (a - b)\,(b + 1) = a\,(b + 1) - 2b$. This represents the total of untruthful statements; and on subtracting it from a^2, which is the measure of all the statements, truthful and untruthful, we arrive obviously at the measure of the truthful statements.

An example in illustration thereof.

217. There are five lustful men. Among them three are in fact liked by a public woman. She says (separately) to each (of them) "I like you (alone)". How many (of her statements, explicit as well as implicit) are true ones?

The rule regarding the (possible) varieties of combinations (among given things):—

218. Beginning with *one* and increasing by *one*, let the numbers going up to the given number of things be written down in regular order and in the inverse order (respectively) in an upper and a lower (horizontal) row. (If) the product (of one, two, three, or more of the numbers in the upper row) taken from right to left (be) divided by the (corresponding) product (of one, two, three, or more of the numbers in the lower row) also taken from right to left, (the quantity required in each such case of combination) is (obtained as) the result.

Examples in illustration thereof.

219. Tell (me) now, O mathematician, the combination varieties as also the combination quantities of the tastes, viz., the astringent, the bitter, the sour, the pungent, and the saline, together with the sweet taste (as the sixth).

220. O friend, you (tell me quickly how many varieties there may be, owing to variation in combination, of a (single string) necklace made up of diamonds, sapphires, emeralds, corals, and pearls.

221. O (my) friend, who know the principles of calculation, tell (me) how many varieties there may be, owing to variation in combination, of a garland made up of the (following) flowers—*kētakī*, *aśōka*, *campaka*, and *nīlōtpala*.

---

218. This rule relates to a problem in combination. The formula given here is $\frac{n.(n-1).(n-2) \quad . \quad . \quad . \quad . \quad (n-r+1)}{1 \,.\, 2 \,.\, 3 \,. \quad . \quad . \quad . \quad . \quad r}$; and this is obviously equal to $\frac{\underline{|n}}{\underline{|r}\;\underline{|n-r}}$.

The rule to arrive at (the unknown) capital with the aid of certain known and unknown profits (in a given transaction) :—

222. By means of the operation of proportionate distribution, the (unknown) profits are to be determined from the mixed sum (of all the profits) *minus* the (known) profit. Then the capital of the person whose investment is unknown results from dividing his profit by that (same common factor which has been used in the process of proportionate distribution above).

An example in illustration thereof.

223–225. According to agreement some three merchants carried out (the operation of) buying and selling. The capital of the first (of them) consisted of six *purāṇas*, that of the second of eight *purāṇas*, but that of the third was not known. The profit obtained by all those (three) men was 96 *purāṇas*. In fact the profit obtained by him (this third person) on the unknown capital happened to be 40 *purāṇas*. What is the amount thrown by him (into the transaction), and what is the profit (of each) of the other two merchants? O friend, if you know the operation of proportionate distribution, tell (me this) after making the (necessary) calculation.

The rule for arriving at the wages (due in kind for having carried certain given things over a part of the stipulated distance according to a given rate) :—

226. From the square of the product (of the numerical value) of the weight to be carried and half of the (stipulated distance

---

226. Algebraically, the formula given in the rule is:

$$x = \frac{\frac{aD}{2} - \sqrt{\left(\frac{aD}{2}\right)^2 - abd\,(D-d)}}{D-d},$$ where x = wages to be found out,

a = the total weight to be carried, D = the total distance, d the distance gone over, and b = the total wages promised. It may be noted here that the rate of the wages for the two stages of the journey is the same, although the amount paid for each stage of the journey is not in accordance with the promised rate for the whole journey.

The formula is easily derived from the following equation containing the data in the problem :—

$$\frac{x}{ad} = \frac{b-x}{(a-x)\,(D-d)}.$$

measured in) *yōjana*, subtract the (continued) product of (the numerical value of) the weight to be carried, (that of the stipulated) wages, the distance already gone over, and the distance still to be gone over. Then, if the fraction (viz., half) of the weight to be carried over, as multiplied by the (whole of the stipulated) distance, and then as diminished by the square root of this (difference above mentioned), be divided by the distance still to be gone over, the required answer is arrived at.

An example in illustration thereof.

227. Here is a man who is to receive, by carrying 32 jack-fruits over 1 *yōjana*, $7\frac{1}{2}$ of them as wages. He breaks down at half the distance. What (amount within the stipulated wages) is (then) due to him?

The rule for arriving at the distances in *yōjanas* (to be travelled over) by the second or the third weight-carrier (after the first or the second of them breaks down):—

228. From the product of the (whole) weight to be carried as multiplied by the (value of the stipulated) wages, subtract the square of the wages given to the first carrier. This (difference has to be used as the) divisor in relation to the (continued) product of the difference between the (stipulated) wages (and the wages already given away), the (whole) weight to be carried, and the (whole) distance (over which the weight has to be carried. The resulting quotient gives rise to) the distance to be travelled over by the second (person).

An example in illustration thereof.

229. A man by carrying 24 jack-fruits over (a distance of) five *yōjanas* has to obtain 9 (of them) as wages therefor. When 6 of these have been given away as wages (to the first carrier), what is the distance the second carrier has to travel over (to obtain the remainder of the stipulated wages)?

---

228. Algebraically $D-d=\frac{(b-x)\,a\,D}{a\,b-x^2}$, which can be easily found out from the equation in the last note.

The rule for arriving at (the value of) the wages corresponding to the various stages (over which varying numbers of persons carry a given weight) :—

230. The distances (travelled over by the various numbers of men), are (respectively) to be divided by the numbers of the men that are (doing the work of carrying) there. The quotients (so obtained) have to be combined so that the first (of them is taken at first separately and then) has (1, 2, and 3, etc., of) the following (quotients) added to it. (These quantities so resulting are to be respectively) multiplied by the numbers of the men that turn away (from the journey at the various stages. Then) by adopting (in relation to these resulting products) the process of proportionate distribution (*prakṣēpaka*), the wages (due to the men leaving at the different stages) may be found out.

An example in illustration thereof.

231–232. Twenty men have to carry a palanquin over (a distance of) 2 *yōjanas*, and 720 *dīnāras* form their wages. Two men stop away after going over two *krōśas*; after going over two (more) *krōśas*, three others (stop away); after going over half of the remaining distance, five men stop away. What wages do they (the various bearers) obtain?

The rule for arriving at (the value of the money contents of) a purse which (when added to what is on hand with each of certain persons) becomes a specified multiple (of the sum of what is on hand with the others) :—

233–235. The quantities obtained by adding *one* to (each of the specified) multiple numbers (in the problem, and then)

233—235. In the problem given in 236—237, let x, y, z represent the moneys on hand with the three merchants, and u the money in the purse.

Then $\left.\begin{aligned} u+x &= a\,(y+z) \\ u+y &= b\,(z+x) \\ u+z &= c\,(x+y) \end{aligned}\right\}$ where a, b, c represent the multiples given in the problem.

Now $u+x+y+z = (a+1)\,(y+z)$
$= (b+1)\,(z+x)$
$= (c+1)\,(x+y)$.

multiplying these sums with each other, giving up in each case the sum relating to the particular specified multiple, are to be reduced to their lowest terms by the removal of common factors. (These reduced quantities are then) to be added. (Thereafter) the square root (of this resulting sum) is to be obtained, from which *one* is (to be subsequently) subtracted. Then the reduced quantities referred to above are to be multiplied by (this) square root as diminished by *one*. Then these are to be separately subtracted from the sum of those same reduced quantities. Thus the moneys on hand with each (of the several persons) are arrived at. These (quantities measuring the moneys on hand) have to be added to one another, excluding from the addition in each case the value of the money on the hand of one of the persons; and the several sums so obtained are to be written down separately. These are (then

---

Then, $\frac{(a+1)(b+1)(c+1)}{T} \times (y+z) = (b+1)(c+1) \quad \ldots \quad \text{I.}$

where $T = u+x+y+z$.

Similarly, $\frac{(a+1)(b+1)(c+1)}{T} \times (z+x) = (c+1)(a+1) \quad \ldots \quad \text{II.}$

and $\frac{(a+1)(b+1)(c+1)}{T} \times (x+y) = (a+1)(b+1) \quad \ldots \quad \text{III.}$

Adding I, II and III,

$$\frac{(a+1)(b+1)(c+1)}{T} \times 2(x+y+z) = (b+1)(c+1) + (c+1)(a+1) + (a+1)(b+1) = S \text{ (say)} \quad \ldots \quad \text{IV}$$

Subtracting separately I, II, III, each multiplied by 2, from IV, we have—

$$\frac{(a+1)(b+1)(c+1)}{T} \times 2x = S - 2(b+1)(c+1),$$

$$\frac{(a+1)(b+1)(c+1)}{T} \times 2y = S - 2(c+1)(a+1),$$

$$\frac{(a+1)(b+1)(c+1)}{T} \times 2z = S - 2(a+1)(b+1).$$

$$\therefore x : y : z :: S-2(b+1)(c+1) : S-2(c+1)(a+1) : S-2(a+1)(b+1).$$

By removing the common factors, if any, in the right-hand side of the proportion, we get at the smallest integral values of x, y, z.

This proportion is given in the rule as the formula.

It may be noted that the square root mentioned in the rule has reference only to the problem given in the stanzas 236–237. Correctly speaking, instead of "square root", we must have '3'.

It can be seen easily that this problem is possible only when the sum of any two of $\frac{1}{a+1}, \frac{1}{b+1}, \frac{1}{c+1}$ is greater than the third.

to be respectively) multiplied by (the specified) multiple quantities (mentioned above); from the several products so obtained the (already found out) values of the moneys on hand are (to be separately subtracted) Then the (same) value of the money in the purse is obtained (separately in relation to each of the several moneys on hand).

An example in illustration thereof.

236–237. Three merchants saw (dropped) on the way a purse (containing money). One (of them) said (to the others), "If I secure this purse, I shall become twice as rich as both of you with your moneys on hand." Then the second (of them) said, "I shall become three times as rich." Then the other, (the third), said, "I shall become five times as rich." What is the value of the money in the purse, as also the money on hand (with each of the three merchants)?

The rule to arrive at the value of the moneys on hand as also the money in the purse (when particular specified fractions of this latter, added respectively to the moneys on hand with each of a given number of persons, make their wealth become in each case) the same multiple (of the sum of what is on hand) with all (the others):—

238. The sum of (all the specified) fractions (in the problem) —the denominator being ignored—is multiplied by the (specified common) multiple number. From this product, the products obtained by multiplying (each of the above-mentioned) fractional parts (as reduced to a common denominator, which is then ignored), by the product of the number of cases of persons *minus* one and the specified multiple number, this last product being diminished

---

238. The formula given in the rule is—

$$\left.\begin{array}{l} x = m\,(a+b+c) - a\,(2m-1), \\ y = m\,(a+b+c) - b\,(2m-1), \\ \text{and } z = m\,(a+b+c) - c\,(2m-1), \end{array}\right\}$$ where x, y, z are the moneys on hand, m the common multiple, and a, b, c, the specified fractional parts given.

These values can be easily found out from the following equations:—

$$\left.\begin{array}{l} Pa + x = m\,(y+z), \\ Pb + y = m\,(z+x), \\ \text{and } Pc + z = m\,(x+y) \end{array}\right\}$$ where P is the money in the purse.

by *one*, are (severally) subtracted. The resulting remainders constitute the several values of the moneys on hand. The value of the money in the purse is obtained by carrying out operations as before and then by dividing by any particular specified fractional part (mentioned in the problem).

An example in illustration thereof.

239–240. Five merchants saw a purse of money. They said one after another that by obtaining $\frac{1}{6}$, $\frac{1}{7}$, $\frac{1}{9}$, $\frac{1}{8}$, and $\frac{1}{10}$ (respectively) of the contents of the purse, they would each become with what he had on hand three times as wealthy as all the remaining others with what they had on hand together. O arithmetician, (you tell) me quickly what moneys these had on hand (respectively), and what the value of the money in the purse was.

The rule for arriving at the measure of the money contents of a purse, when specified fractional parts (thereof added to what may be on hand with one among a number of persons) makes him a specified number of times (as rich as all the others with what they together have on hand):—

241. The specified fractional parts relating to all others (than the person in view) are (reduced to a common denominator, which is ignored for practical purposes. These are severally) multiplied by the specified multiple number (relating to the person in view). To these products, the fractional part (relating to the person) in view (and treated like other fractional parts) is added. The resulting sums are (severally) divided each by its (corresponding specified) multiple quantity as increased by *one*. Then these quotients are also added. The several sums (so obtained in relation

---

241. The formula given in the rule is—

$$x = \left\{ \frac{a + mb}{n + 1} + \frac{a + mc}{q + 1} + \frac{a + md}{r + 1} + \ . \ . \ . - (s - 2)a \right\} \div (m + 1)$$

$$y = \left\{ \frac{b + na}{m + 1} + \frac{b + nc}{q + 1} + \frac{b + nd}{r + 1} + \ . \ . \ . - (s - 2)a \right\} \div (n + 1)$$

and so on; where x, y, . . . are moneys on hand; a, b, c, d, . . . fractional parts; m, n, q, r, . . . various multiple numbers; and s the number of persons concerned in the transaction.

to the several cases) are diminished by the product of the particular specified fractional part as multiplied by the number of cases less by two. The difference is divided by the particular specified multiple quantity as increased by *one*. The result is the money on hand (in the particular case).

Examples in illustration thereof.

242–243. Two travellers saw a purse containing money (dropped) on the way. One of them said (to the other), "By securing half of this money (in the purse), I shall become twice as rich (as you).". The other said, "By securing two-thirds (of the money in the purse), I shall, with the money I have on hand, have three times as much money as what you have on hand." What are the moneys on hand, and what the money in the purse?

244–244½. Two travellers saw on the way a purse containing money; and the first of them took it up and (said, that) that money along with the money that he had on hand became twice the money of the other (traveller. This) other (said that that money in the purse with the aid of what he had on hand would be) three times (the money in the hand of the first traveller). What is the money on hand (in the case of each of them), and what the money in the purse?

245½–247. Four men saw on the way a purse containing money. The first among them said, "If I secure this purse, I shall with the money already on hand with me become (possessed of money which will be) eight times (the money on hand with the remaining travellers)." Another (said, that the money in the purse with what he had on hand) would be nine times the money on hand with the rest (among them). Another (said that similarly he) would be possessed of ten times the money, and another (that he) would be possessed of eleven times the money. Tell me quickly, O mathematician, what the money in the purse was and how much the money in the hand of each of them was.

248. Four men saw on the way a purse containing money. (Then), with what each of them had on hand, the $\frac{1}{6}$, $\frac{1}{4}$, $\frac{1}{2}$, and $\frac{1}{3}$ parts (respectively) of this (money in the purse) became twice,

thrice, five times and four times (that money which the others together had on hand. What is the money in the purse, and what the money on hand with each of them ?)

249–250½. Three merchants saw on the way a purse containing money. The first among them said, "If I get ¼ of this money in the purse, I shall (with what I have on hand) become (possessed of) twice (the money on hand with) both of you." Another said that, if he secured ⅓ part of the money in the purse, he would with the money on hand with him (become possessed of) thrice (the money on hand with the others). The third man said, "If I obtain ½ of this (money in the purse), I shall become possessed of four times the money (on hand with both of you)." Tell me quickly, O mathematician, what the money on hand with each of them was, and what was the money in the purse.

The rule for arriving at the money on hand, which, with the moneys begged (of others), becomes a specified multiple (of the money on hand with the others) :—

251½–252½. The sums of the moneys begged are multiplied each by its own corresponding multiple quantity as increased by *one*. With the aid of these (products) the moneys on hand are arrived at according to the rule given in stanza 241. These quantities (so obtained) are reduced so as to have a common denominator. Then they are (severally) divided by the sum as diminished by unity of the specified multiple quantities (respectively) divided by (those same) multiple quantities as increased by *one*. (The resulting quotients) themselves should be understood to be the moneys on hand (with the various persons).

251½–252½. Algebraically,

$$x - \left\{ \frac{(a+b)(m+1) + m(c+d)(n+1)}{n+1} + \frac{(a+b)(m+1) + m(f+g)(p+1)}{p+1} + \text{etc.} - (s-2)(a+b)(m+1) \right\} \div (m+1) \Big] \div \left(\frac{m}{m+1} + \frac{n}{n+1} + \frac{p}{p+1} - 1 \right)$$

Similarly for y, z, etc. Here a, b, c, d, f, g, are sums of money begged of each other.

Examples in illustration thereof.

253½–255½. Three merchants begged money from the hands of each other. The first begged 4 from the second and 5 from the third man, and became possessed of twice the money (then on hand with both the others). The second (merchant) begged 4 from the first and 6 from the third, and (thus) got three times the money (held on hand at the time by both the others together). The third man begged 5 from the first and 6 from the second, and (thus) became 5 times (as rich as the other two). O mathematician, if you know the mathematical process known as *citra-kuṭṭīkāra-miśra*, tell me quickly what may be the moneys they respectively had on hand.

256½–258½. There were three very clever persons. They begged money of each other. The first of them begged 12 from the second and 13 from the third, and became thus 3 times as rich as these two were then. The second of them begged 10 from the first and 13 from the third, and thus became 5 times as rich (as the other two at the time). The third man begged 12 from the second and 10 from the first, and became (similarly) 7 times as rich. Their intentions were fulfilled. Tell me, O friend, after calculating, what might be the moneys on hand with them.

The rule for arriving at equal capital amounts, on the last man giving (from his own money) to the penultimate man an amount equal to his own, (and again on this man doing the same in relation to the man who comes behind him, and so on):—

259½. *One* divided by the optionally chosen multiple quantity (in respect of the amount of money to be given by the one to the other) becomes the multiple in relation to the penultimate man's amount. This (multiplier) increased by *one* becomes the multiplier of the amounts (in the hands) of the others. The

---

259½. The rule will be clear from the following working of the problem given in st. 263½ :—

$1 \div \frac{1}{2}$ or 2 is the multiple with regard to the penultimate man's amount; this 2 combined with 1, *i.e.*, 3 becomes the multiple in relation to the amounts of the others.

amount of the last person (so arrived at) is to have *one* added to it. This is the process to be adopted.

Examples in illustration thereof.

260½–261½. Three sons of a merchant, the eldest, the middle, and the youngest, were going out along a road. The eldest son gave out of his capital amount to the middle son exactly as much as the capital amount of (that same) middle son. This middle son gave (out of his amount) to the last son just as much as he had. (In the end), they all became possessed of equal amounts of money. O mathematician, think out and say what amounts they (respectively) had (with them) on hand (to start with).

262½. There were five sons of a merchant. From the eldest (of them) the one next to him obtained as much money as he himself had on hand. All others also did accordingly (each one giving to the brother next to him as much as he had on hand. In the end) they all became possessed of equal amounts of money. What were the amounts of money they (respectively) had on hand (to start with)?

263½. Five merchants became possessed of equal amounts of money after each of them gave out of his own property to the one who went before him half of what he possessed. Think out and

---

Now	1, 1.
Multiplying the penultimate 1 by 2 and the other by 3, we get	2, 3.
Adding 1 to the last	2, 4.
Write down	2, 4, 4.
Multiply the penultimate 4 by 2, and the others by 3, and add 1 to the last	6, 8, 13.
Again	6, 8, 13, 13.
Repeating the same operations as above we get	18, 24, 26, 40.
	54, 72, 78, 80, 121.

The figures in the last row represent the amounts in the hands of the 5 merchants.

Algebraically—

$a - \frac{1}{2}b = \frac{3}{2}b - \frac{1}{2}c$

$= \frac{3}{2}c - \frac{1}{2}d = \frac{3}{2}d - \frac{1}{2}f$

$= \frac{3}{2}f$; where, a, b, c, d, f are the amounts on hand with the 5 merchants.

say what amounts of money they (respectively) had on hand (to start with).

$264\frac{1}{2}$. There were six merchants. The elder ones among them gave in order, out of what they respectively had on hand, to those who were next younger to them exactly two-thirds (of what they respectively had on hand). Afterwards, they all became possessed of equal amounts of money. What were the amounts of money they (severally) had on hand (to start with)?

The rule for arriving at equal amounts of money on hand, after a number of persons give each to the others among them as much as they (respectively) have (then) on hand :—

$265\frac{1}{2}$. *One* is divided by the optionally chosen multiple quantity (in the problem). (To this), the number corresponding to the men (taking part in the transaction) is added. The first (man's) amount (on hand to start with is thus arrived at). This (and the results thereafter arrived at) are written down (in order), and each of them is multiplied by the optional multiple number as increased by *one*; and the result is then diminished by *one*. (Thus the money on hand with each) of the others (to start with is arrived at).

Examples in illustration thereof.

$266\frac{1}{2}$. Each of three merchants gave to the others what each of these had on hand (at the time). Then they all became possessed of equal amounts of money. What are the amounts of money which they (respectively) had on hand (to start with)?

$265\frac{1}{2}$. The rule will be clear from the following working of the problem given in st. $266\frac{1}{2}$:—

1, divided by the optionally chosen multiple 1, and increased by the number of persons, 3, gives 4; this is the money in the hand of the first man.

This 4, multiplied by the optionally chosen multiple, 1, as increased by 1, becomes 8; when 1 is subtracted from this, we get 7, which is the money on hand with the second person.

This 7, again, treated as above, *i.e.*, multiplied by 2 and then diminished by 1, gives 13, the money on hand with the third man.

This solution can be easily arrived at from the following equations :—

$$4(a-b-c) = 2\left\{2b-(a-b-c)-2c\right\} = 4c - 2(a-b-c) - \left\{2b-(a-b-c)-2c\right\}.$$

267½. There were four merchants. Each of them obtained from the others half of what he had on hand (at the time of the respective transfers of money). Then they all became possessed of equal amounts of money. What is the measure of the money (they respectively had) on hand (to start with)?

The rule for arriving at the gain derived (equally) from success and failure (in a gambling operation):—

268½–269½. The two sums of the numerators and denominators of the (two fractional multiple) quantities (given in the problem) have to be written down one below the other in the regular order, and (then) in the inverse order. The (summed up) quantities (in the first of these sets of two sums) are to be multiplied according to the *vajrāpavartana* process by the denominator, and (those in the second set) by the numerator, (of the fractional quantity) corresponding to the other (summed up quantity). The results (arrived at in relation to the first set) are written down in the form of denominators, and (those arrived at in relation to the second set are written down) in the form of numerators: (and the difference between the denominator and numerator in each set is noted down). Then by means of these differences the products obtained by multiplying (the sum of) the numerator and the denominator (of each of the given multiple fractions in the problem) with the denominator of the other are (respectively) divided. These resulting quantities, multiplied by the value of the desired gain, give in the inverse order the measure of the moneys on hand (with the gamblers to stake).

An example in illustration thereof.

270–272½. A great man possessing powers of magical charm and medicine saw a cock-fight going on, and spoke separately in

---

268½–269½. Algebraically,

$$x = \frac{(c + d)\,b}{(c + d)\,b - (a + b)\,c} \times p, \text{ and } y = \frac{(a + b)\,d}{(a + b)\,d - (c + d)\,a} \times p, \text{ where}$$

x and y are the moneys on hand with the gamblers, and $\frac{a}{b}$, $\frac{c}{d}$, the fractional parts taken from them, and p the gain. This follows from $x - \frac{c}{d}\,y = p = y - \frac{a}{b}\,x$.

confidential language to both the owners of the cocks. He said to one: "If your bird wins, then you give the stake-money to me. If, however, you prove unvictorious, I shall give you two-thirds of that stake-money then." He went to (the owner of) the other (cock) and promised to give three-fourths (of his stake-money on similar conditions). From both of them the gain to him could be only 12 (gold-pieces in each case). You tell me, O ornament on the forehead of mathematicians, the (values of the) stake-money which (each of) the cock-owners had on hand.

The rule for separating the (unknown) dividend number, the quotient, and the divisor from their combined sum :—

273½. Any (suitable optionally chosen) number (which has to be) subtracted from the (given) combined sum happens to be the divisor (in question). On dividing, by this (divisor) as increased by *one*, the remainder (left after subtracting the optionally chosen number from the given combined sum), the (required) quotient is arrived at. The very same remainder (above mentioned), as diminished by (this) quotient becomes the (required dividend) number.

An example in illustration thereof.

274½. A certain unknown quantity is divided by a certain (other) unknown quantity. The quotient here as combined with the divisor and the dividend number is 53. What is that divisor, and what (that) quotient?

The rule for arriving at that number, which becomes a square either on adding a known number (to the original number), or on subtracting (another) given number (from that same original number) :—

275½. The sum of the quantity to be added and the quantity to be subtracted is multiplied by *one* as associated with whatever may happen to be the excess above the even number (nearest to

275½. Algebraically, let x be the quantity to be found out, and a, b, the respective quantities to be added to or subtracted from it; then, the forumla to represent the rule will be $\left\{\frac{(a+b)+(1+1)\div 2}{4}\right\}^{2} - 1 + 1 \pm \frac{a \sim b \pm 1}{2}$.

that sum). The resulting product is (then) halved and (then) squared. (From this squared quantity), the (above-referred-to possible) excess quantity is subtracted. The result is divided by *four*, and then combined with *one*. Then the resulting quantity is either added to or subtracted from (respectively) by the half of the difference between the two given quantities as diminished or increased by the odd-making excess quantity (above referred to) according as the original given quantity to be subtracted is greater or less than the original given quantity to be added. The result arrived at in this manner happens to be the (required) number, which (when associated as desired with the (given) quantities) surely yields the square root (exactly).

Examples in illustration thereof.

276½. A certain number when increased by 10 or decreased by 17 yields an exact square root. If possible, O arithmetician, tell me quickly that number.

277½. A certain quantity either as diminished by 7, or as added to by 18, yields the square root exactly. O arithmetician, give it out after calculation.

278½. A certain quantity diminished by $\frac{3}{8}$, or again that same (quantity) increased by $\frac{3}{7}$, yields the square root (exactly). Tell me that quantity quickly, O arithmetician, after thinking out what it may be.

The *rationale* of this may be made out thus :—

$(n + 1)^2 - n^2 = 2n + 1$, an odd number ; and $(n + 2)^2 - n^2 = 4n + 4$, an even number ; where n is any integer.

From $2n + 1$, and $4n + 4$, the rule shows how we may arrive at $n^2 + a$ when we know

$2n + 1$, or $4n + 4$, to be equal to $a + b$.

278½. Since the quantities represented by b and a in the note on stanza 275½ are seen to be fractional in this problem, being actually $\frac{3}{8}$ and $\frac{3}{7}$, it is necessary to have these fractional quantities removed from the process of working out the problem in accordance with the given rule. For this purpose they are first reduced to the same denominator, and come to be represented by $\frac{14}{21}$ and $\frac{9}{21}$ respectively: then these quantities are multiplied by $(21)^2$, so as to yield 294 and 189, which are assumed to be the b and the a in the problem. The result arrived at with these assumed values of b and a is divided by $(21)^2$, and the quotient is taken to be the answer of the problem.

The rule for arriving at the square root of (an unknown) number as increased or diminished by a known number :—

279½. The known quantity which is given is first halved and (then) squared and then *one* is added (to it). The resulting quantity, either when increased by the desired given quantity or when diminished by the (same) quantity yields the square root (exactly).

An example in illustration thereof.

280½. Here is a number which, when increased by 10 or diminished by the same 10, yields an exact square root. Think out and tell me that number, O mathematician.

The rule for arriving at the two required square quantities, with the aid of those required quantities as multiplied by a known number, and also with the aid of (the same known number as forming the value of) the square root of the difference (between these products) :—

281½. The given number is increased by *one*; and the given number is also diminished by *one.* The resulting quantities when halved and then squared give rise to the two (required) quantities. Then if these be (separately) multiplied by the given quantity, the squre root of the difference between these (products) becomes the given quantity.

An example in illustration thereof.

282½–283. Two unknown squared quantities are multiplied by 71. The square root of the difference between these (two resulting products) is also 71. O mathematician, if you know the process of calculation known as *citra-kuṭṭīkāra*, calculate and tell me what (those two unknown) quantities are.

279½. This is merely a particular case of the rule given in stanza 275½ wherein a is taken to be equal to b.

281½. Algebraically, when the given number is d, $\left(\frac{d+1}{2}\right)^2$ and $\left(\frac{d-1}{2}\right)^2$ are the required square quantities.

The rule for arriving at the required increase or decrease in relation to a given multiplicand and a given multiplier (so as to arrive at a given product) :—

284. The difference between the required product and the resulting product (of the given multiplicand and the multiplier) is written down in two places. To (one of) the factors (of the resulting product) *one* is added, and (to the other) the required product is added. That (difference written above in two positions as desired) is (severally) divided in the inverse order by the sums (resulting thus). These give rise to the quantities that are to be added (respectively to the given multiplicand and the multiplier) or (to the quantities that are) to be (respectively) subtracted (from them).

Examples in illustration thereof.

285. The product of 3 and 5 is 15; and the required product is 18; and it is also 14. What are the quantities to be added (respectively to the multiplicand and the multiplier) here, or what to be subtracted (from them)?

The rule for arriving at (the required result by) the process of working backwards:—

286. To divide where there has been a multiplication, to multiply where there has been a division, to subtract where there has been an addition, to get at the square root where there has been a squaring, to get at the squaring where the root has been given—this is the process of working backwards.

An example in illustration thereof.

287. What is that quantity which when divided by 7, (then) multiplied by 3, (then) squared, (then) increased by 5, (then)

---

284. The quantities to be added or subtracted are—

$$\frac{d \sim ab}{d+b} \text{ and } \frac{d \sim ab}{a+1}.$$

For $\left(a \pm \frac{d \sim ab}{d+b}\right)\left(b \pm \frac{d \cdot ab}{a+1}\right) = d$, where a and b are the given factors, and d the required multiple.

divided by $\frac{3}{5}$, (then) halved, and then reduced to its square root, happens to be the number 5?

The rule for arriving at (the number of arrows in a bundle with the aid of the even number of) arrows constituting the common circumferential layer (of the bundle):—

288. Add *three* to the number of arrows forming the circumferential layer; then square this (resulting sum) and add again *three* (to this square quantity). If this be further divided by 12, the quotient becomes the number of arrows to be found in the bundle.

An example in illustration thereof.

289. The circumferential arrows are 18 in number. How many (in all) are the arrows to be found (in the bundle) within the quiver? O mathematician, give this out if you have taken pains in relation to the process of calculation known as *vicitra-kuṭṭīkāra*.

Thus ends *vicitra-kuṭṭīkāra* in the chapter on mixed problems.

---

288. The formula here given to find out the total number of arrows is $\frac{(n+3)^2+3}{12}$, where n is the number of circumferential arrows. This formula can be arrived at from the following considerations. It can be proved geometrically that only six circles can be described round another circle, all of them being equal and each of them touching its two neighbouring circles as well as the central circle; that, round these circles again, only twelve circles of the same dimension can be described similarly; and that round these again, only 18 such circles are possible, and so on. Thus, the first round has 6 circles, the second 12, the third 18, and so on. So that the number of circles in any round, say p, is equal to $6p$.

Now, the total number of circles in the given number of rounds p, calculated from the central circle, is $1 + 1 \times 6 + 2 \times 6 + 3 \times 6 + \quad . \quad . \quad . \quad + p \times 6 = 1 + 6(1 + 2 + 3 + \quad . \quad . \quad . \quad + p) = 1 + 6\frac{p(p+1)}{2} = 1 + 3p(p+1)$. If the value of $6p$ is given, say, as n, the total number of circles is $1 + 3 \times \frac{n}{6}(\frac{n}{6}+1)$, which is easily reducible to the formula given at the beginning of this note.

Summation of Series.

Hereafter we shall expound in (this) chapter on mixed problems the summation of quantities in progressive series.

The rule for arriving at the sum of a series in arithmetical progression, of which the common difference is either positive or negative:—

290. The first term is either decreased or increased by the product of the negative or the positive common difference and the quantity obtained by halving the number of terms in the series as diminished by *one*. (Then,) this is (further) multiplied by the number of terms in the series. (Thus,) the sum of a series of terms in arithmetical progression with positive or negative common difference is obtained.

Examples in illustration thereof.

291. The first term is 14; the negative common difference is 3; the number of terms is 5. The first term is 2; the positive common difference is 6; and the number of terms is 8. What is the sum of the series in (each of) these cases?

The rule for arriving at the first term and the common difference in relation to the sum of a series in arithmetical progression, the common difference whereof is positive or negative:—

292. Divide the (given) sum of the series by the number of terms (therein), and subtract (from the resulting quotient) the product obtained by multiplying the common difference by the half of the number of terms in the series as diminished by *one*. (Thus) the first term (in the series) is arrived at. The sum of the series is divided by the number of terms (therein). The first term is subtracted (from the resulting quotient); the remainder when divided by half of the number of terms in the series as diminished by *one* becomes the common difference.

---

290. Algebraically, $\left(\frac{n-1}{2}b \pm a\right) n = s$, where n is the number of terms, a the first term, b the common difference, and s the sum of the series.

292. Algebraically, $a = \frac{s}{n} - \frac{n-1}{2}b$; and $b = \left(\frac{s}{n} - a\right) \div \frac{n-1}{2}$.

Examples in illustration thereof.

293. The sum of the series is 40; the number of terms is 5; and the common difference is 3; the first term is not known now. (Find it out.) When the first term is 2, find out the common difference.

The rule for arriving at the sum and the number of terms in a series in arithmetical progression (with the aid of the known *lābha*, which is the same as the quotient obtained by dividing the sum by the unknown number of terms therein) :—

294. The *lābha* is diminished by the first term, and (then) divided by the half of the common difference; and on adding *one* to this same (resulting quantity), the number of terms in the series (is obtained). The number of terms in the series multiplied by the *lābha* becomes the sum of the series.

An example in illustration thereof.

295. (There were a number of *utpala* flowers, representable as the sum of a series in arithmetical progression, whereof) 2 is the first term, and 3 the common difference. A number of women divided (these) *utpala* flowers (equally among them). Each woman had 8 for her share. How many were the women, and how many the flowers?

The rule for arriving at the sum of the squares (of a given number of natural numbers beginning with *one*) :—

296. The given number is increased by *one*, and (then) squared; (this squared quantity is) multiplied by *two*, and (then) diminished by the given quantity as increased by *one*. (The remainder thus

---

294. Algebraically, $n = \frac{l-a}{\frac{b}{2}} + 1$, where $l = \frac{s}{n}$, which is the *lābha*.

295. The number of women in this problem is conceived to be equal to the number of terms in the series.

296. Algebraically, $\frac{\left\{2(n+1)^2 - (n+1)\right\}\frac{n}{2}}{3} = S_2$, which is the sum of the squares of the natural numbers up to n.

arrived at is) multiplied by the half of the given number. This gives rise to the combined sum of the square (of the given number), the cube (of the given number), and the sum of the natural numbers (up to the given number). This combined sum, divided by *three*, gives rise to the sum of the squares (of the given number of natural numbers).

Examples in illustration thereof.

297. (In a number of series of natural numbers), the number of natural numbers is (in order) 8, 18, 20, 60, 81, and 36. Tell me quickly (in each case) the combined sum of the square (of the given number), the cube (of the given number), and the sum of the given number of natural numbers. (Tell me) also the sum of the squares of the natural numbers (up to the given number).

The rule for arriving at the sum of the squares of a number of terms in arithmetical progression, whereof the first term, the common difference, and the number of terms are given :—

298. Twice the number of terms is diminished by *one*, and (then) multiplied by the square of the common difference, and is (then) divided by *six*. (To this), the product of the first term and the common difference is added. The resulting sum is multiplied by the number of terms as diminished by *one*. (To the product so arrived at), the square of the first term is added. This sum multiplied by the number of terms becomes the sum of the squares of the terms in the given series.

Again, another rule for arriving at the sum of the squares of a number of terms in arithmetical progression, whereof the first term, the common difference, and the number of terms are given :—

299. Twice the number of terms (in the series) is diminished by *one*, and (then) multiplied by the square of the common difference, and (also) by the number of terms as diminished by *one*. This

298. $\left[\left\{\frac{(2n-1)b^2}{6}+ab\right\}(n-1)+a^2\right]n$ = sum of the squares of the terms in a series in arithmetical progression.

product is divided by *six*. (To this resulting quotient), the square of the first term and the (continued product) of the number of terms as diminished by *one*, the first term, and the common difference, are added. The whole (of this) multiplied by the number of terms becomes the required result.

Examples in illustration thereof.

300. (In a series in arithmetical progression), the first term is 3, the common difference is 5, the number of terms is 5. Give out the sum of the squares (of the terms) in the series. (Similarly, in another series), 5 is the first term, 3 the common difference, and 7 the number of terms. What is the sum of the squares (of the terms) in this series?

The rule for arriving at the sum of the cubes (of a given number of natural numbers):—

301. The quantity represented by the square of half the (given) number of terms is multiplied by the square of the sum of *one* and the number of terms. In this (science of) arithmetic, this result is said to be the sum of the cubes (of the given number of natural numbers) by those who know the secret of calculation.

Examples in illustration thereof.

302. Give out (in each case) the sum of the cubes of (the natural numbers up to) 6, 8, 7, 25 and 256.

The rule for arriving at the sum of the cubes (of the terms in a series in arithmetical progression), the first term, the common difference, and the number of terms whereof are optionally chosen:—

303. The sum (of the simple terms in the given series), as multiplied by the first term (therein), is (further) multiplied by the

---

301. Algebraically, $\left(\frac{n}{2}\right)^2(n+1)^2 = s_3$, which is the sum of the cubes of the natural numbers up to n.

303. Algebraically, $\pm\, sa\,(a \sim b) + s^2 b =$ the sum of the cubes of the terms in a series in arithmetical progression, where $s =$ the sum of the simple terms of the series. The sign of the first term in the formula is + or − according as $a >$ or $< b$.

difference between the first term and the common difference (in the series). (Then) the square of the sum (of the series) is multiplied by the common difference. If the first term is smaller than the common difference, then (the first of the products obtained above is) subtracted (from the second product). If, however, (the first term is) greater (than the common difference), then (the first product above-mentioned is) added (to the second product). (Thus) the (required) sum of the cubes is obtained.

Examples in illustration thereof.

304. What may be the sum of the cubes when the first term is 3, the common difference 2, and the number of terms 5; or, when the first term is 5, the common difference 7, and the number of terms 6?

The rule for arriving at the sum of (a number of terms in a series wherein the terms themselves are successively) the sums of the natural numbers (from 1 up to a specified limit, these limiting numbers being the terms in the given series in arithmetical progression):—

305–305½. Twice the number of terms (in the given series in arithmetical progression) is diminished by *one* and (then) multiplied by the square of the common difference. This product is divided by *six* and increased by half of the common difference and (also) by the product of the first term and the common difference. The sum (so obtained) is multiplied by the number of terms as diminished by *one* and then increased by the product obtained by multiplying the first term as increased by *one* by the first term itself. The quantity (so resulting) when multiplied by half the number of terms (in the given series) gives rise to the required sum of the series wherein the terms themselves are sums (of specified series).

305–305½. Algebraically, $\left[\left\{\frac{(2n-1)b^2}{6}+\frac{b}{2}+ab\right\}(n-1)+a(a+1)\right]\frac{n}{2}$ is the sum of the series in arithmetical progression, wherein each term represents the sum of a series of natural numbers up to a limiting number, which is itself a member in a series in arithmetical progression.

Examples in illustration thereof.

306½. It is seen that (in a given series) the first term is 6, the common difference 5, and the number of terms 18. In relation to (these) 18 terms, what is the sum of the sums of (the various) series having 1 for the first term and 1 for the common difference.

The rule for arriving at the sum of the four quantities (specified below and represented by a certain given number):—

307½. The given number is increased by *one*, and (then) halved. This is multiplied by the given number and (then) by *seven*. From the (resulting) product, the given number is subtracted; and the (resulting) remainder is divided by *three*. The quotient (thus obtained), when multiplied by the given number as increased by *one*, gives rise to the (required) sum of (the four specified quantities, namely,) the sum of the natural numbers (up to the given number), the sum of the sums of the natural numbers (up to the given number), the square (of the given number), and the cube (of the given number).

Examples in illustration thereof.

308½. The given numbers are 7, 8, 9, 10, 16, 50 and 61. Taking into consideration the required rules, separately give out in the case of each of them the sum of the four (specified) quantities.

The rule for arriving at the collective sum (of the four different kinds of series already dealt with):—

309½. The number of terms is combined with *three*; it is (then) multiplied by the fourth part of the number of terms; (then) *one*

307½. Algebraically, $\dfrac{\dfrac{n \times (n+1) \times 7}{2} - n}{3} \times (n+1)$ is the sum of the four quantities specified in the rule. These are (i) the sum of the natural numbers up to n; (ii) the sum of the sums of the various series of natural numbers respectively limited by the various natural numbers up to n; (iii) the square of n; and (iv) the cube of n.

309½. Algebraically, $\left\{(n+3)\dfrac{n}{4}+1\right\}(n^2+n)$ is the collective sum of the sums, namely, of the sums of the different series dealt with in rules 296, 301, 305 to 305½ above, and also of the sum of the series of natural numbers up to n.

is added (thereunto). The (resulting) quantity when multiplied by the square of the number of terms as increased by the number of terms gives rise to the (required) collective sum.

Examples in illustration thereof.

310½. What would be the (required) collective sum in relation to the (various) series represented by (each of) 49, 66, 13, 14, and 25?

The rule for arriving at the sum of a series of fractions in geometrical progression :—

311½. The number of terms (in the series) is caused to be marked (in a separate column) by *zero* and by *one* (respectively), corresponding to the even (value) which is halved and to the uneven (value from which *one* is subtracted, till by continuing these processes *zero* is ultimately reached); then this (representative series made up of *zero* and *one* is used in order from the last *one* therein, so that this *one* multiplied by the common ratio is again) multiplied by the common ratio (wherever *one* happens to be the denoting item), and multiplied so as to obtain the square (wherever *zero* happens to be the denoting item). The result (of this operation) is written down in two positions. (In one of them, what happens to be) the numerator in the result (thus obtained) is divided (by the result itself; then) *one* is subtracted (from it); the (resulting) quantity is multiplied by the first term (in the series) and (then) by (the quantity placed in) the other (of the two positions noted above). The product (so obtained), when divided by *one* as diminished by the common ratio, gives rise to the required sum of the series.

Examples in illustration thereof.

312½–313. In relation to 5 cities, (the first term is) ½ *dīnāra* and the common ratio is ⅓. (Find out the sum of the *dīnāras* obtained in all of them.) The first term is ⅓, the common ratio is

---

311½. In this rule, the numerator of the fractional common ratio is taken to be always 1. See stanza 94, Ch. II and the note thereunder.

$\frac{1}{4}$, and 7 is the number of terms. If you are acquainted with calculation, then tell me quickly what the sum of the series of fractions in geometrical progression here is.

The rule for arriving at the sum of a series in geometrical progression wherein the terms are either increased or decreased (in a specified manner by a given known quantity) :—

314. The sum of the series in (pure) geometrical progression (with the given first term, given common ratio, and the given number of terms, is written down in two positions) ; one (of these sums so written down) is divided by the (given) first term. From the (resulting) quotient, the (given) number of terms is subtracted. The (resulting) remainder is (then) multiplied by the (given) quantity which is to be added to or to be subtracted (from the terms in the proposed series). The quantity (so arrived at) is (then) divided by the common ratio as diminished by *one*. (The sum of the series in pure geometrical progression written down in) the other (position) has to be diminished by the (last) resulting quotient quantity, if the given quantity is to be subtracted (from the terms in the series). If, however, it is to be added, (then the sum of the series in geometrical progression written down in the other position) has to be increased by the resulting quotient (already referred to. The result in either case gives the required sum of the specified series).

Examples in illustration thereof.

315. The common ratio is 5, the first term is 2, and the quantity to be added (to the various terms) is 3, and the number of terms is 4. O you who know the secret of calculation, think out and tell me quickly the sum of the series in geometrical progression, wherein the terms are increased (by the specified quantity in the specified manner).

---

314. Algebraically, $\pm\left(\frac{s}{a} - n\right) m \div (r - 1) + s$ is the sum of the series of the following form : $a,\ ar \pm m,\ (ar \pm m)\ r \pm m,\ \left\{(ar \pm m)\ r \pm m\right\} r \pm m,$ and so on.

316. The first term is 3, the common ratio is 8, the quantity to be subtracted (from the terms) is 2, and the number of terms is 10. O you mathematician, think out and tell me quickly what happens to be here the sum of the series in geometrical progression, whereof the terms are diminished (by the specified quantity in the specified manner).

The rule for arriving at the first term, the common difference and the number of terms, from the mixed sum of the first term, the common difference, the number of terms, and the sum (of a given series in arithmetical progression) :—

317. (An optionally chosen number representing) the number of terms (in the series) is subtracted from the (given) mixed sum. (Then) the sum of the natural numbers (beginning with *one* and going up to) one less than this optionally chosen number is combined with *one*. By means of this as the divisor (the remainder from the mixed sum as above obtained is divided). The quotient here happens to be the (required) common difference; and the remainder (in this operation of division) when divided by the (above optionally chosen) number of terms as increased by *one* gives rise to the (required) first term.

An example in illustration thereof.

318. It is seen here that the sum (of a series in arithmetical progression) as combined with the first term, the common difference, and the number of terms (therein) is 50. O you who know calculation, give out quickly the first term, the common difference, the number of terms, and the sum of the series (in this case).

The rule for arriving at the common limit of time when one, who is moving (with successive velocities representable) as the terms in an arithmetical progression, and, another moving with steady unchanging velocity, may meet together again (after starting at the same instant of time) :—

---

317. See stanzas 80—82 in Ch. II and the note relating to them.

319. The unchanging velocity is diminished by the first term (of the velocities in series in arithmetical progression), and is (then) divided by the half of the common difference. On adding *one* (to the resulting quantity), the (required) time (of meeting) is arrived at. (Where two persons travel in opposite directions, each with a definite velocity), twice (the average distance to be covered by either of them) is the (whole) way (to be travelled). This when divided by the sum of their velocities gives rise to the time of (their) meeting.

An example in illustration thereof.

320. A certain person goes with a velocity of 3 in the beginning increased (regularly) by 8 as the (successive) common difference. The steady unchanging velocity (of another person) is 21. What may be the time of their meeting (again, if they start from the same place, at the same time, and move in the same direction)?

An example in illustration of the latter half (of the rule given in the stanza above).

321–321½. One man travels at the rate of 6 *yōjanas* and another at the rate of 3 *yōjanas*. The (average) distance to be covered by either of them moving in opposite directions is 108 *yōjanas*. O arithmetician, tell me quickly what the time of their meeting together is.

The rule for arriving at the time and distance of meeting together, (when two persons start from the same place at the same time and travel) with (varying) velocities in arithmetical progression.

322½. The difference between the two first terms divided by the difference between the two common differences, when multiplied by *two* and increased by *one*, gives rise to the time of coming together on the way by the two persons travelling simultaneously (with two series of velocities varying in arithmetical progression).

---

319. Algebraically, $(v-a) \div \frac{b}{2} + 1 = t$, where v is the unchanging velocity, and t the time.

322½. Algebraically, $n = \frac{a \sim a_1}{b \sim b_1} \times 2 + 1$.

An example in illustration thereof.

323½. A person travels with velocities beginning with 4, and increasing (successively) by the common difference of 8. Again, a second person travels with velocities, beginning with 10, and increasing (successively) by the common difference of 2. What is the time of their meeting?

The rule for arriving at the time of meeting of two persons (starting at the same time and travelling in the same direction with varying velocities in arithmetical progression), the common difference (in the one case) being positive, and (in the other) negative:—

324½. The difference between the two first terms is divided by half of the sum of the numbers representing the two (given) common differences, and (then) *one* is added (to the resulting quantity). This becomes the time of meeting on the way by the two persons (starting at the same time and) travelling simultaneously (with velocities in arithmetical progression, the common difference in the one case being positive and in the other negative).

An example in illustration thereof.

325½. The first man travels with velocities beginning with 5, and increased (successively) by 8 as the common difference. In the case of the second person, the commencing velocity is 45, and the common difference is *minus* 8. What is the time of meeting?

The rule for arriving at the time of meeting of two persons, (starting at different times and) travelling (respectively) with a quicker and a less quick velocity (in the same direction):—

326½. He who travels less quickly and he who travels more quickly—both move in the same direction. What happens to be the distance to be overtaken here is divided by the difference between those (two) velocities. In the course of the number of days represented by the quotient (here), the more quickly moving person goes to the less quickly moving one.

324½. Compare this with the rule given in 322½ above.

An example in illustration thereof.

327½. A certain person travels at the rate of 9 *yōjanas* (a day); and 100 *yōjanas* have already been gone over by him. Now, a messenger sent after him goes at the rate of 13 *yōjanas* (a day). In how many days will this (messenger) meet him?

The rule for working out the circumferential number of arrows in the quiver with the aid of the (given) uneven number of arrows (contained in the quiver; and *vice versâ*):—

328½. The number of the circumferential arrows is increased by *three* and (then) halved. This is squared and (then) divided by *three*. On adding *one* (to the resulting quantity), the number of arrows (in the quiver) is obtained. When, however, the number of the circumferential arrows has to be arrived at, the reverse process is (to be adopted in relation to these operations).

Examples in illustration thereof.

329½. The circumferential number of the arrows is 9. Their total number, however, is not known. (What is that?). The total number of arrows (in the quiver) is 13. Tell me, O arithmetician, the number of the circumferential arrows also in this case.

The rule for arriving at the number of bricks to be found in structures made up of layers (of bricks one over another):—

330½. The square of the number of layers is diminished by *one*, divided by *three*, and (then), multiplied by the number of layers. On adding (to the quantity so obtained) the product, obtained by multiplying the optionally chosen number (representing the bricks in the topmost layer) by the sum of the (natural numbers beginning with *one* and going up to the given) number of layers, the required answer is obtained.

330½. Algebraically, $\frac{n^2-1}{3} \times n + a \times \frac{n(n+1)}{2}$ is the total number of bricks in the structure, where n is the number of layers, and a the optionally chosen number of bricks in the topmost layer. The number of bricks along the length or breadth of any layer is one less than the same in the immediately lower layer.

Examples in illustration thereof.

331½. There is constructed an equilateral quadrilateral structure consisting of 5 layers. The topmost layer is made up of 1 brick. O you who know the calculation of mixed problems, tell me how many bricks there are (here in all).

332½. There is a structure built up of successive layers of bricks, which is in the form of the *nandyāvarta*. There are 4 layers built symmetrically with 60 (as the numerical measure of the top-bricks in single row). Tell me how many are all the bricks (here).

Rules regarding the six things to be known in the science of prosody:—

333½–336½. (The number of syllables in a given syllabic metre or *chandas* is caused to be marked in a separate column) by *zero* and

---

332½. The *nandyāvarta* figure referred to in the stanza is 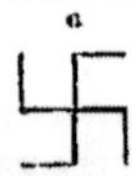

333½—336½. As each syllable found in a line forming a quarter of a stanza may be short or long, there arises a number of varieties corresponding to the different arrangements of long and short syllables. In arranging these varieties, a certain order is followed. The rules given here enable us to find out (1) the number of varieties possible in a metre consisting of a specified number of syllables, (2) the manner of arrangement of the syllables in these varieties, (3) the arrangement of the syllables in a variety specified by its ordinal position, (4) the ordinal position of a specified arrangement of syllables, (5) the number of varieties containing a specified number of long or short syllables, and (6) the amount of vertical space required for exhibiting the varieties of a particular metre.

The rules will become clear from the following working of the problems given in stanza 337½:—

(1) There are 3 syllables in a metre; now, we proceed thus:

3 − 1	1
2 | 2	0
1 − 1	1
0	

Now, multiplying by 2 the figures in the right-hand chain, we obtain 0. By the process of multiplication and squaring, as explained in the note to stanza 94, Ch. II, we get 8; and this is the number of varieties.

(2) The manner of arrangement of the syllables in each variety is arrived at thus:—

1st variety: 1, being odd, denotes a long syllable; so the first syllable is long. Add 1 to this 1, and divide the sum by 2; the quotient is odd, and denotes another long syllable. Again, 1 is added to this quotient 1, and divided by 2; the result,

by *one* (respectively), corresponding to the even (value) which is halved, and the uneven (value from which *one* is subtracted, till by continuing these processes *zero* is ultimately reached. The numbers in the chain of figures so obtained are) all doubled, (and then in the process of continued multiplication from the bottom to the top of the chain, those figures which come to have a *zero* above them) are squared. The (resulting) product (of this continued multiplication) gives the number (of the varieties of stanzas possible in that syllabic metre or *chandas*).

The arrangement (of short and long syllables in all the varieties of stanzas so obtained) is shown to be arrived at thus:—(The natural numbers commencing with *one* and ending with the measure of the maximum number of possible stanzas in the given metre being noted down), every odd number (therein) has *one* added to it, and is (then) halved. (Whenever this process is gone through), a long syllable is decidedly indicated. Where

---

again odd, denotes a third long syllable. Thus the first variety consists of three long syllables, and is indicated thus ঽ ঽ ঽ.

2nd variety: 2, being even, indicates a short syllable; when this 2 is divided by 2, the quotient is 1, which being odd indicates a long syllable. Add 1 to this 1, and divide the sum by 2; the quotient being odd indicates a long syllable; thus we get | ঽ ঽ.

Similarly the other six varieties are to be found out.

(3) The fifth variety, for instance, may be found out as above.

(4) To find out, for instance, the ordinal position of the variety, | ঽ | we proceed thus :—

Below these syllables, write down the terms of a series in geometrical progression, having 1 as the first term and 2 as the common ratio. Add the figures 4 and 1 under the the short syllables, and increase the sum by 1; we get 6: and we, therefore, say that this is the sixth variety in the tri-syllabic metre.

| ঽ |
1 2 4

(5) Suppose the problem is: How many varieties contain 2 short syllables? Write down the natural numbers in the regular and in the inverse order, one below the other thus: $\begin{matrix}1 & 2 & 3\\ 3 & 2 & 1\end{matrix}$. Taking two terms from right to left, both from above and from below, we divide the product of the former by the product of the latter. And the quotient 3 is the answer required.

(6) It is prescribed that the symbols representing the long and short syllables of any variety of metre should occupy an *aṅgula* of vertical space, and that the intervening space between any two varieties should also be an *aṅgula*. The amount, therefore, of vertical space required for the 8 varieties of this metre is $2 \times 8 - 1$ or 15 *aṅgulas*.

the number is even, it is (immediately) halved and this indicates a short syllable. In this manner, the process (of halving with or without the addition of *one* as the case may be, noting down at the same time the corresponding long and short syllables as indicated), is to be regularly carried on (till the actual number of syllables in the metre is arrived at in each case).

(If the number representing in the natural order any given variety of a stanza), the arrangement of the syllables wherein has to be found out, (happens to be even, it) has to be halved, and indicates a short syllable. (If it happens to be however odd), *one* has to be added to it, and (then) it is to be halved : and this indicates a long syllable. Thus (the long and short syllables have to be put down over and over again (in their respective positions), till the maximum number of syllables in the stanza is arrived at. This gives the arrangement (of long and short syllables in the required variety of the stanza).

Where (a stanza of a particular variety is given, and) its ordinal position (among the varieties of stanzas possible in the metre) is to be found out, the terms (of a series in geometrical progression) commencing with *one* and having *two* as the common ratio are written down, (the number of terms in the series being equal to the number of syllables in the given metre. Above these terms, the corresponding long or short syllables are noted down). Then the terms (immediately) below the position of short syllables are all added; the sum (so obtained) is increased by *one*. (This gives the required ordinal number.)

Natural numbers commencing with *one*, and going up to the number (of syllables in the given metre), are written down in the regular and in the inverse (order in two rows) one below the other. When the numbers in the row are multiplied (1, 2, 3 or more at a time) from the right to the left, and the products (so obtained in relation to the upper row) are divided by the (corresponding) products (in relation to the lower row), the quotient represents the result of the operation intended to arrive at (the number of varieties of stanzas in the given metre, with 1, 2, 3 or more) short or long syllables (in the verse).

The possible number (of the varieties of stanzas in the given metre) is multiplied by two and (then) diminished by one. This result gives (the measure of what is called) *adhvan*, (wherein an interval equivalent to a stanza is conceived to exist between every two successive varieties in the metre).

Examples in illustration thereof.

337½. In relation to the metre made up of 3 syllables, tell me quickly the six things to be known—viz., (1) the (maximum) number (of possible stanzas in the metre), (2) the manner of arrangement (of the syllables in those stanzas), (3) the arrangement of the syllables (in a given variety of the stanza, the ordinal position whereof among the possible varieties in the metre is known), (4) the ordinal position (of a given stanza), (5) the number (of stanzas in the given metre containing any given number) of short or long syllables, and (6) the (quantity known as) *adhvan*.

Thus ends the process of summation of series in the chapter on mixed problems.

Thus ends the fifth subject of treatment, known as Mixed Problems, in Sarasaṅgraha, which is a work on arithmetic by Mahāvīrācārya.

CHAPTER VII.

CALCULATION RELATING TO THE MEASUREMENT OF AREAS.

1. For the accomplishment of the object held in view, I bow again and again with true earnestness to the most excellent Siddhas who have realized the knowledge of all things.

Hereafter we shall expound the sixth variety of calculation forming the subject known by the name of the *Measurement of Areas*. And that is as follows:—

2. (The measurement of) area has been taken to be of two kinds by Jina in accordance with (the nature of) the result, namely, that which is (approximate) for practical purposes and that which is minutely accurate. Taking this into consideration, I shall clearly explain this subject.

3. (Mathematical) teachers, who have reached the other shore of the ocean of calculation, have given out well (the various kinds of) areas as consisting of those that are trilateral, quadrilateral and curvi-linear, being differentiated into their respective varieties.

4. A trilateral area is differentiated in three ways; a quadrilateral one in five ways; and a curvi-linear one in eight ways. All the remaining (kinds of) areas are indeed variations of the varieties of these (different kinds of areas).

5. Learned men say that the trilateral area may be equilateral, isosceles or scalene, and that the quadrilateral area also may be

---

5 and 6. The various kinds of enclosed areas mentioned in these stanzas are illustrated below:—

1

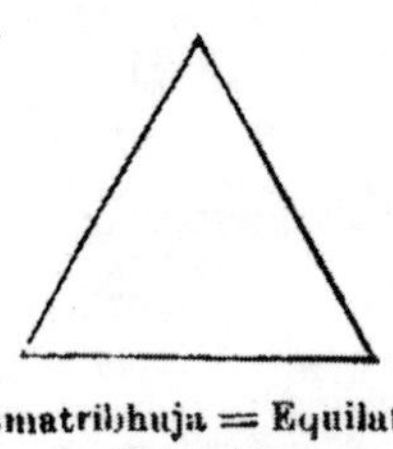

Samatribhuja = Equilateral trilateral figure.

2

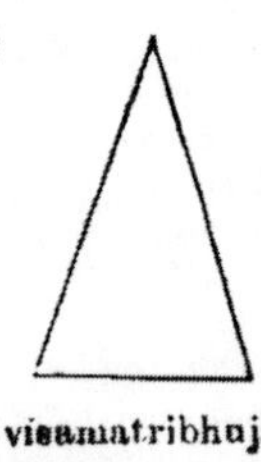

Dvisamatribhuja = Isosceles trilateral figure

3

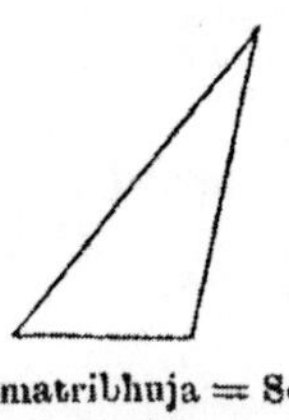

Viṣamatribhuja = Scalene trilateral figure.

equi-lateral, equi-dichastic, equi-bilateral, equi-trilateral and inequi-lateral.

4

Samacaturaśrā = Equi-lateral quadrilateral.

5

Dvidvisamacaturaśra = Equi-dichastic quadrilateral.

6

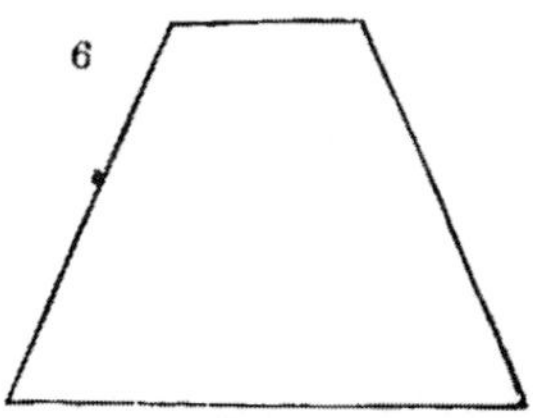

Dvisamacaturaśra = Equi-bilateral quadrilateral.

7

Trisamacaturaśra = Equi-trilateral quadrilateral.

8

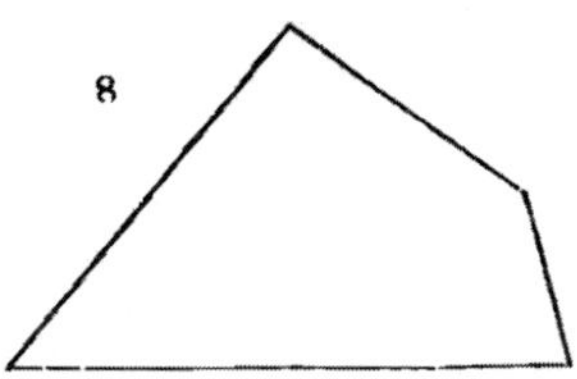

Viṣamacaturaśra = Inequi-lateral quadrilateral.

9

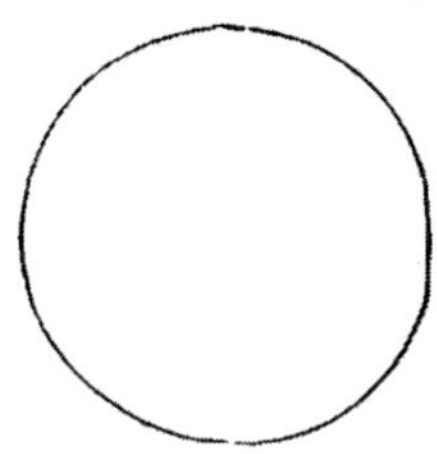

Samavṛtta = Circle.

10

Ardhavṛtta = Semicircle.

11

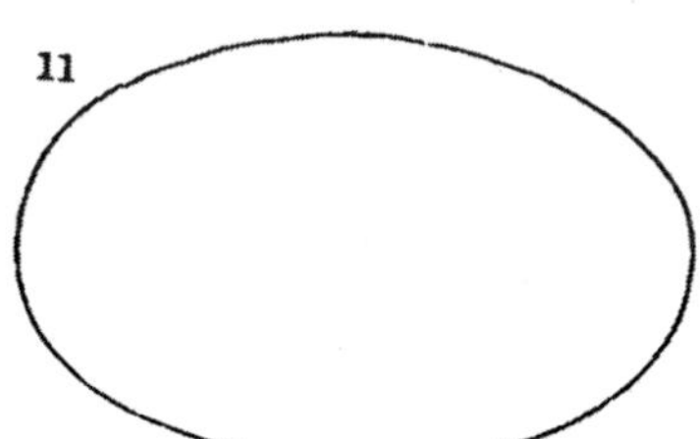

Āyatavṛtta = Ellipse.

6. (The curvi-linear area may be) a circle, a semicircle, an ellipse, a conchiform area, a concave circular area, a convex circular area, an out-lying annulus or an in-reaching annulus.

12

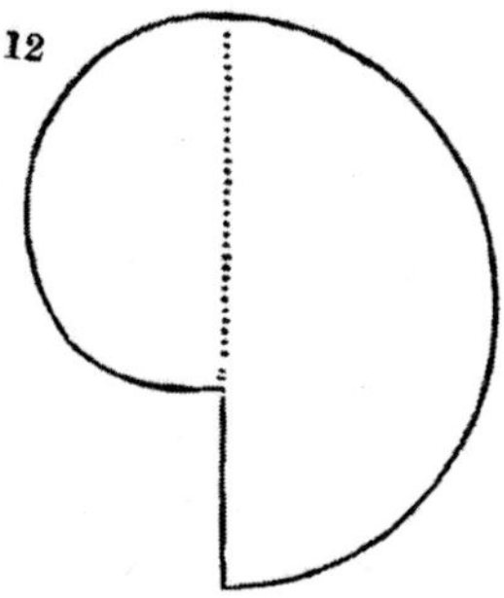

Kambukāvṛtta = conchiform area.

13

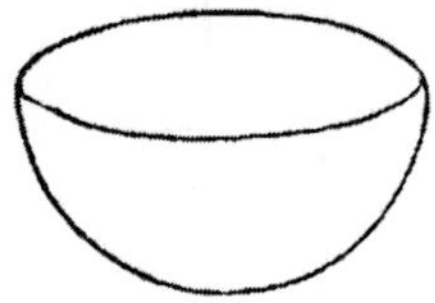

Nimnavṛtta = concave circular area.

14

Unnatavṛtta = convex circular area.

15

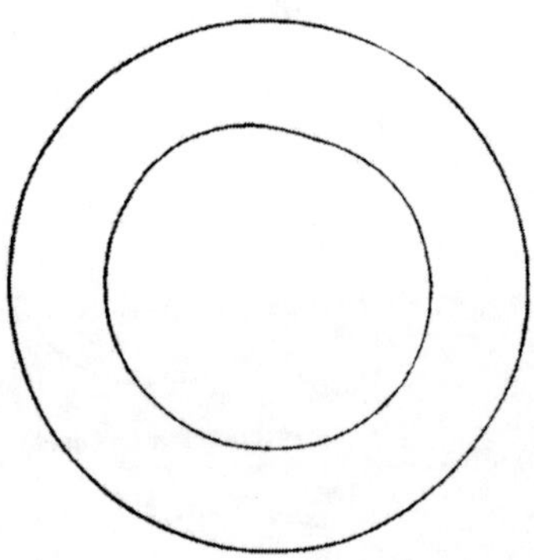

Bahiścakravālavṛtta = Out-lying annulus.

16

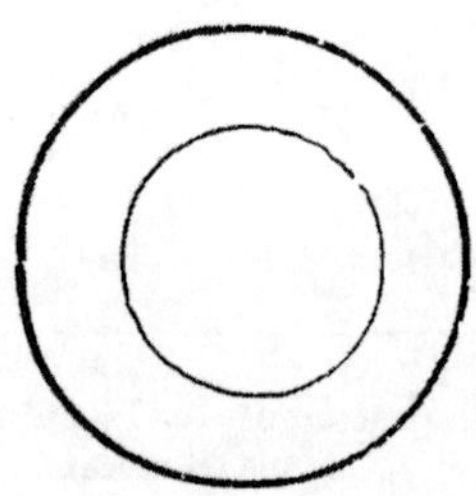

Antaścakravālavṛtta = In-reaching annulus.

From a consideration of the rules given for the measurement of the dimensions and areas of quadrilateral figures, it has to be concluded that all the quadrilateral figures mentioned in this chapter are cyclic. Hence an equilateral quadrilateral is a square, an equidichastic quadrilateral is an oblong; and equi-bilateral and equi-trilateral quadrilaterals have their topside parallel to the base

Calculation relating to approximate measurement (of areas).

The rule for arriving at the (approximate) measure of the areas of trilateral and quadrilateral fields :—

7. The product of the halves of the sums of the opposite sides becomes the (quantitative) measurement (of the area) of trilateral and quadrilateral figures. In the case of (a figure constituting a circular annulus like) the rim of a wheel, half of the sum of the (inner and outer) circumferences multiplied by (the measure of) the breadth (of the annulus gives the quantitative measure of the area thereof). Half of this result happens to be here the area of (a figure resembling) the crescent moon.

Examples in illustration thereof.

8. In the case of a trilateral figure, 8 *daṇḍas* happen to be the measure of the side, the opposite side and the base; tell me quickly, after calculating, the practically approximate value (of the area) thereof.

9. In the case of a trilateral figure with two equal sides, the length (represented by the two sides) is 77 *daṇḍas*; and the breadth (measured by the base) is 22 *daṇḍas* associated with 2 *hastas*. (Find out the area.)

---

7. A trilateral figure is here conceived to be formed by making the topside, *i.e.*, the side opposite to the base, of a quadrilateral so small as to be neglected. Then the two lateral sides of the trilateral figure become the opposite sides, the topside being taken to be nil in value. Hence it is that the rule speaks of opposite sides even in the case of a trilateral figure.

As half the sum of the two sides of a triangle is, in all cases, bigger than the altitude, the value of the area arrived at according to this rule cannot be accurate in any instance.

In regard to quadrilateral figures the value of the area arrived at according to this rule can be accurate in the case of a square and an oblong, but only approximate in other cases.

Nēmi is the area enclosed between the circumferences of two concentric circles ; and the rule here stated for finding out the approximate measure of the area of a *Nēmikṣētra* happens to give the accurate measure thereof.

In the case of a figure resembling the crescent moon, it is evident that the result arrived at according to the rule gives only an approximate measure of the area.

10. In the case of a scalene trilateral figure, one side is 13 *daṇḍas*, the opposite side is 15 *daṇḍas*; and the base is 14 *daṇḍas*. So what is the quantitative measure (of the area) of this (figure)?

11. In the case of a figure resembling (the medial longitudinal section of) the tusk of an elephant, the length of the outer curve is seen to be 88 *daṇḍas*; that of the inner curve is (seen to be) 72 *daṇḍas*; the measure of (the thickness at) the root of the tusk is 30 *daṇḍas*. (What is the measure of the area?)

12. In the case of an equilateral quadrilateral figure, the sides and the opposite sides (whereof) are each 60 *daṇḍas* in measure, you tell me quickly, O friend, the resulting (quantitative) measure (of the area thereof).

13. In the case of a longish quadrilateral figure here, the length is 61 *daṇḍas*, the breadth is 32. Give out the practically approximate measure (of the area thereof).

14. In the case of a quadrilateral with two equal sides, the length (as measured along either of the equal sides) is 67 *daṇḍas*, the breadth of this figure is 38 *daṇḍas* (at the base) and 33 *daṇḍas* (at the top. What is the measure of the area of the figure?)

15. In the case of a quadrilateral figure with three equal sides, (each of these) three sides measures 108 *daṇḍas*, the (remaining side here called) *mukha* or top-side measures 8 *daṇḍas* and 3 *hastas*. Accordingly, tell me, O mathematician (the measure of the area of this figure).

16. In the case of a quadrilateral the sides of which are all unequal, the side forming the base measures 38 *daṇḍas*, the side forming the top is 32 *daṇḍas*: one of the lateral sides is 50 *daṇḍas* and the other is 60 *daṇḍas*. What is (the area) of this (figure)?

17. In an annulus, the inner circular boundary measures 30 *daṇḍas*; the outer circular boundary is seen to be 300. The breadth

---

11. The shape of the figure mentioned in this stanza seems to be what is given here in the margin: it is intended that this should be treated as a trilateral figure, and that the area thereof should be found out in accordance with the rule given in relation to trilateral figures.

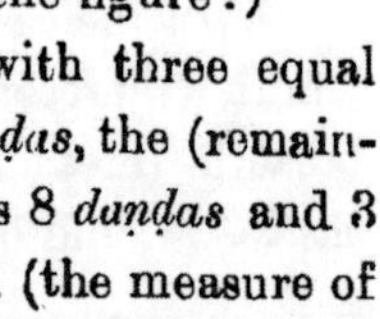

of the annulus is 45. What is the calculated measure of the area of (this) annulus?

18. In the case of a figure resembling the crescent moon, the breadth is seen to be 2 *hastas*, the outer curve 68 *hastas*, and the inner curve 32 *hastas*. Say what the (resulting) area is.

The rule for arriving at the (practically approximate value of the) area of the circle :—

19. The (measure of the) diameter multiplied by *three* is the measure of the circumference; and the number representing the square of half the diameter, if multiplied by *three*, gives the (resulting) area in the case of a complete circle. Teachers say that, in the case of a semicircle, half (of these) give (respectively) the measure (of the circumference and of the area).

Examples in illustration thereof.

20. In the case of a circle, the diameter is 18. What is the circumference, and what the (resulting) area (thereof)? In the case of a semicircle, the diameter is 18: tell me quickly what the calculated measure is (of the area as well as of the circumference).

The rule for arriving at (the value of) the area of an elliptical figure :—

21. The longer diameter, increased by half of the (shorter) diameter and multiplied by *two*, gives the measure of the circumference of the elliptical figure. One-fourth of the (shorter) diameter, multiplied by the circumference, gives rise to the (measure of the) area (thereof).

---

19. The approximate character of the measure of the circumference as well as of the area as given here is due to the value of π being taken as 3.

21. The formula given for the circumference of an ellipse is evidently an approximation of a different kind. The area of an ellipse is $\pi. a.b$, where a and b are the semi-axes. If π is taken to be equal to 3, then $\pi. a.b, = 3\ a.b.$ But the formula given in the stanza makes the area equal to $2ab + b2$.

An example in illustration thereof.

22. In the case of an elliptical figure the (shorter) diameter is 12, and the longer diameter is 36. What is the circumference and what is the (resulting) area (thereof)?

The rule for arriving at the (resulting) area of a conchiform curvilinear figure:—

23. In the case of a conchiform curvilinear figure, the measure of the (greatest) breadth diminished by half the measure of the mouth and multiplied by *three* gives the measure of the perimeter. One-third of the square of half (this) perimeter, increased by three-fourths of the square of half the measure of the mouth, (gives the area).

An example in illustration thereof.

24. In the case of a conchi-form figure the breadth is 18 *hastas*, and the measure of the mouth thereof is 4 (*hastas*). You tell me what the perimeter is and what the calculated area is.

The rule for arriving at the (resulting) area of the concave and convex circular surfaces:—

25. Understand that *one-fourth* of the circumference multiplied by the diameter gives rise to the calculated (resulting) area. Thence, in the case of concave and convex areas like that of a

---

23. If a is the diameter and m is the measure of the mouth, then $3\left(a - \frac{1}{2}m\right)$ is the measure of the circumference; and $\left\{\frac{3\left(a-\frac{1}{2}m\right)}{2}\right\}^2 \times \frac{1}{3} + \frac{3}{4} \times \left(\frac{m}{2}\right)^2$ is the measure of the area. The exact shape of the figure is not clear from the description given; but from the values given for the circumference and the area, it may be conceived to consist of 2 unequal semicircles placed so that their diameters coincide in position as shown in figure 12, given in the foot-note to stanza 6, in this chapter.

25. The area here specified seems to be that of the surface of the segment of a sphere; and the measure of the area is stated to be, when symbolically represented, equal to $\frac{c}{4} \times d$, where c is the circumference of the sectional circle, and d is the diameter thereof. But the area of the surface of a spherical segment of this kind is equal to $2\pi . r.h$, where r is the radius of the sectional circle and h is the height of the spherical segment.

sacrificial fire-pit and like that of (the back of) the tortoise, (the required result is to be arrived at).

As example in illustration thereof.

26. In the case of the area of a sacrificial fire-pit the measure of the diameter is 27, and the measure of the circumference is seen to be 56. What is the calculated measure of the area of that same (pit)?

An example about a convex circular surface resembling (the back) of a tortoise.

27. The diameter is 15, and the circumference is seen to be 36. In the case of this area resembling the (back of a) tortoise, what is the practically approximate measure as calculated?

The rule for arriving at the practically approximate value of the area of an in-lying annular figure as well as of an out-reaching annular figure:—

28. The (inner) diameter increased by the breadth (of the annular area) when multiplied by *three* and by the breadth (of the annular area) gives the calculated measure of the area of the out-reaching annular figure. (Similarly the measure of the calculated area) of the in-lying annular figure (is to be obtained) from the diameter as diminished by the breadth (of the annular area).

Examples in illustration thereof.

29. The diameter is 18 *hastas*, and the breadth of the out-reaching annular area is 3 in this case: the diameter is 18 *hastas* and again the breadth of the in-lying annular area is 3 *hastas*. What may be (the area of the annular figure in each case)?

---

28. The shape of the अन्तश्चक्रवालवृत्तक्षेत्र as well as of the बहिश्चक्रवालवृत्तक्षेत्र is identical with the shape of the नेमिक्षेत्र mentioned in the note to stanza 7 in this chapter. Hence the rule given for arriving at the area of all these figures works out to be the same practically.

The rule for arriving separately at the numerical measures of the circumference, of the diameter, and of the area of a circular figure, from the combined sum obtained by adding together the approximate measure of its area, the measure of its circumference and the measure of its diameter :—

30. In relation to the combined sum (of the three quantities) as multiplied by 12, the quantity thrown in so as to be added is 64. Of this (second) sum the square root diminished by the square root of the quantity thrown in gives rise to the measure of the circumference.

An example in illustration thereof.

31. The combined sum of the measures of the circumference, of the diameter and of the area (of a circle) is 1116. Tell me what the (measure of the) circumference is, what (that of) the calculated area and what (of) the diameter is.

The rule for arriving at the practically approximate value of surface-areas resembling (the longitudinal sections of) the *yava* grain, (of) the *mardala*, (of) the *paṇava*, and (of) the *vajra* :—

32. In the case of areas shaped in the form of the *yava* grain, of the *muraja*, of the *paṇava* and of the *vajra*, the

---

30. This rule will be clear from the following algebraical representation :— Let c be the circumference of the circle. As π is taken to be equal to 3, $\frac{c}{3}$ is the diameter and $3\frac{c^2}{36}$ is the area of the circle. If m stands for the combined sum of the circumference, the diameter and the area of the circle, then the rule given in the stanza to the effect that $c = \sqrt{12m + 64} - \sqrt{64}$ may be easily arrived at from the quadratic equation containing the data in the problem :— $c + \frac{c}{3} + 3\frac{c^2}{36} = m$.

32. *Muraja* means the same thing as *mardala* and *mṛdaṅga*. The shape of the various figures mentioned in this stanza is as follows :

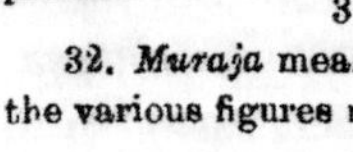
Yavākārakṣetra.

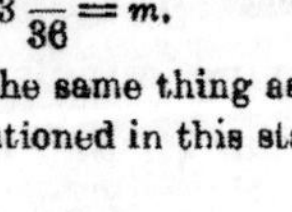
Murajākārakṣetra.

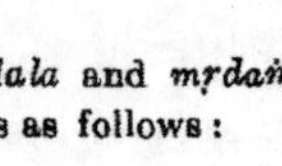
Paṇavākārakṣetra.

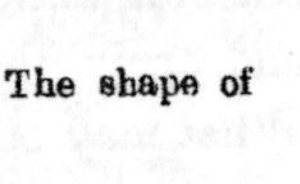
Vajrākārakṣetra.

(require dmeasurement of) area is that which results by multiplying half the sum of the end measure and the middle measure by the length.

Examples in illustration thereof.

33. In the case of an area resembling the configuration of a *yava* grain, the length is 80 and the breadth in the middle is 40. Tell me, what may be the calculated measure of that area?

34. Tell (me what may be the calculated measure of the area) in relation to a field which has the outline configuration of the *mṛdaṅga*, and of which the length is 80 *daṇḍas*, the end measure is 20 and the middle measure is 40 *daṇḍas*.

35. In the case of a field having the outline of the *paṇava*, the length is 77 *daṇḍas*, the measure of each of the two ends is 8 *daṇḍas*, and the measure in the middle is 4 *daṇḍas*. (What is the measure of the area?)

36. Similarly in the case of a field having the outline of the *vajra*, the length is 96 *daṇḍas*, in the middle there is the middle point; and at the ends the measure is $13\frac{1}{3}$ *daṇḍas*. (What is the measure of the area?)

The rule for arriving at the measure of areas such as the *ubhaya-niṣēdha* or di-deficient area:—

37. On subtracting the product of the length into half the breadth from the product of the length into the breadth, you

---

The measures of the area arrived at according to the rule given in this stanza are approximately correct in the case of all the figures, as the rule is based on the assumption that each of the bounding curved lines may be taken to be equal to the sum of two straight lines formed by joining the ends of the curves with the middle point thereof.

37. The figures mentioned in this stanza are those given below:—

These are looked upon as being derived from a quadrilateral figure which is divided into four triangles by means of its diagonals crossing each other. The

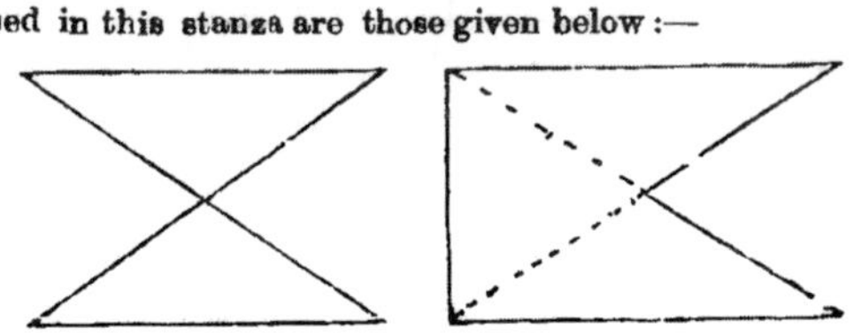

declare the measure of the di-deficient area. That which is less (than the latter product here) by half of this (above-mentioned quantity to be subtracted) is the measure of the area of the uni-deficient figure.

An example in illustration thereof.

38. The length is 36, and the breadth is only 18 *daṇḍas*. What is the resulting measure of the area in the case of a di-deficient area, and what in the case of the uni-deficient area?

The rule for arriving at the practically approximate measure of the area of fields resembling the outline of a multiplex *vajra* :—

39. One-third of the square of half the perimeter, divided by the number of sides and (then) multiplied by the number of sides as diminished by *one*, gives indeed in the result the value of the area of all figures made up of sides. In the case of the area

---

di-deficient figure is that in which any two of the opposite triangles out of the four making up the quadrilateral are left out of consideration, the uni-deficient figure being that in which only one out of the four triangles is neglected.

39. The rule stated in this stanza gives the area of figures made up of any number of sides. If s is half the sum of the measures of the sides, and n the number of sides, the area is said to be equal to $\frac{s^2}{3} \times \frac{n-1}{n}$. This formula is found to give the approximate value of the area in the case of a triangle, a quadrilateral, a hexagon and a circle conceived as a figure of infinite number of sides. The other part of the rule deals with the interspace bounded by parts of circles in contact, and the value of the area arrived at according to the rule here given is also approximate. The figure below shows an interspace so bounded by four touching circles.

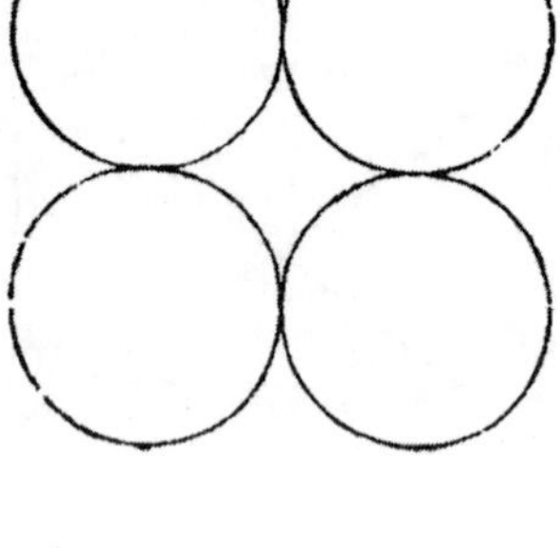

included between circles (in contact), one-fourth (of the result thus arrived at gives the required measure).

Examples in illustration thereof.

40. In the case of a six-sided figure the measure of a side is 5, and in the case of another figure of 16 sides the measure of a side is 3. Give out (the measure of the area in each case).

41. In the case of a trilateral figure one of the sides is 5, the opposite (*i.e.*, the other) side is 7, and the base is 6. In the case of another hexalateral figure the sides are in measure from 1 to 6 in order. (Find out the value of the area in each case).

42. (Give out) the value of the interspace included inside four (equal) circles (in contact) having a diameter which is 9 in measure; and (give out) the value of the area of the interspace included inside three circles having diameters measuring 6, 5 and 4 (respectively).

The rule for arriving at the practically approximate area of a field resembling a bow in outline :—

43. In the case of a bow-shaped field the calculated measure (of the area) is obtained by adding together (the measure of) the arrow and (that of) the string and multiplying the sum by half (the measure) of the arrow. The square root of the square of the (measure of the) arrow as multiplied by 5 and (then) as combined with the square of the (measure of the) string gives the (measure of the bent) stick (of the bow).

---

43. The field resembling a bow in outline is in fact the segment of a circle, the bow forming the arc, the bow-string forming the chord, and the arrow measuring the greatest perpendicular distance between the arc and the chord. If a, c, and p represent the lengths of these three lines, then, according to the rules given in stanzas 43 and 45 —

$$\text{Area} = (c + p) \times \frac{p}{2}$$

$$\text{Length of bow} = \sqrt{5p^2 + c^2}$$

$$\text{,, of arrow} = \frac{\sqrt{a^2 - c^2}}{5}$$

$$\text{,, of bow-string} = \sqrt{a^2 - 5p^2}$$

For accurate value *see* stanzas 73½ and 74½ in this chapter.

An example in illustration thereof.

44. A bow-shaped field is seen whereof the string-measure is 26, and the arrow-measure is 13. Tell me quickly, O mathematician, what the calculated measure of this (area) is, and what the measure of this (bent) stick (curve).

The rule for arriving at the arrow-measure as well as the string-measure (in relation to a bow-shaped field):—

45. The difference between the squares of the string and of the bent bow is divided by 5. The square root (of the resulting quotient) gives the intended measure of the arrow. The square of the arrow is multiplied by 5; and (this product) is subtracted from the square (of the arc) of the bow. The square root (of the resulting quantity) gives the measure corresponding to the string.

Examples in illustration thereof.

46. In the case of this (already given bow-shaped) field the measure of the arrow is not known; and in the case of another (similar field) the measure of the string is not known. O you who know calculation, give out both these measures.

The rule for arriving at the practically approximate value of the area of the circle which is circumscribed about or inscribed within a four-sided figure:—

47. Half of three times (the measure of the area of the inscribed quadrilateral figure) gives the measure of the area of the circle in the case in which it is circumscribed outside. In the case where it is inscribed within and the quadrilateral is the other way (*i.e.*, escribed), half of the above measure (is the required quantity).

---

47. The formula here given may be seen to be accurate in the case of a square, but only approximate in the case of other quadrilaterals, if 3 be taken to be the correct value of π.

An example in illustration thereof.

48. In relation to a quadrilateral figure, each of whose sides is 15 (in measure), tell me the practically approximate value of the inscribed and the escribed circles.

Thus ends the calculation of practically approximate value in relation to areas.

The Minutely Accurate Calculation of the Measure of Areas.

Hereafter in the calculation regarding the measurement of areas we shall expound the subject of treatment known as minutely accurate calculation. And that is as follows :—

The rule for arriving at the measure of the perpendicular (from the vertex to the base of a given triangle) and (also) of the segments into which the base is thereby divided) :—

49. The process of *saṅkramaṇa* carried out between the base and the difference between the squares of the sides as divided by the base gives rise to the values of the two segments (of the base) of the triangle. Learned teachers say that the square root of the difference between the squares of (either of) these (segments) and of the (corresponding adjacent) side gives rise to the measure of the perpendicular.

---

49. Algebraically represented—

$$c_1 = \left(c + \frac{a^2 - b^2}{c}\right) \times \frac{1}{2};$$

$$c_2 = \left(c - \frac{a^2 - b^2}{c}\right) \times \frac{1}{2};$$

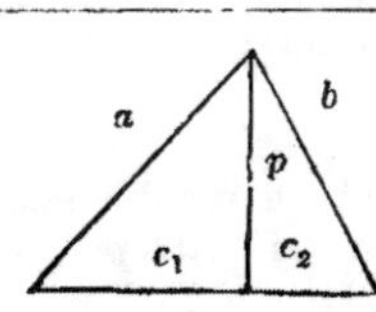

$p = \sqrt{a^2 - c_1^2}$ or $\sqrt{b^2 - c_2^2}$. Here a, b, c, represent the measures of the sides of a triangle, c_1, c_2 the measures of the segments of the base whose total length is c; and p represents the length of the perpendicular.

The rule for arriving at the minutely accurate measurement of the area (of trilateral and quadrilateral figures) :—

50. Four quantities represented (respectively) by half the sum of the sides as diminished by (each of) the sides (taken in order) are multiplied together; and the square root (of the product so obtained) gives the minutely accurate measure (of the area of the figure). Or the measure of the areas may be arrived at by multiplying by the perpendicular (from the top to the base) half the sum of the top measure and the base measure. (The latter rule does) not (hold good) in the case of an inequi-lateral quadrilateral figure.

Examples in illustration thereof.

51. In the case of an equilateral triangle, 8 *daṇḍas* give the measure of the base as also of each of the two sides. You, who know calculation, tell me the accurate value of the area (thereof) and also of the perpendicular (to the base) as well as of the segments (of the base caused thereby).

52. In the case of an isosceles triangle (each of the) two (equal) sides measures 13 *daṇḍas*, and the base measures 10. (What is) the accurate measure of the area thereof, and of the perpendi-

---

50. Algebraically represented :—

Area of a trilateral figure $= \sqrt{s(s-a)(s-b)(s-c)}$; where s is half the sum of the sides, a, b, c, the respective measures of the sides of the trilateral figure;

or $= \frac{c}{2} \times p$, where p is the perpendicular distance of the vertex from the base.

Area of a quadrilateral figure $= \sqrt{(s-a)(s-b)(s-c)(s-d)}$ where s is half the sum of the sides, and a, b, c, d the measures of the respective sides of the quadrilateral figure;

or $= \frac{b+d}{2} \times p$ (except in the case of an inequilateral quadrilateral) where p is the measure of either of the perpendiculars drawn to the base from the extremities of the top side.

The formulas here given for trilateral figures are correct; but those given for quadrilatral figures hold good only in the case of cyclic quadrilaterals, as in these formulas sight is lost of the fact that for the same measure of the sides the value of the area as well as of the perpendicular may vary.

cular (to the base) as also of the segments (of the base caused thereby)?

53. In the case of a scalene triangle one of the sides is 13 (in measure), the opposite side is 15, and the base is 14. What indeed is the calculated measure (of the area of this figure), and what of the perpendicular (to the base) and of the basal segments?

Hereafter (we give) the rule for arriving at the value of the diagonal of the five varieties of quadrilateral figures.

54. The two quantities obtained by multiplying the basal side by the (larger and the smaller of the right and the left) sides are (respectively) combined with the two (other) quantities obtained by multiplying the top side by the (smaller and the larger of the right and the left) sides. The (resulting) two sums constitute the multiplier and the divisor as also the divisor and the multiplier in relation to the sum of the products of the opposite sides. The square roots (of the quantities so obtained) give the required measures of the diagonals.

Examples in illustration thereof.

55. In the case of an equilateral quadrilateral which has all around a side measure of 5, tell me quickly, O friend who know the secret of calculation, the value of the diagonal and also the accurate value of the area.

---

54. Algebraically represented the measure of the diagonal of a quadrilateral figure as given here is —

$$\sqrt{\frac{(ac+bd)\ (ab+cd)}{ad+bc}} \quad \text{or} \quad \sqrt{\frac{(ac+bd)\ (ad+bc)}{ab+cd}}.$$

These formulas also are correct only for cyclic quadrilaterals. Bhāskarācārya is aware of the futility of attempting to give the measure of the area of a quadrilateral without previously knowing the values of the perpendicular or of the diagonals. *Vide* the following stanza from his *Līlāvatī* :—

लम्बयोः कर्णयोर्वैकमनिर्दिश्यापरान् कथम् ।
पृच्छत्यनियतत्वेऽपि नियतं चापि तत्फलम् ॥
स पृच्छकः पिशाचो वा वक्ता वा नितरां ततः ।
यो न वेत्ति चतुर्बाहुक्षेत्रस्यानियतां स्थितिम् ॥

56. In the case of a longish quadrilateral, the (horizontal) side is 12 in measure and the perpendicular side is 5 in measure. Tell me quickly what the measure of the diagonal is and what the accurate measure of the area.

57. The basal side of an equi-bilateral quadrilateral is 36. One of the sides is 61 and the other also is the same. The top side is 14. What is the diagonal and what the accurate measure of the area?

58. In the case of an equi-trilateral quadrilateral, the square of 13 (gives the measure of an equal side); the base, however, is 407 in measure. What is the value of the diagonal, of the basal segments, of the perpendicular and of the area?

59. The (right and the left) sides of an inequilateral quadrilateral are 13 × 15 and 13 × 20 (respectively in measure); the top side is 5^3, and the side below is 300. What are all the values here beginning with that of the diagonal?

Hereafter (are given) the rules for arriving at the minutely accurate values relating to curvilinear figures. Among them the rule for arriving at the minutely accurate values relating to a circular figure is as follows:—

60. The diameter of the circular figure multiplied by the square root of 10 becomes the circumference (in measure). The circumference multiplied by one-fourth of the diameter gives the area. In the case of a semicircle this happens to be half (of what it is in the case of the circle).

Examples in illustration thereof.

61. In the case of one (circular) field the diameter of the circle is 18; in the case of another it is 60; in the case of yet another it is 22. What are the circumferences and the areas?

---

60. The value of π given in this stanza is $\sqrt{10}$, which is equal to 3·16...... .. Compare this with the more approximate value $\frac{62832}{20000}$ (= 3·1416) given by Āryabhaṭa. Bhāskarācārya also gives to it the same value, and represents it in reduced terms as $\frac{3927}{1250}$.

62. In the case of a semicircular field of a diameter measuring 12, and of (another) field having a diameter of 36 in measure what is the circumference and what the area?

The rule for arriving at the minutely accurate values relating to an elliptical figure:—

63. The square of the (shorter) diameter is multiplied by 6 and the square of twice the length (as measured by the longer diameter) is added to this. (The square root of this sum gives) the measure of the circumference. This measure of the circumference multiplied by one-fourth of the (shorter) diameter gives the minutely accurate measure of the area of an elliptical figure.

An example in illustration thereof.

64. In the case of an elliptical figure, the length (as measured by the longer diameter) is 36, and the breadth (as measured by the shorter diameter) is 12. Tell me, after calculation, what the measure of the circumference is, and what the minutely accurate measure of the area.

The rule for arriving at the minutely accurate values in relation to a conchiform figure:—

65½. The (maximum measure of the) breadth (of the figure), diminished by half (the measure of the breadth) of the mouth, and (then) multiplied by the square root of 10, gives rise to the measure of the perimeter. The square of half the (maximum)

---

63. If a represents the measure of the longer diameter and b that of the shorter diameter of an ellipse, then, according to the rule given here, the circumference is $\sqrt{6b^2 + 4a^2}$, and the area is $\frac{1}{4} b \times \sqrt{6b^2 + 4a^2}$. It may be noted that this stanza, as found in the MSS., omits to mention that the square root of the quantity is to be taken for arriving at the value of the circumference. The formula for the area given here is only an approximation, and seems to be based on the analogy of the area of a circle as represented by $\pi d \times \frac{d}{4}$, where d is the diameter and πd is the circumference.

65½. Algebraically, circumference $= (a - \frac{1}{2} m) \times \sqrt{10}$;
area $= \left[\left\{ (a - \frac{1}{2} m) \times \frac{1}{2} \right\}^2 + \left(\frac{m}{4}\right)^2 \right] \times \sqrt{10}$; where a is the measure of the

breadth (of the figure) as diminished by half the (breadth of the) mouth, and the square of one-fourth of the (breadth of the) mouth are added together; and the resulting sum is multiplied by the square root of 10. This gives rise to the minutely accurate measure of the area in the case of the conchiform figure.

An example in illustration thereof.

66½. In the case of a conchiform curvilinear figure the (maximum breadth is 18 *daṇḍas*, and the breadth of the mouth is 4 (*daṇḍas*). What is the measure of the perimeter and what the minutely accurate measure of the area as calculated ?

The rule for arriving at the minutely accurate measures in relation to outreaching and inlying annular figures :—

67½. The (inner) diameter, to which the breadth (of the annulus) is added, is multiplied by the square root of 10 and by the breadth (of the annulus). This gives rise to the value of the area of the out-reaching annulus. The (outer) diameter as diminished by the breadth (of the annulus) gives rise (on being treated in the same manner as above) to the value of the area of the inlying annular figure.

Examples in illustration thereof.

68½. Eighteen *daṇḍas* measure the (inner or the outer) diameter of the annulus (as the case may be); the breadth of the annulus is, however, 3 (*daṇḍas*). You give out the minutely accurate value of the area of the outreaching as well as the inlying annular figure.

69½. The (outer) diameter is 18 *daṇḍas*, and the breadth of the inlying annulus is 4 *daṇḍas*. You give out the minutely accurate value of the area of the inlying annular figure.

---

maximum breadth, and m the measure of the mouth of a conchiform figure. As observed in the note relating to stanza 23 of this chapter, the figure intended is obviously made up of two unequal semicircles.

The rule for arriving at the minutely accurate values relating to a figure resembling (the longitudinal section of) the *yava* grain, and also to a figure having the outline of a bow :—

70½. It should be known that the measure of the string (chord) multiplied by one-fourth of the measure of the arrow, and then multiplied by the square root of 10, gives rise to the (accurate) value of the area in the case of a figure having the outline of a bow as also in the case of a figure resembling the (longitudinal) section of a *yava* grain.

Examples in illustration thereof.

71½. In the case of a figure resembling (the longitudinal) section of the *yava* grain, the (maximum) length is 12 *daṇḍas*; the two ends are needle points, and the breadth in the middle is 4 *daṇḍas*. What is the area ?

72½. In the case of a figure having the outline of a bow, the string is 24 in measure ; and its arrow is taken to be 4 in measure. What may be the minutely accurate value of the area ?

The rule for arriving at the measure of the (bent) stick of the bow as well as of the arrow, in the case of a figure having the outline of a bow :—

73½. The square of the arrow measure is multiplied by 6. To this is added the square of the string measure. The square

---

70½. The figure resembling a bow is obviously the segment of a circle. The area of the segment as given here $= c \times \frac{p}{4} \times \sqrt{10}$. This formula is not accurate. It seems to be based on the analogy of the rule for obtaining the area of a semi-circle, which area is evidently equal to the product of π, the diameter and one-fourth of the radius, *i.e.*, $\pi \times 2r \times \frac{r}{4}$.

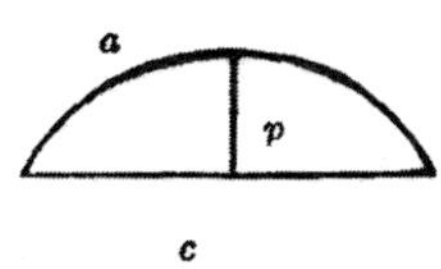

The figure resembling the longitudinal section of a *yava* grain may be easily seen to be made up of two similar and equal segments of a circle applied to each other so as to have a common chord. It is evident that in this case the value of the arrow-line becomes doubled. Thus the same formula is made to hold good here also.

73½ & 74½. Algebraically,

$$\text{arc} = \sqrt{6p^2 + c^2}\ ;$$

$$\text{perpendicular} = \sqrt{\frac{a^2 - c^2}{6}}$$

$$\text{chord} = \sqrt{a^2 - 6p^2}\ .$$

root of that (which happens to be the resulting sum here) gives rise to the measure of the (bent) bow-stick. In the case of finding out the measure of the string and the measure of the arrow, a course converse to this is adopted.

The rule relating to the process according to the converse (here mentioned):—

74½. The measure of the arrow is taken to be the square root of one-sixth of the difference between the square of the string and the square of the (bent stick of the) bow. And the square root of the remainder, after subtracting six times the square of the arrow from the square of the (bent stick of the) bow, gives rise to the measure of the string.

An example in illustration thereof.

75½. In the case of a figure having the outline of a bow, the string-measure is 12, and the arrow-measure is 6. The measure of the bent stick is not known. You (find it out), O friend. (In the case of the same figure) what will be the string-measure (when the other quantities are known), and what its arrow-measure (when similarly the other requisite quantities are known)?

The rule for arriving at the minutely accurate result in relation to figures resembling a *Mṛdaṅga*, and having the outline of a *Paṇava*, and of a *Vajra*—

76½. To the resulting area, obtained by multiplying the (maximum) length with (the measure of the breadth of) the mouth, the value of the areas of its associated bow-shaped figures is added. The resulting sum gives the value of the area of a figure resembling (the longitudinal section of) a *Mṛdaṅga*. In the case

---

In giving the rule for the measure of the arc in terms of the chord and the largest perpendicular distance betweeen the arc and the chord, the arc forming a semicircle is taken as the basis, and the formula obtained for it is utilized for arriving at the value of the arc of any segment. The semicircular arc $= r \times \sqrt{10} = \sqrt{10r^2} = \sqrt{6r^2 + 4r^2}$: based on this is the formula for any arc; where $p =$ the largest perpendicular distance between the arc and the chord, and $c =$ the chord.

76½. The *rationale* of the rule here given will be clear from the figures given in the note under stanza 32 above.

of those two (other) figures which resemble (the longitudinal section of) the *Paṇava*, and (of) the *Vajra*, that (same resulting area, which is obtained by multiplying the maximum length with the measure of the breadth of the mouth), is diminished by the measure of the areas of the associated bow-shaped figures. (The remainder gives the requird measure of the area concerned.)

Examples in illustration thereof.

77½. In the case of a figure having the outline configuration of a *Mṛdaṅga*, the (maximum) length is 24; the breadth of (each of) the two mouths is 8; and the (maximum) breadth in the middle is 16. What is the area?

78½. In the case of a figure having the outline of a *Paṇava*, the (maximum) length is 24; similarly the measure (of the breadth of either) of the two mouths is 8; and the central breadth is 4. What is the area?

79½. In the case of a figure having the outline of a *Vajra*, the (maximum) length is 24; the measure (of the breadth of either) of the two mouths is 8; and the centre is a point. Give out as before what the area is.

The rule for arriving at the minutely accurate value of the areas of figures resembling (the annulus making up) the rim of a wheel, (resembling) the crescent moon and the (longitudinal) section of the tusk of an elephant:—

80½. In the case of (a circular annulus resembling) the rim of a wheel, the sum of the measures of the inner and the outer curves is divided by 6, multiplied by the measure of the breadth

---

80½. The rule here given for the area of an annulus, if expressed algebraically, comes to be $\frac{a_1 + a_2}{6} \times p \times \sqrt{10}$, where a_1 and a_2 are the measures of the two circumferences, and p is the measure of the breadth of the annulus. On a comparison of this value of the area of the annulus with the approximate value of the same as given in stanza 7 above (*vide* note thereunder), it will be evident that the formula here does not give the accurate value, the value mentioned in the rule in stanza 7 being itself the accurate value. The mistake seems to have arisen from a wrong notion that in the determination of the value of this area, π is involved even otherwise than in the values of a_1 and a_2.

of the annulus, and again multiplied by the square root of 10. (The result gives the value of the required area.) Half of this is the (required) value of the area in the case of figures resembling the crescent moon or (the longitudinal section of) the tusk of an elephant.

Examples in illustration thereof.

81½. In the case of a field resembling (the circular annulus forming) the rim of a wheel, the outer curve is 14 in measure and the inner 8; and the (breadth in the) middle is 4. (What is the area?) What is it in the case of a figure resembling the crescent moon, and in the case of a figure resembling (the longitudinal section of) the tusk of an elephant (the measures requisite for calculation being the same as above)?

The rule for arriving at the minutely accurate value of the area of a figure forming the interspace included inside four (equal) circles (touching each other):—

82½. If the minutely accurate measure of the area of any one circle is subtracted from the quantity which forms the square of the diameter (of the circle), there results the value of the area of the interspace included within four equal circles (touching each other).

An example in illustration thereof.

83½. What is the minutely accurate measure of the area of the interspace included within four mutually touching (equal) circles whose diameter is 4 (in value)?

82½. The *rationale* of the rule will be clear from the figure below:—

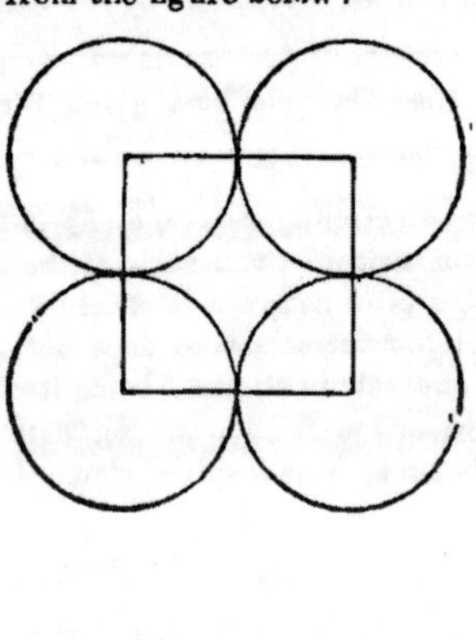

The rule for arriving at the minutely accurate value of the figure formed in the interspace caused by three (equal) circular figures touching each other :—

84½. The minutely accurate measure of the area of an equilateral triangle, each side of which is equal in measure to the diameter (of the circles) is diminished by half the area of any of the (three equal) circles. The remainder happens to be the measure of the interspace area caused by three (mutually touching equal circles).

An example in illustration thereof.

85½. What is the minutely accurate calculated value of a figure forming the interspace enclosed by three mutually touching (equal) circles the diameter (of each) of which is 4 in measure ?

The rule for arriving at the minutely accurate values of the diagonal, the perpendicular and the area in the case of a (regular) six-sided figure :—

86½. In the case of a (regular) six-sided figure, the measure of the side, the square of the side, the square of the square of the side multiplied respectively by 2, 3 and 3 give rise, in that same order, to the values of the diagonal, of the square of the perpendicular, and of the square of the measure of the area.

84½. Similarly the figure here elucidates at once the reason of the rule :—

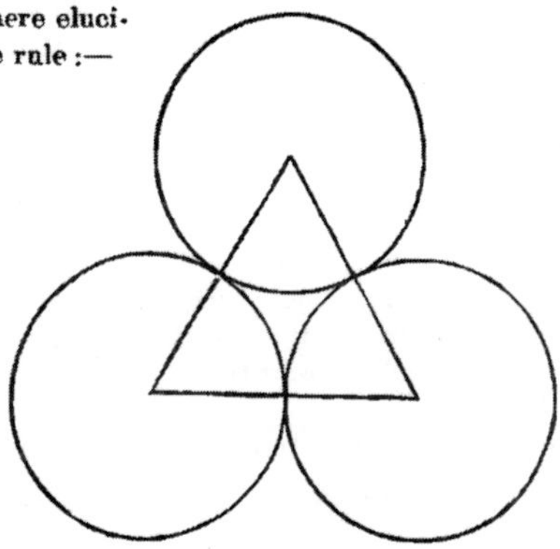

86½. The rule seems to contemplate a regular hexagon. The formula given for the value of the area of the hexagon is $\sqrt{3a^4}$, where a is the length of a side. The correct formula, however, is $a^2 \times \frac{3\sqrt{3}}{2}$.

An example in illustration thereof.

87½. In the case of a (regular) six-sided figure each side is 2 *daṇḍas* in measure. In relation to it, what are the squares of the measures of the diagonal, of the perpendicular and of the minutely accurate area of the figure?

The rule for arriving at the numerical measure of the sum of a number of square root quantities as well as of the remainder left after subtracting a number of square root quantities one from another in the natural order :—

88½. (The square root quantities are all) divided by (such) a (common) factor (as will give rise to quotients which are square quantities). The square roots (of the square quantities so obtained) are added together, or they are subtracted (one from another in the natural order). The sum and remainder (so obtained) are (both) squared and (then) multiplied (separately) by the divisor factor (originally used). The square roots (of these resulting products) give rise to the sum and the (ultimate) difference of the quantities (given in the problem). Know this to be the process of calculation in regard to (all kinds of) square root quantities.

An example in illustration thereof.

89½. O my friend who know the result of calculations, tell me the sum of the square roots of the quantities consisting of 16, 36 and 100; and then (tell me) also the (ultimate) remainder in relation to the square roots (of the same quantities).

Thus ends the minutely accurate calculation (of the measure of areas).

88½. The word *karaṇi* occurring here denotes any quantity the square root of which is to be found out, the root itself being rational or irrational as the case may be. The rule will be clear from the following working of the problem given in stanza 89½ :—

To find the value of $\sqrt{16}+\sqrt{36}+\sqrt{100}$, and $\sqrt{100}-(\sqrt{36}-\sqrt{16})$. These are to be represented as $\sqrt{4}\,(\sqrt{4}+\sqrt{9}+\sqrt{25})$; $\sqrt{4}\left\{\sqrt{25}-(\sqrt{9}-\sqrt{4})\right\}$.

$$=\sqrt{4\,(2+3+5)}; \qquad =\sqrt{4}\left\{5-(3-2)\right\}.$$
$$=\sqrt{4\,(10)}; \qquad =\sqrt{4}\,(4).$$
$$=\sqrt{4}\times\sqrt{100}; \qquad =\sqrt{4}\times\sqrt{16}.$$
$$=\sqrt{400}; \qquad =\sqrt{64}.$$
$$=20; \qquad =8.$$

Subject of treatment known as the Janya operation.

Hereafter we shall give out the *janya* operation in calculations relating to measurement of areas. The rule for arriving at a longish quadrilateral figure with optionally chosen numbers as *bījas*:—

90½. In the case of the optionally derived longish quadrilateral figure the difference between the squares (of the *bīja* numbers) constitutes the measure of the perpendicular-side, the product (of the *bīja* numbers) multiplied by two becomes the (other) side, and the sum of the squares (of the *bīja* numbers) becomes the hypotenuse.

Examples in illustration thereof.

91½. In relation to the geometrical figure to be derived optionally, 1 and 2 are the *bījas* to be noted down. Tell (me) quickly after calculation the measurements of the perpendicular-side, the other side and the hypotenuse.

92½. Having noted down, O friend, 2 and 3 as the *bījas* in relation to a figure to be optionally derived, give out quickly, after calculating, the measurements of the perpendicular-side, the other side and the hypotenuse.

Again another rule for constructing a longish quadrilateral figure with the aid of numbers denoted by the name of *bījas*:—

93½. The product of the sum and the difference of the *bījas* forms the measure of the perpendicular-side. The *saṅkramaṇa* of

---

90½. *Janya* literally means "arising from" or "apt to be derived"; hence it refers here to trilateral and quadrilateral figures that may be derived out of certain given data. The operation known as *janya* relates to the finding out of the length of the sides of trilateral and quadrilateral figures to be so derived.

Bīja, as given here, generally happens to be a positive integer. Two such are invariably given for the derivation of trilateral and quadrilateral figures dependent on them.

The *rationale* of the rule will be clear from the following algebraical representation:—

If a and b are the *bīja* numbers, then $a^2 - b^2$ is the measure of the perpendicular, $2\,ab$ that of the other side, and $a^2 + b^2$ that of the hypotenuse, of an oblong. From this it is evident that the *bījas* are numbers with the aid of the product and the squares whereof, as forming the measures of the sides, a right-angled triangle may be constructed.

the squares of that (sum and the difference of the *bījas*) gives rise (respectively) to the measures of the (other) side and of the hypotenuse. This also is a process in the operation of (constructing a geometrical) figure to be derived (from given *bījas*).

An example in illustration thereof.

94½. O friend, who know the secret of calculation, construct a derived figure with the aid of 3 and 5 as *bījas*, and then think out and mention quickly the numbers measuring the perpendicular-side, the other side and the hypotenuse (thereof).

The rule for arriving at the *bīja* numbers relating to a given figure capable of being derived (from *bījas*).

95½. The operation of *saṅkramaṇa* between (an optionally chosen exact) divisor of the measure of the perpendicular-side and the resulting quotient gives rise to the (required) *bījas*. (An optionally chosen exact) divisor of half the measure of the (other) side and the resulting quotient (also) form the *bījas* (required). Those (*bījas*) are, (respectively), the square roots of half the sum and of half the difference of the measure of the hypotenuse and the square of a (suitably) chosen optional number.

An example in illustration thereof.

96½. In relation to a certain geometrical figure, the perpendicular is 16 : what are the *bījas*? Or the other side is 30 : what are the *bījas*? The hypotenuse is 34 : what are they (the *bījas*)?

The rule for arriving at the numerical measures of the other side and of the hypotenuse, when the numerical measure of the perpendicular-side is known; for arriving at the numerical measures of the perpendicular-side and of the hypotenuse, when the numerical measure of the other side is known; and for arriving

---

93½. In the rule given here, $a^2 - b^2$, $2ab$, and $a^2 + b^2$ are represented as $(a+b)(a-b)$, $\frac{(a+b)^2 - (a-b)^2}{2}$, and $\frac{(a+b)^2 + (a-b)^2}{2}$.

95½. The processes mentioned in this rule may be seen to be converse to the operations mentioned in stanza 90½.

at the numerical measure of the perpendicular-side and of the other side, when the numerical measure of the hypotenuse is known :—

97½. The operation of *saṅkramaṇa*, conducted between (an optionally chosen exact) divisor of the square of the measure of the perpendicular-side and the resulting quotient, gives rise to the measures of the hypotenuse and of the other side (respectively). Similarly (the same operation of *saṅkramaṇa*) in relation to the square of the measure of the other side (gives rise to the measures of the perpendicular-side and of the hypotenuse). Or, the square root of the difference between the squares of the hypotenuse and of a (suitably chosen) optional number forms, along with that chosen number, the perpendicular-side and the other side respectively.

An example in illustration thereof.

98½. In the case of a certain (geometrical) figure, the perpendicular-side is 11 in measure ; in the case of another figure, the (other) side is 60 ; and in the case of (still) another figure the hypotenuse is 61. Tell me in these cases the measures of the unmentioned elements.

The rule regarding the manner of arriving at a quadrilateral figure having two equal sides (with the aid of the given *bījas*) :—

99½. The perpendicular-side of the primary figure derived (with the aid of the given *bījas*), on being added to the perpendicular-side (in another figure) derived with the aid of the (two optionally chosen) factors of half the base of (this original) derived

---

97½. This rule depends on the following identities :—

I. $\left\{ \frac{(a^2 - b^2)^2}{(a - b)^2} \pm (a-b)^2 \right\} \div 2 = a^2 + b^2$ or $2ab$ as the case may be

II. $\left\{ \frac{(2\,ab)^2}{2b^2} \pm 2b^2 \right\} \div 2 = a^2 + b^2$ or $a^2 - b^2$.

III. $\sqrt{(a^2 + b^2)^2 - (2\,ab)^2} = a^2 - b^2$.

99½. The problem solved in the rule stated in this stanza is to construct with the aid of two given *bījas* a quadrilateral having two equal sides. The lengths of the sides, of the diagonals, of the perpendicular from the end-points of the top-side to the base, and of the segments thereof caused by the perpendicular are all derived from two rectangles constructed with the aid of the given *bījas*. The first of these rectangles is formed according to the rule given in stanza 90½ above. The second rectangle is formed according to the same rule from two optionally chosen factors of half the length of the base of the first rectangle,

figure (taken as the *bījas*), gives rise to the measure of the base of the (required) quadrilateral with two equal sides. The difference (between the measures of these two perpendiculars) gives the top-measure (of the quadrilateral). The smaller of the diagonals (relating to the two derived figures already mentioned) gives the measure of (either of the two equal) sides. The smaller of the (two) perpendicular-sides (in relation to the two derived figures under reference) gives the measure of the (smaller) segment (of the base formed by the perpendicular dropped thereunto from either of the end-points of the top-side). The larger of the (two) diagonals (in relation to the two derived figures of reference) gives the measure of the (required) diagonal. The area of the larger (of two derived figures of reference) is the area of the (required)

---

taken as *bījas*. Hence the first rectangle is called the primary figure in the translation to distinguish it from the second rectangle.

The *rationale* of the rule will be clear from the following diagrams illustrating the problem given for solution in stanza 100½. Here 5 and 6 are the *bījas* given ; and the first rectangle or the primary figure derived from the *bījas* is ABCD :—

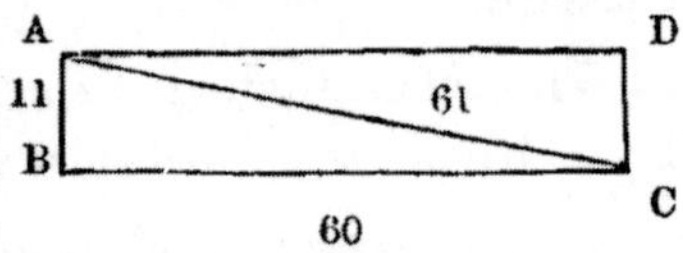

Half the length of the base in this figure is 30 ; and two factors of this, namely, 3 and 10 may be chosen. The rectangle constructed with the aid of these numbers as *bījas* is EFGH :—

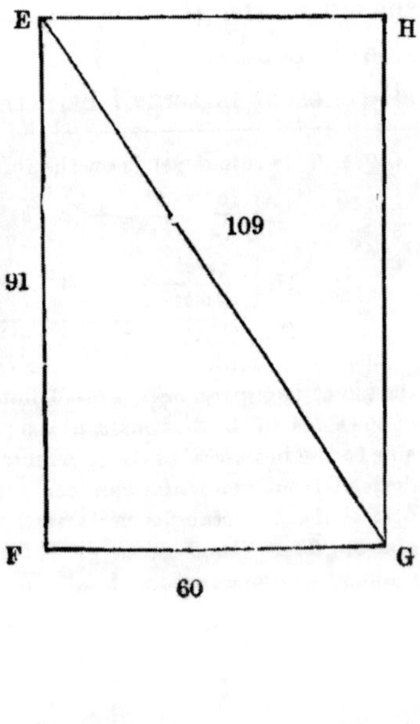

To construct the required quadrilateral with two equal sides, one of the two triangles into which the first rectangle is divided by its diagonal is applied to the second rectangle on one side, and a portion equal to the same triangle is removed from the same second rectangle on the other side, as shown in the figure H A′ F C′.

figure; and the measure of the base (of either of the derived figures of reference) happens to be the measure of the perpendicular (dropped to the base from either of the end-points of the topside in the required figure).

An example in illustration thereof.

$100\frac{1}{2}$. In relation to a quadrilateral with two equal sides constructed with the aid of 5 and 6 as *bījas* give out the measures of the top side, of the base, of (either of the two equal) sides, of the perpendicular (from the top to the base), of the diagonal), of the (lesser) segment (of the base), and of the area.

The rule for arriving at the measures of the top-side, of the base, of (any one of) the (equal) sides, of the perpendicular (from the top to the base), of the diagonal, of the (lesser) segment (of the base) and of the area, in relation to a quadrilateral having three equal sides (with the aid of given *bījas*) :—

The process will be clear from a comparison of the diagrams:

Area of the required quadrilateral, HA′FC′ = area of the second rectangle, EFGH.

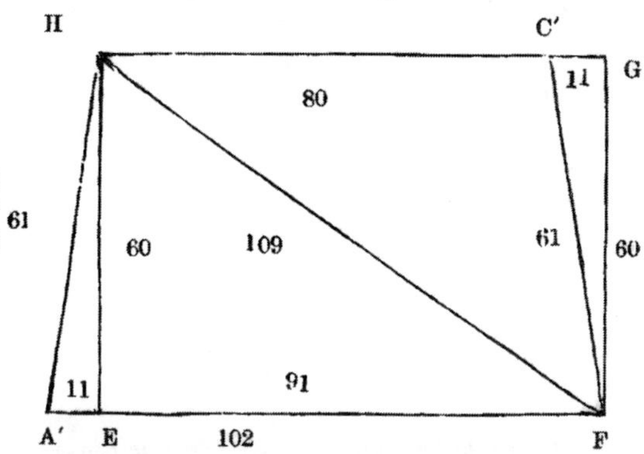

Base A′F = perpendicular-side of the first rectangle *plus* perpendicular-side of the second rectangle, *i.e.,* AB + EF.

Top side HC′ = perpendicular-side of the second rectangle *minus* perpendicular-side of the first rectangle, *i.e,* GH − CD.

Diagonal HF = diagonal of the second rectangle.

Smaller segment of the base, *i.e.*, A′E = perpendicular-side of the first rectangle, *i.e.*, AB.

Perpendicular HE = base of the first or of the second rectangle, *i.e.*, BC or FG.

Each of the lateral equal sides A′H and FC′ = diagonal of the first rectangle, *i.e.*, AC.

$101\frac{1}{2}$. The difference between the (given) *bījas* is multiplied by the square root of the base (of the quadrilateral immediately derived with the aid of those *bījas*). The area of (this immediately) derived (primary) quadrilateral is divided (by the product so obtained). Then, with the aid of the resulting quotient and the divisor (in the operation utilized as *bījas*, a second derived quadrilateral of reference is constructed. A third quadrilateral of

---

$101\frac{1}{2}$. If a and b represent the given *bījas*, the measures of the sides of the immediately derived quadrilateral are :—

$$\text{Perpendicular-side} = a^2 - b^2$$
$$\text{Base} = 2ab$$
$$\text{Diagonal} = a^2 + b^2$$
$$\text{Area} = 2ab \times (a^2 - b^2)$$

As in the case of the construction of the quadrilateral with two equal sides (*vide* stanza $99\frac{1}{2}$ *ante*), this rule proceeds to construct the required quadrilateral with three equal sides with the aid of two derived rectangles. The *bījas* in relation to the first of these rectangles are :—

$$\frac{2ab \times (a^2 - b^2):}{\sqrt{2ab} \times (a - b)} \text{ i.e., } \sqrt{2ab} \times (a + b), \text{ and } \sqrt{2ab} \times (a - b).$$

Applying the rule given in stanza $90\frac{1}{2}$ above, we have for the first rectangle :

$$\text{Perpendicular-side} = (a + b)^2 \times 2ab - (a - b)^2 \times 2ab \text{ or } 8a^2b^2.$$
$$\text{Base} = 2 \times \sqrt{2ab} \times (a + b) \times \sqrt{2ab} \times (a - b) \text{ or } 4ab\,(a^2 - b^2).$$
$$\text{Diagonal} = (a + b)^2 \times 2ab + (a - b)^2 \times 2ab \text{ or } 4ab\,(a^2 + b^2).$$

The *bījas* in the case of the second rectangle are : $a^2 - b^2$ and $2ab$.

The various elements of this rectangle are :

$$\text{Perpendicular-side} = 4a^2b^2 - (a^2 - b^2)^2.;$$
$$\text{Base} = 4ab\,(a^2 - b^2);$$
$$\text{Diagonal} = 4a^2b^2 + (a^2 - b^2)^2 \text{ or } (a^2 + b^2)^2.$$

With the help of these two rectangles, the measures of the sides, diagonals, etc., of the required quadrilateral are ascertained as in the rule given in stanza $99\frac{1}{2}$ above. They are :

Base = sum of the perpendicular-sides $= 8a^2b^2 + 4a^2b^2 - (a^2 - b^2)^2$.

Top-side = greater perpendicular-side *minus* smaller perpendicular-side $= 8a^2b^2 - \left\{ 4a^2b^2 - (a^2 - b^2)^2 \right\} = (a^2 + b^2)^2$.

Either of the lateral sides = smaller diagonal $= (a^2 + b^2)^2$.

Lesser segment of the base = smaller perpendicular-side $= 4a^2b^2 - (a^2 - b^2)^2$.

Perpendicular = base of either rectangle $= 4ab\,(a^2 - b^2)$.

Diagonal = the greater of the two diagonals $= 4ab\,(a^2 + b^2)$.

Area = area of the larger rectangle $= 8a^2b^2 \times 4ab\,(a^2 - b^2)$.

It may be noted here that the measure of either of the two lateral sides is equal to the measure of the top-side. Thus is obtained the required quadrilateral with three equal sides.

reference is further constructed) with the aid of the measurements of the base and the perpendicular-side (of the immediately derived quadrilateral, above referred to, used as *bījas*. Then, with the aid of these two last derived secondary quadrilaterals, all the required) quantities appertaining to the quadrilateral with three equal sides are (to be obtained) as in the case of the quadrilateral with two equal sides.

An example in illustration thereof.

102½. In relation to a quadrilateral with three equal sides and having 2 and 3 as its *bījas*, give out the measures of the top-side, of the base, of (any one of) the (equal) sides, of the perpendicular (from the top to the base), of the diagonal, of the (lesser) segment (of the base) and of the area.

The rule for arriving at the measures of the top-side, of the base, of the (lateral) sides, of the perpendiculars (from the ends of the top-side to the base), of the diagonals, of the segments (of the base) and of the area, in relation to a quadrilateral the sides of which are (all) unequal :—

103½. With the longer and the shorter diagonals (of the two derived rectangular quadrilateral figures related to the two sets

---

103½. The rule will be clear from the following algebraical representation.

Let a, b, and c, d, be two sets of given *bījas*. Then the various required elements are as follow :—

Lateral sides $= 2ab\,(c^2+d^2)(a^2+b^2)$ and $(a^2-b^2)(c^2+d^2)(a^2+b^2)$.

Base $= 2cd\,(a^2+b^2)(a^2+b^2)$.

Top-side $= (c^2-d^2)(a^2+b^2)(a^2+b^2)$.

Diagonals $= \left\{(a^2-b^2)\times 2cd+(c^2-d^2)2ab\right\}\times(a^2+b^2)$; and

$\left\{(a^2-b^2)(c^2-d^2)+4abcd\right\}\times(a^2+b^2)$

Perpendiculars $= \left\{(a^2-b^2)\times 2cd+(c^2-d^2)\,2ab\right\}\times 2ab$; and

$\left\{(a^2-b\ )(c^2-d^2)+4abcd\right\}\times(a^2-b^2)$

Segments $=$

$\left\{(a^2-b^2)\times 2cd+(c^2-d^2)\times 2ab\right\}(a\ -b^2)$; and $\left\{(a^2-b^2)(c^2-d^2)\right.$ $\left.+\,4abcd\right\}\times 2ab$.

of given *bījas*), the base and the perpendicular-side (of the smaller and the larger derived figures of reference) are respectively multiplied. The products (so obtained) are (separately) multiplied (again) by the shorter diagonal. The resulting products give the measures of the two (unequal) sides, of the base and of the top-side (in relation to the required quadrilateral). The perpendicular-sides (of the derived figures of reference) are multiplied by each other's bases; and the two products (so obtained) are added together. Then to the product of the (two) perpendicular-sides (relating to the two figures of reference), the product of the bases (of those same figures of reference) is added. The (two) sums (so obtained), when multiplied by the shorter of the (two) diagonals (of the two figures of reference), give rise to the measures of the (required) diagonals. (Those same) sums, when multiplied by the base and the perpendicular-side (respectively) of the smaller figure (of reference), give rise to the measures of the perpendiculars (dropped from the ends of the diagonals); and when multiplied (respectively) by the perpendicular-side and the base (of the same figure of reference), give rise to the measures of the segments of the base (caused by the perpendiculars). The measures of these segments, when subtracted from the measure of the base, give the values of the (other) segments (thereof). Half of the product of the diagonals (of the required figure arrived at as above) gives the measure of the area (of the required figure).

An example in illustration thereof.

104½. After forming two derived figures (of reference) with 1 and 2, and 2 and 3 as the requisite *bījas* give out, in relation to a quadrilateral figure the sides whereof are all unequal, the values of the top-side, of the base, of the (lateral) sides, of the perpendiculars, of the diagonals, of the segments (of the base), and of the area.

Again another rule for arriving at (the measures of the sides, etc., in relation to) a quadrilateral, the sides of which are all unequal :—

$105\frac{1}{2}$—$107\frac{1}{2}$. The square of the diagonal of the smaller (of the two derived oblongs of reference), as multiplied (separately) by the base and also by the perpendicular-side of the larger (oblong of reference), gives rise to the measures (respectively) of the base and of the top-side (of the required quadrilateral having unequal sides). The base and the perpendicular-side of the smaller (oblong of reference, each) multiplied successively by the two diagonals (one of each of the oblongs of reference), give rise to the measures (respectively) of the two (lateral) sides (of the required quadrilateral). The difference between the base and the perpendicular-side of the larger (oblong of reference) is in two positions (separately) multiplied by the base and by the perpendicular-side of the smaller (oblong of reference). The two (resulting) products (of this operation) are added (separately) to the product obtained by multiplying the sum of the base and the perpendicular-side of the smaller (oblong of reference) with the perpendicular-side of the larger (oblong of reference). The two sums (so obtained), when multiplied by the diagonal of the smaller (oblong of reference), give rise to the values of the two diagonals (of the required quadrilateral). The diagonals (of the required quadrilateral) are (separately) divided by the diagonal of the smaller (oblong of

---

$105\frac{1}{2}$—$107\frac{1}{2}$. The same values as are mentioned in the footnote to stanza $103\frac{1}{2}$ above are given here for the measures of the sides, etc.; only they are stated in a slightly different way. Adopting the same symbols as in the note to stanza $103\frac{1}{2}$, we have:—

Diagonals $=\left[\left\{2cd-(c^2-d^2)\right\}2ab+\left\{2ab+(a^2-b^2)\right\}c^2-d^2)\right]\times(a^2+b^2)$;

and $\left[\left\{2cd-(c^2-d^2)\right\}(a^2-b^2)+\left\{2ab+(a^2-b^2)\right\}(c^2-d^2)\right]\times(a^2+b^2)$.

Perpendiculars =

$$\frac{\left[\left\{2cd-(c^2-d^2)\right\}\times 2ab+\left\{2ab+(a^2-b^2)\right\}(c^2-d^2)\right](a^2+b^2)}{(a^2+b^2)}(a^2-b^2);$$

and $$\frac{\left[\left\{2cd-(c^2-d^2)\right\}(a^2-b^2+)\left\{2ab+(a^2-b^2)\right\}(c^2-d)\right]a^2+b^2).}{(a^2+b^2)}\times 2ab.$$

The above four expressions can be reduced to the form in which the measures of the diagonals and the perpendiculars are given in stanza No. $103\frac{1}{2}$. The measures of the segments of the base are here derived by extracting the square root of the difference between the squares of the side and of the perpendicular corresponding to the segment.

reference). The quotients (so obtained) are multiplied respectively by the perpendicular-side and the base of the smaller (oblong of reference). The (resulting) products give rise to the measures of the perpendiculars (in relation to the required quadrilateral). To these (two perpendiculars), the above values of the two sides (other than the base and the top-side) are (separately) added, (the larger side being added to the larger perpendicular and the smaller side to the smaller perpendicular). The differences between these perpendiculars and sides are also obtained (in the same order). The sums (above noted) are multiplied (respectively) by (these) differences. The square roots (of the products so obtained) give rise to the values of the segments (of the base in relation to the required quadrilateral). Half of the product of the diagonals (of the required quadrilateral) gives the value of (its) area.

The rule for arriving at an isosceles triangle with the aid of a single derived oblong (of reference).

108½. The two diagonals (of the oblong of reference constructed with the aid of the given *bījas*) become the two (equal) sides of the (required) isosceles triangle. The base (of the oblong of reference), multiplied by *two*, becomes the base (of the required triangle). The perpendicular-side (of the oblong of reference) is the perpendicular (of the required triangle from the apex to the base thereof). The area (of the required triangle) is the area (of the oblong of reference).

108½. The *rationale* of the rule may be made out thus :—Let ABCD be an oblong and let AD be produced to E so that AD = DE. Join EC. It will be seen that ACE is an isosceles triangle whose equal sides are equal to the diagonals of the oblong and whose area is equal to that of the oblong.

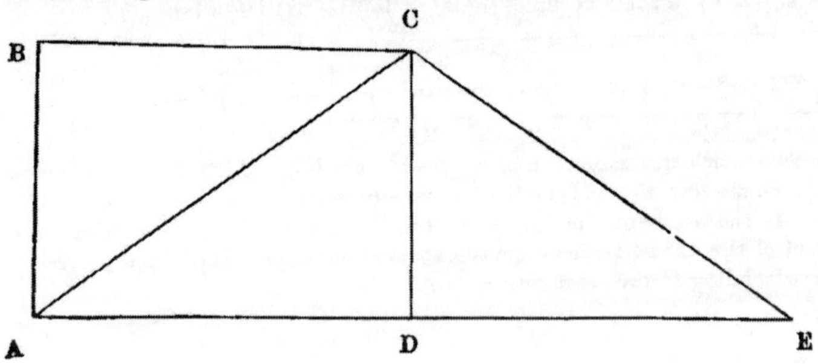

An example in illustration thereof.

109½. O mathematician, calculate and tell me quickly the measures of the two (equal) sides, of the base and of the perpendicular in relation to an isosceles triangle derived with the aid of 3 and 5 as *bījas*.

The rule regarding the manner of constructing a trilateral figure of unequal sides :—

110½. Half of the base of the (oblong of reference) derived (with the aid of the given *bījas*) is divided by an optionally chosen factor. With the aid of the divisor and the quotient (in this operation as *bījas*), another (oblong of reference) is derived. The sum of the perpendicular-sides belonging to these two (oblongs of reference) gives the measure of the base of the (required) trilateral figure having unequal sides. The two diagonals (related to the two oblongs of reference) give the two sides (of the required triangle). The base (of either of the two oblongs of reference) gives the measure of the perpendicular (in the case of the required triangle).

An example in illustration thereof.

111½. After constructing a second (derived oblong of reference) with the aid of half the base of the (original) figure (*i.e.* oblong of reference) derived with the aid of 2 and 3 as *bījas*, you tell (me) by means of this (operation) the values of the sides, of the base and of the perpendicular in a trilateral figure of unequal sides.

Thus ends the subject of treatment known as the *Janya* operation.

110½. The rule will be clear from the following construction :—Let ABCD and EFGH be the two derived oblongs, such that the base AD = the base EH. Produce BA to K so that AK = EF. It can be easily shown that DK = EG and that the triangle BDK has its base BK = BA + EF, called the perpendiculars of the oblongs, and has its sides equal to the diagonals of the same oblongs.

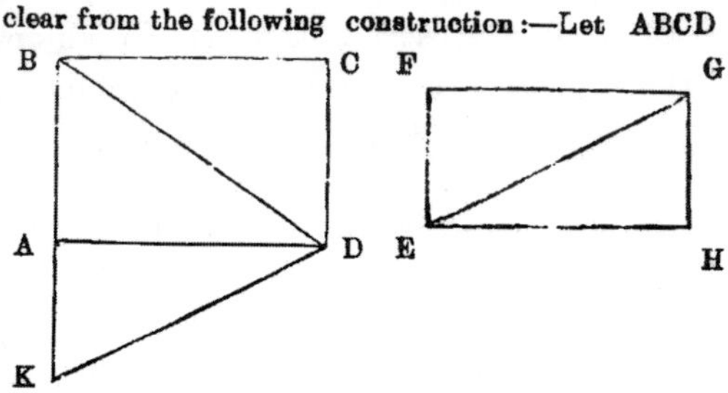

Subject of treatment known as Paiśācika or devilishly difficult problems.

Hereafter we shall expound the subject of treatment known as *Paiśācika*.

The rule for arriving, in relation to the equilateral quadrilateral or longish quadrilateral figures, at the numerical measure of the base and the perpendicular-side, when, out of the perpendicular side, the base, the diagonal, the area and the perimeter, any two are optionally taken to be equal, or when the area of the figure happens to be the product obtained by multiplying respectively by optionally chosen multipliers any two desired quantities (out of the elements mentioned above) : that is—(the rule for arriving at the numerical values of the base and the perpendicular-side in relation to an equilateral quadrilateral or a longish quadrilateral figure,) when the area of the figure is (numerically) equal to the measure of the perimeter (thereof) ; or, when the area of the figure is numerically equal to the measure of the base (thereof) ; or, when the area of the figure is numerically equal to the measure of the diagonal (thereof) ; or, when the area of the figure is numerically equal to half the measure of the perimeter ; or, when the area of the figure is numerically equal to one-third of the base ; or, when the area of the figure is numerically equal to one-fourth of the measure of the diagonal ; or, when the area of the figure is numerically equal to that doubled quantity which is obtained by doubling the quantity which is the result of adding together twice the diagonal, three times the base, four times the perpendicular-side and the perimeter and so on :—

112½. The measure of the base (of an optionally chosen figure of the required type), on being divided by the (resulting) optional factor in relation thereto, (by multiplying with which the area

---

112½. The rule will be clear from the following working of the first example given in stanza 113½ :—Here the problem is to find out the measure of the side of an equilateral quadrilateral, the numerical value of the area whereof is equal to the numerical value of the perimeter. Taking an equilateral quadrilateral of any dimension, say, with 5 as the measure of its side, we have the perimeter equal to 20, and the area equal to 25. The factor with which

of the said optionally chosen 'figure happens to be arrived at); or the base (of such an optionally chosen figure of the requisite type), on being multiplied by the factor with which the area (of the said figure) has to be multiplied (to give the required kind of result); gives rise to the measures of the bases of the (required) equilateral quadrilateral and other kinds of derived figures.

Examples in illustration thereof.

113½. In the case of an equilateral quadrilateral figure, the (numerical measure of the) perimeter is equal to (that of) the area. What then is the numerical measure of (its) base? In the case of another similar figure), the numerical measure of the) area is equal to (that of) the base. Tell me in relation to that (figure) also (the numerical measure of the base).

114½. In the case of an equilateral quadrilateral figure, the (numerical) measure of the diagonal is equal to (that of) the area. What may be the measure of (its) base? And in the case of another (similar) figure, the (numerical) measure of the perimeter is twice that of the area. Tell me (what may be the measure of its base).

115½. Here in the case of a longish quadrilateral figure, the (numerical) measure of the area is equal to that of the perimeter; and in the case of another (similar) figure, the (numerical) measure of the area is equal to that of the diagonal. What is the measure of the base (in each of these cases)?

116½. In the case of a certain equilateral quadrilateral figure, the (numerical) measure of the base is three times that of the area. (In the case of) another equilateral quadrilateral figure, the (numerical) measure of the diagonal is four times that of the area. What is the measure of the base (in each of these cases)?

---

the measure of the perimeter, viz. 20, has to be multiplied in order to make it equal to the measure of the area, viz., 25, is $\frac{5}{4}$. If 5, the measure of a side of the optionally chosen quadrilateral is divided by this factor $\frac{5}{4}$, the measure of the side of the required quadrilateral is arrived at.

The rule gives also in another manner what is practically the same process thus: The factor with which the measure of the area, viz. 25 has to be multiplied in order to make it equal to the measure of the perimeter, viz. 20, is $\frac{4}{5}$. If 5, the measure of a side of the optionally chosen figure is multiplied by this factor $\frac{4}{5}$, the measure of the side of the required figure is arrived at.

$117\frac{1}{2}$. In the case of a longish quadrilateral figure, (the numerical measures of) twice the diagonal, three times the base and four times the perpendicular-side being taken, the measure of the perimeter is added to them. Twice (this sum) is the (numerical) measure of the area. (Find out the measure of the base.)

$118\frac{1}{2}$. In the case of a longish quadrilateral figure, the (numerical) measure of the perimeter is 1. Tell me quickly, after calculating, what the measure of its perpendicular side is, and what that of the base.

$119\frac{1}{2}$. In the case of a longish quadrilateral figure, the (numerical measures of twice the diagonal, three times the base, and four times the perpendicular, on being added to the (numerical) measure of the perimeter, become equal to 1. (Find out the measure of the base.)

Another rule regarding the process of arriving at the number representing the *bījas* in relation to the derived longish quadrilateral figure :—

$120\frac{1}{2}$. The operation to arrive at the generating (*bījas*) in relation to a longish quadrilateral figure consists in getting at the square roots of the two quantities represented by (1) half of the diagonal as diminished by the perpendicular-side and (2) the difference between this quantity and the diagonal.

An example in illustration thereof.

$121\frac{1}{2}$. In the case of a longish quadrilateral figure, the perpendicular-side is 55, the base is 48, and then the diagonal is 73. What are the *bījas* here?

$120\frac{1}{2}$. The rule in stanza $95\frac{1}{2}$ of this chapter relates to the method of arriving at the *bījas* from the base or the perpendicular or the diagonal of a longish quadrilateral. But the rule in this stanza gives a method for finding out the *bījas* from the perpendicular and the diagonal of a longish quadrilateral. The process described is based on the following identities :—

$$\sqrt{\frac{a^2+b^2-(a^2-b^2)}{2}} = b; \text{ and } \sqrt{a^2+b^2-\frac{a^2+b^2-(a^2-b^2)}{2}} = a,$$

where a^2+b^2 is the measure of the diagonal, and a^2-b^2 is the measure of the perpendicular-side of a longish quadrilateral, a and b being the required *bījas*.

The rule for arriving at the (longish quadrilateral) figure associated with a diagonal having a numerical value optionally determined :—

122½. Each of the various figures that are derived with the aid of the given (*bījas*) is written down ; and by means (of the measure) of its diagonal the (measure of the) given diagonal is divided. The perpendicular-side, the base, and the diagonal (of this figure) as multiplied by the quotient (here) obtained, give rise to the perpendicular-side, the base and the diagonal (of the required figure).

An example in illustration thereof.

123½–124½. O mathematician, quickly bring out with the aid of the given (*bījas*) the (value of the) perpendicular-sides and the bases of the four longish quadrilateral figures that have respectively 1 and 2, 2 and 3, 4 and 7, and 1 and 8, for their *bījas*, and are also characterised by different bases. And, (in the problem) here, the diagonal is (in value) 65. Give out (the measures of) what may be the (required) geometrical figures (in that case).

The rule for arriving at the numerical values of the base and the perpendicular side of that derived longish quadrilateral figure, the numerical measures of the perimeter as also of the diagonal whereof are known :—

125½. Multiply the square of the diagonal by two; (from the resulting product), subtract the square of half the perimeter ; (then) get at the square root (of the resulting difference). If (this square root be thereafter) utilized in the performance of the

---

122½. The rule is based on the principle that the sides of a right angled triangle vary as the hypotenuse, although for the same measure of the hypotenuse there may be different sets of values for the sides.

125½. If a and b represent the sides of a rectangle, then $\sqrt{a^2+b^2}$ is the measure of the diagonal, and $2a+2b$ is the measure of the perimeter. It can be seen easily that

$$\left\{\frac{2a+2b}{2}+\sqrt{2\left(\sqrt{a^2+b^2}\right)^2-\left(\frac{2a+2b}{2}\right)^2}\right\}\div 2=a;\text{ and}$$

$$\left\{\frac{2a+2b}{2}-\sqrt{2\left(\sqrt{a^2+b^2}\right)^2-\left(\frac{2a+2b}{2}\right)^2}\right\}\div 2=b.$$

These two formulas represent algebraically the method described in the rule here.

operation of *saṅkramaṇa* along with half the perimeter, the (required) base and also the perpendicular-side are arrived at.

An example in illustration thereof.

126½. The perimeter in this case is 34; and the diagonal is seen to be 13. Give out, after calculating, the measures of the perpendicular-side and the base in relation to this derived figure.

The rule for arriving at the numerical values of the base and the perpendicular-side when the area of the figure and the value of the diagonal are known:—

127½. Twice the measure of the area is subtracted from the square of the diagonal. It is also added to the square of the diagonal. The square roots (of the difference and of the sum so obtained) give rise to the measures ofthe (required) perpendicular-side and the base, if the larger (of the square roots) is made to undergo the process of *saṅkramaṇa* in relation to the smaller (square root).

An example in illustration thereof.

128½. In the case of a longish quadrilateral figure, the measure of the area is 60, and the measure of its diagonal is 13. I wish to hear (from you) the measures of the perpendicular-side and the base.

The rule for arriving at the numerical values of the base and the perpendicular-side in relation to a longish quadrilateral figure, when the numerical value of the area of the figure and the numerical value of the perimeter (thereof) are known:—

129½. From the quantity representing the square of half the perimeter, the measure of the area as multiplied by *four* is to be

---

127½. Adopting the same symbols as in the note to stanza 125½, we have the following formula to represent the rule here given:—

$$\left\{\sqrt{\left(\sqrt{a^2+b^2}\right)^2+2ab} \pm \sqrt{\left(\sqrt{a^2+b^2}\right)^2-2ab}\right\} + 2 = a \text{ or } b,$$

as the case may be.

129½. Here we have

$$\left\{\frac{2a+2b}{2} \pm \sqrt{\left(\frac{2a+2b}{2}\right)^2 - 4ab}\right\} + 2 = a \text{ or } b, \text{ as the case may be.}$$

subtracted. Then, on carrying out the process of *saṅkramaṇa* with the square root (of this resulting difference) in relation to half the measure of the perimeter, the values of the (required) base and the perpendicular-side are indeed obtained.

An example in illustration thereof.

130½. In a derived longish quadrilateral figure, the measure of the perimeter is 170; the measure of the given area is 1,500. Tell me the values of the perpendicular-side and the base (thereof).

The rule for arriving at the respective pairs of (required) longish quadrilateral figures, (1) when the numerical measures of the perimeter are equal, and the area of the first figure is double that of the second; or, (2) when the areas of both the figures are equal, and the numerical measure of the perimeter of the second figure is twice the numerical measure of that of the first figure; or, (3) (again) when, in relation to the two required figures, the numerical measure of the perimeter of the second figure is twice the numerical measure of the perimeter of the first figure, and the area of the first figure is twice the area of the second figure :—

131½—133. (The larger numbers in the given ratios of) the perimeters as also (of) the areas (relating to the two required longish quadrilateral figures,) are divided by the smaller (numbers) corresponding to them. (The resulting quotients) are multiplied (between themselves) and (then) squared. (This same quantity,)

131½ to 133. If x and y represent the two adjacent sides of the first rectangle, and a and b the two adjacent sides of the second rectangle, the conditions mentioned in the three kinds of problems proposed to be solved by this rule may be represented thus :—

$$(1)\quad x+y=a+b:\quad xy=2ab.$$

$$(2)\quad 2(x+y)=a+b:\quad xy=ab.$$

$$(3)\quad 2(x+y)=a+b:\quad xy=2ab.$$

* The solution given in the rule seems to be correct only for the particular cases given in the problems in stanzas 134 to 136.

on being multiplied by the given optional multiplier, gives rise to the value of the perpendicular-side. And in the case in which the areas (of the two required figures) are (held to be) equal; (this measure of) the perpendicular-side as diminished by *one* becomes the measure of the base. But, in the other case (wherein the areas of the required figures are not held to be equal), the larger (ratio number) relating to the areas is multiplied by the given optional multiplier, and (the resulting product is) diminished by *one*. The measure of the perpendicular-side (arrived at as above) is diminished by the quantity (thus resulting) and is (then) multiplied by *three*: thus the measure of the base (is arrived at). Then, in respect of arriving at the other (of the two required quadrilateral figures), its base and perpendicular are to be brought out with the aid of the (now knowable) measure of its area and perimeter in accordance with the rule already given (in stanza $129\frac{1}{2}$).

Examples in illustration thereof.

134. There are two (quadrilateral) figures, each of which is characterised by unequal length and breadth; and the given multiplier is 2. The measure of the area of the first (figure) is twice (that of the second), and the two perimeters are equal. What are the perpendicular-sides and the bases here (in this problem)?

135. There are two longish quadrilateral figures; and the (given) multiplier is also 2. (Their) areas are equal, (but) the perimeter of the second (figure) is twice that of the first. (Find out their perpendicular-sides and bases.)

136. There are two longish quadrilateral figures. The area of the first (figure) here is twice (that of the second figure). The perimeter of the second (figure) is twice (that of the first). Give out the values of their bases and their perpendicular-sides.

The rule for arriving at a pair of isosceles triangles, so that the two isosceles triangles are characterised either by the values of their perimeters and of their areas being equal to each other, or by the values of their perimeters and of their areas forming multiples of each other:—

137. The squares (of the ratio-values) of the perimeters (of the required isosceles triangles) are multiplied by (the ratio-values of) the areas (of those triangles) in alternation. (Of the two products so obtained), (the larger one is) divided by the smaller; and (the resulting quotient) is multiplied by *six* and (is also separately multiplied) by *two*. The smaller (of the two products so obtained) is diminished by *one*. The larger product and the diminished smaller product constitute the two *bījas* (in relation to the longish quardrilateral figure) from which one (of the required triangles) is to be obtained. The difference between these (two *bījas* above noted) and twice the smaller one (of those *bījas*) constitute the *bījas* (in relation to the longish quadrilateral figure) from which the other (required triangle) is to be obtained. (From the two longish quadrilateral figures formed with the aid of their respective *bījas*), the sides and the other things (relating to the required triangles) are to be arrived at as (explained) before.

---

137. When $a : b$ is the ratio of the perimeters of the two isosceles triangles, and $c : d$ the ratio of their areas, then, according to the rule, $\frac{6b^2c}{a^2d}$ and $\frac{2b^2c}{a^2d} - 1$ and $\frac{4b^2c}{a^2d} + 1$ and $\frac{4b^2c}{a^2d} - 2$ are the two sets of *bījas*, with the help of which the values of the various required elements of the two isosceles triangles may be arrived at. The measures of the sides and the altitudes, calculated from these *bījas* according to stanza $108\frac{1}{2}$ in this chapter, when multiplied respectively by a and b, (the quantities occurring in the ratio of the perimeters), give the required measures of the sides and the altitudes of the two isosceles triangles. They are as follow:—

I Equal side $= a \times \left\{\left(\frac{6b^2c}{a^2d}\right)^2 + \left(\frac{2b^2c}{a^2d} - 1\right)^2\right\}$

Base $= a \times 2 \times 2 \times \frac{6b^2c}{a^2d} \times \left(\frac{2b^2c}{a^2d} - 1\right)$

Altitude $= a \times \left\{\left(\frac{6b^2c}{a^2d}\right)^2 - \left(\frac{2b^2c}{a^2d} - 1\right)\right\}$

II Equal side $= b \times \left\{\left(\frac{4b^2c}{a^2d} + 1\right)^2 + \left(\frac{4b^2c}{a^2d} - 2\right)^2\right\}$

Base $= b \times 2 \times 2 \times \left(\frac{4b^2c}{a^2d} + 1\right) \times \left(\frac{4b^2c}{a^2d} - 2\right)$

Altitude $= b \times \left\{\left(\frac{4b^2c}{a^2d} + 1\right)^2 - \left(\frac{4b^2c}{a^2d} - 2\right)^2\right\}$

Now it may be easily proved from these values that the ratio of the perimeters is $a : b$, and that of the areas is $c : d$, as taken for granted at the beginning.

Examples in illustration thereof.

138. There are two isosceles triangles. Their area is the same. The perimeters are (also) equal in value. What are the values of their sides, and what of their bases?

139. There are two isosceles triangles. The area of the first one is twice (that of the second). The perimeter of both (of them) is the same. What are the values of (their) sides, and what of (their) bases?

140. There are two isosceles triangles. The perimeter of the second (triangle) is twice (that of the first). The areas of the two (triangles) are equal. What are the values of (their) sides, and what of (their) bases?

141. There are two isosceles triangles. The area of the first (triangle) is twice (that of the second); and the perimeter of the second (triangle) is twice (that of the first). What are the values of (their) sides, and what of (their) bases?

The rule for arriving at an equilateral quadrilateral figure, or for arriving at a regular circular figure, or for arriving at an equilateral triangular figure, or for arriving at a longish quadrilateral figure, with the aid of the numerical value of the proportionate part of a given suitable thing (from among these), when any optionally chosen number from among the (natural) numbers, starting with *one*, *two*, &c., and going beyond calculation, is made to give the numerical measure of that proportionate part of that given suitable thing :—

142. The (given measure of the) area (of the proportionate part) is divided by the (appropriately) similarised measure of the part held (in the hand). The quotient (so obtained), if multiplied by *four*, gives rise to the measure of the breadth of the circle and

142. In problems of the kind given under this rule, a circle, or a square, or an equilateral triangle, or an oblong is divided into a desired number of equal parts, each part being bounded on one side by a portion of the perimeter and bearing the same proportion to the total area of the figure as the portion of the perimeter bears to the perimeter as a whole. It will be seen that in the case of a circle each part is a sector, in the case of a square and an oblong it is a rectangle, and in the case of an equilateral triangle it is a triangle. The area of each part and the length of the original perimeter contained in each part are both of given

(also) of the square. (That same) quotient, if multiplied by *six*, gives rise to the required measure of the base of the (equilateral) triangle as also of the longish quadrilateral figure. Half (of this) is the measure of the perpendicular-side (in the case of the longish quadrilateral figure).

An example in illustration thereof.

143–145. A king caused to be dropped an excellent carpet on the floor of (his) palace in the inner apartments of his zenana amidst the ladies of his harem. That (carpet) was (in shape) a regular circle. It was held (in hand) by those ladies. The fistfuls of both their arms made each (of them) acquire 15 (*daṇḍas* out of the total area of the carpet). How many are the ladies, and what is the diameter (of the circle) here? What are the sides of the square (if that same carpet be square in shape)? and what the

---

magnitude. The stanza states a rule for finding out the measure of the diameter of the circle, or of the sides of the square, or the equilateral triangle or the oblong. If m represents the area of each part and n the length of a part of the total perimeter, the formulas given in the rule are—

$\frac{m}{n} \times 4 =$ diameter of the circle, or side of the square;

and $\frac{m}{n} \times 6 =$ side of the equilateral triangle or of the oblong;

and half of $\frac{m}{n} \times 6 =$ the length of the perpendicular-side in the case of the oblong.

The rationale will be clear from the following equations, where x represents the number of parts into which each figure is divided, a is the length of the radius in the case of the circle, or the length of a side in the case of the other figures; and b is the vertical side of the oblong:

In the case of the Circle $\frac{x \times m}{x \times n} = \frac{\pi a^2}{2 \pi a}$;

In the case of the Square $\frac{x \times m}{x \times n} = \frac{a^2}{4 a}$;

In the case of the Equilateral Triangle $\frac{x \times m}{x \times n} = \frac{\frac{a^2}{2}}{3a}$

In the case of the Oblong $\frac{x \times m}{x \times n} = \frac{a \times b}{2 (a + b)}$; here b is taken to be equal to half of a.

It has to be noted that only the approximate value of the area of the equilateral triangle, as given in stanza 7 of this chapter, is adopted here. Otherwise the formula given in the rule will not hold good.

143–145. What is called *fistful* in this problem is equivalent to four *aṅgulas* in measure.

sides of the equilateral triangle (if it be equilaterally triangular in shape)? Tell (me), O friend, the measures of the perpendicular side and the base, in (case the carpet happens to be) a longish quadrilateral figure (in shape).

The rule for arriving at an equilaterally quadrilateral figure or at a longish quadrilateral figure when the numerical value of the area of the figure is known :—

146. The square root of the accurate measure of the (given) area gives rise to the value of the side of the (required) equilateral quadrilateral figure. On dividing the (given) area with an optionally chosen quantity (other than the square root of the value of the given area, this) optionally chosen quantity and the resulting quotient constitute the values of the perpendicular-side and the base in relation to the (required) longish quadrilateral figure.

An example in illustration thereof.

147. What indeed is that equilateral quadrilateral figure, the area whereof is 64? The accurate value of the area of the longish (quadrilateral) figure is 60. What are the values of the perpendicular-side and the base here?

The rule for arriving at a quadrilateral figure with two equal sides having the given area of such a quadrilateral figure with two equal sides, after getting at a derived longish quadrilateral figure with the aid of the given numerical *bījas* and also after utilizing a given number as the required multiplier, when the numerical value of the accurate measure of the area of the required quadrilateral figure with two equal sides is known :—

148. The square of the given (multiplier) is multiplied by the that (given) area. The (resulting) product is diminished by the value of the area (of the longish quadrilateral figure) derived (from the given *bījas*). The remainder, when divided by the base

---

148. The problem here is to construct a quadrilateral figure of given area and with two equal sides. For this purpose an optionally chosen number and a set of two *bījas* are given. The process described in the rule will become clear by applying it to the problem given in the next stanza. The *bījas* mentioned therein are 2 and 3; and the given area is 7, the given optional number being 3.

(of this derived longish quadrilateral figure), gives rise to the measure of the top-side. The value of the perpendicular-side (of the derived longish quadrilateral figure), on being multiplied by *two* and increased by the value of the top-side (already arrived at), gives rise to the value of the base. The value of the base (of the derived longish quadrilateral figure) is (the same as that

---

The first thing we have to do is to construct a rectangle with the aid of the given *bījas* in accordance with the rule laid down in stanza $90\frac{1}{2}$ in this chapter. That rectangle comes to have 5 for the measure of its smaller side, 12 for the measure of its larger side, and 13 for the measure of its diagonal; and its area is 60 in value. Now the area given in the problem is to be multiplied by the square of the given optional number in the problem, so that we obtain $7 \times 3^2 = 63$. From this 63, we have to subtract 60, which is the measure of the area of the rectangle constructed on the basis of the given *bījas*: and this gives 3 as the remainder. Then the thing to be done is to construct a rectangle, the area whereof is equal to this 3, and one of the sides is equal to the longer side of the rectangle derived from the same *bījas*. Since this longer side is equal to 12 in value, the smaller side of the required rectangle has to be $\frac{1}{4}$ in value as shown in the figure here. Then the two triangles, into which the rectangle derived from the *bījas* may be split up by its diagonal, are added one on each side to this last rectangle, so that the sides measuring 12 in the case of these triangles coincide with the sides of the rectangle having 12 as their measure. The figure here exhibits the operation.

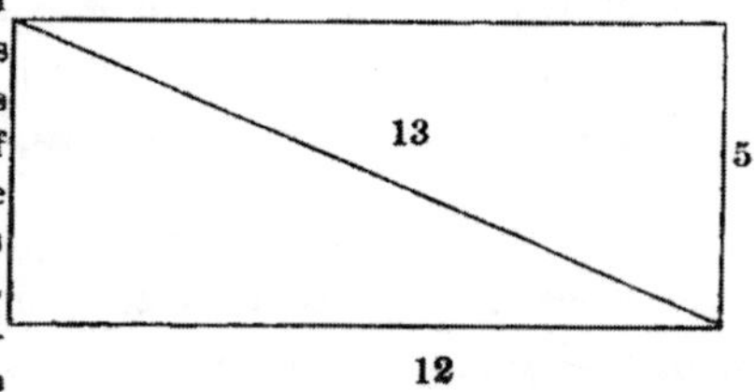

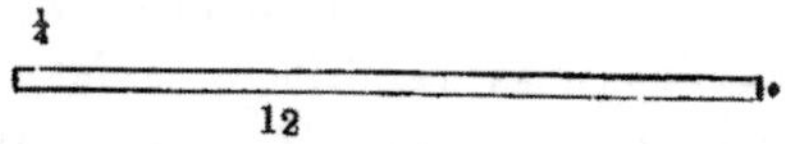

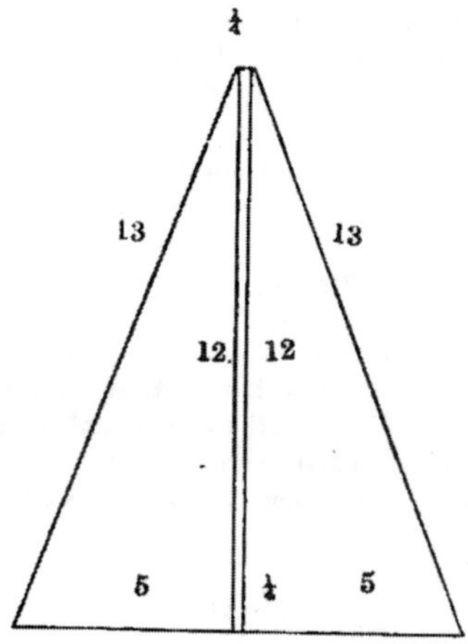

Thus in the end we get the quadrilateral figure having two equal sides, each of which measures 13, the value of the other two sides being $\frac{1}{4}$ and $10\frac{1}{4}$ respectively. From this the values of the sides of the quadrilateral required in the problem may be obtained by dividing by the given optional number namely 3, the values of its sides represented by 13, $\frac{1}{4}$, 13 and $10\frac{1}{4}$.

of) the perpendicular dropped (from the ends of the top-side); and the diagonals (of the derived longish quadrilateral figure) are (equal in value to) the sides. These (elements of the quadrilateral figure with two equal sides arrived at in this manner) have to be divided by the given multiplier (noted above to arrive at at the required quadrilateral figure with two equal sides).

An example in illustration thereof.

149. The accurate value of the (given) area is 7; the optional given multiplier is 3; and the *bījas* are seen to be 2 and 3. Give out the values of the two sides of a quadrilateral figure with two equal sides and of its top-side, base, and perpendicular.

The rule for arriving at a quadrilateral figure with three equal sides, having an accurately measured given area, (with the aid of a given multiplier):—

150. The square of the value of the (given) area is divided by the cube of the given (multiplier). (Then) the given (multiplier) is added (to the resulting quotient). Half (of the sum so obtained) gives the measure (of one) of the (equal) sides. The given

---

150. It is stated in the rule here that the given area when divided by the given optional number gives rise to the value of the perpendicular in relation to the required figure. As the area is equal to the product of the perpendicular and half the sum of the base and the top-side, the given optional number represents the measure of half the sum of the base and the top-side. If ABCD be a quadrilateral with three equal sides, and CE the perpendicular from C on AD, then AE is half the sum of AD and BC, and is equal to the given optional number. It can be easily shown that $2\ AD.\ AE = CE^2 + AE^2$.

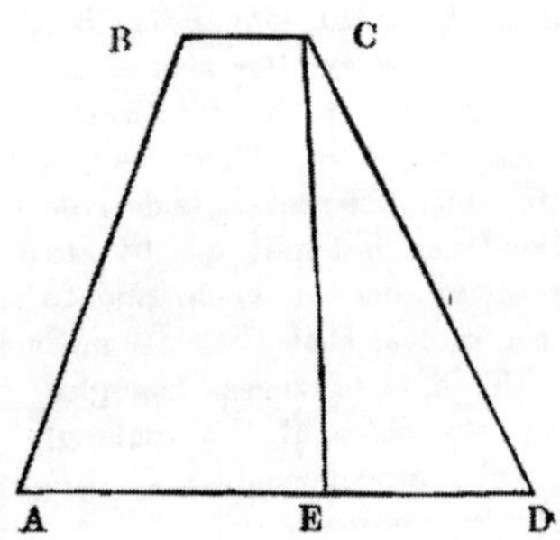

$$\therefore AD = \frac{CE^2 + AE^2}{2AE} = \frac{CE^2}{2AE} + \frac{AE}{2} = \frac{\frac{CE^2 \times AE^2}{AE^3} + AE}{2} = \frac{\frac{(CE \times AE)^2}{AE^3} + AE}{2}.$$

Here $CE \times AE$ = the given area of the quadrilateral. This last formula happens to be what is given in the rule for finding out any of the three equal sides of the quadrilateral contemplated in the problem.

(multiplier) as multiplied by *two* and (then) diminished by the value of the side (just arrived at) gives rise to the value of the top-side. And the (given) area divided by the given (multiplier) gives rise to the value of the perpendicular (dropped from the ends of the top-side) in relation to this required quadrilateral figure with three equal sides.

An example in illustration thereof.

151. In the case of a certain quadrilateral figure with three equal sides, the accurate value of the area is 96. The given multiplier is 8. Give out the values of the base, of the sides, of the top-side and of the perpendicular.

The rule for arriving at the numerical measures of the top-side, of the base, and of the (other) sides in relation to a quadrilateral figure having unequal sides, with the aid of 4 given divisors, when the accurate value of the area (of the required quadrilateral figure) is known :—

152. The square of the given area is divided (separately) by the four given divisors; (and the four resulting quotients are separately noted down). Half of the sum of (these) quotients is (noted down) in four positions, and is (in order) diminished (respectively) by those (quotients noted down above). The remainders (so obtained) give rise to the numerical values of the sides of a quadrilateral figure (having unequal sides and consequently) named 'unequal.'

---

152. The area of a quadrilateral with unequal sides has already been mentioned to be $\sqrt{s(s-a)(s-b)(s-c)(s-d)}$, where s = half the perimeter, and a, b, c, and d are the measures of the sides (*vide* note to stanza 50 in this chapter). The rule here given requires that the numerical value of the area should be squared and then divided separately by the four optionally chosen divisors. If $(s-a)(s-b)(s-c)(s-d)$ is divided by four suitably chosen divisors so as to give as quotients $s-a$, $s-b$, $s-c$, and $s-d$, then on adding these quotients and halving their sum, the result is seen to be s. If s is diminished in order by $s-a$, $s-b$, $s-c$, and $s-d$, the remainders represent respectively the values of the sides of the quadrilateral with unequal sides.

An example in illustration thereof.

153–153½. In the the case of a quadrilateral figure with unequal sides, the (given) accurate measure of the area is 90. And the product of 5 multiplied by 9, as multiplied by 10, 18, 20 and 36 respectively, gives rise to the (four given) divisors. Tell me quickly, after calculating, the numerical values of the top-side, the base and (other) sides.

The rule for arriving at the numerical value of the sides of an equilateral triangular figure possessing a given accurately measured area, when the value of (that) accurately measured area is known :—

154½. Four times the (given) area is squared. (The resulting quantity) is divided by 3. The quotient (so) obtained happens to be the square of the square of the value of the side of an equilateral triangular figure.

An example in illustration thereof.

155½. In the case of a certain equilateral triangular figure, the given area is only 3. Calculate and tell me the value of (its) side.

After knowing the exact numerical measure of a (given) area, the rule for arriving at the numerical values of the sides, the base and the perpendicular of an isosceles triangular figure having that same accurately measured area (as its own) :—

156½. In the case of the isosceles triangle (to be so) constructed, the square root of the sum of the squares of the quotient obtained by dividing the (given) area by an optionally chosen quantity, as also of (that) optionally chosen quantity, gives rise to the value of the side: twice the optionally chosen quantity gives the measure of the base; and the area divided by

---

154½. The rule here given may be seen to be derived from the formula for the area of an equilateral triangle, viz., area $= a^2 \times \sqrt{\frac{3}{4}}$ where a is the measure of a side.

156½. In problems of the kind contemplated in this rule, the measure of the area of an isosceles triangle is given, and the value of half the base chosen at option is also given. The measures of the perpendicular and the side are then easily derived from these known quantities.

the optionally chosen quantity gives rise to the measure of the perpendicular.

An example in illustration thereof.

157½. In the case of an isosceles triangular figure, the accurate measurement of the area is 12. The optionally chosen quantity is 3., Give out quickly, O friend, the values of (its) sides, base, and perpendicular.

The rule for arriving, after knowing the exact numerical measure of a (given) area, at a triangular figure with unequal sides, having that same accurately measured area (as its own) :—

158½. The given area is multiplied by *eight*, and to the resulting product the square of the optionally chosen quantity is added. Then the square root (of the sum so resulting is obtained). The cube (of this square root) is (thereafter) divided by the optionally chosen number and (also) by the square root (obtained as above). Half of the optionally chosen number gives the measure of the base (of the required triangle). The quotient (obtained in the previous operation) is lessened (in value) by the (measure of this) base. (The resulting quantity) is to be used in carrying out the *saṅkramaṇa* process in relation to the square of the optionally chosen quantity as divided by *two* as well as the square root (mentioned above). (Thus) the values of the sides are arrived at.

158½. If A represents the area of a triangle, and d is the optionally chosen number, then according to the rule the required values are obtained thus :

$$\frac{d}{2} = \text{base};$$

and
$$\frac{\dfrac{(\sqrt{8A+d^2})^3}{d\sqrt{8A+d^2}} - \dfrac{d}{2} \pm \dfrac{d^2}{2\sqrt{8A+d^2}}}{2} = \text{sides}.$$

When the area and the base of a triangle are given, the locus of the vertex is a line parallel to the base, and the sides can have any set of values. In order to arrive at a specific set of values for the sides, it is evidently assumed here that the sum of the two sides is equal to the sum of the base and twice the altitude, *i.e.*, equal to $\frac{d}{2} + 2\frac{A}{d \div 4}$. With this assumption, the formula above given for the measure of the sides can be derived from the general formula for the area of the triangle, $\sqrt{s(s-a)(s-b)(s-c)}$ given in stanza 50 of this chapter.

An example in illustration thereof.

159½. In the case of a certain triangular figure with unequal sides, it has been pointed out that 2 constitutes the accurate measure of its area and 3 is the optionally chosen quantity. What is the value of the base as well as of the sides (of that triangle)?

Again, another rule for arriving, after knowing the exact numerical measure of a (given) area, at a triangular figure with unequal sides having that same (accurately measured) area (as its own):—

160½–161½. The square root of the measure of the given area as multiplied by *eight* and as increased by the square of an optionally chosen number is obtained. This and the optionally chosen number are divided by each other. The larger (of these quotients) is diminished by half of the smaller (quotient). The remainder (thus obtained) and (this) half of the smaller (quotient) are respectively multiplied by the above-noted square root and the optionally chosen number. On carrying out, in relation to the products (thus obtained), the process of *saṅkramaṇa*, the values of the base and of one of the sides are arrived at. Half of the optionally chosen number happens to be the measure of the other side in a triangular figure with unequal sides.

An example in illustration thereof.

162½. In the case of a triangle with unequal sides, the accurate measure of the area is 2, and the optionally chosen quantity is 3. O friend who know the secret of calculation, give out the measure of the base as well as of the sides.

The rule for arriving, after knowing the accurate measure of a (given) area, at a regularly circular figure having that accurately measured area (as its own):—

163½. The accurate measure of the area is multiplied by *four* and is divided by the square root of *ten*. On getting at the square

---

163½. The rule in this stanza is derived from the formula, area $= \frac{d^2}{4} \times \sqrt{10}$, where d is the diameter of the circle.

root (of the quotient resulting thus), the value of the diameter happens to result. In relation to a regular circular figure, the measure of the area and the circumference are to be made out as explained before.

An example in illustration thereof.

164½. In the case of a regular circular figure, the accurate measure of the area has been pointed out to be 5. Calculate quickly and tell me what the diameter of this (circle) may be.

On knowing the approximate measure as well as the accurate measure of an area, the rule for arriving at a quadrilateral figure with two equal sides as well as at a quadrilateral figure with three equal sides, having those same approximate and accurate measures (as such measures of their areas) :—

165½. In the case of (the quadrilateral with) two equal sides, the square root of the difference between the squares of the (approximate and accurate) measures of the area is to be obtained. On adding (this square root) to the optionally chosen quantity and on subtracting (the same square root from the same optionally chosen quantity), the base and the top-side are so obtained as to have to be divided by the square root of the optional quantity. The approximate measure of the area gives rise to the value of the sides so as to have to be divided by the square root of the optional quantity.

165½. If R represents the approximate area of a quadrilateral with two equal sides, and r the accurate value thereof, and p is the optionally chosen number, then

$$\text{base} = \frac{\sqrt{R^2 - r^2} + p}{\sqrt{p}}; \quad \text{top-side} = \frac{p - \sqrt{R^2 - r^2}}{\sqrt{p}};$$ and each of the

$$\text{equal sides} = \frac{R}{\sqrt{p}}.$$ If a, b, c and d be the measures of the sides of the quadrilateral with two equal sides, then it may be seen that

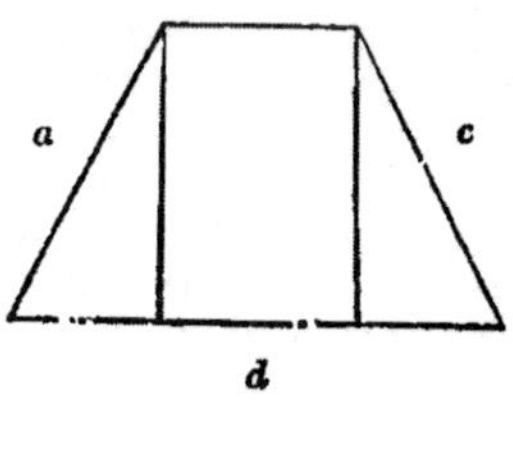

In the case of (the quadrilateral figure with) three equal sides, the square root (of the difference between the two area-squares above noted) is added to the approximate measure of the area. (On treating the resulting sum as the optional quantity and) on adding and subtracting (the said square root as before), the base and the top-side are obtained so as to have to be divided by the square root of (such) optional quantity. (Here also), the approximate measure of the area, on being divided by the square root of (this) optional quantity, gives rise to the measure of the other sides.

An example in illustration thereof.

166½. The accurate measure of the area is 5; the approximate measure of the area is 13; and the optionally chosen quantity is 16. What are the values of the base, the top-side, and the (other) side in the case of a quadrilateral figure with two equal sides?

An example relating to a quadrilateral figure with three equal sides.

167½. The accurate measure of the area is 5; and the approximate measure of the area is 13. Think out and tell me, O friend, the values of the sides of the quadrilateral figure with three equal sides.

The rule for arriving, when the approximate and the accurate measures of an area are known, at the equilateral triangle and also at the diameter of the circle, having those same approximate and accurate measures (for their area):—

168½. That which happens to be the square root of the square root of the difference between the squares of the (approximate measure and of the accurate measure of the given) area is to be

---

$$R = \frac{a(b+d)}{2};\ p = \left(\frac{b+d}{2}\right)^2;\ \text{and } r = \frac{b+d}{2} \times \sqrt{a^2 - \frac{(b-d)^2}{4}}.$$

The formulas given above for the base and the top-side can be easily verified by substituting these values of R, r and p therein. Similarly the rule may be seen to hold good in the case also of a quadrilateral figure with three equal sides.

168½. For the approximate and accurate values of an equilateral triangle see rules in stanzas 7 and 50 of this chapter.

multiplied by *two*. The result is the measure of the side in the (required) equilateral triangle. It is also the measure of the diameter of the (required) regular circle.

Examples in illustration thereof.

169½. The approximate area is 18. The accurate area is the square root of 3^3 as multiplied by 9. Tell me, O friend, after calculating, the measurement of the (required) equilateral triangle.

170½. The accurate measure (of the area) is the square root of 6,250. The approximate measure (of the area) is 75. What is the measure of the diameter of the circle (having such areas)?

When the practically approximate and the accurately calculated measures of an area are known, the rule for arriving at the numerical values of the base and the side of an isosceles triangle having the same approximate and accurate measures for its area:—

171½. Twice the square root of the difference between the squares of the (approximate and the accurate) measures of the area is to be taken as the base of a (certain isosceles) triangle; and the given approximate measure (of the area) is to be taken as the value of one of the equal sides. And on dividing (these values of the base and the side) by the square root of half (the above derived value) of the base, (the required measures of the base and the side of the required isosceles triangle are obtained). This is the rule in relation to the isosceles triangle.

An example in illustration thereof.

172½. It is pointed out that here, in this case, the accurate measure of the area is 60, and the approximate measure is 65. Tell me, O friend, after calculation, the numerical measure of the sides of the (required) isosceles triangle.

An optional number and a quadrilateral figure with two equal sides being given, the rule for arriving at the numerical values of the base, and the top-side, and the (other) sides of another quadrilateral figure (with two equal sides) which has an accurate measure of area equal to the accurate measure of the area of the given quadrilateral figure with two equal sides :—

173½. If the square of the value of the perpendicular (in the given quadrilateral figure with two equal sides) is used along with the given optional number in carrying out the process of *viṣama-saṅkramaṇa*, then the larger (of the two results obtained) becomes the measure of either of the equal sides (in the required quadrilateral figure with two equal sides). Half of the sum of the values of the top-side and the base (in the given quadrilateral figure with two equal sides), on being respectively increased and decreased by the smaller (of the two results in the *viṣamasaṅkramaṇa* process above-mentioned), gives rise to the values of the base and the top-side in the (required) quadrilateral figure with two equal sides.

173½. The problem contemplated in this rule is to construct a quadrilateral with two equal sides that shall be equal in area to a given quadrilateral with two equal sides and shall also have the same perpendicular distance from the top-side to the base. Let a and c be the equal sides of the given quadrilateral, and b and d be the top side and the base thereof respectively; and let the value of the perpendicular distance be p. If a_1, b_1, c_1, d_1, be taken to be the corresponding sides of the required quadrilateral, then, since the area and the perpendicular are the same in the case of both the quadrilaterals, we have,

$$d_1 + b_1 = d + b \text{ (I)} :$$

$$\text{and } a_1^2 - \left(\frac{d_1 - b_1}{2}\right)^2 = p^2 \text{ (II)} :$$

$$\text{that is, } \left(a_1 + \frac{d_1 - b_1}{2}\right)\left(a_1 - \frac{d_1 - b_1}{2}\right) = p^2.$$

$$\text{Let } a_1 - \frac{d_1 - b_1}{2} = N; \text{ then } a_1 + \frac{d_1 - b_1}{2} = \frac{p^2}{N};$$

$$\left(a_1 + \frac{d_1 - b_1}{2}\right) + \left(a_1 - \frac{d_1 - b_1}{2}\right) = \frac{p^2}{N} + N.$$

$$\therefore \frac{\frac{p^2}{N} + N}{2} = a_1 \text{ (III)};$$

$$\text{and } \frac{d + b}{2} \pm \frac{\frac{p^2}{N} - N}{2} = \frac{d_1 + b_1}{2} \pm \left\{\frac{\left(a_1 + \frac{d_1 - b_1}{2}\right) - \left(a_1 - \frac{d_1 - b_1}{2}\right)}{2}\right\} = d_1 \text{ or } b_1; \text{ (IV)}$$

Here N is what is called इष्ट or the optionally given number in the rule, and formulas III and IV are those that are given in the rule for the solution of the problem.

An example in illustration thereof.

174½. The base (of the given quadrilateral figure) is 14 ; each of the (two equal) sides is 13 ; the top-side is 4 ; the perpendicular is 12 ; and the optionally given number is 10. What is that other quadrilateral figure with two equal sides, the accurate measure (of the area) of which is the same as (the accurate measure of) the area of (this given quadrilateral)?

When an area with a given practically approximate measure is divided into any required number of parts, the rule for arriving at the numerical measure of the bases of those various parts of the quadrilateral figure with two equal sides, as also at the numerical measure of the sides as measured from the various division-points thereof, the numerical measure of the practically approximate value of the area of the quadrilateral figure with two equal sides being given :—

175½. The difference between the squares of the (numerical) values of the base and the top-side (of the given quadrilateral figure with two equal sides) is divided by the total value of the (required) proportionate parts. By the quotient (so obtained),

---

175½. If $ABCD$ be a quadrilateral with two equal sides, and if EF, GH and KL divide the quadrilateral so that the divided portions are in the proportion of m, n, p and q in respect of area, then according to the rule,

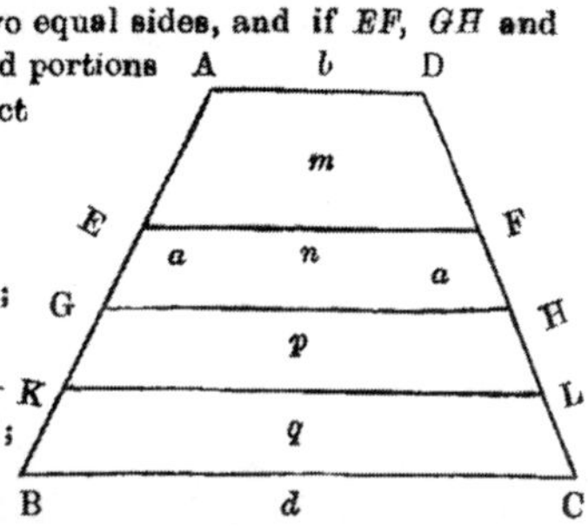

$$EF = \sqrt{\frac{d^2 - b^2}{m+n+p+q} \times m + b^2};$$

$$GH = \sqrt{\frac{d^2 - b^2}{m+n+p+q} \times (m+n) + b^2};$$

$$KL = \sqrt{\frac{d^2 - b^2}{m+n+p+q} \times (m+n+p) + b^2};$$

and so on.

$$\text{Similarly } AE = \frac{\left(a \times \frac{d+b}{2}\right) \times \frac{m}{m+n+p+q}}{\frac{EF + AD}{2}}; \quad EG = \frac{\left(a \times \frac{d+b}{2}\right) \times \frac{n}{m+n+p+q}}{\frac{GH + EF}{2}};$$

$$GK = \frac{\left(a \times \frac{d+b}{2}\right) \times \frac{p}{m+n+p+q}}{\frac{KL + GH}{2}}; \text{ and so on.}$$

It can be easily shown that $\frac{AB}{AE} = \frac{BC - AD}{EF - AD}$

the ratio values of the (various) parts* are (respectively) multiplied. To each of the products (so obtained), the square of the measure* of the top-side (of the given figure) is added. The square root (of the sum so obtained) gives rise to the value of the base (of each of the parts). The area (of each part divided by half the sum of the values of the base and the top-side (thereof) gives in (the requisite) order the value of the perpendicular (which for purposes of approximate measurement is treated as the side).

Examples in illustration thereof.

176½. The measure of the top-side is given to be 7; that of the base below is 23, and that of each of the (remaining) sides is 30. The area (included within such a figure) is divided between two so that each obtains one (share). What is the value of the base (to be found out here)?

177½–178½. The measure of the base (of a quadrilateral with two equal sides) is 162, and that of the top-side (thereof) is seen to be 18. The value of each of the (two equal) sides is 400. The area of this (figure so enclosed) is divided among 4 men. The parts obtained by the men are (in the proportion of) 1, 2, 3, and 4 respectively. Give out, in accordance with this proportionate distribution, the values of the area, of the base, and (of either) of the (two equal) sides (in each case).

179½. The measure of the base (of the given quadrilateral figure) is 80, that of the top-side is 40; the measure (of either) of

---

$$\therefore \frac{AB\,(BC + AD)}{AE\,(EF + AD)} = \frac{BC^2 - AD^2}{EF^2 - AD^2}.$$

But $\frac{AB\,(BC+AD)}{AE\,(EF+AD)} = \frac{m+n+p+q}{m}$; $\therefore \frac{BC^2 - AD^2}{EF^2 - AD^2} = \frac{m+n+p+q}{m}$;

$$\therefore EF^2 = \frac{m\,(BC^2 - AD^2)}{m+n+p+q} + AD^2 = \frac{d^2 - b^2}{m+n+p+q} \times m + b^2;$$

and $EF = \sqrt{\frac{d^2 - b^2}{m+n+p+q} \times m + b^2}$.

Similarly the other formulas may also be verified.

* Although the text simply states that the quotient has to be multiplied by the value of the parts, what is intended is that the quotient has to be multiplied by the number representing the value of the parts up to the top-side in each case. That is, in the figure on the previous page, to arrive at GH, for instance, $\frac{d^2 - b^2}{m+n+p+q}$ has to be multiplied by $m + n$ and not by n merely.

the (two equal) sides is 4 × 60. The share parts are (in the proportion of) 3, 8, and 5. (Find out the values of the areas, the bases, and the sides of the required parts).

In the case of two pillars of known height, two strings are tied, one to the top of each. Each of these two strings is stretched in the form of a hypotenuse so as to touch the foot of the other pillar, or so as to go beyond the other pillar and touch (the ground). From the point where the two hypotenuse strings meet, another string is suspended (perpendicularly) till (it touches) the ground. The measure of this (last) string goes by the name *antarāvalambaka* or the inner perpendicular. The line starting on either side from the point where (this) perpendicular string touches (the ground) and going to the points where the (above-mentioned) hypotenuse strings touch the ground has the name of *ābādhā*, or the segment of the base. The rule for arriving at the values of such inner perpendicular and (such) segments of the base:—

180½. The measurement of each of the pillars is divided by the measurement of the base covering the length between the (foot of the pillar) and the (point of contact of the hypotenuse) string (with the ground). Each of the quotients (so obtained) is

---

180½. If a and b represent the height of the pillars in the diagram, c the distance between the two pillars, and m and n the respective distances of the pillars from the point where the string stretched from the top of the other pillar meets the earth, then, according to the rule,

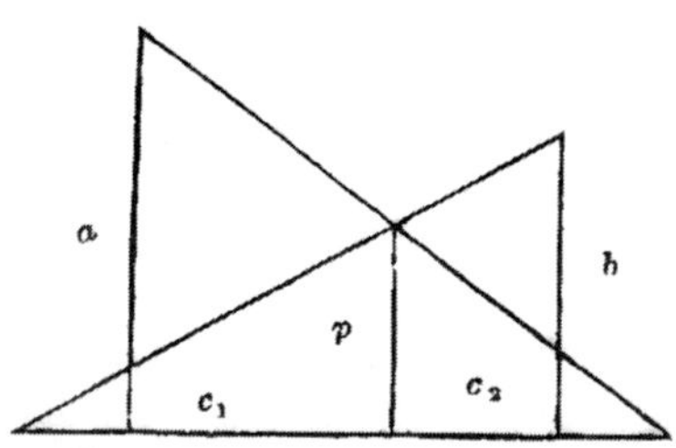

$c_1 = \left\{\frac{a}{c+n} \div \frac{a(c+m) + b(c+n)}{(c+m)(c+n)}\right\} \times (c+m+n)$; $c_2 = \left\{\frac{b}{c+m} \div \frac{a(c+m) + b(c+n)}{(c+m)(c+n)}\right\} \times (c+m+n)$; where c_1 and c_2 are segments of the base as a whole; and $p = c_1 \times \frac{b}{c+m}$, or $c_2 \times \frac{a}{c+n}$, where p is the measure of the inner perpendicular. From a consideration of the similar triangles in the diagram it may be seen that $\frac{c_2}{p} = \frac{c+n}{a}$ and $\frac{c_1}{p} = \frac{c+m}{b}$.

(then) divided by their sum. The (resulting) quotients, on being multiplied by the measure of the base (as a whole) give rise to the (respective basal) segments. These (measures of the segments respectively) multiplied in the inverse order by the quotients (obtained in the first instance as above), give rise (in each case) to the value of the inner perpendicular.

Examples in illustration thereof.

181½. (The given) pillars are 16 *hastas* in height. The base (covering the length between the points where the strings touch the ground) is pointed out to be 16 *hastas*. Give out, in this case, the numerical value of the segments of the base and also of the inner perpendicular.

182½. The height of one pillar is 36 *hastas*; that of the second is 20 *hastas*. The length of the base-line is 12 *hastas*. What is the measure of the (basal) segments and what of the (inner) perpendicular?

183½–184½. (The two pillars are) 12 and 15 *hastas* (respectively); the measure of the interval between the two pillars is 4 *hastas*. From the top of the pillar of 12 *hastas* a string is stretched so as to cover 4 *hastas* (along the basal line) beyond the foot of the other pillar. From the top of (this) other pillar (which is 15 *hastas* in height) a string is (similarly) stretched so as to cover 1 *hasta* (along the basal line) beyond the foot (of the pillar of 12 *hastas* in height). What is the measure of the (basal) segments here, and what of the inner perpendicular?

185½. (In the case of a quadrilateral with two equal sides), each of the two sides is 13 *hastas* in measure. The base here is 14

From these ratios we get $\frac{c_1}{c_2} = \frac{a\,(c+m)}{b\,(c+n)}$;

$$\therefore \frac{c_1}{c_1+c_2} = \frac{a\,(c+m)}{a\,(c+m)+b(c+n)}; \;\therefore\; c_1 = \frac{a\,(c+m)\,(c+m+n)}{a\,(c+m)+b\,(c+n)};$$

Similarly $c_2 = \frac{b\,(c+n)\,(c+m+n)}{a\,(c+m)+b\,(c+n)}$; and $p = c_2 \times \frac{a}{c+n}$, or $c_1 \times \frac{b}{c+m}$.

185½. Here a quadrilateral with two equal sides is given; in the next stanza a quadrilateral with three equal sides, and in the one next to it a quadrilateral with unequal sides are given. In all these cases the diagonals of the quadrilateral have to be first found out in accordance with the rule given in stanza

hastas, and the top-side is 4 *hastas*. What is the measure of the (basal) segments (caused by the inner perpendicular) and what of the inner perpendicular (itself)?

186½. In the case of the (quadrilateral) figure above-mentioned, the measures of the top-side and the base are each to be taken to be less by 1 *hasta*. From the top of each of the two perpendiculars, a string is stretched so as to reach the foot (of the other perpendicular). You give out the measures of the inner perpendicular and of the basal segments (caused thereby).

187½. (In the case of a quadrilateral with unequal sides), one side is 13 *hastas* in measure; the opposite side is 15 *hastas*; the top-side is 7 *hastas*; and the base here is 21 *hastas* What are the values of the inner perpendicular and of the basal segments (caused thereby)?

188½–189½. There is an equilateral quadrilateral figure, measuring 20 *hastas* at the side. From the four angles of that

---

VII-54, and then the measures of the perpendiculars from the ends of the top-side to the base as also the measures of the segments of the base caused by those perpendiculars have to be arrived at by the application of the rule given in stanza VII-49. Then taking these measures of the perpendiculars to be those of the pillars, the rule given in stanza 180½ above is applied to arrive at the measures of the inner perpendicular and the basal segments caused thereby. The problem given in stanza 187½ is however worked in a slightly different way in the Kanarese commentary. The top-side is supposed to be parallel to the base, and the measures of the perpendicular and of the basal segments caused thereby are arrived at by constructing a triangle whose sides are the two sides of the quadrilateral, and whose base is equal to the difference between the base and the top-side of the quadrilateral.

188½–189½. The figure contemplated in this problem seems to be this:—

The inner perpendiculars referred to herein are GH and KL. To find out these, FE is first determined. FE, according to the commentary, is said to be equal to

$$\sqrt{\frac{CM^2}{2} - \left\{DM^2 + DE^2 + (\tfrac{1}{2}DM)^2\right\}}.$$

Then with FE and BC or AD taken as pillars, the rule under reference may be applied.

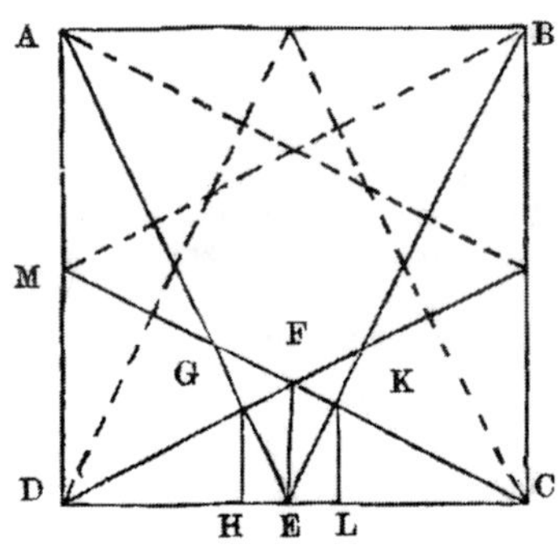

(figure) strings are stretched out so as to reach the middle point of the (opposite) sides, (this being done) in respect of all the four sides. What may be the measure of each of the strings so stretched out? In the interior of such (a quadrilateral figure with strings so stretched out), what may be the value of the (inner) perpendicular and of the basal segments (caused thereby)?

The measure of the height of the pillar is known. For some reason or other that pillar gets broken and (the upper part of the broken pillar) falls (to the ground, the lower end of the broken off part, however, remaining in contact with the top of the lower part). Then the basal distance between the foot of the pillar and its top (now on the ground) is ascertained. And (here is) the rule for arriving at the numerical value of the measure of the remaining part of the pillar measured from its foot:—

190½. The half of the difference between the square of the total height and the square of the (known) measure of the basal distance, when divided by the total height, gives rise to the measure of what remains unbroken. What is left thereafter (out of the total height) is the measure of the broken part.

Examples in illustration thereof.

191½. The height of a pillar is 25 *hastas*. It is broken somewhere between (the top and the foot). The distance between the (fallen) top (on the floor) and the foot of the pillar is 5 *hastas*. How far away (from the foot) is it (viz., the pillar) broken?

190½. If A B C is a right-angled triangle, and if the measures of AC and of the sum of AB and BC are given, then AB and BC can be found out from the fact that $BC^2 = AB^2 + AC^2$. The formula given in the rule is

$$AB = \frac{(AB + BC)^2 - AC^2}{2\,(AB + BC)};$$

and this can be easily proved to be true from the above equality.

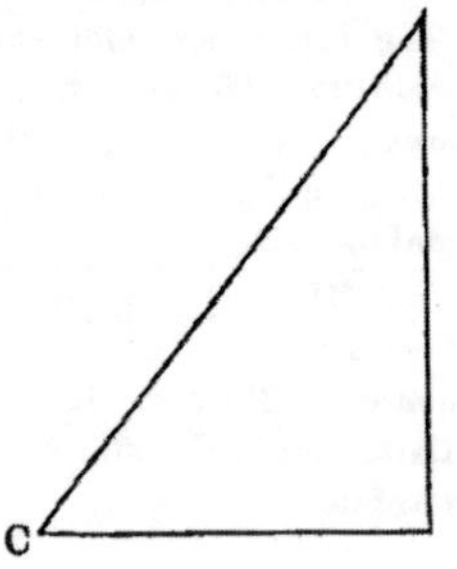

$192\frac{1}{2}$. There are 49 *hastas* in the measurement of the height of a bamboo (as it is growing). It is broken somewhere between (the top and the bottom). The distance (between the fallen top on the floor and the bottom of the bamboo) is 21 *hastas*. How far away (from the foot) is it broken?

$193\frac{1}{2}$–$195\frac{1}{2}$. The height of a certain tree is 20 *hastas*. A certain man seated on the top (of it) threw down a fruit thereof along a path forming a hypotenuse. Then another man standing at the foot of the tree went towards that fruit taking a path representing the other side (*i.e.*, the base of the triangle in the situation) and received that fruit. The sum of the distances travelled by that fruit and this man turned out to be 50 *hastas*. What is the numerical value of the hypotenuse representing the path of that fruit? What may be the measure of the other side representing the path of the man who was at the foot of the tree?

The numerical value (of the height) of a taller pillar as also the numerical value (of the height) of a shorter pillar is known. The numerical value (of the length) of the intervening space between the two pillars is also known. The taller (of the two pillars) gets broken and falls so that the top thereof rests on the top of the shorter pillar, (the other end of the broken bit of the taller pillar being in contact with the top of the remaining portion thereof). And now the rule for arriving at the numerical value (of the length) of the broken part of the taller pillar as also at the numerical value (of the height) of the remaining part (of the same taller pillar):—

$196\frac{1}{2}$. From the square of (the numerical measure of) the taller (pillar), the sum of the square of the measure of the shorter

---

$196\frac{1}{2}$. If a represents the height of the taller pillar and b that of the shorter pillar, c the length of the intervening space between them, and a_1 the height of the standing portion of the broken pillar, then, according to the rule,

$$a_1 = \frac{a^2 - (b^2 + c^2)}{2(a - b)};$$

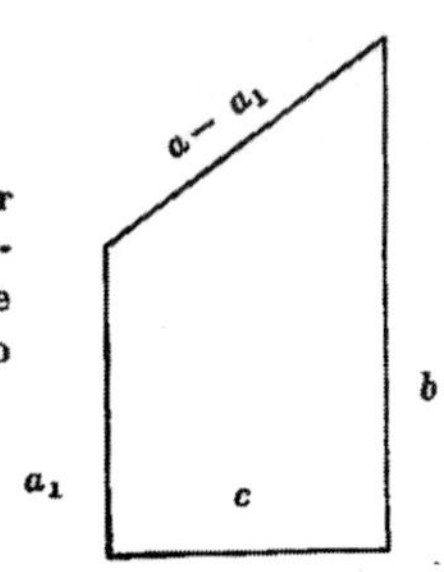

(pillar) and the square of that of the base is subtracted. Half (of the resulting remainder) is divided by the difference between (the measures of) the two pillars. The quotient gives rise to the measure of the height (of the standing part) of the broken (pillar).

An example in illustration thereof.

197½. One pillar is 5 *hastas* in height; similarly another pillar, which is the taller, is 23 *hastas* (in height). The (length of the) intervening space (between the pillars) is 12 *hastas*. The top of the broken taller (pillar) falls on to the top of the other (pillar). (Find out the height of the standing part of the broken taller pillar.)

Taking two-thirds of the numerical value of the vertical side of a longish quadrilateral as the height of a mountain, the rule for arriving, with the aid of the numerical value of the height of that mountain, at the numerical values of the horizontal side and of the diagonal of that longish quadrilateral:—

198½. Twice the height of the mountain is the measure of the distance between the (foot of the) mountain and the city (there). Half (the height) of the mountain is the measure (of the distance) of the upward flight in the sky. The diagonal is arrived at on adding together half the height of the mountain and the distance (of the city from the foot of the mountain).

An example in illustration thereof.

199½–200½. On a mountain having a height of 6 *yōjanas* there were 2 ascetics. One of them went walking on foot. The other

---

199½–200½. If in the marginal figure, a represents the height of the mountain, b the distance of the city from the foot of the mountain, and c the length of the hypotenuse course, then a is, according to the supposition made in the preamble to the rule in 198½, $\frac{2}{3}$ of the side AB. Therefore the height of the flight upwards *i.e.*, EB., is $\frac{1}{2}a$ I

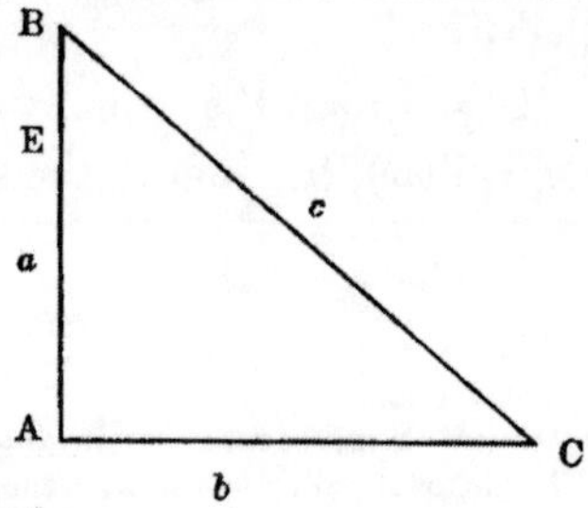

As the courses of the two ascetics are equal,

$$c + \tfrac{1}{2}a = a + b \;;\; \therefore c = \tfrac{1}{2}a + b \quad \ldots \quad \text{II}$$

$$\therefore c^2 = \tfrac{1}{4}a^2 + b^2 + ab.$$

But $c^2 = \frac{9}{4}a^2 + b^2$; $\therefore ab = 2a^2$ $\therefore b = 2a$ III

The three formulas marked I, II and III above are those given in the rule.

was capable of moving in the sky. This ascetic flew up and then came down to the city taking the hypotenuse course. The other ascetic descended from the summit (vertically) to the foot of the mountain (and walked along) to the city. (It was found that) both of them had travelled over the same distance. (What is) the distance of the city (from the foot of the mountain) and what the height of the flight upwards?

In an area representable by a (suspended) swing (and its vertical supports resting on the ground), the measures of the heights of either two pillars or two hill-tops are taken to be the measures of the horizontal sides of two longish quadrilateral figures. Then, (with the aid of these known horizontal sides and) in relation to the base line either between the two hills or between the two pillars, (as the case may be), the values of the two segments (caused by the meeting point of the perpendicular) are arrived at. These two segments are written down in the inverse order. The values of the two segments so written down in the inverse order are taken to be the values of the two perpendicular sides of the two longish quadrilateral figures. And, now, the rule for arriving at the equal numerical value of the diagonals of those (two longish quadrilateral figures):—

201½–203½. In relation to a figure representable by a (suspended) swing (and its vertical supports resting on the ground), the measures of the heights of either two pillars or two hills are taken to be the measures of the two sides of a triangle. Then, in relation to the value of the base (line) enclosed between those two

---

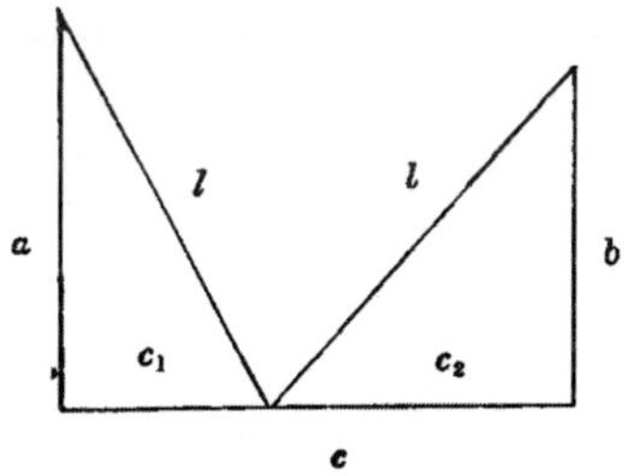

201½–203½. In the two quadrilaterals of the kind contemplated in this rule, let the vertical sides be represented by a, b; let the base be c; and let c_1, c_2, be its segments and l the length of each of the equal portions of the rope.

sides (which has to be the same in value as the base line between the given pillars or hills), the segments (of the base caused by the meeting of the perpendicular from the vertex with the base) are arrived at in accordance with the rule laid down already. If the values of these (segments) are written down in the inverse order, they become the values of the two perpendicular sides of the two longish quadrilaterals in the required operation. Then, in accordance with the rule given already, the values of the diagonals of the two longish quadrilateral figures may be arrived at with the aid of the values of those two sides (of the triangle above mentioned which are taken here as the two horizontal sides of the longish quadrilateral) and of those two perpendicular sides. These (diagonals) are of equal numerical value.

Examples in illustration thereof.

204½–205. One pillar is 13 (*hastas* in height). The other is 15 (*hastas* in height). The intervening distance (between them) is 14 (*hastas*). A rope (having its two ends) tied to the tops (of these two pillars) hangs down so as to touch the ground (some where between the two pillars). What are the values of the two segments, (so caused, of the base-line between the pillars)? The two (hanging) parts of the rope are (in their length) of equal numerical value. Give out also the rope-measure.

206–207½. The height of (one) hill is 22 (*yōjanas*). That of another hill is 18 (*yōjanas*). The intervening space between the two hills is 20 (*yōjanas* in length). There stand two religious mendicants, (one) on the top of each, who can move along the sky. For the purpose of begging (their food), they (came down

---

Now, $a^2 + c_1^2 = b^2 + c_2^2$.

$\therefore (c_2 + c_1)(c_2 - c_1) = a^2 - b^2$; and $c_1 + c_2 = c$;

$$\therefore c_2 = \frac{\frac{a^2 - b^2}{c} + c}{2} \text{ and } c_1 = \frac{c - \frac{a^2 - b^2}{c}}{2}$$

These values are obviously those of the segments of the base c of a triangle having the sides a and b, the segments having been caused by the perpendicular from the vertex. This is what is stated in this rule. *Vide* rule given in stanza 49 above.

through the sky and) met in the city there (between the hills); and it turned out that they had travelled (along the sky) over equal distances. (Under these circumstances), of what numerical value were the segments (of the basal line between the two hills)? Of what value, O you who know calculation, is the numerical measure of the equal distance travelled in this (area) representable by a (suspended) swing.

$208\frac{1}{2}$–$209\frac{1}{2}$. The height of one hill is 20 *yōjanas*; and similarly, that of another (hill) is 24 *yōjanas*. The intervening space between them is 22 *yōjanas* (in length). Two mendicants, who stayed on the tops of these two hills, (one on each), and were able to move through the sky, came down, for the purpose of begging their food, to the city situated between those (two hills), and were found to have travelled (along the sky) over equal distances. What is the measure (of the length) of the intervening space between that (city) in the middle and the hills (on either side).

The rule for arriving at the value of the number of days required for the meeting together of two persons moving with unequal speed along a course representable by (the boundary of) a triangle consisting of (three) unequal sides :—

$210\frac{1}{2}$. The sum of the squares (of the numerical values) of the daily speeds (of the two men) is divided by the difference between the squares of the values of (those same) daily speeds. The quotient (so obtained) is multiplied by the number of days spent (by one of the men) in travelling northwards (before travelling to the south-east to meet the other man). The meeting together of (these) two men takes place at the end of the number of days measured by this product.

$210\frac{1}{2}$. The course contemplated here is that along the sides of a right angled triangle. The formula given in the rule, if algebraically represented, is

$$x = \frac{b^2 + a^2}{b_2 - a^2} \times d,$$

where x is the number of days taken to go through the hypotenuse course, a and b the rates of journey of the two men, and d the number of days taken in going northwards. This follows from the under mentioned equation which is based on the data given in the problem:

$$b^2 x^2 = d^2 b^2 + (x+d)^2 \times a^2$$

An example in illustration thereof.

$211\frac{1}{2}$–$212\frac{1}{2}$. The man who travels to the east moves at the rate of 2 *yōjanas* (a day); and the other man who travels northwards moves at the rate of 3 *yōjanas* (a day). This (latter man) having thus moved on for 5 days turns to move along the hypotenuse. In how many days will he meet the (other) man? Both (of them) move out at the same time, and the number of days spent (by both of them) in journeying out is the same.

The rule for arriving at the numerical value of the diameters of circles described about the eight kinds of figures consisting of the five kinds of quadrilateral figures and the three kinds of triangular figures (already mentioned):—

$213\frac{1}{2}$. In the case of a quadrilateral figure, the value of the diagonal (thereof), divided by that of the perpendicular, and (then) multiplied by that of the lateral side, gives rise to the value of the diameter of the circumscribed circle. In the case of a trilateral figure, the product of the values of the two sides (other than the base) divided by the value of the perpendicular (gives rise to the required diameter of the circumscribed circle).

Examples in illustration thereof.

$214\frac{1}{2}$. In the case of an equilateral quadrilateral figure having 3 as the measure of each of (its) sides, and also in the case of another (quadrilateral figure) of which the vertical side measures 5 and the horizontal side measures 12, what is the measure (of the diameter) of the circumscribed circle?

$213\frac{1}{2}$. Let ABC be a triangle inscribed in a circle, AD the diameter thereof, and BE the perpendicular on AC. Join BD. Now the triangles ABD and BEC are similar.

$\therefore$ AB : AD = BE : BC

$$\therefore AD = \frac{AB \times BC}{BE}$$

This is the formula given in the rule for the diameter of a circle circumscribed about a quadrilateral or a triangle.

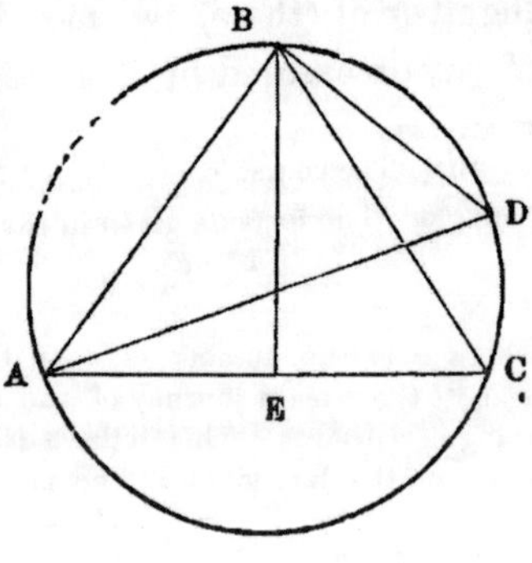

215½. The two lateral sides are (each) 13 in measure; the top-side is 4; and the base is said to be 14 in measure. In this case, what may be the diameter of the circle described about (such) a quadrilateral figure with two equal sides?

216½. The top-side and the (two) lateral sides are each 25 in measure. The base is 39 in measure. Tell me (here) the measure of the diameter of the circle described about such a quadrilateral figure with three equal sides.

217½. One of the lateral sides is 39 in measure; the other lateral side is 52 in measure; the base is 60 and the top-side is 25. In relation to this (quadrilateral figure), what is the value of the diameter (of the circumscribed circle)?

218½. The measure of the side of an equilateral triangle is 6; and that of an isosceles triangle is 13, the base (in this case) being 10 in measure. Give out what the values are of the diameters of the circles described about these triangles.

219½. In the case of a triangle with unequal sides the two sides are 15 and 13 in measure; the base is 14. Tell me the value of the diameter of the circle described about it.

220½. If you know the *paiśācika* (processes of calculation), tell me after thinking well what may be the value of the diameter of the circle described about a (regular) six-sided figure having 2 as the measure of each of (its) sides.

The rule for arriving at the numerical values of the base, of the top-side and the (other) sides of the eight (different) kinds of figures beginning with the square, which are inscribed in a regular circular figure having a diameter of known numerical value:—

221½. The value of the given diameter (of the circle) is divided by the value of the (hypothetically) arrived diameter of the circle (described about an optionally chosen figure belonging to

---

220½. The Kanarese commentary on this stanza works out this problem by pointing out that the diagonal of a regular hexagon is equal to the diameter of the circumscribed circle.

221½. The rule follows as a matter of course from the similarity of the required and the optionally chosen figures.

the specified variety). The values of the sides (of this optionally chosen figure) should be multiplied by the resulting quotient (arrived at as mentioned above). Thus, the numerical values of the sides of the figure produced (in the given circle) are deduced.

Examples in illustration thereof.

222½. The diameter of a circular figure is 13. O friend, think out well and tell me the (various measurements relating to the) eight different kinds of figures beginning with the square which are (inscribed) in this (circle).

The rule for arriving at the value of the diameter of the circular figure inscribed within the various (kinds of quadrilateral and trilateral) figures mentioned before, with the exception of the longish quadrilateral figure, when the accurate measure of the area and the numerical value of the perimeter are known in relation to (those same) quadrilateral and other figures :—

223½. The (known) accurate measure of the area of any of the figures other than the longish quadrilateral figure should be divided by a quarter of the numerical value of the perimeter (of that figure). The result is pointed out to be the diameter of the circle inscribed within that figure.

Examples in illustration thereof.

224½. Having drawn the inscribed circle in relation to the already specified figures beginning with the square, O you who know the secret of calculation, give out now (the value of the diameter of each such inscribed circle).

223½. If s represents the sum of the sides, and d the diameter of the inscribed circle, and A the area of the quadrilateral or the triangle in which the circle is inscribed, then

$$\frac{d}{2} \times \frac{s}{2} = A.$$

Hence the formula given in the rule is $d = A \div \frac{s}{4}$.

Within the (known) numerical measure of the diameter of a regular circle, any known number being taken as the measure of an arrow, the rule for arriving at the numerical value of the string (of the bow) having an arrow of that same measure:—

225½. The difference between (the given value of) the diameter and (the known value of) the arrow is multiplied by four times the value of the arrow. Whatever is the square root (of the resulting product), that the wise man should point out to be the (required) measure of the string (of the bow).

An example in illustration thereof.

226½. The diameter of the circle is 10. It is cut off by 2. O mathematician, give out, after calculating well, what may be the string (of the bow) in relation to (that) cut off portion (of the given diameter).

The rule for arriving at the numerical value of the arrow-line, when the numerical value of the diameter of a (given) regular circle and the value of a bow-string line (in relation to that circle) are (both) known:—

227½. That which happens to be the square root of the difference between the squares of the (known) values of the diameter and the bow-string line (relating to the given circle)—that has to be subtracted from the value of the diameter. Half of the (resulting) remainder should be understood to give (the required value of) the arrow-line.

An example in illustration thereof.

228½. The diameter of the (given) circle is 10 in measure. Moreover, the bow-string line inside is known to be 8 in measure. Give out, O friend, what the value of the arrow-line may be in relation to that (bow-string).

225½. The rules given in stanzas 225½, 227½, 229½ and 231½ are all based on the fact that in a circle the rectangles contained by the segments of two intersecting chords are equal.

The rule for arriving at the numerical value of the diameter of a (given) circle when the numerical values of the (related) bow-string line and the arrow line are known :—

229½. The quantity representing the square of the value of the bow-string line is divided by the value of the arrow line as multiplied by *four*. Then the value of the arrow line is added (to the resulting quotient). What is so obtained is pointed out to be the measure of the breadth of the regular circle measured through the centre.

An example in illustration thereof.

230½. In the case of a regular circular figure, it is known that the arrow line is 2 *daṇḍas* in measure, and the bow-string line 8 *daṇḍas*. What may be the value of the diameter in respect of this (circle)?

When two regular circles cut each other, there arises a fish-shaped figure. In relation to that fish-shaped figure, the line going from the mouth to the tail (thereof) should be drawn. With the aid of this line, there will come into existence the outlines of two bows applied to each other face to face. The line drawn from the mouth to the tail (of the fish-figure) happens to be itself the bow-string line in relation to both these bows. The two arrow lines in relation to both these bows are themselves to be understood as forming the two arrow lines connected with the mutually overlapping circles. And the rule here is to arrive at the values of the arrow lines connected with the overlapping portion when two regular circles cut each other :—

231½. With the aid of the values of the two diameters (of the two cutting circles) as diminished by the value of (the greatest breadth of) the overlapped portion (of the circles), the operation of *prakṣēpaka* should be carried out in relation to this (known) value of (the greatest breadth of) the overlapped portion (of the circles). The two results (so obtained) are in the matter

---

231½. The problem here contemplated may be seen to have been also solved by Āryabhaṭa, and the rule given by him coincides with the one under reference here.

of (such) circles pointed out to be the values, each of the other, measuring the two arrow lines related to the overlapping (circles).

An example in illustration thereof.

232½. In relation to two circles whose extent is measured by (diameters of) 32 and 80 *hastas* (in value), the (greatest breadth of the common) overlapping portion is 8 *hastas*. Give out what the values of the arrow lines, as related respectively to those two (circles), are (here).

Thus ends the section treating of devilishly difficult problems.

Thus ends the sixth subject of treatment, known as Calculations regarding Areas, in Sārasaṅgraha, a work on arithmetic by Mahāvīrācārya.

CHAPTER VIII.

CALCULATIONS REGARDING EXCAVATIONS.

1. I bow in religious devotion with my head (bent downwards) to Jina Vardhamāna, whose foot-stool is honoured by the crowns worn by all the chief gods, who is omniscient, ever-enduring, unthinkable, and infinite in form, and is (further) like the young (rising) sun in relation to the lotus-lakes representing the good and worthy people that are his devotees.

2. I shall now give out the (three) varieties of *karmāntika*, *auṇḍraphala*, and *sūkṣmaphala* (in relation to excavations), which varieties are all derived from those various kinds of geometrical figures, mentioned before, as results obtained by multiplying them by (quantities measuring) depth. This seventh subject of treatment is the subject of excavations.

A stanza regarding the conventional assumption (implied in this chapter):—

3. The quantity of earth required to fill an excavation measuring one cubic *hasta* is 3,200 *palas*. From that (same cubic volume of excavation) 3,600 *palas* (of earth) may be taken out.

The rule for arriving at the cubical contents of excavations:—

4. Area multiplied by depth gives rise to the approximate measure of the cubical contents in a regular excavation. The sums of (all the various) top dimensions with the corresponding bottom dimensions are halved; and then (these halved quantities of the same denomination are all added, and their sum is) divided by the number of the said (halved quantities). Such is the process of arriving at the average equivalent value.

---

2. The term *Auṇḍra* in *Auṇḍraphala* is rather strange Sanskrit and is perhaps related to the Hindi word औंडा meaning 'deep.'

3. The idea in this stanza evidently is that one cubic *hasta* of compressed earth weighs 3,600 *palas*, while 3,200 *palas* of earth are sufficient to fill loosely the space of 1 cubic *hasta*.

4. The latter half of this stanza evidently gives the process by which we may arrive at the dimensions of a regular excavation fairly equivalent to any given irregular excavation.

Examples in illustration thereof.

5. In relation to (an equilateral) quadrilateral area (representing the section of a regular excavation), the sides and the depth are 8 *hastas* (each in measure). In respect of this regular excavation, what may be the value of the cubical contents here?

6. In relation to an (equilateral) triangular area (representing the section of a regular excavation), the sides are 32 *hastas* each, and in the depth there are found 36 *hastas* and 6 *aṅgulas*. What is the calculation (of the contents) here?

7. In relation to a (regular) circular area representing (the section of) a regular excavation, the diameter is 108 *hastas*, and the depth (of the excavation) is 165 *hastas*. (Now), give out what the cubical contents are.

8. In relation to a longish quadrilateral area (forming the section) of a regular excavation, the breadth is 25 *hastas*, the side (measuring the length) is 60 *hastas* and the depth (of the excavation) is 108 *hastas*. Quickly give out (the cubical contents of this regular excavation).

The rule for arriving at the accurate value of the cubical contents in the calculation relating to excavations, after knowing the result designated *karmāntika* as well as the result designated *auṇḍra* and with the aid of these results:—

9–11½. The values of the base and the other sides of the figure representing the top sectional area are added respectively to the values of the base and the corresponding sides of the figure representing the bottom sectional area. The (several) sums (so arrived at) are divided by the number of the sectional areas taken into consideration (in the problem). The (resulting) quantities are

---

9–11½. The figures dealt with in this rule are truncated pyramids with rectangular or triangular bases, or truncated cones all of which have to be conceived as turned upside down. The rule deals with three different kinds of measures of the cubical contents of excavations. Of these, two, viz., the *Karmāntika* and *Auṇḍra* measures give only the approximate values of the contents. The accurate measure is calculated with the help of these values. If K represents the *Karmāntika-phala* and A represents the *Auṇḍra-phala* then the accurate measure is said to be equal to $\frac{A-K}{3} + K$, *i.e.*, $\frac{2}{3}K + \frac{1}{3}A$.

multiplied with each other (as required by the rules bearing upon the finding out of areas when the values of the sides are known). The area (so arrived at), when multiplied by the depth, gives rise to the cubical measure designated the *karmāntika* result. In the case of those same figures representing the top sectional area and the bottom sectional area, the value of the area of (each of) these figures is (separately) arrived at. The area values (so obtained) are added together and then divided by the number of (sectional) areas (taken into consideration). The quotient (so obtained) is multiplied by the value of the depth. This gives rise to (the cubical measure designated) the *auṇḍra* result. If one-third of the difference between these two results is added to the *karmāntika* result, it indeed becomes the accurate value (of the required cubical contents).

Examples in illustration thereof.

12½. There is a well whose (sectional) area happens to be an equilateral quadrilateral. The value (of each of the sides) of the top (sectional area) is 20 (*hastas*), and that (of each of the sides) of the bottom (sectional area) is only 16 (*hastas*). The depth is 9 (*hastas*). O you who know calculation, tell me quickly what the cubical measure here is.

13½. There is a well whose (sectional) area happens to be an equilateral triangular figure. The value (of each of the sides) of the top (sectional area) is 20 (*hastas*), and that (of each of the sides) of the bottom (sectional area) is 16; the depth is 9 (*hastas*). What is the value of the *karmāntika* cubical measure, of the

---

If a and b be the measures of a side of the top and bottom surfaces respectively of a truncated pyramid with a square base, it can be easily shown that the accurate measure of the cubical contents is equal to $\frac{1}{3}h\,(a^2 + b^2 + ab)$, where h is the height of the truncated pyramid. The formula given in the rule for the accurate measure of the cubical contents may be verified to be the same as this with the help of the following values for the *Karmāntika* and *Auṇḍra* results given in the rule:—

$$K = \left(\frac{a+b}{2}\right)^2 \times h; \qquad A = \frac{a^2 + b^2}{2} \times h.$$

Similar verifications may be arrived at in the case of truncated pyramids having an equilateral triangle or a rectangle for the base, and also in the case of truncated cones.

auṇḍra cubical measure, and of the accurate cubical measure here?

14½. There is a well whose (sectional) area happens to be regularly circular. The (diameter of the) top (sectional area) is 20 *daṇḍas*, and that of the bottom (sectional area) is only 16 *daṇḍas*. The depth is 12 *daṇḍas*. What may be the *karmāntika*, the *auṇḍra*, and the accurate cubical measures here?

15½. In relation to (an excavation whose sectional area happens to be) a longish quadrilateral figure (*i.e.*, oblong), the length at the top is 60 (*hastas*), the breadth is 12 (*hastas*); at the bottom, these are (respectively) half (of what they measure at the top). The depth is 8 (*hastas*). What is the cubical measure here?

16½. (Here is another well of the same kind), the lengths (of whose sectional areas) at the top, at the middle, and at the bottom are (respectively) 90, 80, and 70 (*hastas*), and the breadths are (respectively) 32, 16, and 10 *hastas*. This is 7 (*hastas*) in depth. (Find out the required cubical measure.)

17½. In relation to (an excavation whose sectional area happens to be) a regular circle, the diameter at the mouth is 60 (*hastas*), in the middle 30 (*hastas*), and at the bottom 15 (*hastas*). The depth is 16 *hastas*. What is the calculated result giving its cubical measure?

18½. In relation to (an excavation whose sectional area happens to be) a triangle, each of the three sides measures 80 *hastas* at the top, 60 *hastas* in the middle, and 50 *hastas* at the bottom. The depth is 9 *hastas*. What is the calculated result giving its cubical contents?

The rule for arriving at the value of the cubical contents of a ditch, as also for arriving at the value of the cubical contents of an excavation having in the middle (of it) a tapering projection (of solid earth):—

19½–20½. The breadth (of the central mass) increased by the top-breadth of the surrounding ditch, and (then) multiplied by

---

19½–20½. These stanzas deal with the measurement of the cubic contents of a ditch dug round a central mass of earth of any shape. The central mass may be in section a square, a rectangle, an equilateral triangle, or a circle;

three, gives rise to the value of the (required) perimeter in the case of triangular and circular excavations. In the case of a quadrilateral excavation, (this same value of the required perimeter results) by multiplying the quantity *four* (with the value of the breadth as before).

In the case of excavations having central masses tapering upwards or downwards the operation (for *Karmāntikaphala*) is (to add the value of) half the breadth of the excavation to (that of the breadth of) the central mass, and (for *Auṇḍraphala*), to add (the value of) the breadth (of the excavation to the value of the breadth of the central mass); then (the procedure is) as (given) before.

Examples in illustration thereof.

21½. The already mentioned trilateral, quadrilateral, and circular (areas) have ditches thrown round them. The breadth measures 80 *daṇḍas*, and the ditches are as much as 4 (*daṇḍas*) in breadth, and 3 (*daṇḍas*) in depth. (Find out the cubical contents.)

---

and the excavation may be of the same width both at the bottom and the top, or may be of diminishing or increasing width. The rule enables us to find out the total length of the ditch in all these cases.

I. When the width of the ditch is uniform, the length of ditch $= (d + b) \times 3$ in the case of an equilateral triangular or circular ditch, where d is the measure of a side or of the diameter of the central mass and b is the width of the ditch: but this length $= (d + b) \times 4$ in the case of a square excavation with a central mass, square in section.

II. When the ditch is tapering to a point at the bottom or the top, the length of the ditch for finding out the *Karmāntika-phala* $= \left(d + \frac{b}{2}\right) \times 3$, or $\left(d + \frac{b}{2}\right) \times 4$, according as the central mass (1) is in section trilateral or circular, or (2) square.

Length of ditch for finding out *Auṇḍra-phala* $= (d + b) \times 3$ and $(d + b) \times 4$ respectively.

These expressions have to be multiplied by half of the width of the ditch and by its depth for finding out the respective cubical *phalas*. The formulas given above in relation to triangular and circular excavations give only approximate results. With the aid of the total length of the ditch so obtained, the cubical contents are found out in the case of ditches with sloping sides by applying the rule given in stanzas 9 to 11½ above.

$22\frac{1}{2}$. The length of a longish quadrilateral is 120 (*daṇḍas*) and the breadth is 40. The ditch around is as big as 4 *daṇḍas* in breadth and 3 in depth. (Find out the cubical contents.)

The rule for arriving at the value of the cubical contents of an excavation, when the depth of the excavation varies (at various points), and also for arriving, when the cubical contents of an excavation are known, at the depth of digging necessary in the case of another (known) area (so that the cubical contents may be the same):—

$23\frac{1}{2}$. The sum of the depths (measured in different places) is divided by the number of places; this gives rise to the (average) depth. This multiplied by the top area (of the excavation) gives rise to the (required) cubical contents of the excavation in the case where that area is trilateral, quadrilateral or circular. The cubical contents (of a given excavation), when divided by the (known) value of another area, gives rise to the depth (to which there should be digging, so that the resulting cubical contents may be the same).

Examples in illustration thereof.

$24\frac{1}{2}$. In an equilateral quadrilateral field, the ground covered by which has an extent measured by 4 *hastas* (in length and breadth), the excavations are (in depth) 1, 2, 3, and 4 *hastas* (in four different cases). What is the measure of the average depth (of the excavations)?

$25\frac{1}{2}$. There is a well with an equilateral quadrilateral section, the sides whereof are 18 *hastas* in measure; its depth is 4 *hastas*. With the water of this (well), another well measuring 9 *hastas* at each of the sides (of the section) is filled. What is the depth (of this other well)?

When the measures of the sides of the top (sectional area) and also of the bottom (sectional area) are known, and when the

$22\frac{1}{2}$. For finding out the total length of the surrounding ditch when the central mass of earth is rectangular in section, the measures of the sides as increased by the width or half the width of the ditch are added together, according as the *Karmāntika* or the *Auṇḍra* result is required.

measure of the depth also is known, in relation to a certain given excavation, the rule for arriving at the value of the sides (of the resulting bottom section) at any optionally given depth, and also for arriving at the (resulting) depth (of the excavation) if the bottom is reduced to a mere point :—

26½. The product resulting from multiplying the (given) depth with (the given measure of a side at the) top, when divided by the difference between the measures of the top side and the bottom side gives rise here to the (required) depth (when the bottom is) made to end in a point. The depth measured (from the pointed bottom) upwards (to the position required) multiplied by (the measure of the side at) the top and (then) divided by the sum of the side measure, if any, at the pointed bottom and the (total) depth (from the top to the pointed bottom), gives rise to the side measure (of the excavation at the required depth).

An example in illustration thereof.

27½. There is a well with an equilateral quadrilateral section. The (side) measure at the top is 20 and at the bottom 14. The depth given in the beginning is 9. (This depth has to be) further (carried) down by 3. What will be the side value (of the bottom here)? What is the measure of the depth, (if the bottom is) made to end in a point?

26½. The problems contemplated in this stanza are (*a*) to find out the full latitude of an inverted pyramid or cone and (*b*) to find out the dimensions of the cross section thereof at a desired level, when the altitude and the dimensions of the top and bottom surfaces of a truncated pyramid or cone are given. If, in a truncated pyramid with square base, a is the measure of a side of the base and b that of a side of the top surface and h the height, then according to the rule given here, H taken as the height of the whole pyramid $= \frac{a \times h}{a-b}$, and the measure of a side of the cross section of the pyramid at any given height represented by $h_1 = \frac{a\,(H-h_1)}{H}$.

These formulas are applicable in the case of a cone as well. In the rule the measure of the side of section forming the pointed part of the pyramid is required to be added to H, the denominator in the second formula, for the reason that in some cases the pyramid may not actually end in a point. Where, however, it does end in a point, the value of this side has to be zero as a matter of course.

The rule for arriving at the value of the cubical contents of a spherically bounded space:—

28½. The half of the cube of half the diameter, multiplied by *nine*, gives the approximate value of the cubical contents of a sphere. This (approximate value), multiplied by *nine* and divided by *ten* on neglecting the remainder, gives rise to the accurate value of the cubical measure.

An example in illustration thereof.

29½. In the case of a sphere measuring 16 in diameter, calculate and tell me what the approximate value of (its) cubical measure is, and also the accurate measure (thereof).

The rule for arriving at the approximate value as well as the accurate value of the cubical contents of an excavation in the form of a triangular pyramid, (the height whereof is taken to be equal to the length of one of the sides of the equilateral triangle forming the base):—

30½. The cube of half the square of the side (of the basal equilateral triangle) is multiplied by *ten*; and the square root (of the resulting product is) divided by *nine*. This gives rise to the approximately calculated value (required). (This approximate) value, when multiplied by *three* and divided by the square root of

---

28½. The volume of a sphere as given here is (1) approximately $= \left(\frac{d}{2}\right)^3 \times \frac{9}{2}$, and (2) accurately $= \left(\frac{d}{2}\right)^3 \times \frac{9}{2} \times \frac{9}{10}$. The correct formula for the cubical contents of a sphere is $\frac{4}{3}\pi r^3$; and this becomes comparable with the above value, if π is taken to be $\sqrt{10}$. Both the MSS. read तन्नवमांशं दशगुणं, making it appear that the accurate value is $\frac{10}{9}$ of the approximate value; but the text adopted is तद्दशमांशं नवगुणं which makes the accurate value $\frac{9}{10}$ of the approximate one. It is easy to see that this gives a more accurate result in regard to the measure of the cubical contents of a sphere than the other reading.

30½. Algebraically represented the approximate value of the cubical contents of a triangular pyramid according to the rule comes to $\frac{a^3}{18} \times \sqrt{5}$, *i.e.*, $\frac{a^3}{12} \times \sqrt{\frac{20}{9}}$; and the accurate value becomes equal to $\frac{a^3}{12} \times \sqrt{2}$; where

ten, gives rise to the accurately calculated cubical contents of the pyramidal excavation.

An example in illustration thereof.

31½. Calculate and say what the approximate value and the accurate value of the cubical measure of a triangular pyramid are, the side of the (basal) triangle whereof is 6 in length.

When the pipes leading into a well are (all) open, the rule for arriving at the value of the time taken to fill the well with water, when any number of optionally chosen pipes are together (allowed to fill the well).

32½–33. (The number *one* representing) each of the pipes is divided by the time corresponding to each of them (separately); and (the resulting quotients represented as fractions) are reduced so as to have a common denominator; *one* divided by the sum of these (fractions with the common denominator) gives the fraction of the day (within which the well would become filled) by all the pipes (pouring in their water) together. Those (fractions with the common denominator) multiplied by this resulting fraction of the day give rise to the measures of the flow of water (separately through each of the various pipes) into that well.

An example in illustration thereof.

34. There are 4 pipes (leading into a well). Among them, each fills the well (in order) in $\frac{1}{2}$, $\frac{1}{3}$, $\frac{1}{4}$, $\frac{1}{5}$ of a day. In how much of a day will all of them (together fill the well, and each of them to what extent)?

In the Fourth Subject of Treatment named Rule of Three, an example (like this) has (already) been given merely as a hint; the

---

a gives the measure of the altitude of the pyramid as also of a side of the basal equilateral triangle.

It may be easily seen that both these values are somewhat wide of the mark, and that the given approximate value is nearer the correct value than the so-called accurate value.

subject (of that example) is expanded here and is given out in detail.

35–36. There is at the foot of a hill a well of an equilaterally quadrilateral section measuring 9 *hastas* in each of the (three) dimensions. From the top of the hill there runs a water channel, the section whereof is (uniformly) an equilateral quadrilateral having 1 *aṅgula* for the measure of a side. (As soon as the water flowing through that channel begins to fall into the well), the stream is broken off at the top; and (yet), with it (that well) becomes filled in with water. Tell me the height of the hill and also the measure of the water in the well.

37–38½. There is at the foot of a hill a well of an equilaterally quadrilateral section measuring 9 *hastas* in each of the (three) dimensions. From the top of the hill, there runs a water channel, (the section whereof is throughout) a circle of 1 *aṅgula* in diameter. As soon, as the water (flowing through the channel) begins to fall into the well, the stream is broken off at the top. With the water filling the whole of the channel, that well becomes filled. O friend, calculate and tell me the height of the mountain and also the measure of the water.

39½–40½. There is at the foot of a hill a well of an equilaterally quadrilateral section measuring 9 *hastas* in (each of the) three dimensions. From the top of the hill there runs a water channel, (the section whereof is throughout) triangular, each side measuring 1 *aṅgula*. As soon as the water (flowing through that channel) begins to fall into the well, the stream is broken off at the top. With the water (filling the whole of the channel) that (well) becomes filled. O friend, calculate and tell (me) the height of the mountain and the measure of the water.

---

35 to 42½. The reference here is to the example given in stanzas 15–16 of chapter V—*vide* also the footnote thereunder.

The volume of the water is probably intended to be expressed in *vāhas*. (*Vide* the table relating to this kind of volume measure in stanzas 36 to 38, chapter I.) It is stated in the Kanarese commentary that 1 cubic *aṅgula* of water is equal to 1 *karṣa*. Then according to the table given in stanza 41 of chapter I, 4 *karṣas* make one *pala*; according to stanza 44 in the same chapter, 12½ *palas* make one *prastha*; and stanzas 36 to 37 therein give the relation of the *prastha* to the *vāha*.

41½–42½. There is at the foot of a hill a well of an equilaterally quadrilateral section measuring 9 *hastas* in (each of the) three dimensions. (From the top of the hill) there runs a water channel, (the section whereof is uniformly) 1 *aṅgula* broad at the bottom, 1 *aṅgula* at (each of) the dug (side slopes), and 2 *aṅgulas* in length (at the top). As soon as the water (flowing through that channel) begins to fall into the well, the stream is broken off at the top. With the water (filling the whole of the channel) that well becomes filled. What is the height of the hill and (what) the measure of the water?

Thus ends the section on accurate measurements in the calculations relating to excavations.

Calculations Relating to Piles (of Bricks).

Hereafter, in (this) chapter treating of operations relating to excavations, we will expound calculations relating to (brick) piles. Here there is this convention (regarding the unit brick).

43½. The (unit) brick is 1 *hasta* in length, half of that in breadth, and 4 *aṅgulas* in thickness. With such (bricks all) operations are to be carried out.

The rule for arriving at the cubical contents of a given excavation in a field and also at the number of bricks corresponding to the above cubical contents.

44½. The area at the mouth (of the excavation) is multiplied by the depth; this (resulting product) is divided by the cubic measure of the (unit) brick. The quotient so obtained is to be understood as the (cubical) measure of a (brick) pile; that same (quotient) also happens to be the measure of the number of the bricks.

Examples in illustration thereof.

45½. There is a raised platform equilaterally quadrilateral (in section) having a side measure of 8 *hastas* and a height of 9

44½. The cubical measure of the brick pile here is evidently in terms of the unit brick.

hastas. That (platform) is built up of bricks. O you who know calculation, say how many bricks there are (in it).

46½. A raised platform, equilaterally triangular (in section), having 8 *hastas* (as its side measure), and 9 *hastas* as height, has been constructed with the aforesaid bricks. Calculate and say how many bricks there are in this (structure).

47½. A raised platform, circular in section, having a diameter of 8 *hastas* and a height of 9 *hastas* is built up with (the same aforesaid) bricks. O you who know calculation, say how many bricks there are in it.

48½. In the case of (a raised platform having) an oblong (section), the length is 60 *hastas*, the breadth 25 *hastas*, and the height is 6 *hastas*. Give out in this case the measure of that brick pile.

49½. A boundary wall is 7 *hastas* in thickness, 24 *hastas* in length and 20 *hastas* in height. How many are the bricks used in building it ?

50½. The thickness of a boundary wall is 6 *hastas* at the top and 8 *hastas* at the bottom ; its length is 24 *hastas* and height 20 *hastas*. How many are the bricks used in building it ?

51½. (In the case of a raised sloping platform), the heights are (respectively) 12, 16 and 20 *hastas* (at three different points) ;

---

[9] 50½–51½. In finding out the cubical contents of the wall, the average breadth calculated according to the rule, given in the latter half of stanza 4 above, is used ; so the *Karmāntika* value is taken into consideration here.

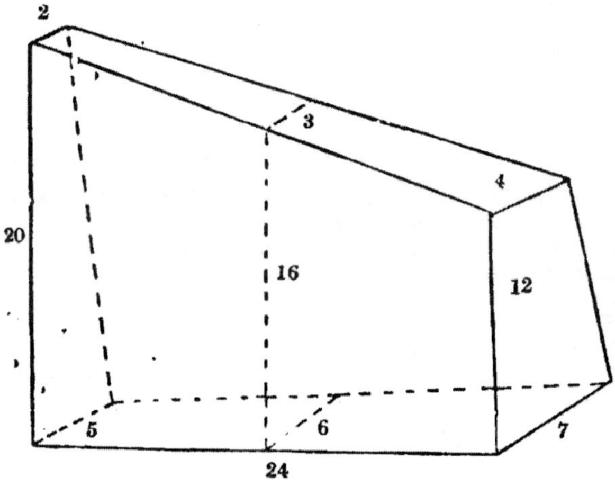

51½. This sloping platform is bounded at its two ends by two vertical planes, the top and the side surfaces alone being sloping. The top forms an inclined

the measures of the breadth at the bottom are (respectively) 7, 6 and 5, (the same) at the top being 4, 3 and 2 *hastas*; the length is 24 *hastas*. (Find out the number of bricks in the pile).

The rule for arriving, in relation to a given raised platform (part of) which has fallen down, at the number of bricks found (intact) in the unfallen (part) and also at the number of bricks found in the fallen (part) :—

52½. The difference between the top (breadth) and the bottom (breadth) is multiplied by the height of the fallen (portion) and divided by the whole height. (To the resulting quotient) the value of the top (breadth) is added. This gives rise to the measure of the basal breadth in relation to the upper (fallen portion) as well as to the top breadth in relation to the lower (intact portion). The remaining operation has been already described.

An example in illustration thereof.

53½. (In relation to a raised platform), the length is 12 *hastas* the breadth at the bottom is 5 *hastas*, (the breadth) at the top is 1 *hasta*, and the height all through is 10 *hastas*. (A measure of) 5 *hastas* (in height) of that (platform) gets broken down and falls. How many are those (unit) bricks there (in the broken and the unbroken parts of the platform)?

When a (high) fort-wall is broken down obliquely, the rule for arriving at the number of bricks which remain intact and of the bricks that have fallen down :—

---

plane, the breadth of which is 2 *hastas* at the raised end and 4 *hastas* at the other end. *Vide* diagram in the margin of page 269.

52½. The measure of the top-breadth of the standing par of the platform — which is the same as the bottom-breadth of the fallen part of the platform—is algebraically $\frac{(a-b)\,d}{h} + b$; where a is the bottom-breadth, b is the top-breadth, h the total height and d the height of the fallen part of the raised platform. This formula can be easily shown to be correct by applying the properties of similar triangles.

The operation referred to in the rule as having been already described is what is given in stanza 4 above.

54½. The bottom (breadth) and the top (breadth) are (each) doubled. To these are added (respectively) the top (breadth) and the bottom (breadth). The (resulting) quantities are (respectively) increased and decreased by the height (above the ground) of the unbroken (part of the wall); and (then the quantities so obtained) are multiplied by the length and also by the sixth part of the (total) height. (Thus) the number of bricks intact and the number of bricks fallen off may be obtained in order.

Examples in illustration thereof.

55½. This high fort-wall (of measurements already given, struck by a cyclonic wind) has been (obliquely) from the bottom, broken down along the diagonal section. In relation thereto, how many are the bricks intact and the bricks fallen down?

56½. The same high fort-wall has been broken down by the cyclone obliquely after leaving over 1 *hasta* from the bottom. How many are the bricks that remain intact and how many the bricks that have fallen down?

The rule for arriving at the growing number of layers (of bricks) in relation to the central height of a fort-wall, and (also) for arriving at the (rate of the) diminution of layers

---

54½. If a be the breadth at the bottom, b the breadth at the top, h the total height and l the length of the wall, and d the height above the ground of the unbroken part of the wall then $\frac{lh}{6}(2a + b + d)$, and $\frac{lh}{6}(2b + a - d)$ represent the number of bricks intact and the number of bricks fallen off.

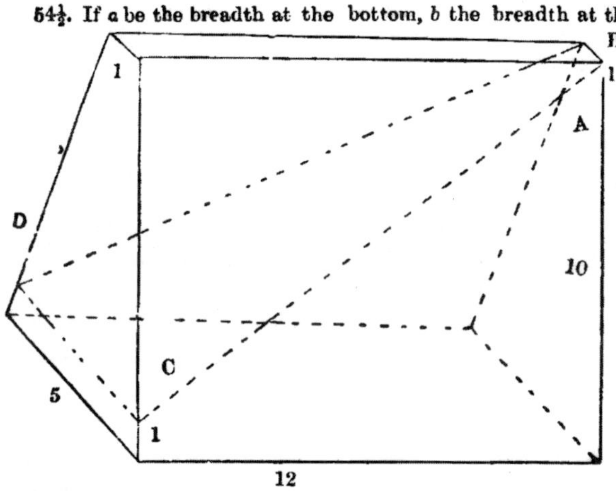

The figure in the margin shows the wall mentioned in stanza 56½; and ABCD indicate the plane along which the wall fractured when it broke.

(happening to be the diminution, in breadth) on both the sides (of the wall in passing from below upwards) :—

57½. The height (of the central section) divided by the height of the given brick gives rise to the (required) measure of the layers (of bricks). This (number) is diminished by *one* and (then) divided by the difference between the top (breadth) and the bottom (breadth). The resulting quotient gives (in itself) the value of the (rate of the) diminution (in breadth) measured in terms of the layers.

Examples in illustration thereof.

58½. The breadth of a high fort-wall is 7 *hastas* at the bottom Its height is 20 *hastas*. It is built so as to have 1 *hasta* (as its breadth) at the top. With the aid of bricks of 1 *hasta* in height, (find out) the (measure of the) growth of the (central) layers and of the (rate of) diminution (in the breadth).

59½-60. In a regularly circular well, 4 *hastas* in diameter, a wall of 1½ *hastas* in thickness is built all round by means of (the already mentioned typical) bricks. The depth of that (well) is 3 *hastas*. If you know, calculate and tell me, O friend, how many are the bricks used in the building.

In relation to a structure built of bricks (around a place), the rule for arriving at the value of the cubical contents (of that structure), when the breadth at the bottom (of the structure) is given and also the breadth at the top :—

61. Twice the (average) thickness of the structure has added to it the given length and the breadth (of the place). The sum (so obtained) is doubled, and the result is the (total) length (of the structure when it is) in (the form of) an oblong. This (resulting quantity), multiplied by the (given) height and the (already mentioned average) thickness, gives rise to the (required) cubical measure).

59½-60. The bricks contemplated here is the unit brick mentioned in stanza 43½ above. This problem does not illustrate the rule given above in stanza 57½, but it has to be worked according to the rules given in stanzas 19½-20½ and 44½ of this chapter.

An example in illustration thereof.

62. In relation to the (place known) as *vidyādhara-naghara*, the breadth is 8, and the length is 12. The thickness of the surrounding wall is 5 at the bottom and 1 at the top. Its height is 10. (What is the cubic measure of this wall?)

Thus ends (the section on) the measurement of (brick) piles in the operations relating to excavations.

Hereafter, we shall expound the operations relating to the work done with saws (in sawing wood). The definitions of terms in relation thereto are as follow :—

63. Two *hastas* less by six *aṅgulas* is what is called a *kiṣku*. The number measuring the courses of cutting from the beginning to the end of a given (log of wood) has the name of *mārga* (or way).

64–66. Then, in relation to collections (of logs) of wood of not less than two varieties, consisting of teak logs and other such logs hereafter to be mentioned, the number of *aṅgulas* measuring the breadth, and those measuring the length, and the number of *mārgas* are (all three) multiplied together. The resulting product is divided by the square of the number of *aṅgulas* found in a *hasta*. In operations relating to saw-work, this gives rise to a valuation (of the work as measured) in (what is known as) *paṭṭikās*. In relation to logs (of wood) consisting of teak logs and other such logs, the number of *hastas* measuring the breadth and of those measuring the length are multiplied with each other, and (then) multiplied by the number of *mārgas*, and (thereafter) divided by the *paṭṭikās* as above determined ; this gives rise to the numerical measure of the work done by means of the saw.

---

63 to 67½. *Kiṣku* = 1¾ *hasta*. *Mārga* is the name given to any desired course or line of sawing in a log of wood. The extent of the cut surface in a log of wood measures ordinarily the work done in sawing it provided that the wood is of a definite hardness assumed to be of unit value. This extent of the cut surface is measured by means of a special unit area which is called a *paṭṭikā* and is 96 *aṅgulas* in length and one *kiṣku* or 42 *aṅgulas* in breadth. It is easy to see that a *paṭṭikā* is thus equal to seven square *hastas*.

67–67½. In relation to (logs of wood obtained from) trees named *śāka*, *arjuna*, *amla-vētasa*, *sarala*, *asita*, *sarja* and *ḍuṇḍuka*, and also (in relation to varieties of wood) named *śrīparṇī* and *plakṣa*, the *mārga* is 1 in each case, the length is 96 *aṅgulas*, and the breadth is 1 *kiṣku* (for arriving at the measure of a *paṭṭikā*).

An example in illustration thereof.

68½. In relation to a log of teak wood, the length is 16 *hastas*, the breadth is 3½ *hastas* and the *mārgas* (or saw-courses) are 8 in number. How many are (the units of saw-work) done here?

Thus ends the section on saw-work in the (chapter on) operations relating to excavations.

Thus ends the seventh subject of treatment known as Operations relating to Excavations in Sārasaṅgraha, which is a work on arithmetic by Mahāvīrācārya.

CHAPTER IX.

CALCULATIONS RELATING TO SHADOWS.

1. That Jina, Śānti, who bestows peace upon people, is the lord of the world, knows all beings, and is (ever) growing in influence through his eight miraculous powers—to him, who has vanquished the hosts of his enemies, I bow in salutation.

In the beginning, we shall give out the means of determining the eight directions commencing with the east.

2. On an even ground-surface which is (a horizontal plane) like the upper surface of water, a (perfectly) round circle should be drawn with the aid of a looped string having twice the length of an optionally chosen style (fixed in the centre).

3. The shadow of that optionally chosen style fixed in the centre of that circle touches the (circumferential) line of that circle at the beginning of the day as also at the time forming the close of the day. By this, the western direction and the eastern direction are pointed out in order.

4. By means of the string running in the line of these two (ascertained) directions, a fish-shaped figure (or lune) should be

---

4. The string with the aid of which the fish-shaped figure is drawn should be longer than the radius of the circle drawn according to stanza 2 above. If OE and OW in the annexed diagram represent the eastern and the western directions, NPSR will be the lune drawn by describing two circles with centres respectively at E and W and with ER and WP as equal radii. The line NS cutting the angles of the lune marks the northern and the southern directions.

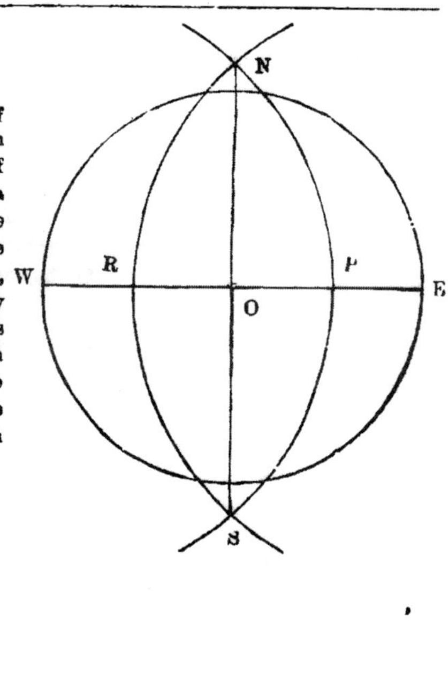

drawn which will extend from north to south. The straight line running through the middle of the angles of this (fish-shaped figure) represents of itself the northern and the southern directions. The intermediate directions have to be ascertained as being derivable from half the (interspace between these) directions.

4½. The (measure of the) equinoctial shadow is indeed half of the sum of the measures of the shadows obtained at the middle of the day-time (or noon) on days when the sun enters the sign of Aries as also the sign of Libra.

5½. In Laṅkā, Yavakōṭi, Siddhapurī, and Rōmakāpurī, there is no (such) equinoctial shadow at all; and, therefore, the day-time is of 30 *ghaṭīs*.

6½. In other regions, the day-time happens to be longer or shorter by 30 *ghaṭīs*. On the days of the entrance (of the sun) into Aries and into Libra, the day-time is everywhere of 30 *ghaṭīs* (in duration).

7½. Having understood the measure of the duration of the day-time and also of the shadow at (noon or) the middle of the day according to the way described in astronomy, one should learn herein the calculations regarding shadows by means of the collection of rules hereafter to be given.

The rule for arriving at the time of day, on knowing the measure of the shadow of a given style at a given time (in the forenoon or afternoon) in relation to a place where there is no equinoctial shadow:—

8½. *One* is added to the measure of the shadow (expressed in terms of the height of an object), and (the sum so resulting)

8½. If a be the height of the object and s the length of its shadow, then the time of the day that has elapsed or has to elapse is, according to the rule given here, equal to $\frac{1}{2\left(\frac{s}{a}+1\right)}$, *i.e.* $\frac{1}{2\,(\cot. A + 1)}$, where A is the angle representing the altitude of the sun at the time. It may be seen that this formula gives only the approximate value of the time of the day in all cases except when the altitude is 45°, and that the approximation is very rough only in the case of large altitudes, nearing 90°. The formula seems to be based on the fact that for small values the angles in a right-angled triangle are approximately proportional to the opposite sides.

is doubled; with the (resulting) quantity the measure of the (whole) day-time is divided. It should be made out that this gives rise, according to the mathematical work (known as) Sāra-saṅgraha, to the portion of the day elapsed in the forenoon and also to the portion of the day remaining in the afternoon.

An example in illustration thereof.

9½. The (length of the) shadow of a man is 3 times (his height). Say, dear friend, what portion of the day has gone in the forenoon, or what portion of the day remains in the afternoon.

The rule for arriving at the (corresponding number of) *ghaṭīs*, when the portion of the day (elapsed or to elapse) has been arrived at (already).

10½. The (known) measure of (the duration of) the day multiplied by the numerator and divided by the denominator of the fraction representing the (already arrived at) portion of the day (elapsed or to elapse) gives rise to the *ghaṭīs* elapsed in relation to the forenoon, and to the *ghaṭīs* to elapse in relation to the afternoon.

An example in illustration thereof.

11½. In a region without the equinoctical shadow, $\frac{1}{8}$ part of the day has elapsed; (or in relation to the afternoon), the remaining portion (of the day which has to elapse) is also $\frac{1}{8}$. What are the *ghaṭīs* (corresponding to this $\frac{1}{8}$ portion)? There are, (it may be taken), 30 *ghaṭīs* in a day.

The rule for arriving at the time taken up by a prize-fight between gymnasts.

12½. The day diminished by the sum of the portion of the day elapsed and of the portion (thereof) remaining to elapse, when brought into the form of time (measured by *ghaṭīs*), gives rise to the (required duration of) time.

The measure of the shadow of a pillar divided by the measure of (the height of) the pillar gives rise to the measure of the shadow of a man (in terms of his own height).

An example in illustration thereof.

13½. A prize-fight between gymnasts began in the forenoon, when the shadow was equal in measure to the style. (Its) conclusion took place in the afternoon, wher (the measure of the shadow was) twice (that of the style). What is the duration of the fight?

An example in illustration (of the rule) in the latter half (of the stanza).

14½. The shadow of a pillar, 12 *hastas* (in height), is 24 *hastas* in measure. At that time, O arithmetician, of what measure will the human shadow be?

The rule for arriving, at the period (of the day elapsed or to elapse), in places having the equinoctial shadow, when the measure of the shadow at any time is known :—

15½. To the measure of the known shadow (of the style) the measure of the style is added; (this sum is) diminished by the measure of the equinoctial shadow, and (the resulting difference is) doubled. The measure of the style divided by the quantity (so arrived at) gives rise to the value of the portion of the day (elapsed) in the forenoon, or (to elapse) in the afternoon, (as the case may be).

An example in illustration thereof.

16½–17. In the case of a style of 12 *aṅgulas*, the (equinoctial) noon-shadow is 2 *aṅgulas*, and the known shadow (at the time of observation) is 8 *aṅgulas*. What portion of the day is gone, or what portion (yet) remains? If the portion of the day (elapsed or to elapse) happens to be $\frac{1}{5}$, what are the *ghaṭis* (corresponding to it), the duration of the day being 30 *ghaṭis*?

15½. Algebraically the formula given here for the measure of the time of the day is $\frac{a}{2(s + a - e)}$ where e is the length of the equinoctial shadow of the style. The formula is obviously based on the formula given in the note to the rule in stanza 8½ above.

The rule for arriving at the measure of the shadow corresponding to a time (of day) given in *ghaṭis.*

18. The measure of the style is divided by twice the measure of the (given) portion of the day; (from the resulting quotient) the measure of the style is subtracted, and (to it) the (equinoctial) noon-shadow is added. This gives rise to the measure of the shadow at the required time of day.

An example in illustration thereof.

19. If, in the case of a style of 12 *aṅgulas*, the (equinoctial) shadow is 2 *aṅgulas*, what is the measure of the shodow (of the style) at a time when 10 *ghaṭis* have elapsed or have to elapse, the duration of the day-time being 30 *ghaṭis*?

The definition of the measure of a man's foot in relation to measurements carried out by means of the foot-measure as involved in the shadow.

20. One seventh of the height of a person happens to be the length of that person's foot. If this be so, that person shall be fortunate. (Thus) the measure of the shadow in terms of the foot-measure is obvious.

The rule for arriving at the numerical measure of the shadow which has ascended up (a perpendicular wall).

21. (The height of) the style is multiplied by the measure of the human shadow (in terms of the man's height). The (resulting)

---

18. Algebraically

$s = \frac{a}{2g} - a + e$, where g is the measure of the time of the day in *ghaṭis*. This formula may be seen to follow from that given in the note to stanza 15½ above.

21. Algebraically, $h = \frac{a \times b - c}{b}$, where a is the altitude of the shadow-casting style, h the height of the shadow on the wall, b the measure of the human shadow in terms of the man's height, and c the distance between the pillar and the wall. The diagram here given elucidates the rule. It has to be noted here that the distance between the pillar and the wall has to be measured along the line of the shadow which is cast in sunlight.

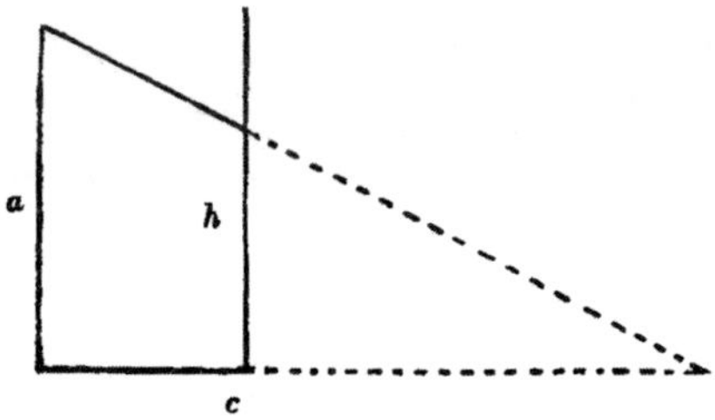

product is diminished by the measure of the interval between the wall and the style. The difference (so obtained) is divided by the very measure of the human shadow (referred to above). The quotient so obtained happens to be the measure of (that portion of) the style's shadow which is on the wall.

An example in illustration thereof.

22. A pillar is 20 *hastas* (in height); the interval between (this) pillar and the wall (on which its shadow falls) is 8 *hastas*. The human shadow (at the time) is twice (the man's height). What is the measure of (that portion of) the pillar-shadow which is on the wall?

The rule for arriving at the numerical value of the measurement of the interspace between a wall and a pillar, when the height of the pillar and the numerical value of (that portion of) the shadow thereof which has fallen upon the wall are (both) known.

23. The difference between the height of a pillar and that (of its shadow) cast on (a wall), multiplied by the measure of the human shadow (in terms of the man's height), gives rise to the measure of the interspace between that (pillar) and that (wall). This value of the interspace divided by the difference between the height of the pillar and that of (the portion of) the shadow thereof cast on (the wall), gives rise to the measure of the human shadow (in terms of the man's height).

An example in illustration thereof.

24. A pillar is 20 *hastas* (in height); and the (portion of its) shadow on a wall is 16 (*hastas* in height). The human shadow (at the time) is twice (the human height). What may be the measure of the interspace between the pillar and the wall?

---

23. This rule and the one in stanza 26 following give the converse cases of the rule in stanza 21 above.

An example in illustration of the (rule in the) latter half (of the stanza).

25. A pillar is 20 *hastas* (in height) and the (portion of its) shadow on a wall is 16 (*hastas* in height). The measure of the interspace between the wall and the pillar is 8 (*hastas*). What is the measure of the human shadow (in terms of the man's height)?

The rule for arriving at the numerical value of the height of a pillar, when the numerical measure of the (portion of its) shadow cast on (a wall and the measure of the interspace between (that) pillar and (that) wall, and also the human shadow (in terms of the human height) are known.

26. The measure of the (pillar-shadow) cast on (the wall) is multiplied by the measure of the human shadow (in terms of the human height); and to this product the measure of the interspace between the pillar and the wall is added. The quotient obtained by dividing (the sum so resulting) by the measure of the human shadow (in terms of the human height) is made out by the wise to be the measure (of the height) relating to the pillar.

An example in illustration thereof.

27. The measure of (the height of the portion of) the pillar-shadow cast on the wall is 16 (*hastas*). The value of the human shadow (at the time) is only twice (the human height). The measure of the interspace between the wall and the pillar being 8 (*hastas*), what is the height of the pillar?

The rule for separating the measure (of the height) of the style and the measure of (the length of) the shadow of the style from (their given) combined sum:—

28. The combined sum of the measure of the style and the measure of the shadow (thereof), when divided by the measure of the human shadow (in terms of the human height) as increased by *one*, gives rise to the measure of the height of the style. The measure of the shadow of the style is of course the (given) combined sum diminished by this (measure of the style).

---

26. *Vide* note under stanza 23 above.

28 and 30. The rules here given are based on the rule stated in the latter half of the stanza $12\frac{1}{2}$ above.

An example in illustration thereof.

29. The combined sum of the (height) measure of the style and the (length) measure of its shadow is 50. What may be the height of the style, the human shadow being (at the time) 4 times (the human height)?

The rule for separating the (length) measure of the shadow of the style and the measure of the human shadow (in terms of the human height) from (their) combined sum :—

30. The combined sum of the measures of the shadows of a style and of a man is divided by the (known height) measure of the style as increased by *one*. The quotient (so obtained) is the measure of the human shadow (in terms of the human height). The combined sum (above-mentioned) as diminished by this (measure of the human shadow) gives rise to (the length-measure of) the shadow of the style.

An example in illustration thereof.

31. The height of a style is 10. The sum of the human shadow (in terms of the human height) and (the length of) the shadow of the style is 55. How much is the measure of the human shadow (in terms of the human height and how much is the length of the shadow of the style)?

The rule for arriving at the measure of the inclination of a pillar (or vertical style) :—

32–33. The product of the square of the human shadow and the square (of the height) of the style is to be subtracted from the

---

32–33. Let AB represent the position of a slanting pillar, and AC its shadow; and let AD be the same pillar in the vertical position and AE its shadow. Then $\frac{AE}{AD}$ is equal to the ratio of the shadow of a man to his height at the time; and let this ratio be r. BG, the perpendicular from B on AD, represents the amount of slanting of the pillar, AB. It can be easily shown that $\frac{\sqrt{AB^2 - BG^2}}{AC - BG} = \frac{AD}{A} = \frac{1}{r}$. From this it can be seen that $BG = \frac{AC - \sqrt{AC^2 - (AC^2 - AB^2 \times r^2)(r^2+1)}}{r^2+1}$. The rule here gives this same formula.

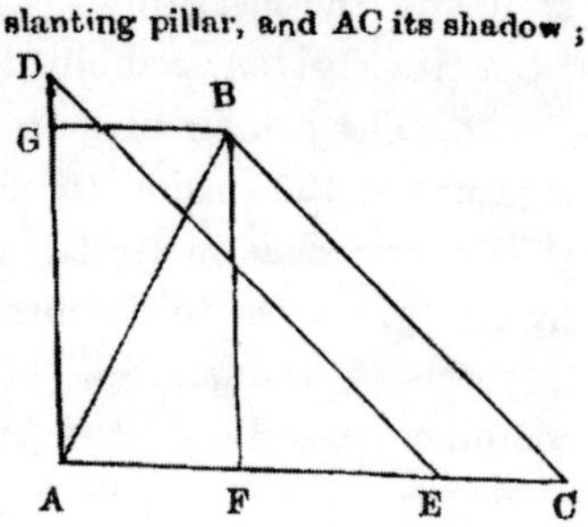

square of the (given) shadow. This (remainder) is to be multiplied by the sum of the square of the human shadow and *one*. (The quantity so arrived at) is to be subtracted from the square of the (given) shadow. The square root of this (resulting remainder) is to be subtracted from the (given) measure of the shadow; and, when (the quantity thus obtained is) divided by (the sum of) *one* and the square of the human shadow, there results exactly the measure of the inclination of the pillar.

An example in illustration thereof.

34. The human shadow (at the time) is twice (the human height). The shadow of a pillar, 13 *hastas* in height, is 29 (*hastas*). What is the measure of the slanting of the pillar here?

(*General Examples*).

35–37½. A certain prince, staying in the interior of a palace, was, (at a certain moment) in the course of a forenoon, desirous of knowing the time elapsed in the course of the day, as also the measure of the human shadow (in terms of the human height). Then, the light of the sun coming through a window at a height of 32 *hastas* in the middle of the eastern wall fell at a place on the western wall at the height of 29 *hastas*. The distance between those two walls is 24 *hastas*. O mathematician, if you have taken pains (to acquaint yourself) with shadow-problems, calculate and give out the measure of the time elapsed then, on that day, and also the measure of the human shadow (at that time in terms of the human height).

38½–39½. At the time when, in the course of a forenoon, the human shadow is twice the human height, what, in relation to a (vertical excavation of) square (section) measuring 10 *hastas* in each dimension, will be the height of the shadow on the western wall caused by the eastern wall (thereof)? O mathematician, give out, if you know, how you may arrive at the value of the shadow that has ascended up (a perpendicular wall).

35–37½. This example bears on the rules given in stanzas 8½ and 23 above.

38½–39½. This example has to be worked out according to the rule given in stanza 21 above.

The rule for arriving at the shadow of a style due to (the light of) a lamp :—

40½. The height of the lamp as diminished by the height of the style is divided by the height of the style. If, by means of the quotient so obtained, the (horizontal) distance between the lamp and the style is divided, the measure of the shadow of the style is arrived at.

An example in illustration thereof.

41½–42. The (horizontal) distance between a style and a lamp is in fact 96 *aṅgulas*. The height of the flame of the lamp (above the floor) is 60 (*aṅgulas*). O you who have gone to the other shore of the ocean of calculation, tell me quickly the measure of the shadow due to the flame of the lamp, in relation to a style which is 12 *aṅgulas* (in height).

The rule for arriving at the (horizontal) distance between the lamp and the style :—

43. The height of the lamp (above the floor) is diminished by the height of the style. The (resulting) quantity is divided by the height of the style. The measure of the shadow of the style, on being multiplied by the quotient so obtained, gives rise to the (horizontal) measure of the intervening distance between the style and the lamp.

An example in illustration thereof.

44. The shadow of the style is 8 *aṅgulas* (in length). The height of the flame of the lamp (above the floor) is 60 (*aṅgulas*).

40½. Algebraically stated the rule is— $s = c \div \frac{b-a}{a}$; where s is the length of the shadow of the style whose height is represented by a, b is the height of the lamp above the ground, and c the horizontal distance between the lamp and the style. The formula may be seen to be correct by means of the diagram here given.

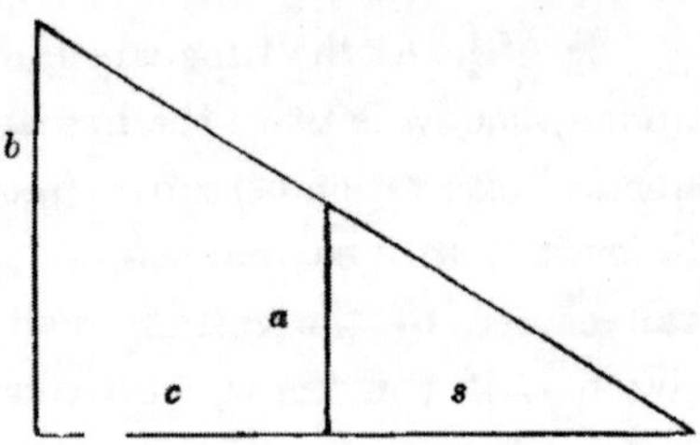

43. Using the same symbols, $c = s \times \frac{b-a}{a}$

44. The given measure of the height of the style is 12 *aṅgulas*, *vide* stanzas 46–47 below.

O you who have gone to the other shore of the ocean of calculation, say what (the measure of) the intervening horizontal distance is between the style and the lamp.

The rule for arriving at the numerical measure of the height of the lamp (above the floor) :—

45. The measure of the (horizontal) distance between the lamp and the style is divided by the shadow of the style. (Then) *one* is added (to the resulting quotient). The quantity so obtained, on being multiplied by the measure of the height of the style, gives rise to the measure of the height of the lamp (above the floor).

An example in illustration thereof.

46–47. The (length of the) shadow of the style is exactly twice (its height). The measure of the intervening (horizontal) distance between the style and the lamp is 200 *aṅgulas*. What is the measure of the height of the lamp (above the floor) in this case ? Here and also in the foregoing example, the measure of the height of the style has to be understood as consisting of 12 *aṅgulas*, and then the way in which the meaning of the rule works out is to be learnt well.

The rule for arriving at the numerical measure of the height of a tree, when the measure (of the length) of the shadow of a man in terms of (his) foot and the measure of the length of the shadow of the tree in terms of the measure of that same foot are known ; as also for arriving at the numerical measure (of the length) of the shadow of the tree in terms of that same foot-measure, when the numerical measure of the height of the tree and the numerical measure (of the length) of the shadow of a man in terms of (his) foot are known :—

48. The measure (of the length) of the shadow of the tree chosen by a person is divided by (the foot-measure of the length

---

45. Similarly, $b = \left(\frac{c}{s} + 1\right) a$.

48. This deals with a converse case of the rule given in the latter half of stanza 12½ above. The relation between the height of a man and his foot-measure is utilized in the statement of the rule as given here.

of) his own shadow, and then it is multiplied by *seven*: this gives rise to the height of the tree. This (height of the tree) divided by *seven* and multiplied by the foot-measure of his shadow surely gives rise to the measure (of the length) of the shadow of the tree exactly.

An example in illustration thereof.

49. The foot-measure (of the length) of one's own shadow is 4. The (length of the) shadow of a tree is 100 in terms of the (same) foot-measure. Say what the height of that tree is in terms of the measure of one's own foot.

An example for arriving at the numerical measure of the shadow of a tree.

50. The measure (of the length) of one's own shadow (at the time) is 4 times the measure of (one's own) foot. The height of a tree is 175 (in terms of such a foot-measure). What is the measure of the shadow of the tree then?

51–52½. After going over (a distance of) 8 *yōjanas* (to the east) of a city, there is a hill of 10 *yōjanas* in height. In the city also there is a hill of 10 *yōjanas* in height. After going over (a distance of) 80 *yōjanas* (from the) eastern hill to the west, there is another hill. Lights on the top of this (last mentioned hill) are seen at nights by the inhabitants of the city. The shadow of the hill lying at the centre of the city touches the base of the eastern hill. Give out quickly, O mathematician, what the height of this (western) hill is.

Thus ends the eighth subject of treatment, known as Calculations relating to shadows, in Sārasaṅgraha, which is a work on arithmetic by Mahāvīrācārya.

SO ENDS THIS SĀRASAṄGRAHA.

51–52½. This example is intended to illustrate the rule given in stanza 45 above.

APPENDIX I.

SANSKRIT WORDS DENOTING NUMBERS WITH THEIR ORDINARY AND NUMERICAL SIGNIFICATIONS.

अक्षि ...	The eye ...	2	Men have two eyes.
अग्नि ...	Fire	3	The number of sacrificial fires is three, viz., गार्हपत्य, आहवनीय, and दक्षिण.
अङ्क ...	Number ...	9	There are only nine numerical figures excluding the zero.
अङ्ग ..	An auxiliary division or department of science.	6	There are six auxiliary departments of study in relation to the Vedas, viz., शिक्षा, कल्प, व्याकरण, निरुक्त, छन्दस्, ज्यौतिष.
अचल ...	A mountain ...	7	Seven principal mountains called *Kulācalas* are recognized in the geography of the Purānas, viz., महेन्द्र, मलय सह्य, शक्तिमत्, ऋक्ष, विन्ध्य, पारियात्र.
अद्रि ...	A mountain ...	7	*Vide* अचल.
अनन्त ...	The sky ...	0	The sky is considered to be void.
अनल ...	Fire	3	*Vide* अग्नि.
अनीक ...	An army ...	8	There are eight kinds of army mentioned in Sanskrit, viz., पत्ति, सेनामुख, गुल्म गण, वाहिनी, पृतना, चमू, अनीकिनी
अन्तरिक्ष ...	The sky ...	0	*Vide* अनन्त.
अब्धि ..	The ocean ...	4	It is held that there are four oceans, viz., eastern, southern, western and northern.
अम्बक ...	The eye	2	*Vide* अक्षि.
अम्बर ...	The sky	0	*Vide* अनन्त.
अम्बोधि ...	The ocean ...	4	*Vide* अब्धि.
अम्भोधि ...	The ocean ...	4	*Vide* अब्धि.

अश्व	A horse	7	The horses of the sun's chariot are supposed to be seven.
अश्विन्	Consisting of horse.	7	*Vide* अश्व.
आकाश	The sky	0	*Vide* अनन्त.
इन	The sun	12	The number of suns is reckoned to be 12 corresponding to the 12 months of a year, viz., धातृ, मित्र, अर्यमन्, रुद्र, वरुण, सूर्य, भग, विवस्वत्, पूषन्, सवितृ, त्वष्टृ and विष्णु. They are called the twelve Âdityas.
इन्दु	The moon	1	We have only one moon.
इन्द्र	The god Indra	14	Fourteen Indras are usually reckoned at the rate of one Indra for each of the fourteen *manvantaras*.
इन्द्रिय	An organ of sense.	5	There are five organs of sense, viz., nose, tongue, eye, skin and ear.
इभ	An elephant	8	Eight elephants are said to guard the eight cardinal points of the world. They are ऐरावत, पुण्डरीक, वामन, कुमुद, अञ्जन, पुष्पदन्त, सार्वभौम, and सुप्रतीक.
इषु	An arrow	5	The arrows of Manmatha or the Indian Cupid are declared to be five, viz. अरविन्द, अशोक, चूत, नवमल्लिका, and नीलोत्पल.
ईक्षण	The eye	2	*Vide* अक्षि.
उदधि	The ocean	4	*Vide* अब्धि.
उपेन्द्र	God Viṣṇu	9	There are said to be nine Viṣṇus corresponding to the nine past incarnations of Viṣṇu.
ऋतु	A season	6	There are, according to Sanskrit literature, six seasons in a year, viz. वसन्त, ग्रीष्म, वर्ष, शरद्, हेमन्त, and शिशिर.
कर	The hand	2	Human beings have two hands.
करणीय	That which has to be done: an act of devotion or austerity.	5	There are 5 *vratas* or austerities to be observed according to the Jaina religion, viz., अहिंसा, सूनृत, अस्तेय, ब्रह्मचर्य, and अपरिग्रह.

करिन् ...	An elephant ...	8	*Vide* इभ.
कर्मन् ...	Action : the effect of action as its *karma*.	8	According to Jainas there are eight kinds of *karma*, viz. ज्ञानावरणीय, दर्शनावरणीय, मोहनीय, अन्तराय, वेदनीय, नामिक, गोत्रिक and आयष्क
कलाधर ...	The moon ...	1	*Vide* इन्दु.
कषाय ...	Attachment to wordly objects.	4	According to the Jaina religion there are four causes for such attachment, viz., क्रोध, मान, माया, लोभ.
कुमारवदन	The faces of Kumāra or the Hindu war-god.	6	This War-god is supposed to have six faces. *Cf.* षण्मुख.
केशव ...	A name of Viṣṇu.	9	*Vide* उपेन्द्र.
क्षपाकर ...	The moon ...	1	*Vide* इन्दु.
ख ...	Sky	0	*Vide* अनन्त.
खर ...	......	6	
गगन ...	Sky	0	*Vide* अनन्त.
गज ...	Elephant ...	8	*Vide* इभ.
गति ...	Passage : passage into re-birth.	4	According to the Jaina religion souls may have four kinds of embodiment, viz., as देव, तिर्यक्, मनुष्य, नरक.
गिरि ...	Mountain ...	7	*Vide* अचल.
गुण ...	Quality ...	3	Primordial matter is said to have three 'qualities', viz., सत्त्व, रजस्, तमस्.
ग्रह ...	A planet ...	9	Nine planets are recognised in Hindu astronomy, viz., Mars, Mercury, Jupiter, Venus, Saturn, Rāhu, Ketu the Sun and the Moon.
चक्षुस् ...	The eye ...	2	*Vide* अक्षि.
चन्द्र ...	The moon ...	1	*Vide* इन्दु.
चन्द्रमस ...	The moon ...	1	*Vide* इन्दु.
जलधरपथ	Sky	0	*Vide* अनन्त.
जलधि ...	Ocean	4	*Vide* अब्धि.
जलनिधि ..	Ocean	4	*Vide* अब्धि.

जिन	... Name of a Jaina saint.	24	According to the Jainas there are 24 *tīrthaṅkaras* or saints.
ज्वलन	... Fire	3	*Vide* अग्नि.
तत्त्व	... Elementary principles.	7	The Jainas recognise seven such principles, viz., जीव, अजीव, आस्रव, बन्ध, संवर, निर्जर, मोक्ष.
तनु	... Body	8	Śiva is considered to have his body made up of eight things, viz., पृथिवी, अप्, तेजस्, वायु, आकाश, सूर्य, चन्द्र, यजमान.
तर्क	... Evidence ...	6	The six kinds of evidence are प्रत्यक्ष, अनुमान, उपमान, शब्द, अर्थापत्ति, and अनुपलब्धि.
तार्क्ष्यध्वज.	Viṣṇu	9	*Vide* उपेन्द्र.
तीर्थक	... Tīrthaṅkara or Jina.	24	*Vide* जिन.
दन्तिन्	... An elephant ...	8	*Vide* इभ.
दुरित	... Worldly action ...	8	*Vide* कर्मन्.
दुर्गा	... Name of a manifestation of Pārvatī or Durgā.	9	Nine separate manifestations of Durgā are recognized.
दिक्	... Quarter or a cardinal point of the universe.	8	There are eight cardinal points of the universe.
दिक्	... Do.	10	Ten directions are recognized, namely the eight cardinal points of the universe, the upward and the downward directions.
दिव्	... Sky	0	*Vide* अनन्त.
दृक्	... The eye ...	2	*Vide* अक्षि.
दृष्टि	... The eye	2	*Vide* आक्षि.
द्रव्य	... Elementary substance.	6	According to the Jainas there are six varieties of elementary substance, viz., जीव, धर्म, अधर्म, पदुल, काल, आकाश.

द्विप ...	An elephant ...	8	*Vide* इभ.
द्विरद ...	An elephant ...	8	*Vide* इभ.
द्वीप ...	A Puranic insular division of the terrestrial world.	7	There are seven such divisions, viz., जम्बू, प्लक्ष, शाल्मली, कुश, क्रौञ्च, शाक, पौष्कर.
धातु ...	Constituent principles of the body.	7	These are said to be seven, viz., chyle, blood, flesh, fat, bone, marrow, semen.
धृति ...	Name of a kind of metre.	18	Each line of a stanza in this metre contains 18 syllables.
नग ...	Mountain ...	7	*Vide* अचल.
नन्द ...	Name of a dynasty of kings.	9	Nine Nanda kings are said to have reigned in Magadha.
नभस् ...	Sky	0	*Vide* अनन्त.
नय ...	Method of comprehending things from particular stand-points.	2	According to Jainas there are two Nayas : द्रव्यार्थिकनय and पर्यायार्थिकनय
नयन ...	The eye ...	2	*Vide* अक्षि.
नाग ...	An elephant ...	8	*Vide* इभ.
निधि ...	Treasure ...	9	Nine famous treasures are said to belong to Kubera, the god of wealth, viz., पद्म, महापद्म, शङ्ख, मकर, कच्छप, मुकुन्द, कुन्द, नील, खर्व.
नेत्र ...	The eye ...	2	*Vide* अक्षि.
पदार्थ ...	Category of things.	9	The Jainas recognize nine categories of things.
पन्नग ...	The serpent ...	7	Sometimes eight and sometimes seven principal serpents are reckoned in Hindu mythology.
पयोधि ...	Ocean	4	*Vide* अब्धि.
पयोनिधि...	Ocean	4	*Vide* अब्धि.
पावक ...	Fire	3	*Vide* अग्नि.

पुर ...	City	3	Three cities representing three Asuras are said in the Purāṇas to have caused great havoc to the gods, and Śiva is said to have destroyed them. *Cf.* त्रिपुरान्तक.
पुष्करिन् ...	Elephant ..	8	*Vide* इभ.
प्रालेयांशु ...	The moon ...	1	*Vide* इन्दु.
बन्ध ...	Bondage ...	4	The Jainas recognize four kinds of spiritual bondage, viz., प्रकृति, स्थिति, अनुभाव and प्रदेश.
बाण ...	Arrow	5	*Vide* इषु.
भ ...	A constellation	27	The Hindu astronomers count 27 chief stelllar constellations or lunar mansions around the ecliptic.
भय ...	Fear	7	
भाव ...	Elements ...	5	Five elements are recognized, viz., पृथिवी, अप्, तेजस्, वायु, आकाश.
भास्कर ...	The sun ...	12	*Vide* इन.
भुवन ...	The world ...	3	The number of worlds ordinarily counted are three, viz., the upper, the lower and the middle worlds.
भूत ...	Element ...	5	*Vide* भाव.
भूध्र ...	Mountain ...	7	*Vide* अचल.
मद ...	Passion ...	8	
महीध्र ...	Mountain ...	7	*Vide* अचल.
मातृका ..	A goddess ...	7	Generally seven of these goddesses are enumerated.
मुनि ...	Sage	7	Seven chief sages are usually mentioned; they are, कश्यप, अत्रि, भरद्वाज, विश्वामित्र, गौतम, जमदग्नि, वसिष्ठ.
मृगाङ्क ...	The moon ...	1	*Vide* इन्दु.
मृड ...	A name of Śiva or Rudra.	11	It is held that there are eleven Rudras.
यति ...	Sage	7	*Vide* मुनि.
रजनीकर ...	The moon ...	1	*Vide* इन्दु.

रत्न ...	Excellent thing...	3	There are three excellent things for Jainas, viz., सम्यग्दर्शन, सम्यग्ज्ञान, सम्यक्चारित्र.
रत्न' ...	A precious gem...	9	Nine gems are usually recokned, viz., वज्र, वैडूर्य, गोमेद, पुष्पराग, पद्मराग, मरतक, नील, मुक्ता, प्रवाल.
रन्ध्र' ...	Opening ...	9	There are nine chief openings in the human body.
रस ...	Taste	6	The six principal tastes are मधुर, अम्ल, लवण, कटुक, तिक्त, कषाय.
रुद्र ...	Name of a deity	11	*Vide* मृड.
रूप ...	Form or shape ...	1	Everything has its one only shape.
लब्ध ...	Attainment; attainment of the nine powers.	9	The nine powers to be attained are अनन्तदर्शन, अनन्तज्ञान, क्षायकसम्य, क्त्व-क्षायकचारित्र, अनन्तदान, अनन्तलाभ, अनन्तभोग, अनन्तोपभोग and अनन्तवीर्य.
लब्धि ...	Attainment ..	9	*Vide* लब्ध.
लेश्य ...	......	6	
लोक ...	World	3	*Vide* भुवन.
लोचन ...	The eye ...	2	*Vide* अक्षि.
वर्ण ...	......	6	
वसु ...	A class of Vedic deities.	8	These deities are considered to be eight in number.
वह्नि' ...	Fire	3	*Vide* अग्नि.
वारण ...	Elephant ...	8	*Vide* इभ.
वार्धि ...	Ocean	4	*Vide* अब्धि.
विधु ...	The moon ...	1	*Vide* इन्दु.
विषाधि ...	Ocean	4	*Vide* अब्धि.
विषनिधि ...	Ocean	4	*Vide* अब्धि.
विषय ...	Object of sense...	5	The objects cognizable by the five organs of sense are five, viz., गन्ध, रस, रूप, स्पर्श, शब्द.
वियत् ...	Sky	0	*Vide* अनन्त.

विश्व ...	A group of Vedic deities.	13	This group of deities is said to consist of 13 members.
विष्णुपाद ...	Sky	0	*Vide* अनन्त.
वेद ...	The Vedas ...	4	There are four Vedas, ऋक्, यजुस्, साम, अथर्व.
वैश्वानर ...	Fire	3	*Vide* अग्नि.
व्यसन	An unwholesome addiction.	7	Seven such addictions are prohibited in the case of kings.
व्योम ...	Sky	0	*Vide* अनन्त.
व्रत ...	Act of devotion or austerity.	5	*Vide* करणीय.
शङ्कर ...	Name of Rudra...	11	*Vide* मृड.
शर ...	Arrow	5	*Vide* इषु.
शशधर ...	The moon ...	1	*Vide* इन्दु.
शशलाञ्छन	The moon ...	1	*Vide* इन्दु.
शशाङ्क ..	The moon ...	1	*Vide* इन्दु.
शशिन् ...	The moon ...	1	*Vide* इन्दु.
शस्त्र ...	Arrow	5	*Vide* इषु.
शिखिन् ..	Fire	3	*Vide* अग्नि.
शिलीमुखपद	The legs of a bee.	6	The legs of a bee are held to be six.
शैल ...	Mountain		*Vide* अचल.
श्वेत ...	......	1	
सलिलाकर	Ocean	4	*Vide* अब्धि.
सागर ...	Ocean	4	*Vide* अब्धि.
सायक ...	Arrow	5	*Vide* इषु.
सिन्धुर ...	Elephant ...	8	*Vide* इभ.
सूर्य ...	The sun	12	*Vide* इन.
सोम ...	The moon ...	4	*Vide* इन्दु.
स्तम्बेरम ...	Elephant ...	8	*Vide* इभ.
स्वर ...	A note of the musical scale.	7	Seven notes are recognised in the Hindu musical scale, *viz.*, स, रि, ग, म, प, ध, नि.

हय ...	Horse	7	*Vide* अश्व.
हर ...	Name of Rudra ...	11	*Vide* मृड.
हरनेत्र ...	Siva's eyes ...	3	Śiva is said to have one extra eye in the middle of the forehead making up three in all.
हुतवह ...	Fire	3	*Vide* अग्नि.
हुताशन ...	Fire	3	*Vide* अग्नि.
हिमकर ...	The moon ...	1	*Vide* इन्दु.
हिमगु ...	The moon ...	1	*Vide* इन्दु.
हिमांशु ...	The moon ...	1	*Vide* इन्दु.

APPENDIX II.

SANSKRIT WORDS USED IN THE TRANSLATION AND THEIR EXPLANATION.

Ābādhā ... ... Segment of a straight line forming the base of a triangle or a quadrilateral.

Āḍhaka ... ... A measure of grain. *Vide* Table 3, Appendix IV.

Ádhvan ... ... The vertical space required for presenting the long and the short syllables of all the possible varieties of metre with any given number of syllables, the space required for the symbol of a short or a long syllable being one *aṅgula* and the intervening space between each variety being also an *aṅgula*. *See* note to VI—333½ to 336½.

Ādidhana ... ... Each term of a series in arithmetical progression is conceived to consist of the sum of the first term and a multiple of the common difference. The sum of all the first terms is called the *Ādidhana*. *See* note to II—63 and 64.

Ādimiśradhana .. ... The sum of a series in arithmetical progression combined with the first term thereof. *See* note to II—80 to 82.

Agaru ... ... A kind of fragrant wood ; *Amyris agallocha*.

Amla-vētasa ... ... A kind of sorrel ; *Rumex vesicarius*.

Amōghavarṣa ... ... Name of a king ; *lit* : one who showers down truly useful rain.

Aṁśa ... ... A measure of weight in relation to metals. *See* Table 6, Appendix IV.

Aṁśamūla ... ... Square root of a fractional part. *See* note to IV—3.

Aṁśavarga ... ... Square of a fractional part. *See* note to IV—3.

Aṅga-Śāstra .. ... An auxiliary science.

Aṅgula ... ... A measure of length ; finger measure. *See* I—25 to 29 also Table 1, Appendix IV.

Antarāvalambaka ... ... Inner perpendicular ; the measure of a string suspended from the point of intersection of two strings stretched from the top of two pillars to a point in the line passing through the bottom of both the pillars.

'Antyadhana	The last term of a series in arithmetical or geometrical progression.
Aṇu	Atom or particle. *See* stanzas 25 to 27, Chapter I and Table 1, Appendix IV.
Ariṣṭanēmi	Name of a Jaina saint ; one of the 24 *Tīrthaṅkaras.*
Arbuda	Name of the eleventh place in notation.
Arjuna	Name of a tree ; *Terminalia Arjuna,* W. & A.
Asita	Name of a tree ; *Grislea Tomentosa.*
Aśōka	Name of a tree ; *Jonesia Asoka Roxb.*
Auṇḍra—Auṇḍraphala ...	A kind of approximate measure of the cubical contents of an excavation or of a solid. *See* note to VIII–2. This kind of approximate measure is called Auttra by Brahmagupta.
Āvali	A measure of time. *Vide* Table 2, Appendix IV.
Ayana	Do. do.
Bīja	Literally seed ; here it is used to denote a set of two positive integers with the aid of the product and the squares whereof, as forming the measure of the sides, a right angled triangle may be constructed. *Vide* note to VII—20½.
Bhāga	A measure of baser metals. *Vide* Table 6, Appendix. IV.
	A simple fraction.
	A variety of miscellaneous problems on fractions. *See* note to IV—3.
Bhāgabhāga	A complex fraction.
Bhāgābhyāsa	A variety of miscellaneous problems on fractions. *See* note to IV—3.
Bhāgahāra...	Division.
Bhāgamātṛ	Fractions consisting of two or more of the varieties of *Bhāga, Prabhāga, Bhāgabhāga, Bhāgānubandha,* and *Bhāgāpavāha* fractions. *See* note to III—138.
Bhāgānubandha	Fractions in association. *Vide* note to III—113.
Bhāgāpavāha	Dissociated fractions. *See* note to III—126.
Bhāgasaṁvarga	A variety of miscellaneous problems on fractions. *See* note to IV—3.
Bhājya	The middle one of the three places forming the cube root group ; that which has to be divided. *See* note to II—53 and 54.
Bhāra	A measure of baser metals. *Vide* Table 6, Appendix IV.
Bhinnadṛśya	A variety of miscellaneous problems on fractions. *See* note to IV—3.

Bhinnakuṭṭīkāra ... ... Proportionate distribution involving fractional quantities. See footnote in page 125.

Cakrikābhañjana ... ... The destroyer of the cycle of recurring rebirths; also the name of a king of the Rāṣṭrakūṭa dynasty.

Campaka ... ... Name of a tree bearing a yellow fragrant flower *Michelia Champaka.*

Chandas ... ... A syllabic metre.

Citi .. .. Summation of series.

Citra-kuṭṭīkāra ... ... Curious and interesting problems involving proportionate division.

Citra-kuṭṭīkāramiśra ... Mixed problems of a curious and interesting nature involving the application of the operation of proportionate division.

Daṇḍa ... . A measure of distance. *Vide* Table 1 of Appendix IV.

Daśa ... ... Tenth place.

Daśa-kōṭi ... ... Ten crore.

Daśa-lakṣa ... ... Ten lakhs or one million.

Daśasahasra ... ... Ten thousand.

Dharaṇa ... ... A weight measure of gold or silver; *Vide* Tables 4 and 5 of Appendix IV.

Dīnāra ... . A weight measure of baser metals. *Vide* Table 6 of Appendix IV. Also used as the name of a coin.

Drakṣūṇa ... ... A weight measure of baser metals. *Vide* table 6 of Appendix IV.

Drōṇa ... ... A measure of capacity in relation to grain. *Vide* Table 3 of Appendix IV.

Duṇḍuka ... . Name of a tree.

Dviragraśēṣamūla ... A variety of miscellaneous problems on fractions.

Eka ... ... Unit place.

Gaṇḍaka ... ... A weight measure of gold. *Vide* Table 4, Appendix IV.

Ghana ... ... Cubing; the first figure on the right, among the three digits forming a group of figures into which a numerical quantity whose cube root is to be found out has to be divided. *See* note to II—53, 54.

Ghanamūla ... ... Cube root.

Ghaṭī ... ... A measure of time. *Vide* table 2 of Appendix IV.

Guṇakāra ... . Multiplication.

Guṇadhana ... ... The product of the common ratio taken as many times as the number of terms in a geometrically progressive series multiplied by the first term. *See* note to II—93.

Guñjā ... ... A weight measure of gold or silver. *Vide* Tables 4 and 5 of Appendix IV.

Hasta ... .. A measure of length. *Vide* Table 1 of Appendix IV.

Hintāla ... ... Name of a tree; *Phœnix* or *Elate Paludosa.*

Icchā ... .. . That quantity in a problem on Rule-of-Three in relation to which something is required to be found out according to the given rate.

Indranīla .. .. Sapphire.

Jambū ... . Name of a tree; *Eugenia Jambalona.*

Janya ... ... Trilateral and quadrilateral figures that may be derived out of certain given data called *bījas.*

Jinas ... ... The great teachers of the Jaina religion; the Jaina *Tīrthaṅkaras.*

Jinapati ... ... The Chief of the Jinas, Vardhamāna.

Jina-śānti ... ... Name of a Jaina saint; a *Tīrthaṅkara.*

Jina-Vardhamāna ... ... Vardhamāna, the great propagator of the Jaina religion and the last of the *Tīrthaṅkaras.*

Kadamba ... . Name of a tree; *Nauclea Cadamba.*

Kalā ... ... A weight measure of baser metals. *Vide* Table 6, Appendix IV.

Kalāsavarṇa ... ... Fraction. *See* footnote on page 38.

Karmas ... ... Consequence of acts done in previous births. According to Jainas the *Karmas* are of eight kinds. *See* under कर्म in Appendix I.

Karmāntika ... ... A kind of approximate measure of the cubical contents of an excavation or of a solid. *See* note to Chapter VIII—9.

Karṣa ... ... A weight measure of gold or silver. *Vide* Tables 4 and 5, Appendix IV.

Kārṣāpaṇa ... ... A *Karṣa.*

Kētakī ... ... Name of a tree; *Pandanus Odoratissimus.*

Khārī ... ... A measure of capacity in relation to grain.

Kharva ... ... The 13th place in notation.

Kiṣku ... ... A measure of length in relation to the sawing of wood.

Kōṭi ... ... Crore, the 8th place in notation.

Kōṭikā ... ... A numerical measure of cloths, jewels and canes. *Vide* Table 7, Appendix IV.

Krōśa ... ... A measure of length. *Vide* Table 1 of Appendix IV.

Kṛṣṇāgaru ... ... A kind of fragrant wood; a black variety of *Agallochum.*

Kṛti ... ... Squaring.

Kṣēpapada ... .. Half of the difference between twice the first term and the common difference in a series in arithmetical progression.

Kṣityā ... ... The 21st place in notation.

Kṣōbha ... ... The 23rd place in notation.

Kṣōṇī ... ... The 17th place in notation.

Kuḍaha or *Kuḍaba* ... A measure of capacity in relation to grain. *Vide* Table 3 of Appendix IV.

Kumbha ... ... Do. do.

Kuṅkuma ... ... The pollen and filaments of the flowers of saffron, *Crocus sativus.*

Kuravaka ... ... Name of a tree; the *Amaranth* or the *Barleria.*

Kuṭaja ... ... Name of a tree; *Wrightia Antidysenterica.*

Kuṭṭikāra ... ... Proportionate division. *See* VI–79½.

Lābha ... . Quotient or share.

Lakṣa ... ... Lakh, the 6th place in notation.

Laṅkā ... ... The place where the meridian passing through Ujjain meets the equator.

Lava ... ... A measure of time. *Vide* Table 2 of Appendix IV.

Madhuka ... ... Name of a tree, *Bassia Latifolia.*

Madhyadhana ... ... The middle term of a series in arithmetical progression. *See* note to II—63.

Mahākharva ... ... The 14th place in notation.

Mahākṣityā ... ... The 22nd place in notation.

Mahākṣōbha ... ... The 24th place in notation.

Mahākṣoṇī ... ... The 18th place in notation.

Mahāpadma ... ... The 16th place in notation.

Mahāśaṅkha ... ... The 20th place in notation.

Mahāvīra ... ... A name of Vardhamāna.

Mānī ... ... A measure of capacity in relation to grain. *Vide* Table 3 of Appendix IV.

Mardala ... ... A kind of drum; for a longitudinal section, *see* note to VII—32.

Mārga ... . Section; the line along which a piece of wood is cut by a saw.

Māṣa ... ... A weight measure of silver. *See* Tables 5, Appendix IV.

Mēru ... ... Name of a fabulous mountain forming the centre of Jambūdvīpa, all planets revolving round it.

Miśradhana ... ... Mixed sum. *See* note to II—80 to 82.

Mṛdaṅga ... ... A kind of drum; for a longitudinal section, *see* note to VIII—32.

Muhūrta .. .. A measure of time. *Vide* Table 2, Appendix IV.

Mukha ... . The topside of a quadrilateral.

Mūla ... ... Square root; a variety of miscellaneous problems on fractions. *Vide* note to IV—3.

Mūlamiśra ... ... Involving square root; a variety of miscellaneous problems on fractions. *Vide* note to IV—3.

Muraja	A kind of drum; same as *Mṛdaṅga*
Nandyāvarta	Name of a palace built in a particular form. *See* note to VI—332½.
Narapāla	King; probably name of a king.
Nīlotpala	Blue water-lily.
Niruddha	Least common multiple.
Niṣka	A golden coin.
Nyarbuda	The 12th place in notation.
Pāda	A measure of length. *Vide* Table 1, Appendix IV.
Padma	The 15th place in notation.
Padmarāga	A kind of gem or precious stone.
Paiśācika	Relating to the devil; hence very difficult or complex.
Pakṣa	A measure of time. *Vide* Table 2 of Appendix IV.
Paal	A weight measure of gold, silver and other metals. *Vide* Tables 4, 5, 6 of Appendix IV.
Paṇa	A weight measure of gold; *vide* table 4 of Appendix IV; also a golden coin.
Paṇava	A kind of drum; for longitudinal section *see* note to VII—32.
Paramāṇu	Smallest particle. *Vide* Table 1, Appendix IV.
Parikarman ...	Arithmetical operation.
Pārśva	A Jaina saint; one of the *Tīrthaṅkaras*.
Pāṭalī	A tree with sweet-scented blossoms; *Bignonia Suaveolens*.
Paṭṭikā	A measure of saw-work. *Vide* Table 10, Appendix IV; also note to VIII—63 to 67½.
Phala	A given quantity corresponding to what has to be found out in a problem on the Rule-of-Three. *See* note to V—2.
Plakṣa	Name of a tree; the waved-leaf fig-tree, *Ficus Infectoria* or *Religiosa*.
Prabhāga	Fraction of a fraction.
Prakīrṇaka...	Miscellaneous problems.
Prakṣēpaka	Proportionate distribution.
Prakṣēpaka-karaṇa ...	An operation of proportionate distribution.
Pramāṇa	A measure of length. *Vide* Table 1 of Appendix IV. The given quantity corresponding to *Icchā*, in a problem on Rule-of-Three. *See* note to V—2.
Prapūraṇikā	Literally, that which completes or fills; here, baser metals mixed with gold; dross.
Prastha	A measure of capacity in relation to grain. *Vide* Tables 3 and 6, Appendix IV.
Pratyutpanna	Multiplication.

Pravartikā	A measure of capacity in relation to grain.
Punnāga	Name of a tree; *Rottleria Tinctoria.*
Purāṇa	A weight measure of silver. *Vide* Table 5, Appendix IV; probably also a coin.
Puṣyarāga	A kind of gem or precious stone.
Ratharēṇu	A particle. *Vide* Table 1, Appendix IV.
Rōmakāpurī	A place 90° to the west of Laṅka.
Ṛtu	Season, here used as a measure of time. *Vide* Table 2, Appendix IV.
Sahasra	Thousand.
Śaka	The teak tree.
Sakalakuṭṭīkāra	Proportionate distribution, in which fractions are not involved.
Sāla	The *sal* tree; *Shorea Robusta or Valeria Robusta.*
Sallakī	Name of a tree; *Boswellia Thurifera.*
Samaya	A measure of time. *Vide* Table 2, Appendix IV.
Saṅkalita	Summation of series.
Śaṅkha	The 19th place in notation.
Saṅkramaṇa	An operation involving the halves of the sum and the difference of any two quantities. *See* note to VI—2.
Saṅkrānti	The passage of the sun from one zodiacal sign to another.
Śānti	Name of a Jaina saint. *See Jina-Śānti.*
Sarala	Name of a tree; *Pinus Longifolia.*
Sārasa	A kind of bird.
Sārasaṅgraha	Literally, a brief exposition of the essentials or principles of a subject; here, the name of this work on arithmetic.
Sarja	Name of a tree; same as the *sal* tree.
Sarvadhana	The sum of a series in arithmetical progression. *See* note to II—63 and 64.
Śata	A hundred.
Śatakōṭi	A hundred crores.
Satēra	A weight measure of baser metals. *Vide* Table 6, Appendix IV.
Śēṣa	The terms that remain in a series after a portion of it from the beginning is taken away. *See* note on page 34.
	A variety of miscellaneous problems on fractions. *See* note to IV—8.
Śēṣamūla	A variety of miscellaneous problems on fractions. *See* note to IV—8.
Siddhapurī	The antipodes of *Laṅkā.*

Siddhas ... ... Those who have attained to the highest position in regard to spiritual knowledge.

Ṣōḍaśikā ... ... A measure of capacity in relation to grain. *Vide* Table 3 of Appendix IV.

Śōdhya ... ... One of the three figures of a cubic root group. *See* note to II—53 and 54.

Śrāvaka ... . A lay follower of Jainism.

Śrīparṇī ... ... Name of a tree; *Premna Spinosa.*

Stōka ... ... A measure of time. *Vide* Table 2, Appendix IV.

Sūkṣmaphala ... ... Accurate measure of the area or of the cubical contents.

Suvarṇa-kuṭṭīkāra... .. Proportionate distribution as applied to problems relating to gold.

Suvrata ... ... Name of a Jaina saint; one of the *Tīrthaṅkaras.*

Svarṇa ... . A gold coin.

Syādvāda ... ... The argument of 'may be.' *See* footnote on page 2.

Tamāla ... ... Name of a tree; *Xanthochymus Pictorius.*

Tilaka ... ... Name of a tree with beautiful flowers.

Tīrtha ... ... Ford. *See* note to VI—1.

Tīrthaṅkaras ... ... The 24 famous Jaina saints and teachers. *See* note to VI—1.

Trasarēṇu ... ... A particle. *Vide* Table 1, Appendix IV.

Tripraśna ... ... Name of a chapter in Sanskrit astronomical works. *See* footnote on page 2.

Tulā ... . A weight measure of baser metals.

Ubhayaniṣēdha ... ... A di-deficient quadrilateral. *See* note to VII—37.

Ucchvāsa ... ... A measure of time. *Vide* Table 2, Appendix IV.

Utpala ... ... The water-lily flower.

Uttaradhana ... ... The sum of all the multiples of the common difference found in a series in arithmetical progression. *See* note to II—63 and 64.

Uttaramiśradhana .. A mixed sum obtained by adding together the common difference of a series in arithmetical progression and the sum thereof. *See* note to II—80 to 82.

Vāha ... ... A measure of capacity in relation to grain.

Vajra ... ... A weapon of Indra; for longitudinal section *see* note to Chapter VII—32.

Vajrāpavartana ... ... Cross reduction in multiplication of fractions. *See* note to III—2.

Vakula ... . Name of a tree; *Mimusops Elengi.*

Vallikā ... ...
Vallikākuṭṭīkāra ... ... } Proportionate distribution based on a creeper-like chain of figures. *See* note to VI—115½.

Vardhamāna ... ... Name of the chief of the Jinas; vide *Jina-Vardhamāna.*

Vargamūla ... ... Square root.

Varṇa ... ... Literally colour; here denotes the proportion of pure gold in any given piece of gold, pure gold being taken to be of 16 *varṇas.*

Vicitra-kuṭṭīkāra ... ... Curious and interesting problems involving proportionate division.

Vidyādhara-nagara ... A rectangular town is what seems to be intended here.

Viṣamakuṭṭīkāra ... ... Proportionate distribution involving fractional quantities. *Vide* footnote on p. 125.

Viṣamasaṅkramaṇa ... An operation involving the halves of the sum and the difference of the two quantities represented by the divisor and the quotient of any two given quantities. *See* note to VI—2.

Vitasti ... ... A measure of length. *Vide* Table 1 of Appendix IV.

Vṛṣabha ... ... Name of a Jaina saint; one of the *Tīrthaṅkaras.*

Vyavahārāṅgula ... ... A measure of length. *Vide* Table 1 of Appendix IV.

Vyutkalita ... ... Subtraction of part of a series from the whole series in arithmetical progression. *See* note on page 34.

Yava .. .. A kind of grain; a measure of length. *Vide* Table 1, Appendix IV.

Longitudinal section of a grain; for diagram *see* note to VII—32.

Yavakōṭi ... ... A place 90° to the East of Laṅkā.

Yōga ... ... Penance; practice of meditation and mental concentration.

Yōjana ... . A measure of length. *Vide* Table 1, Appendix VI.

APPENDIX III.

ANSWERS TO PROBLEMS.

CHAPTER II.

(2) 1152 lotuses.

(3) 2592 gems.

(4) 15151 gems.

(5) 53946 lotuses.

(6) 9255327948 lotuses.

(7) 12345654321.

(8) 43046721.

(9) 1419147.

(10) 111111111.

(11) 11000011000011.

(12) 100010001.

(13) 1000000001.

(14) 111111111; 222222222; 333333333; 444444444; 555555555; 666666666; 777777777; 888888888; 999999999.

(15) 11111111.

(16) 16777216.

(17) 1002002001.

(20) 128 *Dīnāras.*

(21) 73 pieces of gold.

(22) 131 *Dīnāras.*

(23) 179 pieces of gold.

(24) 803 fruits.

(25) 173 fruits.

(26) 4029 gems.

(27) 27994681 gold pieces.

(28) 2191 gems.

(32) 1; 4; 9; 16; 25; 36; 49; 64; 81; 225; 256; 625; 1296; 5625.

(33) 114244; 21724921; 65536.

(34) 4294967296; 152399025; 11108889.

(35) 40793769; 50908225; 1044484.

(37) 1; 2; 3; 4; 5; 6; 7; 8; 9; 16; 24.

(38) 81; 256.

(39) 65536; 789.

(40) 7979; 1331.

(41) 36; 25;

(42) 333; 111; 919.

(48) 1; 8; 27; 64; 125; 216; 343; 512; 729; 3375; 15625; 46656; 456533; 884736.

(49) 1030301; 5088448; 137388096; 368601813; 2427715584.

(50) 9663597; 77308776; 260917119; 618470208; 1207949625.

(51) 4741632; 37933056; 128024064; 303464448; 592704000; 1024192512; 1626379776; 2427715584.

(52) 859011369945948864.

(55) 1; 2; 3; 4; 5; 6; 7; 8; 9; 17; 123.

(56) 24; 333; 852.

(57) 6464; 4242.

(58) 426; 639.

(59) 1344; 1176.

(60) 950604.

(65) 55; 110; 165; 220; 275; 330; 385; 440; 495; 550.

(66) 40.

(67) 564; 754; 980; 1245; 1552; 1904; 2304.

(68) 4000000.

(71) 5; 8; 15.

(72) 9; 10.

(77) 2; 2.

(79) 2; 520; 10; when the chosen numbers are 2 and 10.

(83) 2; 3; 5: 2; 3; 5.

(85) 120; 24; when the sum of the required series is twice the known sum: 30; 60; when the sum of the required series is half of the known sum.

(87) 46; 4; when the sums are equal: 36; 24; when one of the sums is twice the other: 44; 26; when one of the sums is thrice the other.

(88) 100; 216; when the sums are equal: 232; 192; when one of the sums is twice the other: 34; 228; when one of the sums is half of the other.

(90) 21; 17; 13; 9; 5; 1: 25; 17; 9; 1.

(92) 6; 5; 4; 3; 2; 1.

(96) 4374 coins.

(99) 1275 *dīnāras.*

(100) 68887; 22888183593.

(102) 4; 2.

(104) 4.

(105) 8; 9; 15.

(111) 224; 201; 175; 244; 261.

(112) 4836; 4656; 4200; 75250.

(113) 182938; 5846.

(114) 180; 112; 60; 40.

(115) 4092; 2044; 1020; 508; 252; 124; 60.

CHAPTER III.

(3) $\frac{1}{6}$ *paṇa.*

(4) $1\frac{1}{20}$ *paṇas.*

(5) $2\frac{7}{10}$ *paṇas.*

(6) $2\frac{1}{4}$ *palas.*

(7) $\frac{8}{15}$; $\frac{16}{21}$; $\frac{120}{143}$; $\frac{224}{255}$; $\frac{120}{133}$.

(9) $\frac{3}{2}$ *paṇas.*

(10) $17\frac{1}{3}$ *paṇas.*

(11) $14\frac{9}{14}$ *palas.*

(12) $\frac{8}{9}$; $\frac{24}{25}$; $\frac{48}{49}$; $\frac{80}{81}$.

(14) $\frac{25}{4}$; $\frac{49}{4}$; $\frac{81}{4}$; $\frac{256}{9}$; $\frac{400}{9}$; $\frac{10000}{9}$; $\frac{40000}{9}$.

(15) $\frac{9}{4}$; $\frac{25}{9}$; $\frac{49}{16}$; $\frac{81}{25}$; $\frac{121}{36}$; $\frac{169}{49}$; $\frac{225}{64}$; $\frac{289}{81}$; $\frac{361}{100}$; $\frac{441}{121}$; $\frac{529}{144}$; $\frac{625}{169}$.

(16) $\frac{1}{2}$; $\frac{1}{3}$; $\frac{1}{4}$; $\frac{1}{5}$; $\frac{1}{6}$.

(17) See examples 14 and 15 in this chapter; $\frac{26}{5}$.

(18) $\frac{1}{8}$; $\frac{1}{27}$; $\frac{1}{64}$; $\frac{1}{125}$; $\frac{1}{216}$; $\frac{1}{343}$; $\frac{1}{512}$; $\frac{1}{729}$.

(19) $\frac{27}{8}$; $\frac{343}{64}$; $\frac{1331}{216}$; $\frac{3375}{512}$; $\frac{6859}{1000}$; $\frac{12167}{1728}$; $\frac{19683}{2744}$; $\frac{29791}{4096}$; $\frac{42875}{5832}$; $\frac{59319}{8000}$.

(20) $\frac{5}{2}$; $\frac{9}{2}$.

(21) $\frac{1}{2}$; $\frac{1}{3}$; $\frac{1}{4}$; $\frac{1}{5}$; $\frac{1}{6}$; $\frac{1}{7}$; $\frac{1}{8}$; $\frac{1}{9}$; $\frac{3}{2}$; $\frac{7}{4}$; $\frac{11}{6}$; $\frac{15}{8}$; $\frac{19}{10}$; $\frac{23}{12}$; $\frac{27}{14}$; $\frac{31}{16}$; $\frac{35}{18}$; $\frac{39}{20}$; $\frac{13}{3}$.

(23) $\frac{31}{64}$; $\frac{11}{60}$.

(24) $\frac{69}{160}$; $\frac{20}{49}$; $\frac{35}{88}$; $\frac{927}{2366}$; $\frac{3377}{8704}$; $\frac{1391}{3610}$; $\frac{8535}{22264}$.

(26) In each of the series the first term is 1, and the common difference is 2. The squares of the sums are $\frac{4}{9}$, $\frac{9}{16}$, $\frac{16}{25}$, $\frac{25}{36}$, $\frac{36}{49}$, $\frac{49}{64}$, $\frac{64}{81}$, $\frac{81}{100}$, $\frac{100}{121}$, $\frac{121}{144}$. The cubes of the sums are $\frac{8}{27}$, $\frac{27}{64}$, $\frac{64}{125}$, $\frac{125}{216}$, $\frac{216}{343}$, $\frac{343}{512}$, $\frac{512}{729}$, $\frac{729}{1000}$, $\frac{1000}{1331}$, $\frac{1331}{1728}$.

(28) The cubic sums are $\frac{8}{27}$, $\frac{27}{64}$, $\frac{64}{125}$, $\frac{125}{216}$, $\frac{216}{343}$; the first terms are $\frac{1}{6}$, $\frac{3}{16}$, $\frac{1}{5}$, $\frac{5}{24}$, $\frac{3}{14}$; the common differences are $\frac{1}{3}$, $\frac{3}{8}$, $\frac{2}{5}$, $\frac{5}{12}$, $\frac{3}{7}$; the numbers of terms are $\frac{4}{3}$, $\frac{3}{2}$, $\frac{8}{5}$, $\frac{5}{3}$, $\frac{12}{7}$.

(30) $\frac{8}{7}$; $\frac{16}{21}$.

(31) $\frac{6}{13}$; $\frac{3}{13}$.

(32) $\frac{3}{4}$; $\frac{1}{2}$.

(35) $\frac{5}{9}$; $\frac{2}{5}$.

(37) $\frac{1}{3}$; $\frac{3}{4}$.

(39) $\frac{3512}{45}$, $\frac{4108}{75}$ are the interchangeable first term and common difference when the sums are equal; and $\frac{1551488}{225}$ is the equal sum. When the sums are in the ratio of 1 to 2, $\frac{7852}{45}$ and $\frac{2558}{75}$ are the first term and the common difference; and the double sum is $\frac{3102976}{225}$. When the sums are in the proportion of 1 to $\frac{1}{2}$, the first term and the common difference are $\frac{1342}{45}$ and $\frac{4883}{75}$; and the halved sum is $\frac{7551488}{225}$.

(42) $\frac{341}{2048}$; $\frac{1}{2048}$.

(44) $\frac{135}{47}$; $\frac{135}{82}$; $\frac{63}{52}$.

(48) $\frac{1}{4}$.

(49) $\frac{127}{5760}$.

(50) $\frac{11}{100}$.

(51) $\frac{4367}{12000}$; $\frac{553}{1440}$; $\frac{9367}{23520}$.

(52) $\frac{99}{4}$; 21; $\frac{35}{2}$; $\frac{17}{2}$.

(53) The first terms are $\frac{176}{81}$; $\frac{352}{243}$; $\frac{704}{729}$; the sums are $\frac{37136}{6561}$, $\frac{22880}{6561}$; $\frac{13376}{6561}$: the numbers of terms are 5; 4; 4.

(57 & 58) 1.

(59) 1.

(60) 1; 1; 1.

(61 & 62) 1; 1; 1; 1.

(63) 0.

(64) $\frac{2}{5}$

(65 & 66) $\frac{1}{5}$; $\frac{1}{8}$.

(67 to 71) 4.

(74) 2; 3; 4.

(76) (*a*) 2; 3; 9; 27; 54. (*b*) 2, 3; 9; 27; 81; 162. (*c*) 2; 3; 9; 27; 81; 243; 486.

(78) (1) 8; 136; 340; 260. (2) 44; 220; 460; 299. (3) 78; 286; 550; 325.

(81) (1) 5; 21; 420; when the optionally chosen quantity is 1 throughout;
(2) 3; 11; 232; 53592; when the optionally chosen quantities are 2, 1, 1.

(83) 2; $\frac{8}{2}$; $\frac{4}{3}$; when the chosen quantites are 6, 8, 9.

(84) 8; 12; 16; when the chosen quantites are 6, 4, 3.

(86) (1) 18; 9; when the chosen number is 3.
(2) 30; 15; when again the chosen number is 3.

(84) (1) 6; 12; the chosen number being 2.

(2) 3; 15	do	5.
(3) 46; 92	do	2.
(4) 22; 110	do	5.

(90) (1) 4; 28; (2) 25; 175.

(91) 16, 240.

(92) 151, 3020.

(94) (1) 22, 44, 33, 66, 58, 116; when the sum is split up into $\frac{1}{4}$, $\frac{1}{2}$ and $\frac{1}{4}$ and the chosen number is 2.

(2) 11; 22; 59; 236; 191; 38; 20; when the sum is split up into $\frac{1}{2}$, $\frac{1}{4}$; $\frac{1}{20}$.

(96) 52.

(97) 21.

(98) $\frac{1}{5}$.

(100 to 102) 1.

(103 & 104) 1.

(105 & 106) 1.

(108) $\frac{3}{2}$.

(110) $\frac{1}{3}$, $\frac{3}{40}$; $\frac{1}{3}$; if $\frac{1}{6}$; $\frac{1}{12}$ and $\frac{1}{4}$ are the optionally chosen quantities.

(111) $7\frac{5}{12}$.

(112) $\frac{2}{3}$.

(114) 0.

(115) $14\frac{1}{8}$ *niṣkas.*

(116) 0.

(117) 2 *drōṇas* and 3 māṣas.

(118) $1\frac{3}{4}$.

(119) $2\frac{4}{21}$ *niṣkas.*

(120) 1.

(121) $1\frac{3}{4}$.

(123) $\frac{1}{5}$; $\frac{1}{10}$; $\frac{1}{8}$ if $\frac{1}{2}$; $\frac{1}{6}$; $\frac{1}{2}$ are the optionally split up parts.

(124) $\frac{1}{7}$.

(127) 24 *karṣas.*

(128) $\frac{5}{8}$.

(129) 1.

(130) 1.

(131) 1.

(133) $\frac{1}{3}$, $\frac{1}{4}$, $\frac{2}{3}$; when $\frac{1}{6}$, $\frac{1}{12}$ and $\frac{1}{4}$ are the optionally split up parts.

(134) $\frac{2}{3}$.

(137) $\frac{1}{4}$ when $\frac{1}{5}$, $\frac{1}{6}$, $\frac{1}{7}$, $\frac{1}{8}$, $\frac{1}{9}$ are the optionally chosen fractions in places other than the beginning; $\frac{2}{8}$ when $\frac{1}{4}$, $\frac{1}{5}$, $\frac{1}{6}$, $\frac{1}{7}$, $\frac{1}{8}$ are similar fractions.

(139 & 140) $8\frac{1}{15}$.

CHAPTER IV.

(5) 24 *hastas.*

(6) 60 bees.

(7) 108 lotuses.

(8 to 11) 288 sages.

(12 to 16) 2520 parrots.

(17 to 22) 3456 pearls.

(23 to 27) 7560 bees.

(28) 8192 cows.

(29 and 30) 18 mangoes.

(31) 42 elephants.

(32) 108 *purāṇas.*

(34) 36 camels.

(35) 144 peacocks.

(36) 576 birds.
(37) 64 monkeys.
(38) 36 cuckoos.
(39) 100 swans.
(41) 24 elephants.
(42 to 45) 100 ascetics.
(46) 144 elephants.
(48) 16 bees.
(49) 196 lions.
(50) 324 deer.
(53) 48 *aṅgulas*.
(54 & 55) 150 elephants.
(56) 200 boars.
(58) 96 or 32 *vāhas*.
(59) 144 or 112 peacocks.
(60) 240 or 120 *hastas*.
(62) 64 or 16 buffaloes.
(63) 100 or 40 elephants.
(64) 120 or 45 peacocks.
(66) 16 pigeons.
(67) 100 pigeons.
(68) 256 swans.
(70) 72.
(71) 324 elephants.
(72) 1728 ascetics.

CHAPTER V.

(3) 638 $\frac{4}{13}$ *yōjanas*.

(4) 5 $\frac{19}{25}$ *yōjanas*.

(5) 105600000.

(6) 10 $\frac{7}{40}$ days.

(7) 3110 $\frac{2}{5}$ years.

(8) 9 $\frac{262041}{430080}$ *vāhas*.

(9) 32 $\frac{1}{7}$ *palas*.

(10) 57 $\frac{24}{25}$ *paṇas*.

(11) 196 $\frac{3}{7}$ *bhāras*.

(12) 665 $\frac{20}{23}$ *dīnāras*.

(13) $2380\frac{4}{35}$ *palas.*

(14) 163 pairs.

(15 & 16) $12\frac{36}{125}$ *yōjanas* ; $27\frac{81}{125}$ *vāhas.*

(17) 112 *drōṇas* of kidney bean ; 504 *kuḍabas* of ghee; 336 *drōṇas* of rice 448 pairs of cloth ; 336 cows ; 168 *svarṇas.*

(18) 160 ; $112\frac{169}{320}$ *dharaṇas.*

(19) 720 pieces.

(20) 525 pieces.

(21) 24 *Tīrthaṅkaras.*

(22) 216 blocks.

(24 & 25) 5 years and 117 days.

(26) $218\frac{1}{2}$ days.

(27) 10 years and $245\frac{3}{16}$ days.

(28 to 30) $351\frac{9}{41}$ days.

(31) $76\frac{4}{5}$ days.

(33) 10 *purāṇas* ; 18 *purāṇas* ; 28 *purāṇas.*

(34) $29\frac{19}{1120}$ gold coins.

(35) 36 gems.

(36) 4000 *paṇas.*

(37) 250 *karṣas.*

(38) 960 pomegranates.

(39) 560000 gold coins.

(40) 750 gold coins.

(41) 54.

(42) 252 gold coins.

(43) 945 *vāhas.*

CHAPTER VI.

(3) 7 ; 5 : 4 ; 5.

(5) 9 ; 18 ; and $25\frac{1}{5}$ *purāṇas.*

(6) $17\frac{5}{32}$ *kārṣāpaṇas.*

(7) 51 *purāṇas* and 14 *paṇas.*

(8) 200.

(9) $33\frac{3}{5}$ *kārṣāpaṇas.*

(11) $133\frac{1}{3}$ *purāṇas.*

(12) 14.
(13) 50 ; 60 ; 70.
(15) 10 months.
(16) 6 months.
(17) 10 months.
(19 & 20) $35\frac{5}{7}$ *palas.*
(22) 30 ; 18.
(24) 30.
(26) 5 months.
(27) 5 months ; 75.
(28) $4\frac{1}{2}$ months ; $31\frac{1}{2}$.
(30) $31\frac{1}{4}$.
(31) 60 ; 6 months.
(32) 24 months ; 36.
(34) 10 ; $2\frac{1}{2}$ months.
(36) 48 ; 10 months ; 24.
(38) 10 ; 6 ; 3 ; 15.
(40) 40 ; 30 ; 20 ; 50.
(41) 5 ; 10; 15 ; 20 ; 30.
(43) 5 months ; 4 months ; 3 months ; 6 months.
(45) 8.
(46) 6 ; $1\frac{1}{8}$.
(48) 20 ; 28 ; 36.
(49 & 50) 25.
(52) 18.
(53) 30.
(55) 900.
(56) 800.
(58) 28 months.
(59) 18 months.
(61) 2400 ; 800 ; 1200 ; 96.
(62) 1000 ; 420 ; 480 ; 90.
(64) 60.
(65) 50.
(67) 2400 ; 2720 ; 3400.
(68) 1050 ; 1400 ; 1800.
(69) 5100 ; 4590 ; 4050.
(70) 1300 ; 1198 ; 1150.
(72 and $73\frac{1}{2}$) $\frac{2004}{7}$; $8\frac{103}{175}$; $\frac{36}{7}$ months.
($73\frac{1}{2}$ to 76) 440 ; 11 ; 5 months.
($78\frac{1}{2}$) $\frac{22}{7}$ months ; $\frac{7}{8}$.
($80\frac{1}{2}$) 48 ; 32 ; 24 ; 16.

(81½) 3 ; 9 ; 27 ; 81 ; 243.

(82½ to 85½) 120 ; 80 ; 40 ; 160 ; 60 ; 20.

(86½) 48 ; 72 ; 96 ; 120 ; 144.

(90½ and 91½) 70 pomegranates ; 35 mangoes ; $\frac{35}{3}$ wood apples.

(92½ to 94½).

	Curd.	Ghee.	Milk.
I pot	$\frac{128}{9}$	$\frac{32}{8}$	$\frac{64}{9}$
II pot	$\frac{32}{3}$	8	$\frac{16}{3}$
III pot	$\frac{64}{9}$	$\frac{16}{8}$	$\frac{32}{9}$

(95½ and 96½) 15 men ; 50 men.

(98½) 4; 9; 18; 36.

(99½) 8 ; 13 ; 21 ; 36.

(100½) 2 ; 4; 7 ; 13 ; 25¾.

(101½) 16 ; 39 ; 96 ; 234.

(103½) 220 ; 37.

(104½) 20 ; $\frac{1}{3}$.

(105½) 6 ; 4 ; 3.
(the latter two having been optionally choosen).

(106½) 8.

(108½) 8031600 ; 1860 ; 2231.

(110½) 148 ; 35328 ; 184.

(112½ and 113½) $\frac{43}{12}$ flowers.

(114½) $\frac{1404}{5}$ flowers.

(117½) 5.

(118½) 17.

(119½) 26.

(120½) 9.

(121½) 55.

(122½) 61.

(123½) 59.

(124½) 39.

(125½) 16.

(126½) 15.

(127½) 537.

(128½) 138.

(129½) 194.

(131½) 11.

(132½ and 133½) 25.

(135½) $\frac{4}{3}$; $\frac{14}{3}$.

(137½) 10 ; 57.

(138½) In the case of positive associated numbers :

21 ; 16 ; 13 ; 11 ; 21 ; 19 ; 37 ; 7 ; 37 ; 6 ; $\frac{21}{65}$; $\frac{81}{63}$; 13 ; 5 ; 12 ; 1 ; 25.

In the case of negative associated numbers :

11 ; 18 ; 23 , 27 ; 19 ; 23; 7 ; 39 ; 11 ; 44 ; $\frac{83}{65}$; 41 ; 51 ; 46 ; 59 ; 37.

(140½ to 142½) 8 ; 5.

(144½ and 145½)—

	Citrons.	Plantains.	Wood-apples.	Pomegranates.
I heap	14	3	3	1
II „	16	3	2	1
III „	18	3	1	1
Price	2	10	4	8

(147½ to 149).

	Peacocks.	Pigeons.	Swans.	Sārasa-birds.
Number	7	16	45	4
Price in *paṇas*	$\frac{14}{3}$	12	36	$\frac{10}{3}$

(150)—

	Ginger.	Long pepper.	Pepper.
Quantity	20	44	4
Price in *paṇas*	12	16	32

(152 and 153) *Paṇas* 9 ; 20 ; 35 ; 36.

(155 and 156) When the optional number is 6 ; $\frac{83}{14}$; $\frac{71}{14}$; 3 ; 7.

When the optional number is 8 ; 5 ; 6 ; 16 ; 4.

(158) Length of a stage 10 *Yōjanas ;* each horse has to travel 40 *Yōjanas*.

(160 to 162) 10 ; 9 ; 8 ; 5.

(164) 20 ; 15 and 12.

(165 and 166) 8 ; 20 ; 40.

(168) 243 *paṇas*.

(170 to 171½) 10½ ; $\frac{2}{21}$; $\frac{4}{21}$; $\frac{2}{7}$; $\frac{16}{21}$; $\frac{40}{21}$; $\frac{28}{3}$; $\frac{80}{7}$.

(173½) 32.

(174½) 87¾.

(177½ and 178) 14.

(179) 3.

(181) 21.

(184) $\frac{200}{3}$. $\frac{100}{3}$.

(186) 20 ; 4 ; 4 ; 4 ; 4 ; 24.

(188) $\frac{117}{16}$; $\frac{109}{10}$; or $\frac{175}{16}$; $\frac{111}{10}$.

(190) $\frac{13}{2}$; 13.

(191) 8 ; 13 ; 10 ; $\frac{29}{2}$.

(193 to 196½) (*a*) $\frac{13}{2}$; $\frac{100}{7}$; $\frac{1007}{32}$; (*b*) $\frac{11}{2}$; $\frac{75}{7}$; $\frac{689}{82}$.

(198½) 560 ; 448.

(200½ to 201) $\frac{200}{7}$; 100 ; $\frac{1800}{7}$; $\frac{800}{7}$.

(204 and 205) 47 ; 17 ; 34 ; 68 ; 136.

(207 and 208) 2400.

(213 to 215) 3; 2. $\frac{44}{5}$; $\frac{68}{5}$.

(217) 11.

(219) 6 ; 15 ; 20 ; 15 ; 6 ; 1 : 63.

(220) 5 ; 10 ; 10 ; 5 ; 1 : 31.

(221) 4 ; 6 ; 4 ; 1 ; 15.

(223 to 225) 10 ; 24 ; 32.

(227) 4 jack fruits.

(229) 2 *Yojanas*.

(231 and 232) *Dīnāras* 18 ; 57 ; 155 ; 490.

(236 and 237) 15 ; 1 ; 3 ; 5.

(239 and 240) 261 ; 921 ; 1416 ; 1801 ; 2109 ; 110880.

(242 and 243) 11 ; 13 ; 30.

(244 and 244½) 3 ; 4 ; 5.

(245½ and 247) 5177 ; 103 ; 169 ; 223 ; 268.

(248) 14760 ; 356 ; 585 ; 445 ; 624.

(249 to 250½) 55 ; 71 ; 66 ; 876.

(253½ to 255½) 7 ; 8 ; 9.

(256½ to 258½) 11 ; 17 ; 20.

(260½ and 261½) 7 ; 3 ; 2.

(262½) 8 ; 12 ; 14 , 15 ; 31.

(263½) 54 ; 72 ; 78 ; 80 ; 121.

(264½) 1875 ; 2625 ; 2925 ; 3045 ; 3093 ; 5187.

(266½) 4 ; 7 ; 13.

(267½) 12 ; 16 ; 22 ; 31.

(270 to 272½) 42|; 40.

(274½) 5 ; 8.

(276½) 186.

(277½) 151.

(278½) $\frac{58375}{441}$.

(280½) 26.

(282½ to 283) 1296 ; 1225.

(285) (*a*) $\frac{1}{2}$; $\frac{1}{7}$ (*b*) $-\frac{1}{6}$; $-\frac{1}{17}$.

(287) $\frac{35}{3}$.

(289) 37.

(291) 40 ; 184.

(293) 2 ; 3.

(295) 5 women ; 40 flowers.

(297) 204 ; 2109 ; 2870 ; 73810 ; 180441 ; 16206.

(300) 1095 ; 1624.

(302) 441 ; 1296 ; 784 ; 105625 ; 1082146816.

(304) 2555 ; 126225.

(306½) 27663.

(308½) 504 ; 732 ; 1020 ; 1375 ; 5304 ; 150875 ; 272304.

(310½) 1563100; 5038869; 9646; 12705; 114400.

(312½—313) $\frac{121}{162}$; $\frac{5461}{12288}$.

(315) 426.

(316) 416348873.

(318) 2; 3; 5; 40.

(320) $\frac{11}{2}$.

(321 to 321½) 24 days.

(323½) 3.

(325½) 6.

(327½) 25 days.

(329½) 13; 19.

(331½) 55.

(332½) 620.

(337½) For answer see footnote in the translation.

CHAPTER VII.

(8) 32 sq. *daṇḍas.*

(9) 866 sq. *daṇḍas* and 4 sq. *hastas.*

(10) 98 sq. *daṇḍas.*

(11) 1200 sq. *daṇḍas.*

(12) 3600 sq. *daṇḍas.*

(13) 1952 sq. *daṇḍas.*

(14) 2378½ sq. *daṇḍas.*

(15) 6304½ sq. *daṇḍas.*

(16) 1925 sq. *daṇḍas.*

(17) 7425 sq. *daṇḍas.*

(18) 50 sq. *hastas.*

(20) (i) 54; 243. (ii) 27; 121½.

(22) 84; 252.

(24) 48 *hastas*; 195 sq. *hastas.*

(26) 378.

(27) 135.

(29) 189 sq. *hastas*; 135 sq. *hastas.*

(31) 108; 972; 36.

(33) 1600.

(34) 2,400 sq. *daṇḍas.*

(35) 462 sq. *daṇḍas.*

(36) 640 sq. *daṇḍas.*

(38) 324 sq. *daṇḍas*; 486 sq. *daṇḍas.*

(40) $\frac{125}{2}$; 180.

(41) 18; 30⅘.

(42) $20\frac{1}{4}$; $3\frac{1}{8}$.

(44) $253\frac{1}{3}$; 39.

(46) 13; 26.

(48) $\frac{675}{4}$; $\frac{675}{2}$.

(51) $\sqrt{768}$ sq. *daṇḍas*; *daṇḍas* $\sqrt{48}$; 4; 4.

(52) 60 sq. *daṇḍas*; *daṇḍas* 12; 5; 5.

(53) 84; 12; 5; 9.

(55) $\sqrt{50}$; 25.

(56) 13; 60.

(57) 65; 1500.

(58) 312; 288; 119; 120; 34560.

(59) 315; 280; 48; 252; 132; 168; 224; 189; 44100.

(61) $\sqrt{3240}$; $\sqrt{65610}$; $\sqrt{36000}$; $\sqrt{8100000}$; $\sqrt{4840}$; $\sqrt{146410}$.

(62) $\sqrt{360}$; $\sqrt{3240}$; $\sqrt{3240}$; $\sqrt{262440}$.

(64) $\sqrt{6048}$; $\sqrt{54432}$.

($66\frac{1}{2}$) $\sqrt{2560}$ *daṇḍas*; $\sqrt{42250}$ sq. *daṇḍas*.

($68\frac{1}{2}$) $\sqrt{39690}$ sq. *daṇḍas*; $\sqrt{20250}$ sq. *daṇḍas*.

($69\frac{1}{2}$) $\sqrt{31360}$ sq. *daṇḍas*.

($71\frac{1}{2}$) $\sqrt{1440}$ sq. *daṇḍas*.

($72\frac{1}{2}$) $\sqrt{5760}$.

($75\frac{1}{2}$) $\sqrt{360}$; 12; 6.

($77\frac{1}{2}$) $192+\sqrt{23040}$.

($78\frac{1}{2}$) $192-\sqrt{5760}$.

($79\frac{1}{2}$) $192-\sqrt{23040}$.

($81\frac{1}{2}$) $\sqrt{\frac{19360}{9}}$; $\sqrt{\frac{4840}{9}}$; $\sqrt{\frac{4840}{9}}$.

($83\frac{1}{2}$) $16-\sqrt{160}$.

($85\frac{1}{2}$) $\sqrt{48}-\sqrt{40}$.

($87\frac{1}{2}$) 16, 12; 48.

($89\frac{1}{2}$) 20; 8.

($91\frac{1}{2}$) 3; 4; 5.

($92\frac{1}{2}$) 5; 12; 13.

($94\frac{1}{2}$) 16; 30; 34.

($96\frac{1}{2}$) 5; 3; for the tnree cases.

($98\frac{1}{2}$) (i) 60; 61.

(ii) 11; 61.

(iii) 11; 60.

($100\frac{1}{2}$) 80; 102; 61; 60; 109; 11; 5460.

($102\frac{1}{2}$) 169; 407; 169; 120; 312; 119; 34560.

($104\frac{1}{2}$) 125; 300; 260; 195; 224; 189; 48; 252; 168; 132; 44100.

($109\frac{1}{2}$) 84; 60; 16.

(111½) 13; 15; 14; 12.

(113½) 4; 1.

(114½) $\sqrt{2}$; 2.

(115½) 6; 3.

(116½) $\frac{1}{3}$; $\sqrt{\frac{1}{3}}$.

(117½) 32; (perpendicular 24).

(118½) $\frac{3}{14}$; $\frac{4}{14}$.

(119½) $\frac{1}{12}$; (perpendicular $\frac{1}{16}$).

(121½) 3; 8.

(123½ and 124½) 39; 52; 25; 60; 33; 56; 63; 16.

(126½) 5, 12.

(128½) 5; 12.

(130½) 25; 60.

(134) 8; 15; 3; 20.

(135) 8; 7; 2; 28.

(136) 32; 87; 6; 232.

(138) 37; 24; 29; 40.

(139) 17; 16; 13; 24.

(140) 625; 672; 970; 1904.

(141) 281; 320; 442; 880.

(143 to 145) Circle: 25920 ladies; 720 *daṇḍas.* Square: 34560 ladies; 720 *daṇḍas.* Equilateral triangle: 38880 ladies; 1080 *daṇḍas.* Longish quadrilateral: 38880 ladies; 1080 *daṇḍas*; 540 *daṇḍas.*

(147) (i) Side 8

(ii) Base 12; perpendicular 5.

(149) $\frac{13}{3}$; $\frac{13}{3}$; $\frac{1}{12}$; $\frac{41}{12}$; 4.

(151) 13; 13; 13; 3; 12.

(153 to 153½) 3; 16; 11; 12.

(155½) $\sqrt[4]{48}$

(157½) 5; 6; 4.

(159½) $\frac{45}{30}$; $\frac{89}{30}$; $\frac{116}{30}$.

(162½) $\frac{116}{30}$; $\frac{83}{30}$; $\frac{45}{30}$.

(164½) $\sqrt{40}$.

(166½) 7; 1; $\frac{13}{4}$.

(167½) $\frac{37}{5}$; $\frac{13}{5}$; $\frac{13}{5}$; $\frac{13}{5}$.

(169½) 6.

(170½) 10.

(172½) 10; 13.

(174½) Sides $\frac{61}{5}$; top-side $\frac{34}{5}$; base $\frac{56}{5}$.

(176) 17.

(177½ to 178½) (a) 3600; 7200; 10800; 14400; (b) 54; 90; 126; 162; (c) 100; 100; 100; 100.

(179½) (a) 2700; 7200; 4500; (b) 50: 70; 80; (c) 60; 120; 60.

(181½) 8 *hastas*; 8 *hastas*.

(182½) $\frac{54}{7}$ *hastas*; $\frac{30}{7}$ *hastas*; $\frac{90}{7}$ *hastas*.

(183½ and 184½) 3 *hastas*; 6 *hastas*; 9 *hastas*.

(185½) 7 *hastas*; 7 *hastas*; $\frac{28}{3}$ *hastas*.

(186½) $\frac{13}{2}$ *hastas*; $\frac{13}{2}$ *hastas*; $\frac{39}{4}$ *hastas*.

(187½) 9 *hastas*; 12 *hastas*; 9 *hastas*.

(188½ and 189½) 8 *hastas*; 2 *hastas*; 4 *hastas*.

(191½) 13 *hastas*.

(192½) 29 *hastas*.

(193½ to 195½) 29 *hastas*; 21 *hastas*.

(197½) 10 *hastas*.

(199½ to 200½) 12 *yōjanas*; 3 *yōjanas*.

(204½ to 205) 9 *hastas*; 5 *hastas*; $\sqrt{250}$ *hastas*.

(206 to 207½) 6 *yōjanas*; 14 *yōjanas*; $\sqrt{520}$ *yōjanas*.

(208½ to 209½) 15 *yōjanas*; 7 *yōjanas*.

(211½ to 212½) 13 days.

(214½) $\sqrt{18}$; 13.

(215½) $\frac{65}{4}$.

(216½) $\frac{125}{3}$.

(217½) 65.

(218½) $\sqrt{48}$; $\frac{169}{12}$.

(219½) $\frac{65}{4}$.

(220½) 4.

(222½) Square: $\sqrt{\frac{169}{2}}$. Oblong: 5; 12. Quadrilateral with two equal sides: sides $\frac{52}{5}$; top-side $\frac{16}{5}$; base $\frac{56}{5}$. Quadrilateral with three equal sides: sides $\frac{39}{5}$; base $\frac{1521}{125}$. Inequilateral quadrilateral: sides $\frac{39}{5}$; $\frac{52}{5}$; top-side 5; base 12. Equilateral triangle: $\sqrt{\frac{507}{4}}$. Isosceles triangle: sides 12; base $\frac{120}{13}$. Scalene triangle: sides, 12; $\frac{52}{5}$; base $\frac{56}{5}$.

(224½) Square, 3. Quadrilateral with two equal sides: $\frac{108}{11}$. Quadrilateral with three equal sides: $\frac{512}{19}$. Inequilateral quadrilateral: $\frac{441}{11}$. Equilateral triangle: $\sqrt{12}$. Isosceles triangle: $\frac{20}{3}$. Scalene triangle: 8. Hexagon: $\sqrt{\frac{16}{3}}$, if the area of the same is taken as $\sqrt{48}$ in accordance with the rule given in stanza 86½ of this chapter.

(226½) 8.
(228½) 2.
(230½) 10.
(232½) 6; 2.

CHAPTER VIII.

(5) 512 cubic *hastas.*
(6) 18560 cubic *hastas.*
(7) 144320 cubic *hastas.*
(8) 162000 cubic *hastas.*
(12½) 2928 cubic *hastas.*
(13½) 1458 cubic *hastas*; 1476 cubic *hastas*; 1464 cubic *hastas.*
(14½) 2916 cubic *hastas*; 2952 cubic *hastas*; 2928 cubic *hastas.*
(15½) 3360 cubic *hastas.*
(16½) $\frac{98980}{9}$ cubic *hastas.*
(17½) 16100 cubic *hastas.*
(18½) 18283⅓ cubic *hastas.*
(21½) (i) 3024 cubic *daṇḍas*; 3024 cubic *daṇḍas*; 4032 cubic *daṇḍas*;
(ii) Central mass is tapering; 1488; 1488; 1984 cubic *daṇḍas*
(22½) 4032; 1984 cubic *daṇḍas.*
(24½). 40 cubic *hastas.*
(25½). 16 *hastas.*
(27½). 12; 30.
(29½). 2304; 2073 ⅗.
(31½). $\sqrt{720}$; $\sqrt{648}$.
(34). $\frac{1}{14}$ of a day. $\frac{2}{14}$, $\frac{3}{14}$, $\frac{4}{14}$, $\frac{5}{14}$ of the well.
(35 and 36). 13 *yōjanas*, and 976 *daṇḍas*; 39 $\frac{183}{500}$ *vāhas.*
(37 to 38½). 17 *yōjanas*, 1 *krōśa* and 1968 *daṇḍas.*
(39½ and 40½). 26 *yōjanas* and 1952 *daṇḍas.*
(41½ and 42½). 6 *yōjanas*, 2 *krōśas* and 488 *daṇḍas*
(45½). 6912 unit bricks.
(46½). 3456 unit bricks.

(47½). 5184 unit bricks.
(48½). 108000 unit bricks.
(49½). 40320 unit bricks.
(50½). 40320 unit bricks.
(51½). 20736 unit bricks.
(53½). 1440 unit bricks; 2880 unit bricks.
(55½). 2640 unit bricks; 1680 unit bricks.
(56½). 2880 unit bricks; 1440 unit bricks.
(58½). 20; $\frac{19}{6}$
(59–60). 891 unit bricks.
(62). 18,720 unit bricks.
(68½). 64 *paṭṭikas*.

CHAPTER IX.

(9½). $\frac{1}{8}$ of a day.
(11½). 3¾ *ghaṭīs*
(13½). $\frac{7}{12}$ of a day.
(14½). 2.
(16½ to 17). $\frac{1}{3}$ of a day; 10 *ghaṭīs*.
(19). 8 *aṅgulas*.
(22). 16 *hastas*.
(24). 8 *hastas*.
(25). 2.
(27). 20 *hastas*.
(29). 10.
(31). 5; 50.
(34). 5 *hastas*.
(35 to 37½). $\frac{1}{18}$ of a day; 8.
(38½ and 39½). 5 *hastas*.
(41½ to 42). 24 *aṅgulas*.
(44). 32 *aṅgulas*.
(46 and 47). 112 *aṅgulas*.
(49). 175 foot-measures.
(50). 100 foot-measures.
(51 to 52½). 100 *yōjanas*.

APPENDIX IV.

TABLES OF MEASURES.

1. LINEAR MEASURE.

Infinity of *Paramāṇus*	= 1 *Aṇu*.
8 Aṇus	= 1 *Trasarēṇu*.
8 *Trasarēṇus*	= 1 *Ratharēṇu*.
8 *Ratharēṇus*	= 1 hair-measure.
8 hair-measures	= 1 louse-measure.
8 louse-measures	= 1 sesamum-measure or mustard-measure.
8 sesamum-measures	= 1 barley-measure.
8 barley-measures	= 1 *aṅgula* or *Vyavahārāṅgula*.
500 *Vyavahārāṅgulas*	= 1 *Pramāṇa* or *Pramāṇāṅgula*.
6 *Aṅgulas* (finger-measure)	= 1 foot-measure (measured across).
2 feet	= 1 *Vitasti*.
2 *Vitastis*	= 1 *Hasta*.
4 *Hastas*	= 1 *Daṇḍa*.
2000 *Daṇḍas*	= 1 *Krōśa*.
4 *Krōśas*.	= 1 *Yōjana*.

2. TIME MEASURE.

Infinity of *Samayas*	= 1 *Āvali*.
A number of *Āvalis*	= 1 *Ucchvāsa*.
7 *Ucchvāsas*	= 1 *Stōka*.
7 *Sōtkas*	= 1 *Lava*.
38½ *Lavas*	= 1 *Ghaṭī*.
2 *Ghaṭīs*	= 1 *Muhūrta*.
30 *Muhūrtas*	= 1 day.
15 days	= 1 *Pakṣa*.
2 *Pakṣas*	= 1 month.
2 months	= 1 *Ṛtu*.
3 *Ṛtus*	= 1 *Ayana*.
2 *Ayanas*	= 1 year.

3. MEASURES OF CAPACITY (GRAIN MEASUREMENT).

4 *Ṣōḍaśikās*	= 1 *Kuḍaha.*
4 *Kuḍahas*	= 1 *Prastha.*
4 *Prasthas*	= 1 *Āḍhaka.*
4 *Āḍhakas*	= 1 *Drōṇa.*
4 *Drōṇas*	= 1 *Mānī.*
4 *Mānīs*	= 1 *Khārī.*
5 *Khārīs*	= 1 *Pravartikā.*
4 *Pravartikās*	= 1 *Vāha.*
5 *Pravartikās*	= 1 *Kumbha.*

4. MEASURES OF WEIGHT—GOLD.

4 *Gaṇḍakas*	= 1 *Guñjā.*
5 *Guñjās*	= 1 *Paṇa.*
8 *Paṇas*	= 1 *Dharaṇa.*
2 *Dharaṇas*	= 1 *Karṣa.*
4 *Karṣas*	= 1 *Pala.*

5. MEASURES OF WEIGHT—SILVER.

2 *Grains*	= 1 *Guñjā.*
2 *Guñjās*	= 1 *Māṣa.*
16 *Māṣas*	= 1 *Dharaṇa.*
$2\frac{1}{2}$ *Dharaṇas*	= 1 *Karṣa* or *Purāṇa.*
4 *Karṣas or Purāṇas*	= 1 *Pala.*

6. MEASURES OF WEIGHT—OTHER METALS.

4 *Pādas*	= 1 *Kalā.*
$6\frac{1}{4}$ *Kalās*	= 1 *Yava.*
4 *Yavas*	= 1 *Aṁśa.*
4 *Aṁśas*	= 1 *Bhāga.*
6 *Bhāgas*	= 1 *Drakṣūṇa.*
2 *Drakṣuṇas*	= 1 *Dīnāra.*
2 *Dīnāras*	= 1 *Satēra.*
$12\frac{1}{2}$ *Palas*	= 1 *Prastha.*
200 *Palas*	= 1 *Tulā.*
10 *Tulās*	= 1 *Bhāra.*

7. MEASUREMENT OF CLOTHES, JEWELS AND CANES.

20 pairs	= 1 *Kōṭikā.*

8. EARTH MEASUREMENT.

1 cubic *Hasta* of compressed earth = 3600 *Palas.*
1 cubic *Hasta* of loose earth = 3200 *Palas.*

9. BRICK MEASUREMENT.

Brick of 1 *hasta* × $\frac{1}{2}$ *Hasta* × 4 *Aṅgulas* = Unit brick.

10. WOOD MEASUREMENT.

1 *Hasta* and 18 *aṅgulas* = 1 *Kiṣku.*

Work done in cutting along by means of a saw a piece of wood 96 *Aṅgulas* long and 1 *Kiṣku* broad = 1 *Paṭṭikā.*

11. SHADOW MEASUREMENT.

$\frac{1}{7}$ of a man's height = his foot measure.